この本の特色としくみ

本書は，中学3年で学ぶ理科の内容を3段階のレベルに分けた，ハイレベルな問題集です。

各単元は，StepA（標準問題）とStepB（応用問題）の順になっていて，章末にはStepC（難関レベル問題）があります。また，巻頭には「1・2年の復習」を，巻末には中学3年間の内容をまとめた「総合実力テスト」を設けているため，復習と実戦的な入試対策にも役立ちます。

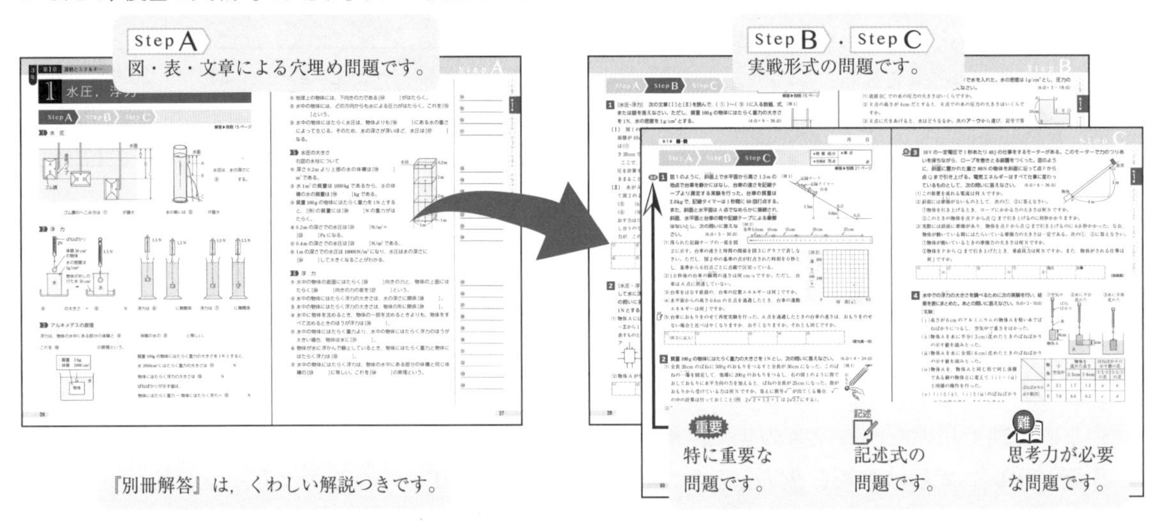

『別冊解答』は，くわしい解説つきです。

CONTENTS 目次

1 身近な物理現象

●時間 40分　●合格点 75点　●得点　　点

解答▶別冊1ページ

1 [凸レンズの像] 下図のように，板とスクリーンにうつる凸レンズによる像の距離の関係を調べ，表のような結果を得た。次の問いに答えなさい。

(6点×4－24点)

(1) 図1において，スクリーンを通して見える像の向きを図2のア～エより選びなさい。

〔図1〕

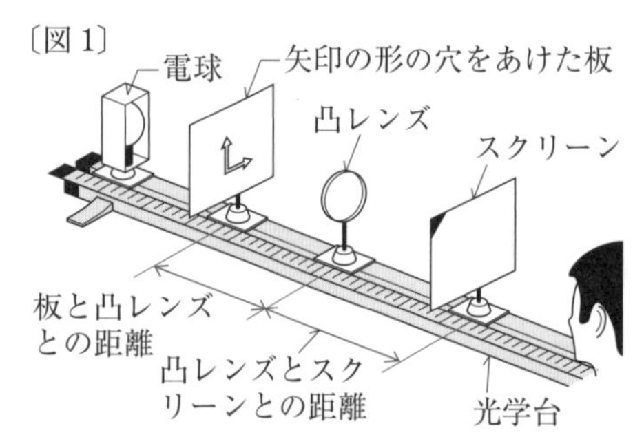

〔表〕

板と凸レンズとの距離〔cm〕	40	30	20	10
凸レンズとスクリーンとの距離〔cm〕	24	30	60	像はできない

〔図2〕

ア　イ　ウ　エ

記述 (2) 板と凸レンズの距離を40cm，30cm，20cmと小さくしていくと，スクリーンを通して見える像の大きさはどのようになるか。10字以内で簡潔に答えなさい。

(3) この実験で用いた凸レンズの焦点距離は何cmか。表をもとにして答えなさい。

(4) 板と凸レンズとの距離を24cmとしたとき，像がはっきりとうつるスクリーンと凸レンズの距離は何cmになりますか。

(1)	(2)	(3)	(4)

〔静岡－改〕

2 [圧　力] 次の問いに答えなさい。ただし，100gの物体にはたらく重力の大きさを1Nとし，ばねと糸の質量，滑車の摩擦は考えないものとする。また，糸は伸び縮みしないものとする。

(6点×3－18点)

(1) 図1のように，1辺が10cmの立方体で質量300gのおもりZのついた糸を手で引っ張った。おもりZが床から離れた状態で静止しているとき，糸を何Nの力で引っ張っているか，答えなさい。

〔図1〕

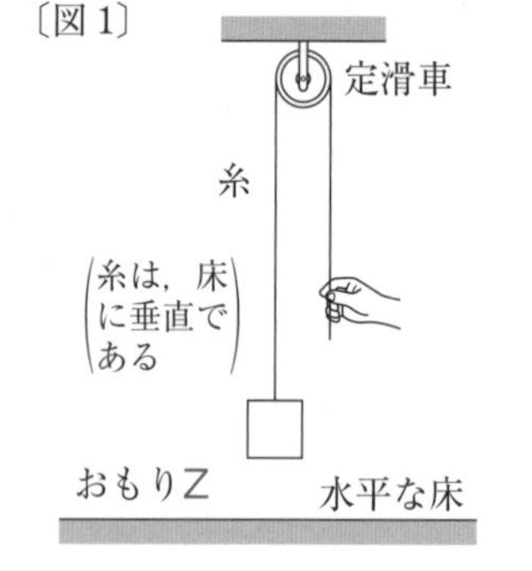

〔図2〕

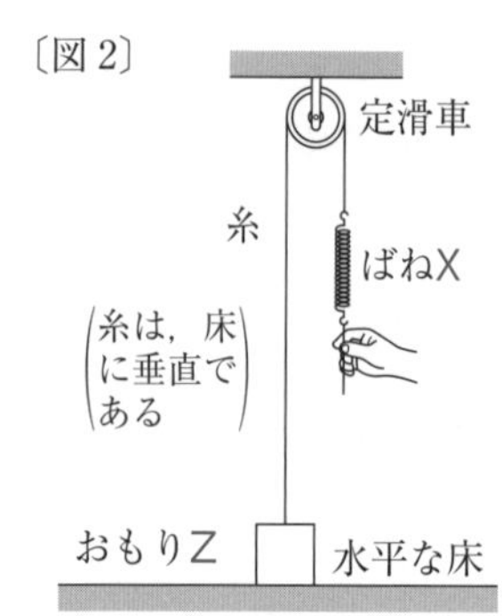

(2) 図2のように，図1の装置の糸に0.25Nの力で1.0cm伸びるばねXをつけて手で引っ張った。ばねの伸びが何cmになったときにおもりZが持ち上がるか，答えなさい。

(3) 図2の装置で，ばねXの伸びが8.0cmのとき，床がおもりZから受ける圧力は何Paか，答えなさい。

(1)	(2)	(3)

3 **[音の波形]**　次の文を読み，あとの問いに答えなさい。　(6点×5－30点)

図1のように，弦の先におもりをつるし，引っ張る強さを変えたり，ことじを動かすことでXY間の弦の長さを変えたりできる器具Aがある。XY間の中央をはじく強さを変えて弦を振動させ，発生した音をマイクを通してコンピュータにとりこむと，図2の①～③のような波形が表示された。なお，横軸は時間，縦軸は振幅(振れ幅)を表し，目盛りの間隔は同じである。また，←→で示した範囲の音の波形は，1回の振動を表している。

〔図1〕

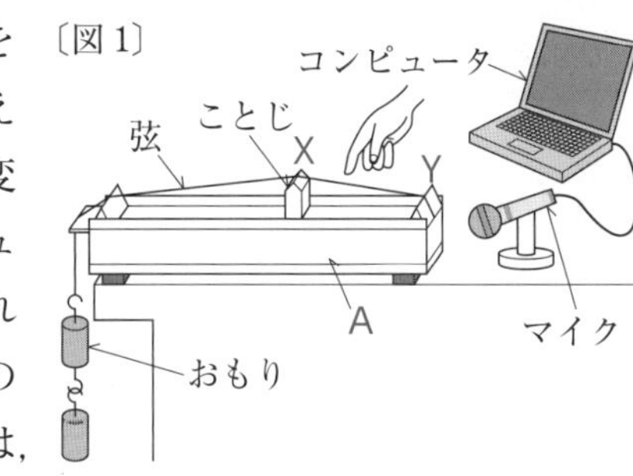

〔図2〕

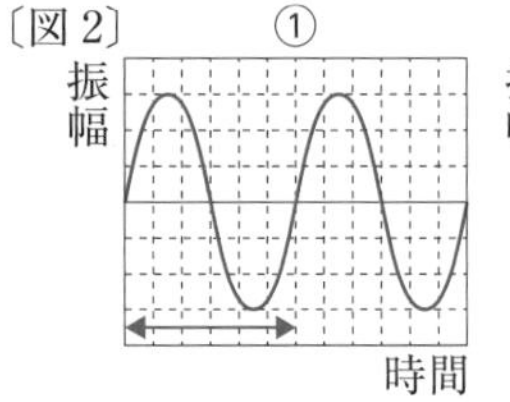

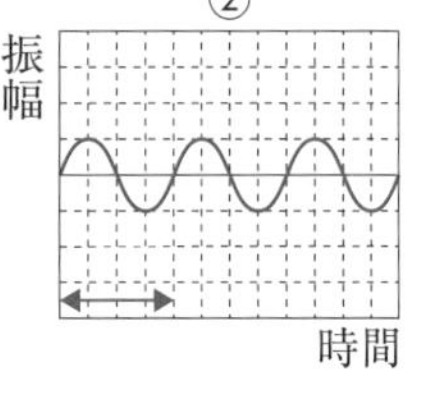

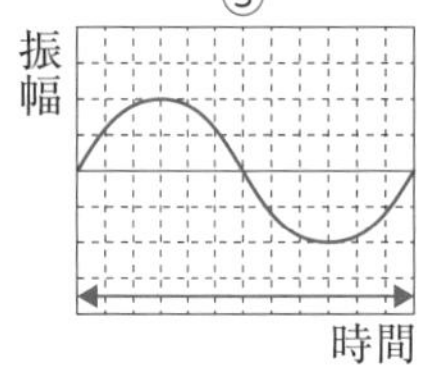

(1) 器具Aは何といいますか。

(2) 弦による音は何の振動によってマイクに伝えられましたか。

(3) 図2の①に表示された音に比べて，②はどのような音が出たと考えられるか。次の**ア**～**エ**から1つ選びなさい。

ア　小さくて低い音　　**イ**　小さくて高い音　　**ウ**　大きくて低い音　　**エ**　大きくて高い音

(4) 図2の横軸の1目盛りの時間を0.005秒とすると，②の音の振動数は何Hzですか。

(5) 弦の張りの強さが同じとき，図2の①～③を，XY間の長さが長いほうから並べなさい。

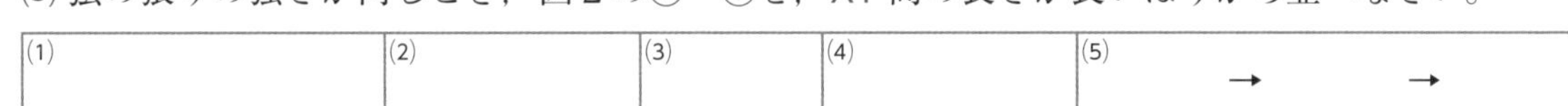

(1)	(2)	(3)	(4)	(5)　→　→

〔和歌山－改〕

4 **[音と光の反射]**　次の(1)，(2)の各問いに答えなさい。　(7点×4－28点)

(1) 太鼓を持ったAさんが，図1のように校舎から343m離れて立ち，校舎に向かって一定の速さで進み始めた。進み始めた瞬間に1回目の太鼓を鳴らし，1秒ごとに太鼓を短く鳴らすと，1回目に鳴らした音の反射音が3回目に太鼓を鳴らす瞬間に聞こえた。音速を340m/sとして，次の問いに答えなさい。

〔図1〕

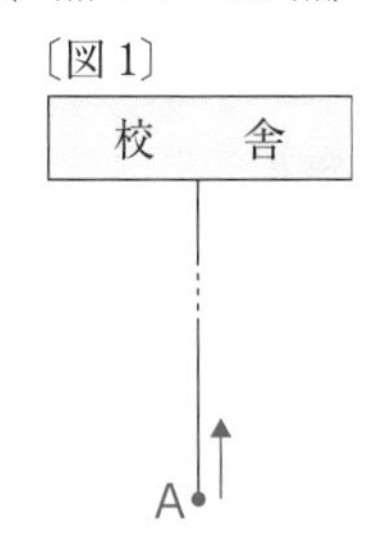

① 3回目に太鼓を鳴らす瞬間までに，1回目に鳴らした太鼓の音は最大何m先まで進むことができるか。整数で答えなさい。

② Aさんが校舎に近づく速さは何m/sか。整数で答えなさい。

(2) 図2のように，鏡にレーザー光線をあてたところ，入射光と反射光のなす角度が30°になった。次の問いに答えなさい。

〔図2〕

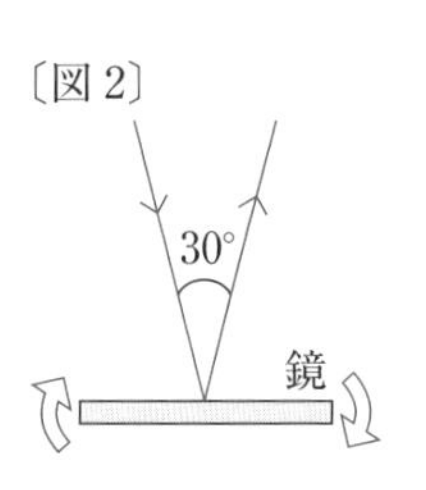

①このときのレーザー光線の入射角は何度ですか。

②鏡を図の⇨の向きにある角度だけ回転させたら，入射光と反射光のなす角度が90°になった。鏡を回転させた角度を次の**ア**～**カ**から選びなさい。

ア　15°　　**イ**　30°　　**ウ**　45°　　**エ**　60°　　**オ**　75°　　**カ**　90°

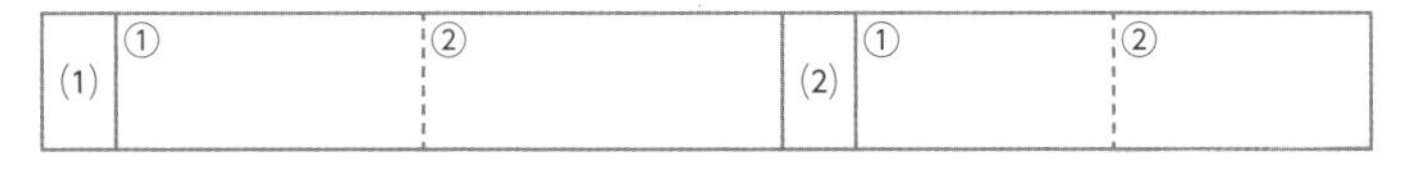

(1)	①	②	(2)	①	②

〔函館ラ・サール高・高田高－改〕

1 凸レンズでは，焦点距離の2倍の位置に置かれた物体の像は，同じ大きさ・上下左右逆で，焦点距離の2倍の位置にできる。

3 弦の長さが短い，弦の太さが細い，弦の張りが強いほど，発生する音の振動数が多くなる。

2 電流とその利用

●時間 40分	●得点
●合格点 75点	点

解答▶別冊 2 ページ

1 **[電流回路・電力]** 図1のように，電圧のわからない電池と，抵抗（ていこう）の大きさがそれぞれ 2 Ω，8 Ω の抵抗 R_1，R_2 および抵抗の大きさがわからない抵抗 R_3 をつないで回路をつくった。次の問いに答えなさい。 (5点×8－40点)

〔図1〕 A B R_1〔2 Ω〕 C D E R_2〔8 Ω〕 R_3 電池

〔図2〕 a b　〔図3〕 c d

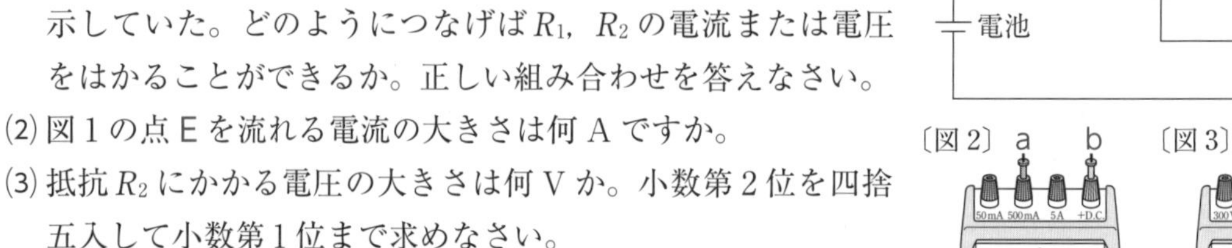

(1) 図1の各点 A，B，C，D に図2の電流計の a と b，図3の電圧計の c と d がつながっているとき，250 mA と 1.5 V を示していた。どのようにつなげば R_1，R_2 の電流または電圧をはかることができるか。正しい組み合わせを答えなさい。

(2) 図1の点 E を流れる電流の大きさは何 A ですか。

(3) 抵抗 R_2 にかかる電圧の大きさは何 V か。小数第 2 位を四捨五入して小数第 1 位まで求めなさい。

(4) 電池の電圧の大きさは何 V ですか。

(5) 抵抗 R_3 の抵抗の大きさは何Ωか。小数第 1 位を四捨五入して整数で求めなさい。

(6) 抵抗 R_1 と回路全体で消費される電力はそれぞれ何 W か，小数第 2 位を四捨五入して小数第 1 位まで求めなさい。

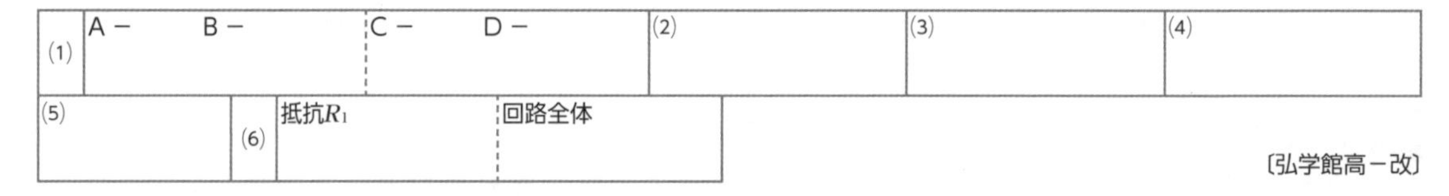

(1)	A－　B－	C－　D－	(2)	(3)	(4)
(5)	(6) 抵抗 R_1	回路全体			

〔弘学館高－改〕

2 **[電熱線と熱量]** 右図のような装置で，7 V － 14 W の電熱線 a を水温 16℃の水 100 cm^3 が入ったビーカーに入れた。この電熱線 a に 7 V の電圧を加えて発熱させ，ガラス棒でかき混ぜながら，水温を調べた。下の表はその結果である。電熱線 a で発生した熱はすべて水温上昇（じょうしょう）に使われたものとし，次の問いに答えなさい。 (3点×6－18点)

〔表〕

経過時間〔分〕	0	2	4	6	8
水　温〔℃〕	16	20	24	28	32

電源装置 － ＋　温度計　スイッチ　電圧計　電流計　ガラス棒　ビーカー　水　電熱線a

(1) 7 V － 14 W の電熱線 a に流れる電流は何 A か。また，電熱線 a の抵抗は何Ωか。それぞれ書きなさい。

(2) 水の量を 100 cm^3 から 50 cm^3 にかえて実験を行ったとき，水温を 16 ℃から 80 ℃にするためには何分かかるか，書きなさい。

(3) スイッチを入れて 8 分間に電熱線 a から発生した熱量は何 J か，書きなさい。

(4) (3) の結果をもとにして，水 1 g の温度を 1 ℃だけ上昇させるのに必要な熱量は何 J か，書きなさい。

(5) 7 V－21 W の電熱線 b で同じ実験を行った。4 分後の水温は何℃か，書きなさい。

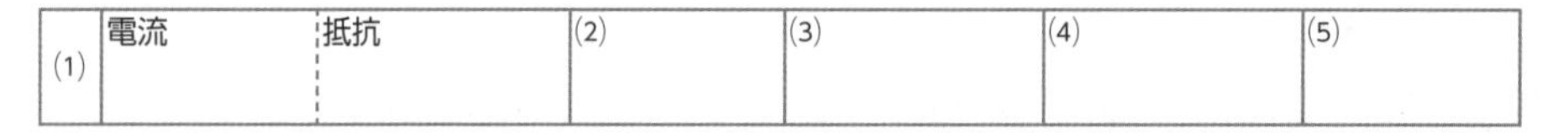

(1)	電流	抵抗	(2)	(3)	(4)	(5)

〔和歌山－改〕

3 ［電流回路］ 図1～図3に示す回路について，次の問いに答えなさい。 （3点×7－21点）

(1) 図1の回路で，4 Ωの抵抗(ていこう)に流れる電流の値(あたい)が1.8Aのとき，
　①6 Ωの抵抗に流れる電流は何Aですか。
　②抵抗Xの抵抗の大きさは何Ωですか。

(2) 図2の回路で，R_1～R_4の抵抗がすべて8 Ωであるとき，
　①電源から流れる電流Iの大きさは何Aですか。
　②R_3の抵抗を流れる電流I_3の大きさは何Aですか。

(3) 図3の導線ab間に流れる電流はどちら向きか，選びなさい。
　ア a→b　イ b→a　ウ 流れない。

(4) 図3の電流計を流れる電流は何Aですか。

(5) 図3のac間をある値の抵抗で接続すると，導線ab間に電流が流れなかった。電流計に流れる電流が0.75Aのとき，ac間に接続した抵抗の値は何Ωですか。

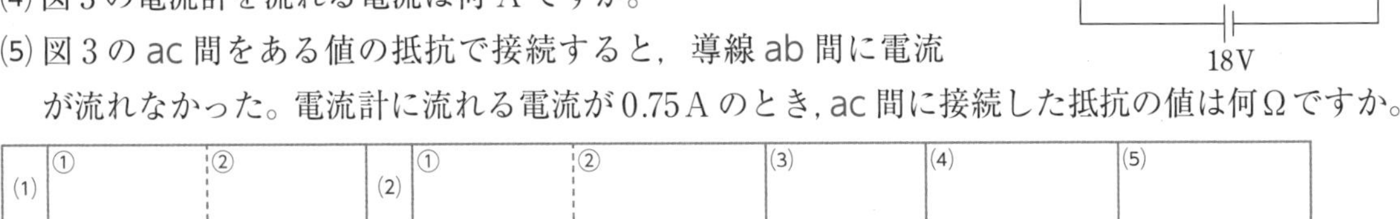

〔福岡大附属大濠高・大阪星光学院高，愛光高〕

4 ［電力・静電気］ 次の各問いに答えなさい。 （3点×7－21点）

(1) 抵抗40 Ωの電熱線を電源電圧100Vの電源装置につないだ。
　①電熱線の電力は何Wですか。
　②電熱線を30分間使用したときの電力量は何kJですか。

(2) 図1のような回路をつくった。
　①抵抗100 Ωの電熱線を5時間使用したときの電力量は何Whですか。
　②回路全体を1日5時間使用したとき，1か月(30日間)で電力量料金は何円になりますか。ただし，電力量料金は1kWhあたり25円とする。

(3) 図2のように綿の布でこすったガラス棒に蛍光灯(けいこうとう)をふれさせたところ，蛍光灯が一瞬(いっしゅん)光った。このとき，ガラス棒は＋の電気を帯びていた。これについて，次の文の｛　　｝にあてはまるものをそれぞれ選びなさい。

　蛍光灯が光ったのは，綿の布でこすったガラス棒がもつ－の電気の数が，＋の電気の数よりも①｛ア 多い　イ 少ない｝ため，蛍光灯からガラス棒に②｛ア －　イ ＋｝の電気が移動し，電流が流れたからである。このように，たまっていた電気が流れ出す現象を③｛ア 充(じゅう)電(でん)　イ 放電｝という。

〔図2〕
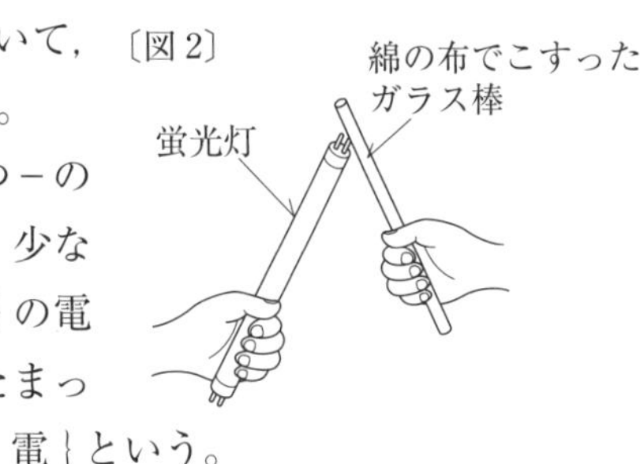

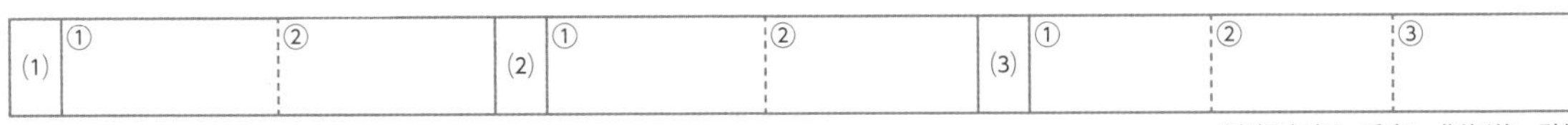

〔帝塚山泉ケ丘高・北海道－改〕

2 (3) 発熱量Q〔J〕$= I$〔A〕$\times V$〔V〕$\times t$〔s〕　時間の単位が秒であることに注意する。

3 (5) ab間に電流が流れないので，(10 Ωと30 Ωの直列回路)と(15 Ωとac間の抵抗との直列回路)とが並列つなぎになっている回路と考えればよい。

月　　日

3 電流と磁界

●時間 35分	●得点
●合格点 75点	点

解答▶別冊 3 ページ

1 [電流による磁界]　右図のように導線に厚紙をつけ，電流をa→b→c→dの向きに流した。ただし，地球の磁界は無視できるものとして，次の問いに答えなさい。（7点×4－28点）

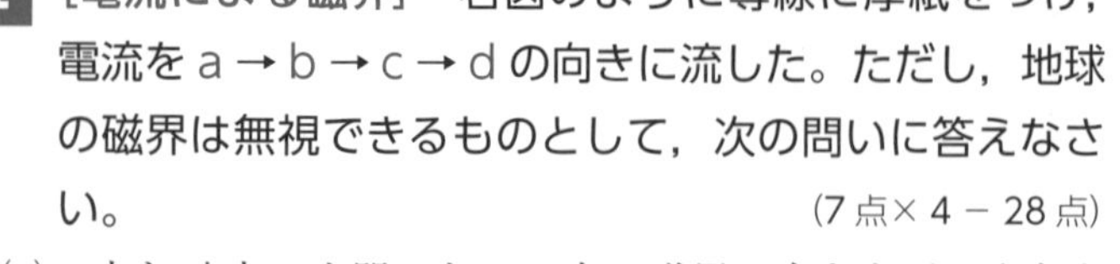

(1) a点とd点の中間にあるe点の磁界の向きを正しく表すものを，e点の**ア～ク**から選び，記号で答えなさい。

(2) a－d点を通る直線上にあるf点の磁界の向きを正しく表すものを，f点の**ア～ク**から選び，記号で答えなさい。

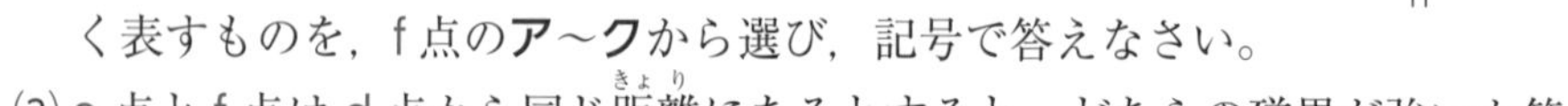

(3) e点とf点はd点から同じ距離（きょり）にあるとすると，どちらの磁界が強いか答えなさい。

(4) 厚紙の表面にできる磁力線のようすを正しく表しているものを次の**ア～オ**から選び，答えなさい。

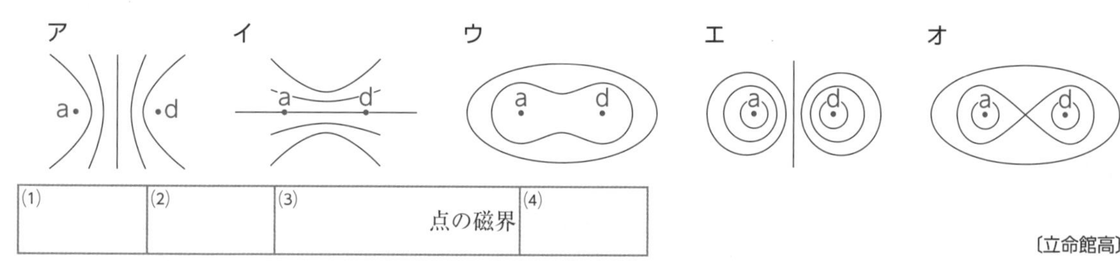

(1)	(2)	(3) 点の磁界	(4)

〔立命館高〕

2 [磁界中の電流]　次の各問いに答えなさい。（6点×7－42点）

〔図1〕

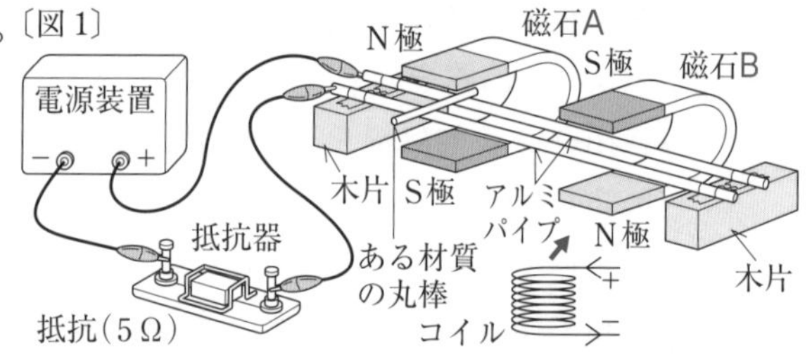

(1) 図1のように，木片に2本のアルミパイプを固定して水平なレールをつくり，同じ強さの磁石A，Bの間を通す。アルミパイプに電源装置をつなぎ，$_a$<u>ある材質の丸棒を</u> $_b$<u>磁石Aの位置にのせると，丸棒は力を受けて動き出した。</u>磁石A側を左，B側を右とする。

①下線部aの「ある材質」の丸棒として適当なものを，次の**ア～オ**からすべて選びなさい。

ア ゴム　**イ** ガラス　**ウ** アルミニウム　**エ** 鉄　**オ** ポリ塩化ビニル

②下線部bで丸棒が力を受けたのは，右，左のどちら向きですか。

③電源の＋極と－極を入れかえ，磁石Bの位置に丸棒をのせると，どの向きに力を受けるか。右，左で答えなさい。

④次に，電源の極をもとに戻（もど）して磁石Bをとり除き，図の矢印の向きに電流を流したコイルをアルミパイプの下に置き，丸棒をのせると，どの向きに力を受けるか，右，左で答えなさい。

⑤抵抗器（ていこうき）だけをかえたとき，丸棒が最もはやく動くのは次の**ア～エ**のどの場合か，選びなさい。

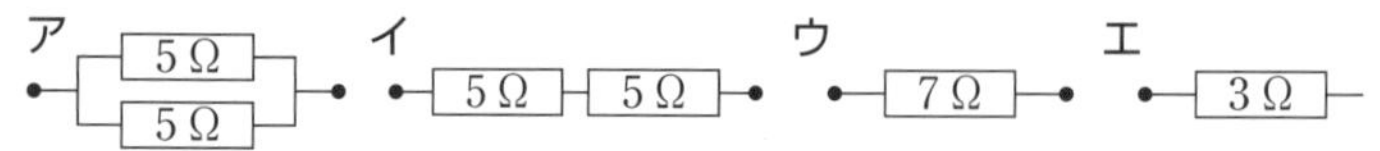

〔図2〕

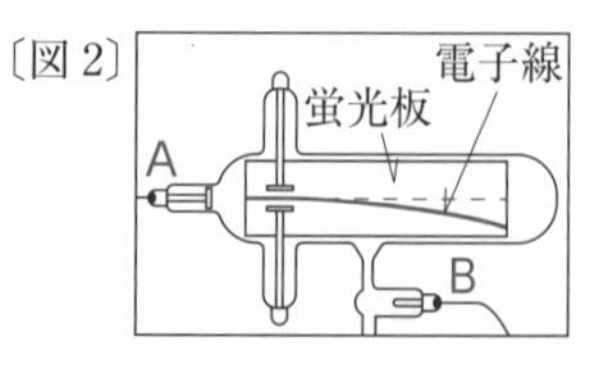

(2) 図2のクルックス管に誘導（ゆうどう）コイルをつなぎ，スイッチを入れると，電子線（陰極線（いんきょくせん））が点線のように現れた。

①図2のAの極は，＋極，－極のどちらか，答えなさい。

②電子線を図2の実線のように曲げるには，蛍光板に対してどの向きに磁界をかければよいか。右の**ア**～**エ**から1つ選びなさい。

蛍光板に平行な磁界

蛍光板に平行な磁界

ウ 磁界
蛍光板に垂直な磁界

蛍光板に垂直な磁界

(1)	①	②	③	④	⑤	(2)	① 極	②

〔長崎－改〕

3 **[電磁誘導]** 次の問いに答えなさい。ただし，棒磁石はすべて同じものを用いたものとし，空気抵抗，およびコイルと導線の電気抵抗は考えないものとする。 (5点×6－30点)

図1のような回路を組み，コイルの上から棒磁石のN極を下向きにして近づけた。

(1) 電流はa，bのどちらの向きに流れるか。また，流れる電流の名称を書きなさい。

(2) (1)と逆の向きに電流が流れるものを，次からすべて選びなさい。

ア コイルの上から棒磁石のS極を下にして下向きに近づける。

イ コイルの上から棒磁石のS極を下にして上向きに遠ざける。

ウ コイルの下から棒磁石のN極を上にして上向きに近づける。

エ コイルの巻く向きを逆にして，コイルの上から棒磁石のN極を下にして下向きに近づける。

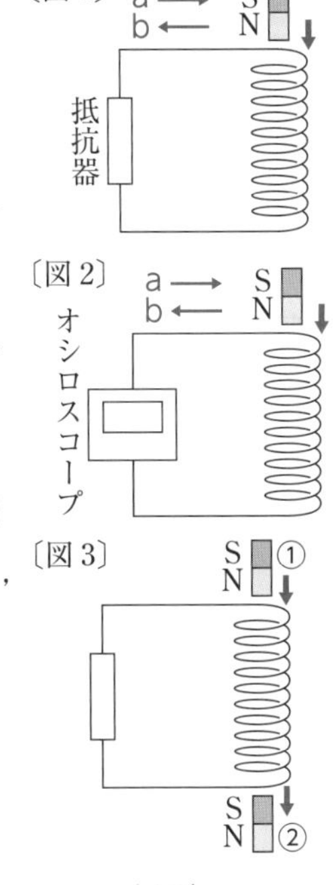

次に，図2のようにコイルをオシロスコープにつなぎ，コイルの上から棒磁石のN極を下にして静かに手をはなして落下させた。すると，棒磁石はコイルにふれることなくコイル内を通り抜けた。

(3) このとき，オシロスコープに表示されるおおよその波形について，適当なものを次から1つ選びなさい。ただし，aの向きに電流が流れたとき，波形は正の向きに表示されるものとする。

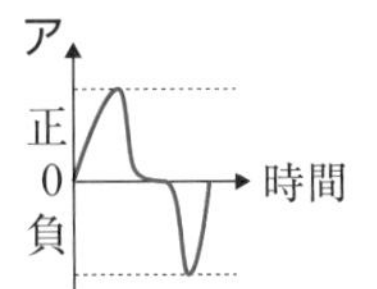

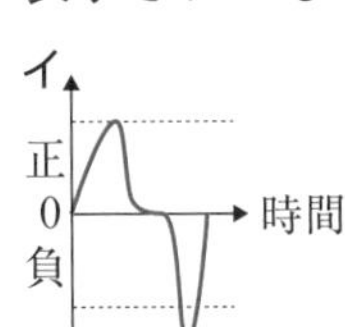

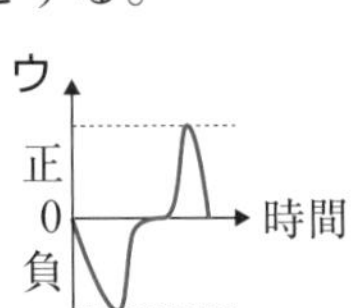

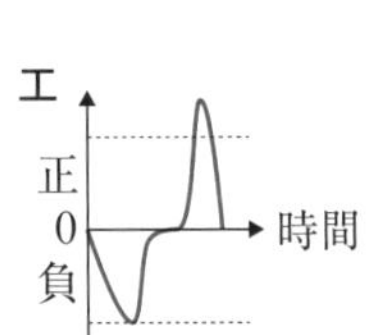

(4) このとき，コイルに流れる電流を全体的に大きくする(オシロスコープの波形の振幅を全体的に大きくする)にはどうすればよいか。次から適当なものをすべて選びなさい。

ア 半径の大きなコイルを用いる。 **イ** 長さは同じで，巻き数の多いコイルを用いる。

ウ より高い位置から棒磁石を落下させる。 **エ** 形は同じで，より強力な棒磁石を用いる。

オ 形は同じで，より重い棒磁石を用いる。

(5) コイルに流れる電流を考えると，落下する棒磁石が図3の①，②それぞれの位置にきたとき，コイルからどの向きに力を受けるか。次の**ア**～**エ**の組み合わせから選び，記号で答えなさい。

ア ①上向き ②上向き **イ** ①上向き ②下向き

ウ ①下向き ②上向き **エ** ①下向き ②下向き

(1)	記号	名称	(2)	(3)	(4)	(5)

〔東大寺学園高〕

3 コイル内の磁界が変化すると，変化を妨げる磁界ができるようにコイルに電流が流れる。この現象を電磁誘導という。

4 身のまわりの物質

●時間 45分　●得点　点
●合格点 75点

解答▶別冊4ページ

1 ［物質の状態と密度］ 次の問いに答えなさい。 （4点×5－20点）

(1) 物質が温度によって固体，液体，気体とすがたを変えることを何というか。名称を書きなさい。

(2) 表1は，5つの物質の融点と沸点を示したものである。表1の物質のうち，温度が－10℃のとき，液体であるものはどれか。次の**ア**～**オ**から適当なものをすべて選びなさい。

ア 酸素　**イ** エタノール　**ウ** 水銀
エ 水　**オ** パルミチン酸

〔表1〕

物質	融点〔℃〕	沸点〔℃〕
酸素	－218	－183
エタノール	－115	78
水銀	－39	357
水	0	100
パルミチン酸	63	360

(3) 表2は，4℃の水の密度と0℃の氷の密度を示したものである。4℃の水100 cm^3 を0℃に冷やしてすべて氷にすると，できた氷の体積は何 cm^3 か，求めなさい。ただし，答えは小数第2位を四捨五入し，小数第1位まで求めなさい。

〔表2〕

物質	密度〔g/cm^3〕
水(4℃)	1.00
氷(0℃)	0.92

記述 (4) 氷を水に入れると，浮くか沈むか答えなさい。また，その理由も簡単に書きなさい。

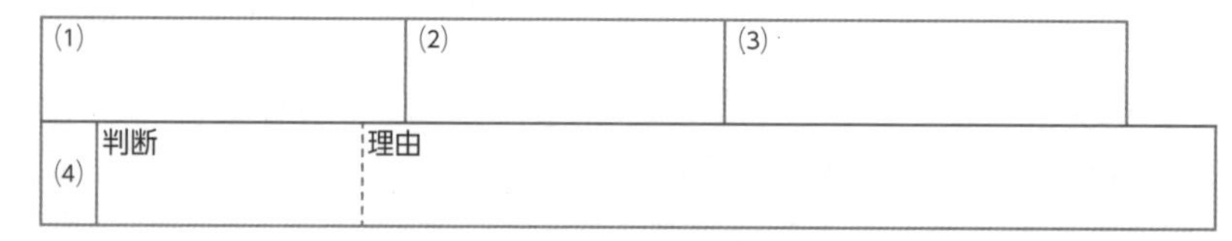

〔三重－改〕

2 ［身のまわりの物質］ 次のA～Dの文について，あとの問いに答えなさい。 （5点×8－40点）

A　ろうそくのろうを砕いてビーカーに入れて加熱したところ，液体になった。これを静かに冷やすと，中央がくぼんで固体となった。

B　ポリエチレンの袋にエタノールを入れ，空気を抜いて閉じた。これを湯につけたところ，風船のように袋がふくらんだ。

C　ドライアイスのかけらを，少量の水を張った皿に乗せたところ，盛んに白煙を上げ，固体のまま，しだいに小さくなっていった。

D　エタノールと水と砂糖の混合物を，誘導管をつけた試験管に入れて加熱し，発生した気体を冷水中の試験管に導いて液体を得た。この液体に点火すると，青白い炎をあげて燃えた。

(1) A～Dの文の下線部＿＿と最も関係の深い語句を，下の**ア**～**キ**から選び，記号で答えなさい。

ア 溶解　**イ** 融解　**ウ** 蒸留　**エ** 昇華
オ 落下　**カ** 屈折　**キ** 蒸発

記述 (2) 液体のろうの中に固体のろうを入れると，固体のろうは浮くか，沈むか。また，そのように判断した理由を，Aの文の＿＿部をふまえて20字以内で説明しなさい。

(3) Cの文の白煙の正体は何か。その物質名を答えなさい。

(4) Dの文で青白い炎をあげて燃えた物質は何か。物質名を答えなさい。

(1)	A	B	C	D	(2)	判断
理由					(3)	(4)

〔開成高〕

3 **[気体の性質]** 図の質量，容積がともに同じペットボトルに入っている気体A～Dは，水素，酸素，二酸化炭素，アンモニアのいずれかである。次の文を読み，あとの問いに答えなさい。 (4点×5－20点)

ペットボトル

気体A	気体B	気体C	気体D	空気

(1気圧，20℃の気体がそれぞれ入っている。)

上皿てんびんを用いて，空気の入ったペットボトルと，気体A～Dの入ったペットボトルの質量をそれぞれ比較した。

結果：空気より軽い…気体B，D　　空気より重い…気体A，C

次に，ペットボトルのふたを開け，すぐに水を加えてふたを閉め，ペットボトルを振った。

結果：ペットボトルがへこんだ…気体A，D　　ペットボトルは変化しなかった…気体B，C

記述 (1) 下線部のようになるのは，気体Aと気体Dにどのような性質があるからか。「気体AとDは，気体BとCに比べて，」という書き出しに続けて簡単に書きなさい。

(2) 気体Bと気体Cの発生方法を，次の**ア**～**エ**から1つずつ選び，記号で答えなさい。

ア 石灰石にうすい塩酸を加える。　　**イ** 二酸化マンガンにオキシドールを加える。

ウ 塩化アンモニウムと水酸化カルシウムを混ぜ加熱する。　　**エ** 亜鉛にうすい塩酸を加える。

(3) 気体Dの集め方として最も適する方法の名称を書きなさい。

(4) 気体A～Dの中で密度が最も小さいのはどれか。記号で答えなさい。

(1) 気体AとDは，気体BとCに比べて，			
(2) 気体B	気体C	(3)	(4)

〔愛媛－改〕

4 **[水溶液の濃度]** 表は，それぞれの温度で100gの水に硝酸カリウムが最大何gまで溶けるかを表したものである。次の問いに答えなさい。ただし，(2)～(4)は小数第1位を四捨五入して整数で答えなさい。 (4点×5－20点)

〔表〕

温　度〔℃〕	10	20	40	60
硝酸カリウムの質量〔g〕	22	32	64	109

(1) (A)に最も適する語句を漢字で答えなさい。

表中の数値22は，10℃における硝酸カリウムの(A　　)である。

(2) 40℃における硝酸カリウムの飽和水溶液の質量パーセント濃度は何%ですか。

(3) 60℃における硝酸カリウムの飽和水溶液209gをビーカーに入れ，しばらく加熱して水を蒸発させ，再び60℃にもどしたところ，ビーカーの中には沈殿した結晶を含めて184gの物質が残っていた。このとき，ビーカーの中には何gの結晶ができていますか。

(4) 60℃における硝酸カリウムの飽和水溶液209gに水20gを加えたあと，20℃まで冷やした。このとき何gの結晶ができていますか。

(5) 20%の硝酸カリウム水溶液50gを使って2倍にうすめたい。水を何g加えればよいですか。

(1)	(2)	(3)	(4)	(5)

〔福岡大附属大濠高－改〕

1 (3) 密度〔g/cm³〕＝$\frac{質量〔g〕}{体積〔cm^3〕}$で求められる。

4 (2) 質量パーセント濃度〔%〕＝$\frac{溶質の質量〔g〕}{溶質の質量〔g〕＋溶媒の質量〔g〕}$×100で求められる。

(4) 水溶液の温度が下がると，溶解度が小さくなり，溶けきれなくなった物質を結晶としてとり出すことができる。

5 化学変化と原子・分子 ①

●時間 45分　●合格点 75点　●得点 　点

解答▶別冊 5 ページ

1 ［原子・分子］ 次の問いに答えなさい。 (4点×6－24点)

(1) 次の**ア**～**ク**の物質について，あとの問いに答えなさい。

ア 窒素(ちっそ)　**イ** 二酸化炭素　**ウ** 炭酸水素ナトリウム　**エ** ショ糖
オ カルシウム　**カ** ダイヤモンド　**キ** セルロース　**ク** 硫酸(りゅうさん)

①単体をすべて書きなさい。
②有機物をすべて書きなさい。
③金属光沢(こうたく)をもつものをすべて書きなさい。

(2) 水素原子を○，酸素原子を◎，窒素原子を⊗として，例にならい，次の化学反応式をモデルで描(か)き表しなさい。例 H_2O ○◎○　化学反応式 $3H_2 + N_2 \longrightarrow 2NH_3$

(3) 銅を空気中で加熱したときの化学反応をモデルで表すと右図のようになる。酸素原子をモデルで表しなさい。また，○●は何を表しているか。物質名を書きなさい。

○ ○ ＋ ●● ⟶ ○● ○●

(1)	①	②	③	(2)	(3)	モデル	物質名

〔法政大第二高－改〕

2 ［化学変化］ 右図のような装置を用いて炭酸水素ナトリウム($NaHCO_3$)を加熱し，どのような変化が起こるかを調べる実験を行った。その結果，気体が発生し，試験管の口付近には水滴(すいてき)の付着が確認された。また，加熱後の試験管の底の部分には白い固体が残った。この実験について，次の問いに答えなさい。(4点×9－36点)

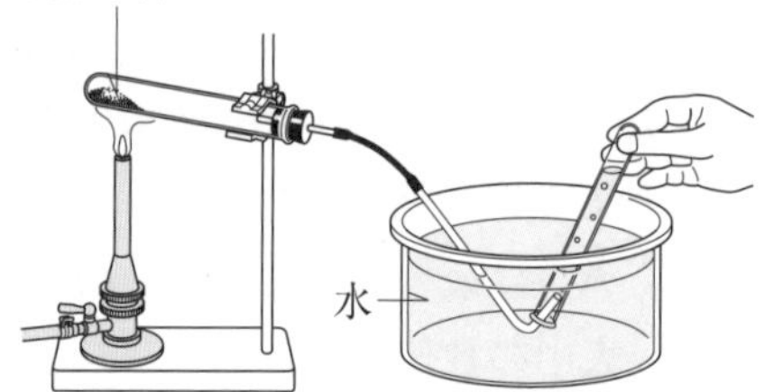

(1) このように，1種類の物質が2種類以上の物質に分かれる化学変化を何といいますか。

(2) 発生した気体を石灰水(せっかいすい)に通すと｛**ア** 青色に変わる　**イ** 赤色に変わる　**ウ** 白濁(はくだく)する｝。｛ ｝**ア**～**ウ**より正しいものを記号で答え，また，発生した気体の化学式を書きなさい。

(3) 加熱によって発生した水滴を青色の塩化コバルト紙につけると，何色に変化しますか。

(4) 残った白い固体と炭酸水素ナトリウムを水溶液にし，ある無色の指示薬を加えると，残った白い固体の水溶液のほうが濃(こ)い赤色を示した。この指示薬の名称(めいしょう)を答えなさい。

(5) この実験で起こった変化を化学反応式で表したい。次の□に化学式を書きなさい。

$2NaHCO_3 \longrightarrow$ ①□ ＋ ②□ ＋ H_2O（①は固体，②は気体）

記述 (6) 図のように，試験管の口をやや下に傾(かたむ)けておく理由を答えなさい。

(7) 図のような水上置換(ちかん)法で集められない気体を次の**ア**～**エ**から選び，記号で答えなさい。

ア 水素　**イ** 酸素　**ウ** アンモニア　**エ** 窒素

(1)	(2) 記号	化学式	(3)	(4)	(5) ①

②	(6)	(7)

〔近畿大附高－改〕

3 **[実験法・化学式]** 次の①～⑦の固体を，それぞれ右図のように試験管の中に入れて加熱した。あとの問いに答えなさい。 (4点×6－24点)

固体

①炭酸水素ナトリウム　②酸化銅と炭素の粉末を混ぜたもの

③塩化アンモニウムと水酸化カルシウムを混ぜたもの

④銅の粉末　⑤銅と炭素の粉末を混ぜたもの

⑥酸化銀　⑦鉄と硫黄(いおう)の粉末を混ぜたもの

(1) ⓐ塩化アンモニウムとⓑ酸化銀の化学式を書きなさい。

記述 (2) ①～⑦のうち，化学変化を起こさないものがいくつかある。それらを①～⑦の番号ですべて答え，また，化学反応が起こらなかった共通する理由を15字程度で書きなさい。

(3) ①～⑦のうち，試験管の口を上げて加熱したほうがよいものを1つ選び，番号で答えなさい。

(4) ①～⑦のうち，加熱する前と加熱した後で試験管の総質量が変化しないものをすべて選び，①～⑦の番号で答えなさい。

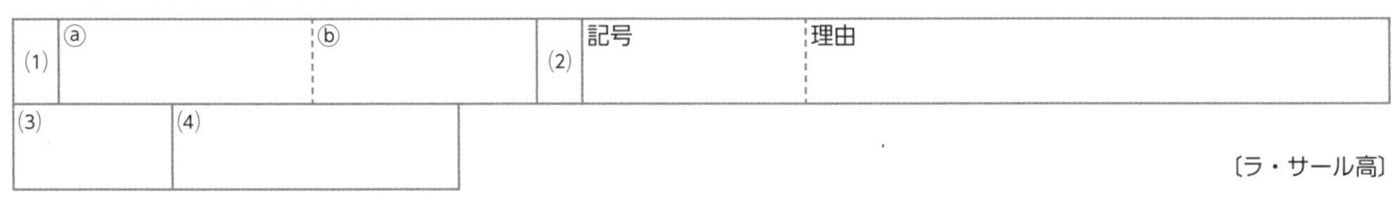

(1)	ⓐ	ⓑ	(2)	記号	理由
(3)	(4)				

〔ラ・サール高〕

4 **[化学変化]** 次の実験について，あとの問いに答えなさい。(2点×8－16点)

〔実験〕 鉄粉7gと硫黄4gを乳鉢(にゅうばち)に入れてよく混ぜ合わせた。つくった混合物の$\frac{1}{4}$を試験管㋐に，残りを試験管㋑にそれぞれ入れ，右図のように脱脂綿(だっしめん)で試験管㋑の口を閉じ，混合物の上部を加熱した。

①混合物の上部が赤くなったところで$_A$加熱をやめたが反応は続き，赤くなる部分が全体に広がった。反応後，冷やした試験管㋑の中には$_B$黒い物質ができていた。

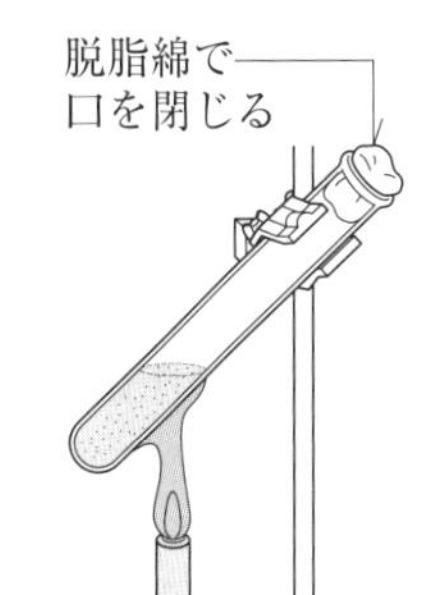

②試験管㋐，㋑それぞれに磁石を近づけ，中の物質が引きつけられるかどうか調べた。

③試験管㋐，㋑の中の物質を少量うすい塩酸に入れ，発生する気体について調べた。

記述 (1) 下線部Aのように，加熱をやめたあとも反応が続いたのはなぜか，書きなさい。

(2) 下線部Bの鉄と硫黄の化合物である黒い物質は何か。物質名を答えなさい。

(3) この実験で，鉄粉と硫黄の混合物を加熱したときに起こる化学反応式を書きなさい。

(4) ②で，磁石に引きつけられたのは試験管㋐，㋑のどちらか，記号で答えなさい。

記述 (5) ③で，発生した気体のにおいを嗅(か)ぐときにはどのようにすればよいか。また，試験管㋑の物質を入れたときに発生した気体の名称(めいしょう)を答えなさい。

(6) 鉄粉7gと硫黄4gの混合物を加熱すると，すべて反応し，黒い物質ができた。鉄粉10.5gと硫黄5.2gの混合物を加熱したとき，どちらの物質が何g反応せずに残るか求めなさい。

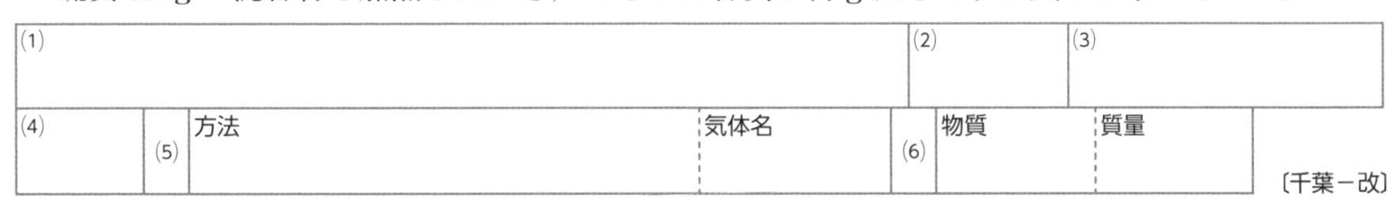

(1)			(2)	(3)		
(4)	(5) 方法	気体名	(6) 物質	質量		

〔千葉－改〕

3 (2) ④で銅は単体なので分解できない。反応する物質は空気中の酸素であるが，試験管を加熱すると試験管の中に空気が入ってくるかどうか。ほかも考えよう。

4 化合物をつくる物質の質量比は一定(鉄：硫黄＝7：4)である。

月　日

化学変化と原子・分子 ②

●時間 45分　●合格点 75点　●得点　点

解答▶別冊 6 ページ

1 [化学変化と物質の質量]　マグネシウムと銅の粉末をそれぞれ空気中で加熱し，完全に酸化させたところ，反応前後で右の表1，2のように質量が変化した。

次の問いに答えなさい。（3点×9－27点）

〔表1〕

マグネシウムの質量〔g〕	0.40	0.60	0.80
酸化マグネシウムの質量〔g〕	0.66	0.99	1.32

〔表2〕

銅の質量〔g〕	0.40	0.60	0.80
酸化銅の質量〔g〕	0.50	0.75	1.00

(1) 銅の酸化を化学反応式で表しなさい。

(2) 銅原子100個に対して酸素分子が何個反応しましたか。

(3) マグネシウムと銅の粉末それぞれ2.40gが完全に酸化されるとき，反応する酸素はそれぞれ何gになりますか。

(4) マグネシウムと銅の混合物5.00gを完全に酸化させたところ，残った物質は7.21gであった。もとの混合物にマグネシウムは何g含(ふく)まれていましたか。

(5) マグネシウムの粉末4.30gを加熱し酸化させたところ，加熱後の物質の質量は6.25gであった。このとき酸化されずに残っているマグネシウムは何gですか。

記述 (6) マグネシウムを空気中で加熱するとき，銅の場合と大きく異なる点は，酸化マグネシウムの白(はく)煙(えん)が生じたり，(　　)激しく反応することである。(　　)に10字以内の適語を書きなさい。

(7) 化学変化において，反応の前後で物質全体の質量は変わらない。この法則を何といいますか。

記述 (8) (7)の法則がなりたつ理由を説明しなさい。

〔土佐高－改〕

(1)	(2)	(3) マグネシウム	銅	(4)	(5)
(6)	(7)	(8)			

2 [化学反応式]　次の①〜③の文章を読み，あとの問いに答えなさい。（4点×6－24点）

①ア うすい塩酸の中にマグネシウムを入れたところ，水素が発生し，反応後の溶液(ようえき)中には塩化マグネシウムが生成する。

②イ うすい塩酸の中に炭酸水素ナトリウムを加えたところ，二酸化炭素が発生して溶(と)けた。いま，発生した二酸化炭素を集気びんに集め，ウ この中へ火をつけたマグネシウムを入れると，激しく燃えて白い物質に変化し，集気びんの壁(かべ)には黒色の物質が付着していた。

③塩化アンモニウムと水酸化バリウムに水を加えると，エ 気体が発生して温度が下がった。

(1) 下線部**ア**〜**ウ**の変化を化学反応式で表しなさい。

(2) **ウ**の反応の結果から，二酸化炭素は(　　)されたといえる。(　　)に適語を書きなさい。

(3) ③の化学反応式は　$2NH_4Cl + Ba(OH)_2 \longrightarrow BaCl_2 + 2(\quad) + 2H_2O$　である。(　)に下線部**エ**の気体の化学式を書きなさい。また，「温度が下がった」ことから何反応ですか。

(1) ア	イ		
ウ	(2)	(3) 化学式	反応

〔滝高－改〕

3 **［還元と質量］** 次のようにして，酸化銅から酸素をとり出したあとの質量の変化を調べた。あとの問いに答えなさい。 （5点×5－25点）

酸化銅と
炭素粉末

①右図のように，酸化銅と炭素粉末の混合物を十分加熱し，完全に二酸化炭素の発生が終わったところで，加熱をやめ，ゴム管をピンチコックでとめて試験管を十分に冷ます。

②試験管の中に残っている物質をとり出し，質量をはかる。

右の表は，酸化銅6.00gに混合する炭素粉末の質量を変えて，上の操作①，②を行った結果をまとめたものである。ただし，酸化銅と炭素粉末の反応以外の反応は起こらないものとする。

〔表〕

加えた炭素粉末の質量〔g〕	0.15	0.30	0.45	0.60	0.75
反応後の試験管内の物質の質量〔g〕	5.60	5.20	4.80	4.95	5.10

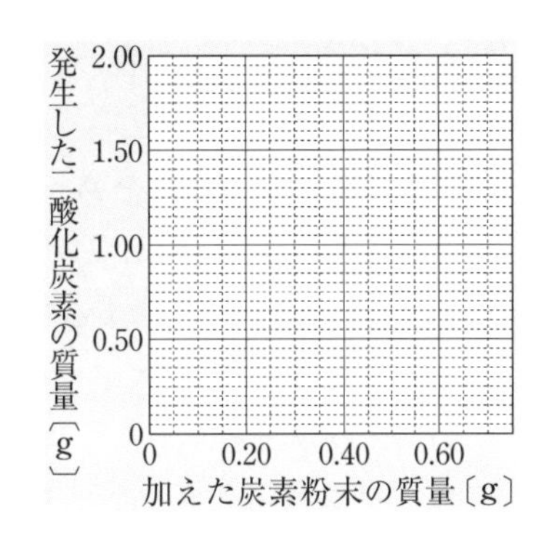

(1) ①での酸化銅と炭素粉末の変化を化学反応式で表しなさい。

(2) 酸化銅6.00gに炭素粉末0.30gを加えたとき，発生した二酸化炭素の質量は何gですか。

(3) 実験結果から，加えた炭素粉末の質量と，発生した二酸化炭素の質量の関係を表すグラフを右に描きなさい。実験から求められる値を「・」で記入すること。

(4) 酸化銅6.00gに炭素粉末0.75gを加えて加熱したとき，発生した二酸化炭素の中に含まれる酸素の質量は何gですか。

(5) 酸化銅中の銅と酸素の質量比を，最も簡単な比で表しなさい。

(1)	(2)	(3)（図に記入）	(4)	(5) 銅：酸素＝

〔鹿児島－改〕

4 **［マグネシウムと塩酸の反応］** うすい塩酸$100cm^3$に，いろいろな質量のマグネシウムを加え，発生した気体の体積を測定した。右図は，このときの測定値を×で記入したものである。次の問いに答えなさい。 （4点×6－24点）

発生した気体の体積〔cm^3〕 250 200 150 100 50 0
0 0.05 0.10 0.15 0.20 0.25 0.30 0.35
加えたマグネシウムの質量〔g〕

(1) このとき発生した気体の名称と捕集法を答えなさい。

記述 (2) うすい塩酸の量を$100cm^3$から$200cm^3$にかえて，十分な量のマグネシウムを加えると，発生する気体の体積は何倍になるか。また，うすい塩酸にマグネシウムを加えると，反応後の水溶液のpHは反応前に比べてどうなるか。それぞれ答えなさい。

(3) マグネシウムがうすい塩酸$100cm^3$と完全に反応する質量を，小数第2位まで求めなさい。

(4) マグネシウム0.40gにうすい塩酸$100cm^3$を加えたとき，マグネシウムの一部が反応せずに残った。残ったマグネシウムを完全に反応させるために必要な塩酸は何cm^3か，小数第1位を四捨五入して整数で答えなさい。

(1) 名称	捕集法	(2) 体積	pH	(3)	(4)

〔福島－改〕

2 (1) ウでは二酸化炭素の酸素がマグネシウムに奪われている。

生物の生活と種類

●時間 40分　●合格点 75点　●得点　　点

解答▶別冊7ページ

1 [動物のなかま]　次の図の生物について，あとの問いに答えなさい。　(4点×11－44点)

A 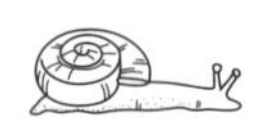 B  C 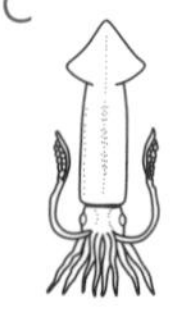 D  E 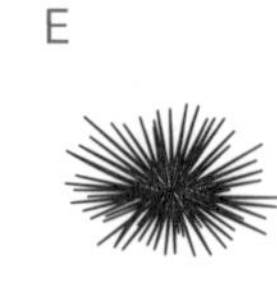 F  G H 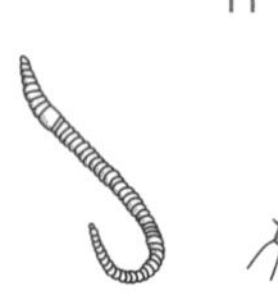

(1) A～Hの動物のように，背骨をもたない動物を，何動物といいますか。

(2) からだがかたい殻(から)で覆(おお)われ，あしに多くの節がある動物を，A～Hから3つ選びなさい。

(3) (2)の動物を何動物というか。また，からだのかたい殻の名称(めいしょう)を漢字3字で答えなさい。

(4) 外とう膜(まく)をもつ動物をA～Hから2つ選び，また，これらを何動物というか答えなさい。

(5) 背骨をもつ動物には，①魚類，②両生類，③ハ虫類，④鳥類，⑤ホ乳類の5つのグループがある。①～⑤にあてはまる生物を，次の**ア**～**ナ**からそれぞれ3つずつ選びなさい。

ア　ヤンバルクイナ　**イ**　ゴカイ　**ウ**　コウモリ　**エ**　タコ　**オ**　ゴキブリ
カ　イグアナ　**キ**　ヤモリ　**ク**　イモリ　**ケ**　イセエビ　**コ**　イトミミズ
サ　ジンベイザメ　**シ**　ハマグリ　**ス**　モグラ　**セ**　スッポン　**ソ**　タナゴ
タ　キングペンギン　**チ**　ウズラ　**ツ**　ハイギョ　**テ**　ウシガエル　**ト**　カモノハシ
ナ　オオサンショウウオ

(1)	(2)	(3) 動物名	殻の名称	(4) 記号
動物名	(5) ①	②	③	④	⑤

〔帝塚山高－改〕

2 [植物の分類]　次の問いに答えなさい。　(4点×4－16点)

(1) 図1は，陸上に分布する植物の分類を表している。マツはどれにあたるか，図の**ア**～**カ**から1つ選び，記号で答えなさい。

〔図1〕

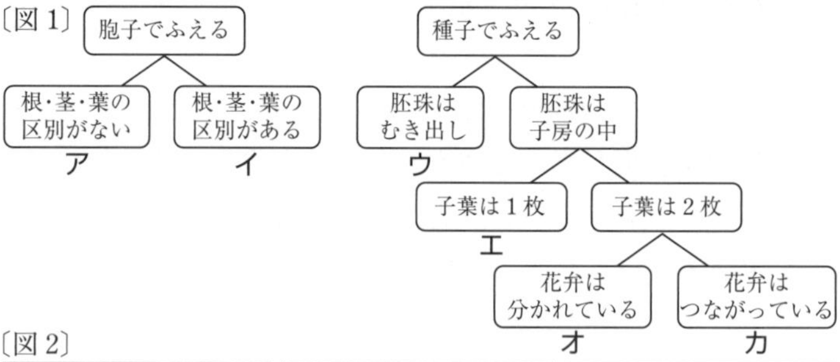

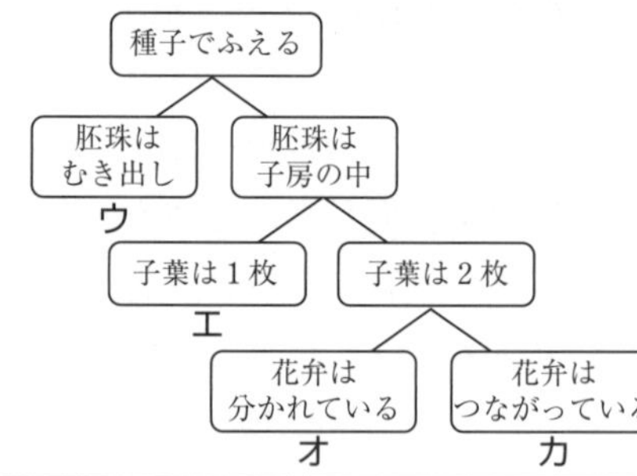

(2) 図2は植物の根・茎(くき)・葉の特徴(とくちょう)を表している。双子葉(そうしよう)類の特徴を表したものはどれか，それぞれ記号で答えなさい。

〔図2〕

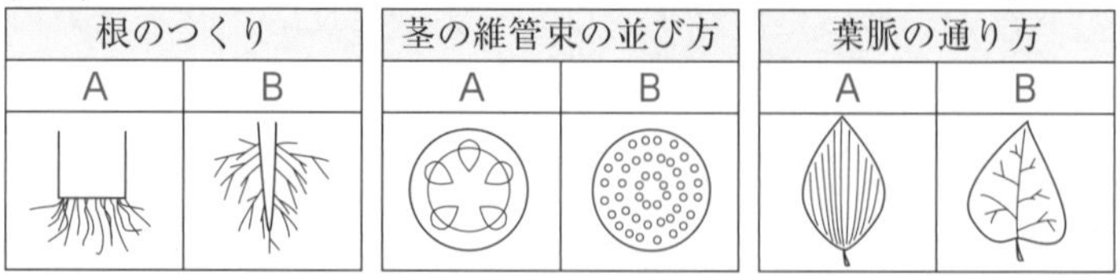

根のつくり		茎の維管束の並び方		葉脈の通り方	
A	B	A	B	A	B
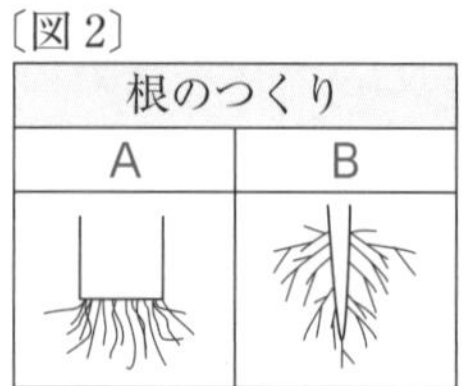		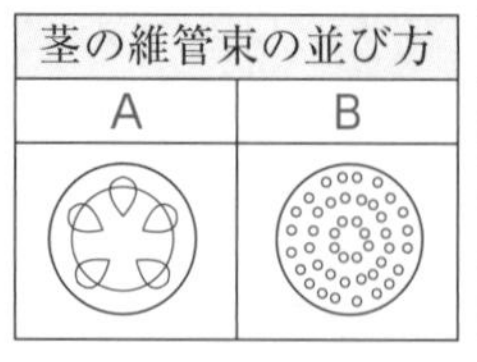			

(1)	(2) 根	茎	葉

〔沖縄－改〕

3 **[動物の分類]**　**下の図は，動物を外形や内部のつくりなどで分類したものである。次の問いに答えなさい。**

(6点×5－30点)

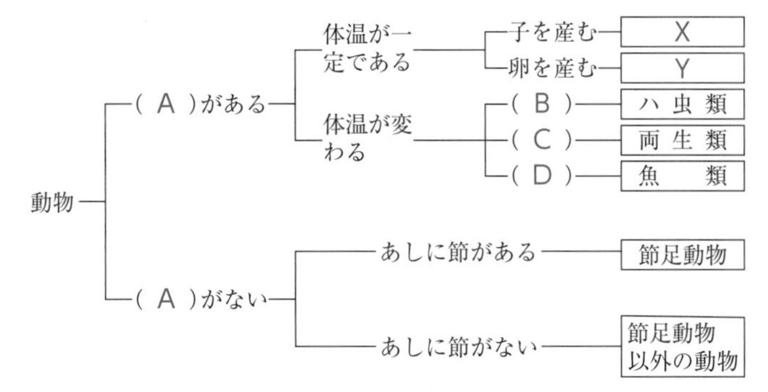

(1) 図のAにあてはまる語句を書きなさい。

(2) 右の**ア**～**エ**のうち，図のB，C，Dのそれぞれにあてはまる特徴（とくちょう）として正しい組み合わせになっているのはどれか，記号で答えなさい。

	ア	イ	ウ	エ
B	子を産む	からだは，やわらかい毛でおおわれている	あしは4本である	一生肺呼吸する
C	殻のある卵を産む	からだは，かたいうろこでおおわれている	あしは2本である	子のときえら呼吸し，成長すると肺呼吸する
D	殻のない卵を産む	からだはうろこでおおわれている	あしはない	一生えら呼吸する

(3) 図のXとYの欄（らん）にあてはまる分類名をそれぞれ書きなさい。

(4) 次の**ア**～**エ**のうち，3つとも節足動物であるのはどれか，記号で答えなさい。

ア　トンボ，カニ，ミミズ　　**イ**　チョウ，エビ，ミジンコ

ウ　クモ，ヒトデ，タコ　　**エ**　バッタ，ウニ，ムカデ

(1)	(2)	(3) X	Y	(4)

〔大分－改〕

4 **[動物の分類]**　**身のまわりで見られる12種類の動物について，下に示した特徴をもとに調べた。これについて，次の問いに答えなさい。**

(5点×2－10点)

<調べた動物>

イカ	トカゲ	イモリ
ハト	メダカ	コウモリ
カメ	カエル	ニワトリ
コイ	ウサギ	カブトムシ

<特徴>

特徴①　背骨がある。
特徴②　肺で呼吸する。
特徴③　体温を一定に保つしくみをもつ。
特徴④　卵を産む。

(1) 特徴①のように，背骨がある動物を何というか，名称（めいしょう）を書きなさい。

(2) 12種類の調べた動物のうち，特徴①～④をすべてあわせもつ動物はどれか。すべて選び，言葉で答えなさい。

(1)	(2)

〔岐　阜〕

2 (2) 双子葉類（そうしよう）の根・茎（くき）・葉の特徴はそれぞれ，「主根と側根がある」・「形成層がある」・「網状脈（もうじょう）がある」である。

月　日

8 植物のからだのつくりとはたらき

●時間 45分　●合格点 75点　●得点　　点

解答▶別冊 8 ページ

1 [植物のからだのつくりとはたらき]　図１のように，大きさや葉の数がほぼ同じホウセンカを３本用意し，図１のA～Cの処理をして水の入った試験管に入れ，油を注いで水面をおおった。ホウセンカA～Cを入れた試験管を風通しのよい所に一定時間置いたあと，水の減少量を求め，表にまとめた。次の問いに答えなさい。　(5点×6－30点)

〔図１〕

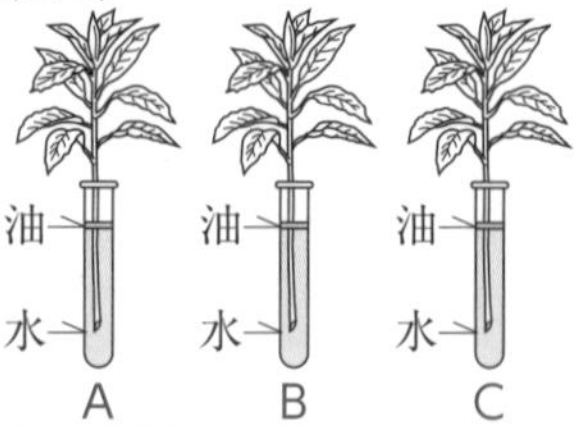

油　水　A　B　C

A：どこにもワセリンを塗らない。
B：葉の表側にワセリンを塗る。
C：葉の裏側にワセリンを塗る。

〔表〕

	A	B	C
水の減少量〔g〕	5.0	3.8	1.4

(1) 植物のからだから水が水蒸気になって出ていく現象を何というか，書きなさい。

記述 (2) 下線部の操作をしたのはなぜか，書きなさい。

(3) 表をもとに，①葉の裏側から出た水の量は葉の表側から出た水の量の何倍になるか。また，②茎（くき）から出た水の量は何gか，書きなさい。

(4) ホウセンカの茎で，水分の通り道は図２のA，Bのどちらか。また，その部分を何というか，書きなさい。

〔図２〕

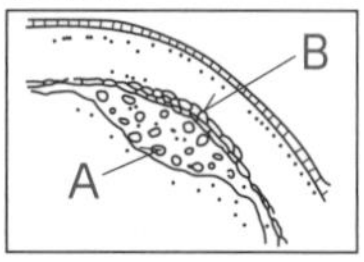

A　B

〔和歌山－改〕

(1)	(2)	(3) ①	②	(4) 記号	名称

2 [植物の分類]　図１はマツのりん片，図２はマツの枝の一部，図３はエンドウの花の断面，図４はコスギゴケ，図５はイヌワラビの葉の裏にある茶色いものの一部を示したものである。(3点×10－30点)

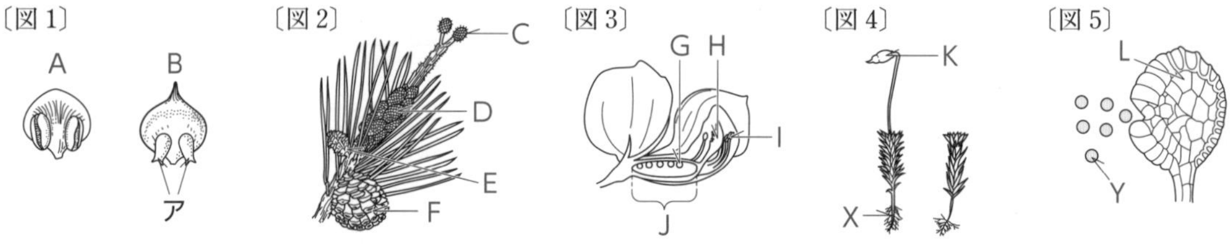

(1) 図１のAは図２のC～Fのどこにあるか。また，それは雄花（おばな），雌花（めばな）のどちらですか。

(2) 図１のBのアと同じ名前の部分をC～Lから１つ選び，また，その名称（めいしょう）を書きなさい。

(3) マツの特徴（とくちょう）として適当なものを，次のア～オから３つ選びなさい。

ア　雄花と雌花は同じ木に咲（さ）く。　**イ**　雌花には花弁やがくがない。　**ウ**　花粉は昆虫（こんちゅう）が運ぶ。

エ　受粉すると果実と種子ができる。　**オ**　受粉してから種子ができるまで１年以上かかる。

(4) 図２～５の４つの植物すべてに共通する特徴を，次のア～オから１つ選びなさい。

ア　花弁がある。　**イ**　維管束（いかんそく）がある。　**ウ**　葉緑体がある。

エ　おしべとめしべがある。　**オ**　根，茎，葉の区別がある。

記述 (5) 図４のXは，主にどんなはたらきをするか。また，図５のYの名称を書きなさい。

(6) 図３，図５のなかまを何植物というか。それぞれの名称を書きなさい。

(1) 記号	花	(2) 記号	名称	(3)	(4)

〔帝塚山学院泉ヶ丘高－改〕

(5) はたらき	名称	(6) 図3	図5

3 **[植物の葉のはたらき]** 次の観察や実験について，あとの問いに答えなさい。 (4点×7－28点)

〔観察〕 図1はオオカナダモの葉の細胞(さいぼう)を顕微鏡(けんびきょう)で観察した模式図である。

次に，オオカナダモに十分光をあてたあと，葉を脱色(だっしょく)してからヨウ素液にひたし顕微鏡で観察した結果，a青紫色(むらさき)に染(そ)まった部分が見られた。

〔図1〕

◯…各細胞に1個ずつある丸いもの
○…緑色の粒

〔図2〕

〔実験〕 息を吹(ふ)きこみ緑色にしたうすいBTB液(えき)を，試験管A～Cに入れた。次に，試験管B，Cにオオカナダモを入れ，試験管Cをアルミニウムはくでおおい，3本の試験管にゴム栓(せん)をした(図2)。十分光をあて，1時間後の試験管内のようすと溶液(ようえき)の色を表にまとめた。

〔表〕

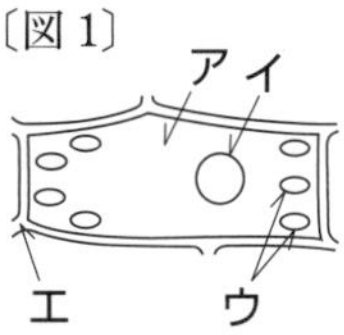

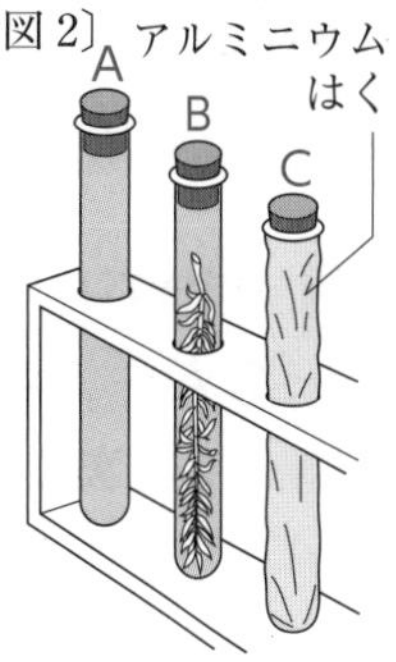

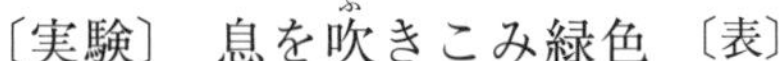

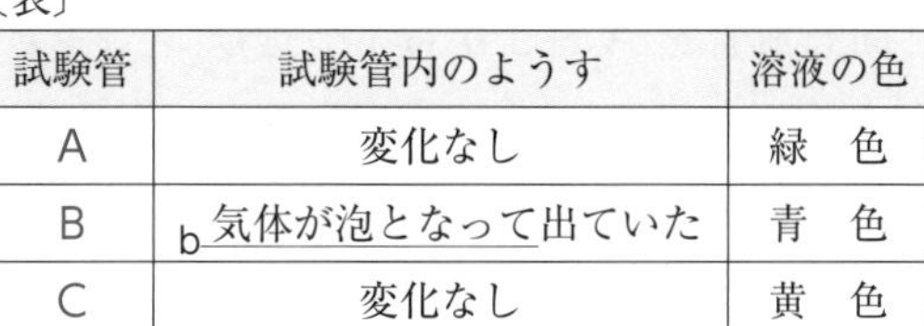

試験管	試験管内のようす	溶液の色
A	変化なし	緑　色
B	b気体が泡となって出ていた	青　色
C	変化なし	黄　色

〔図3〕

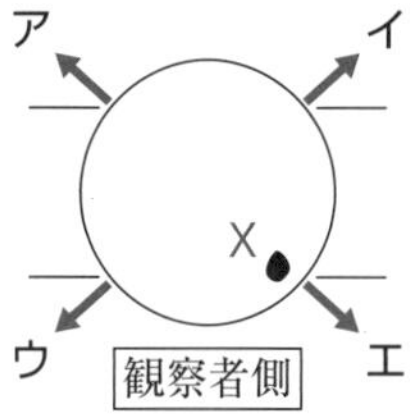

(1) オオカナダモと同じ根のつくりをもつ植物を次の**ア**～**オ**から1つ選びなさい。

ア アサガオ　**イ** アブラナ　**ウ** エンドウ　**エ** トウモロコシ　**オ** スギゴケ

(2) 顕微鏡の視野に粒(つぶ)Xが図3のように見えた。この粒Xを視野の中央に移動させるにはプレパラートを**ア**～**エ**のどの方向に動かせばよいか。なお，この顕微鏡では上下左右が逆に見えている。

(3) 下線部aは何か，名称(めいしょう)を書き，また，その部分を図1の**ア**～**エ**から1つ選びなさい。

記述 (4) 試験管Aを準備したのは何のためか。「光」という語句を用いて書きなさい。

(5) 表の下線部bの泡(あわ)に多く含(ふく)まれている気体は何か。次の**ア**～**オ**から1つ選びなさい。

ア 窒(ちっ)素(そ)　**イ** 二酸化炭素　**ウ** 水蒸気　**エ** 酸素　**オ** 水素

記述 (6) 試験管Cの溶液が黄色になった理由を，オオカナダモのはたらきとそのはたらきに関係する気体名を示して書きなさい。

〔秋田－改〕

(1)	(2)	(3)	名称	記号	(4)
(5)	(6)				

4 **[植物のからだのつくり]** 右図について，次の問いに答えなさい。 (4点×3－12点)

(1) 右図の植物は，被子(ひし)植物の何類に分類されますか。

(2) この植物の葉のついた茎(くき)を食用色素赤の入った試験管に入れ，しばらくして赤く染まると考えられる部分を，図1，図2よりそれぞれ番号と記号で答えなさい。

〔図1〕

〔図2〕

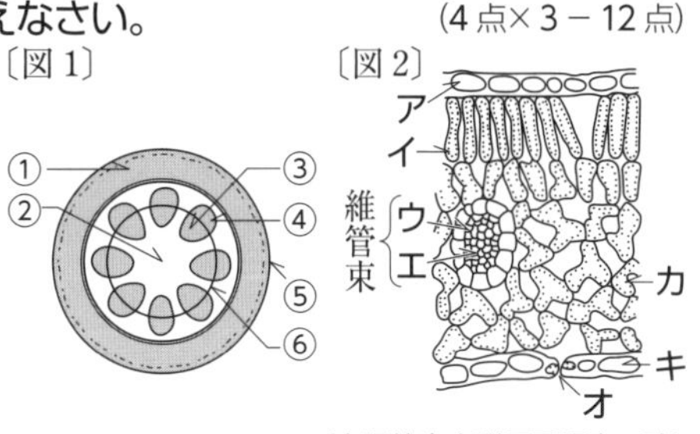

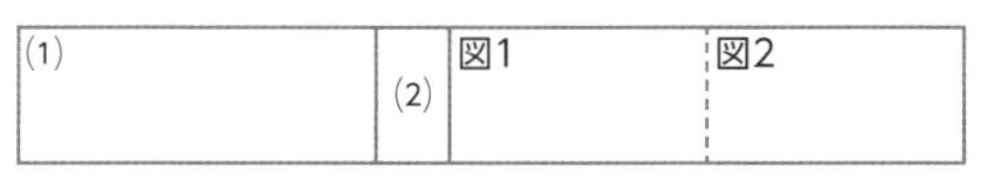

(1)	(2)	図1	図2

〔大阪教育大附属平野高－改〕

復習ポイント

1 (3) A：表・裏・茎，B：裏・茎，C：表・茎　から蒸散する。葉の裏からの蒸散量＝A－C，葉の表からの蒸散量＝A－B　で求められる。

3 (5) BTB液はアルカリ性で青色，中性で緑色，酸性で黄色を示す。CO_2は水に溶(と)けると酸性を示す。

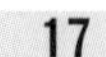

 動物のからだのつくりとはたらき

●時間 40分　●合格点 75点　●得点　点

解答▶別冊 9 ページ

1 **[循環系]** 図1はある器官の拡大図，図2は呼吸と血液の循環についての模式図である。図2のA～Jは血管で，ア～エは小腸，腎臓，肝臓，肺のいずれかを示している。次の問いに答えなさい。（2点×10－20点）

(1) 図1を含む器官と小腸を**ア～エ**からそれぞれ選び，記号で答えなさい。

(2) 図1の血管 a と同じ血管を A～J から1つ選び，記号で答えなさい。

(3) 次の①，②の血液が流れる血管を，A～J から1つずつ選び，記号で答えなさい。

①ブドウ糖が最も多い血液。

②尿素が最も少ない血液。

(4) A～D の血管のうち，動脈血が流れているのはどれか。すべて選び，記号で答えなさい。

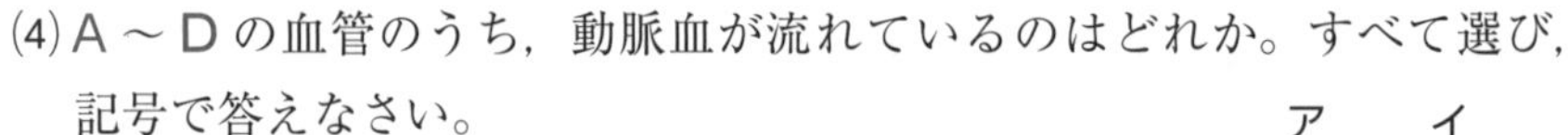

(5) 魚類と両生類の心臓の構造は，右の**ア～エ**のうちのどれか。それぞれ選び，記号で答えなさい。

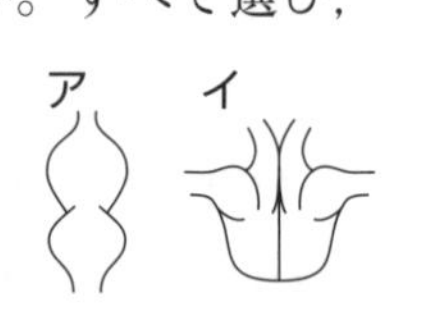

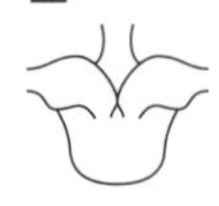

記述 (6) 図1のXの名称とそのはたらきを「交換」という語句を用いて書きなさい。

(1)	図1	小腸	(2)	(3)	①	②	(4)	(5)	魚類	両生類
(6)	名称	はたらき								

〔滝高－改〕

2 **[動物のからだのつくりとはたらき]** 動物のからだは，いくつかの器官が集まってつくられ，それぞれがはたらいてからだを維持している。次の問いに答えなさい。（4点×7－28点）

(1) 図1はヒトの心臓の模式図であり，A と B は心室を示す。A の血液は，B の血液に比べ，酸素と結合しているヘモグロビンの量が少ない。

①図1の**ア～エ**の血管のうち，肺静脈はどれですか。

②ヘモグロビンを含んでいる血液成分の名称を答えなさい。

(2) 図2はイカのからだのつくりの模式図である。イカとヒトの器官には，はたらきの似たものがある。ヒトの肺と似たはたらきをもつ器官を，図2の**ア～オ**から選び，その名称も書きなさい。また，イカの口を**ア～オ**から選びなさい。

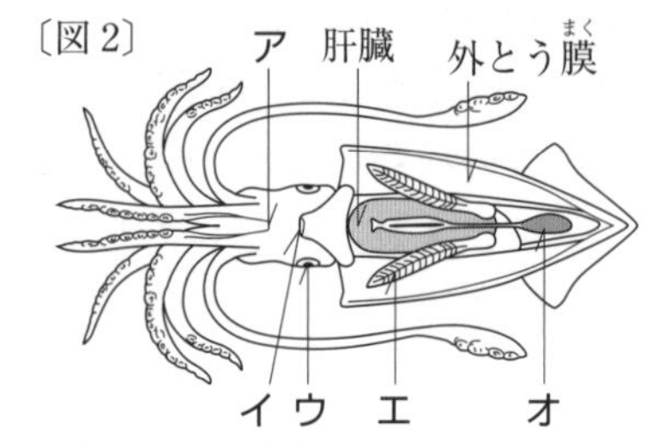

記述 (3) エビなどの節足動物は無セキツイ動物であるが，骨格をもつ。節足動物の骨格のつくりについて，背骨がないこと以外の特徴を書き，また，節足動物を次の**ア～カ**から2つ選びなさい。

ア ミミズ　**イ** ミジンコ　**ウ** ヒトデ　**エ** チョウ　**オ** カメ　**カ** クラゲ

(1)	①	②	(2)	記号	名称	口	(3)	特徴	記号

〔鹿児島－改〕

3 ［消化と吸収］ 次の文を読み，あとの問いに答えなさい。 （2点×12－24点）

右図は，食物の通り道である消化管から分泌される消化液や消化酵素などによって，デンプン，脂肪，タンパク質が分解されていくようすを表したものである。A～Eは，消化管の各部位とそこから分泌される消化液や消化酵素などを表している。

(1) 図中の①～③はそれぞれ何を示しているか。次の**ア**～**カ**から正しい組み合わせを1つ選びなさい。

ア　①デンプン　②タンパク質　③脂　肪
イ　①デンプン　②脂　肪　③タンパク質
ウ　①脂　肪　②タンパク質　③デンプン
エ　①脂　肪　②デンプン　③タンパク質
オ　①タンパク質　②デンプン　③脂　肪
カ　①タンパク質　②脂　肪　③デンプン

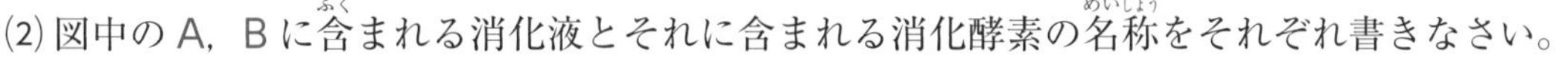

(2) 図中のA，Bに含まれる消化液とそれに含まれる消化酵素の名称をそれぞれ書きなさい。

(3) 図中のCは消化酵素を含まないが，①を小さな粒にするはたらきがある。この消化液と消化液がつくられる器官の名称をそれぞれ書きなさい。

(4) 図中にはDからの矢印が描かれていない。矢印を描くとすると，①～③のどれに向けて描くのが正しいか，次の**ア**～**キ**から1つ選びなさい。

ア　①　**イ**　②　**ウ**　③　**エ**　①と②　**オ**　①と③　**カ**　②と③　**キ**　①と②と③

(5) ①～③は最終的に，それぞれ何という物質に分解されるか，書きなさい。

(1)	(2)	A 消化液	酵素	B 消化液	酵素	(3)	消化液
器官	(4)	(5)	①		②	③	

〔筑波大附高－改〕

4 ［生物と細胞］ 次の問いに答えなさい。 （4点×7－28点）

(1) 次の細胞内にある構造物①～④の説明として正しいものを，**ア**～**オ**から1つずつ選びなさい。

①細胞壁　②葉緑体　③ミトコンドリア　④核

ア　光合成を行う。　**イ**　染色体を含み，染色液でよく染まる。　**ウ**　物質の分泌を行う。
エ　酸素を使って，炭水化物などからエネルギーをとり出す。　**オ**　細胞の形を維持する。

(2) ホ乳類のアンモニアの処理について，次の文の(　)①～③に適語を答えなさい。

動物細胞が活動すると，二酸化炭素やアンモニアが発生する。アンモニアは(①　　)という器官で，毒性の低い(②　　)という物質に変えられ，(③　　)という器官で除かれる。

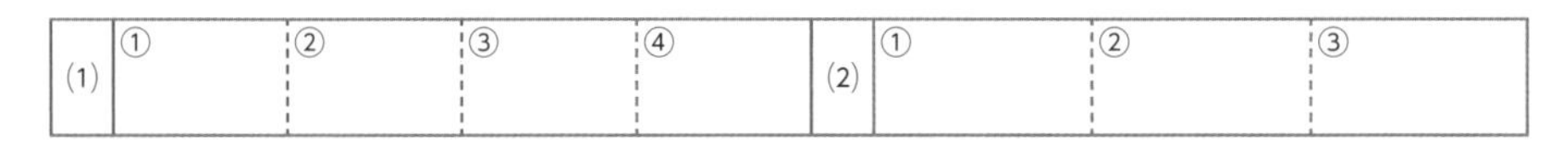

(1)	①	②	③	④	(2)	①	②	③

〔灘　高〕

復習ポイント

2 (1) Aにある血液は静脈血である。肺では酸素と二酸化炭素のガス交換が行われる。心臓から出る血液が流れる血管を動脈といい，肺動脈と大動脈がある。

月　　日

10 大地の変化

●時間 45分	●得点
●合格点 75点	点

解答▶別冊 11 ページ

1 ［地層・地震・火山］ 次の文を読み，あとの問いに答えなさい。 （4点×11－44点）

日本はユーラシア大陸の東方に位置し，周囲を海に囲まれた南北に細長い島国である。比較的温暖で湿潤な気候であり，四季がはっきりしている。また，①けわしい山脈や平野，②そこを流れる川などが，変化に富んだ景観をつくっている。

一方，日本は世界でも地震や火山が多い場所に位置する。地震は，③ゆれによる建築物の倒壊や土砂くずれ，津波などの災害を引き起こす。火山活動は④溶岩流や火山ガスの発生，広い地域に⑤火山灰が降るなどの被害をもたらす。

(1) 下線部①について，山脈や平野など大地をつくる岩石が，気温の変化や風雨などによって長い間に表面からもろくなっていく現象を何というか，漢字で書きなさい。

(2) 下線部②について，川により海に運ばれた土砂(砂，泥，れき)は分かれて堆積する。分かれて堆積しているようすを，砂は▤，泥は■，れきは▨として，右図の海底の上に描きなさい。

海面

海底

(3) 下線部③について，次の文中の(　)にあてはまる語句をあとの**ア**～**ク**から選び，記号で答えなさい。

現在使われている地震の震度階級は，最も大きい階級が(a　　)で，最も小さい階級が(b　　)，大きなほうから5番目の階級が(c　　)である。

ア 10　**イ** 8　**ウ** 7　**エ** 6強　**オ** 5強　**カ** 5弱　**キ** 1　**ク** 0

(4) 下線部④について，次の文のⓐ～ⓒの｛　｝の中から適切なものを選び，答えなさい。

一般に，粘り気のⓐ｛**ア** 強い　**イ** 弱い｝マグマでできる火山は，おわんを伏せたような形をしている。そのマグマが地表に出ると，ⓑ｛**ウ** 黒っぽい　**エ** 白っぽい｝溶岩になる。この溶岩が固まるとⓒ｛**オ** 玄武岩　**カ** 流紋岩｝になる。

(5) 下線部④で，火山ガスの主成分は何か。次の**ア**～**カ**から選び，記号で答えなさい。

ア 水素　**イ** 塩化水素　**ウ** 水蒸気　**エ** 窒素　**オ** 二酸化炭素　**カ** 硫化水素

(6) 下線部⑤について，右図の**ア**～**ウ**は花こう岩，砂浜の砂，火山灰のいずれかのスケッチである。**ア**～**ウ**から火山灰を選び，記号で答えなさい。ただし，図の倍率はそれぞれ異なる。

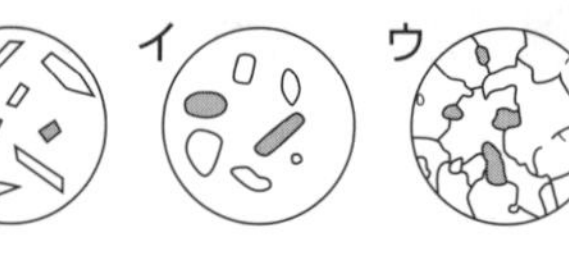

(7) 活火山とはおおむね何年以内に噴火したことのある火山か。次の**ア**～**オ**から選びなさい。

ア 10万年　**イ** 1万年　**ウ** 1000年　**エ** 100年　**オ** 50年

(1)	(2) (図に記入)	(3) a	b	c	(4) ⓐ	ⓑ	ⓒ
(5)	(6)	(7)					

〔富山－改〕

2 ［地　震］ 地震に関する次の文を読み，あとの問いに答えなさい。 （3点×8－24点）

図1と図2は，ある地震におけるK市とM市の地震計の記録である。どちらの波形も，最初の小さなゆれ(a　　)とあとからくる大きなゆれ(b　　)に分けることができる。2つのゆれを起こす波は伝わる速さが異なり，(a)の波は8km/s，(b)の波は4km/sの速さで伝わる。

(1) 空欄(a)・(b)にあてはまる語句を答えなさい。

(2) 図1，図2は，(a)が観測されてからの記録で，図中に示した秒数は(b)が観測されるまでの(a)継続時間である。震源から近いのはK市とM市のどちらですか。

(3) 震源-K市間の距離を x kmとする。地震発生から(a)と(b)がK市に伝わるまでの時間はそれぞれ何秒ですか。

(4) 図1より，震源からK市までの距離は何kmですか。

(5) K市では14時42分40秒に(a)が観測された。地震発生時刻と，M市の(a)の観測時刻を求めなさい。

〔図1〕K市

18秒　0　20　40　60　80　100 sec

〔図2〕M市

36秒　0　20　40　60　80　100 sec

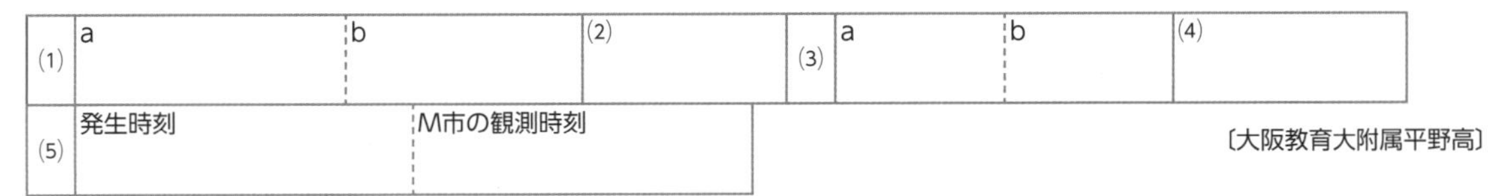

(1)	a	b	(2)	(3)	a	b	(4)
(5)	発生時刻	M市の観測時刻					

〔大阪教育大附属平野高〕

3 ［地層と過去のようす］　図1のA～Dの地点で，地下の地層を調査した。図2は，各地点での調査の結果を示す柱状図で，図3は，地層に含まれるれきのうち2つをルーペで見たスケッチである。

この地域では，地層は一定の傾きでそれぞれ平行に重なって広がっており，火山灰の層は同一のものであった。また，しゅう曲は見られず，図1の……で示す位置に，ほぼ垂直に地層がずれる断層が1つあることがわかっている。次の問いに答えなさい。　(4点×8－32点)

〔図1〕

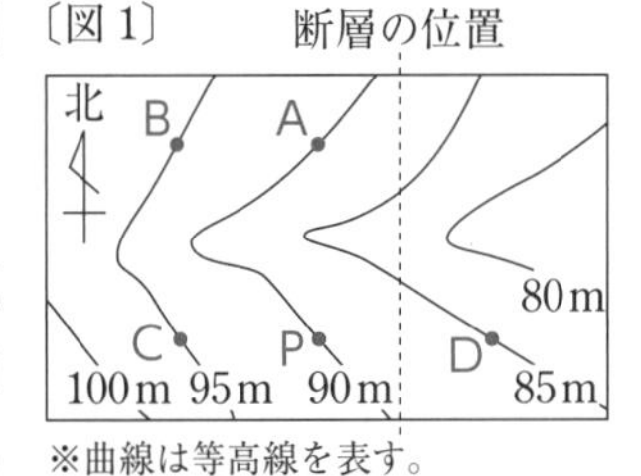

※曲線は等高線を表す。

〔図2〕

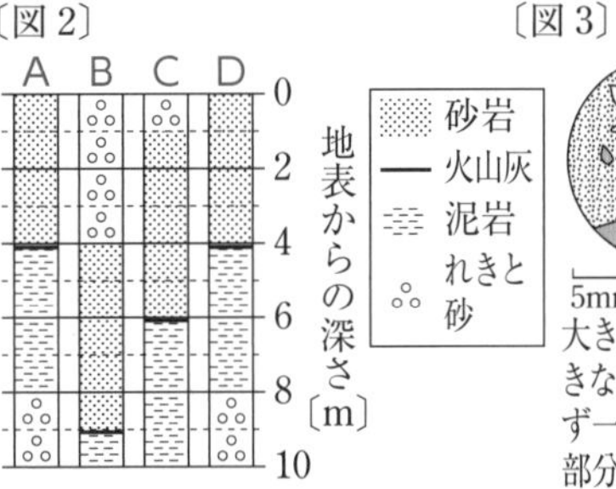

〔図3〕　ア　イ

5mm　大きな結晶と大きな結晶になれず一様に見える部分がある。

5mm　大きな結晶がきっちりと組み合わさっている。

(1) 図1，2から，A地点では，火山灰の層の標高は約何mか，答えなさい。

(2) 図2の砂岩の層からサンゴの化石が見つかった。次の文の(　)にあてはまる適切な語句をそれぞれ答えなさい。

サンゴの化石は(①　　)化石で，砂岩の層が堆積した当時は(②　　)だったことを示す。

(3) 図3の**ア**で，大きな結晶になれず一様に見える部分を何というか，書きなさい。

(4) 図3の**イ**のような組織のでき方を，マグマの冷える場所と冷え方について書きなさい。

(5) 図1のP地点で，火山灰の層が見られるのは，地表から何mの深さか，書きなさい。

(6) この地域の断層について，D地点の標高や火山灰の層の深さから考えると，断層によって東側，西側のどちらが約何mずれて低くなったとわかるか，答えなさい。

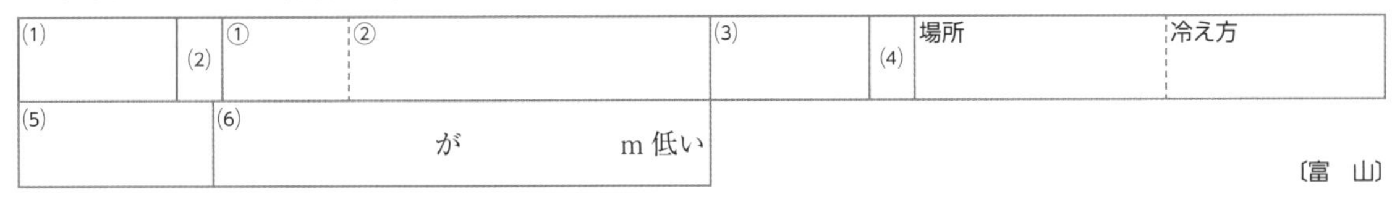

(1)	(2)	①	②	(3)	(4)	場所	冷え方
(5)	(6)	が	m低い				

〔富　山〕

2 (4) a継続時間＝b到着時刻－a到着時刻　で求める。

(5)(6) B地点での火山灰層の標高は86m，C地点では89mになっている。また，断層がなければ，D地点の火山灰層の標高は89mとなるはずである。

11 天気とその変化 ①

●時 間 40分　●合格点 75点　●得 点　点

解答▶別冊 12 ページ

1 [気象観測]　次の問いに答えなさい。　(5点×4－20点)

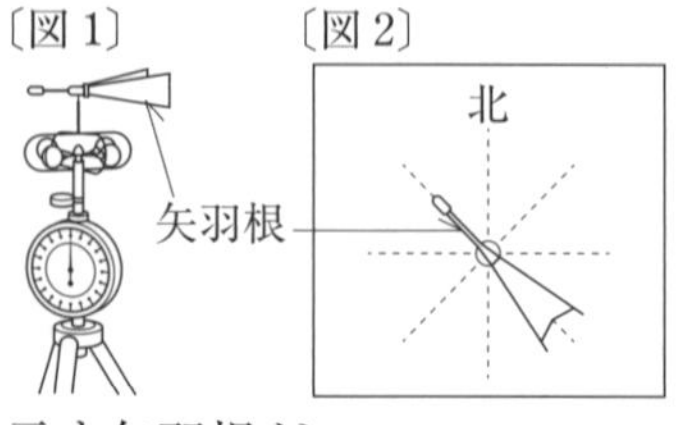

(1) 次の観測①，②の結果から，図3に，風向，風力，天気を，天気図記号を使って描き入れなさい。

①5月6日午前8時の雲の量を観測したところ，雨は降っておらず，空全体の6割が雲におおわれていた。

②同時に，図1のような機器で風向と風力を調べたところ，風向を示す矢羽根が，上から見て図2のような方角を示していた。また，風力は2であった。

〔図3〕　北

(2) 図4のような装置Xを用いて気温や湿度を調べた。表は湿度表の一部である。

①装置Xの名称を書きなさい。また，図5は，この日の13時での装置Xの一部の拡大図である。この日の13時の湿度は何%ですか。

②この日の14時の露点は10.0℃であり，装置Xの乾球は15.0℃であった。湿球は何℃を示していますか。ただし，10.0℃と15.0℃の飽和水蒸気量はそれぞれ$9.4 g/m^3$，$12.8 g/m^3$である。

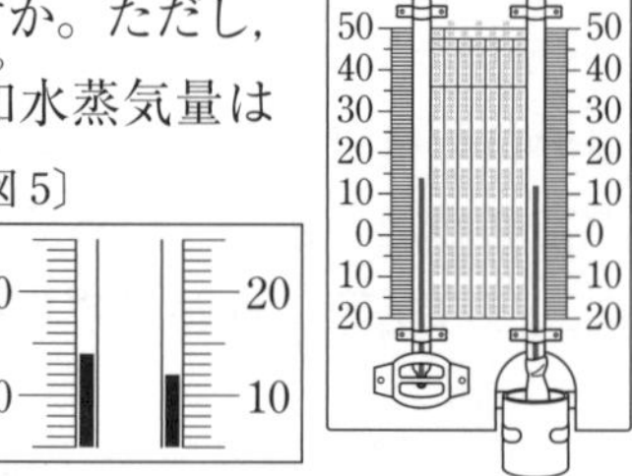

〔表〕

乾球の示度〔℃〕	乾球と湿球の示度の差〔℃〕						
	0.0	0.5	1.0	1.5	2.0	2.5	3.0
16	100	95	89	84	79	74	69
15	100	94	89	84	78	73	68
14	100	94	89	83	78	72	67
13	100	94	88	82	77	71	66
12	100	94	88	82	76	70	65
11	100	94	87	81	75	69	63
10	100	93	87	80	74	68	62

(1)	(2)	①	名称	湿度	②
(図に記入)					

〔埼玉・愛媛－改〕

2 [雲のでき方]　図1の装置で，雲ができるようすを調べた。注射器のピストンをすばやく引くとフラスコ内がくもった。　(5点×6－30点)

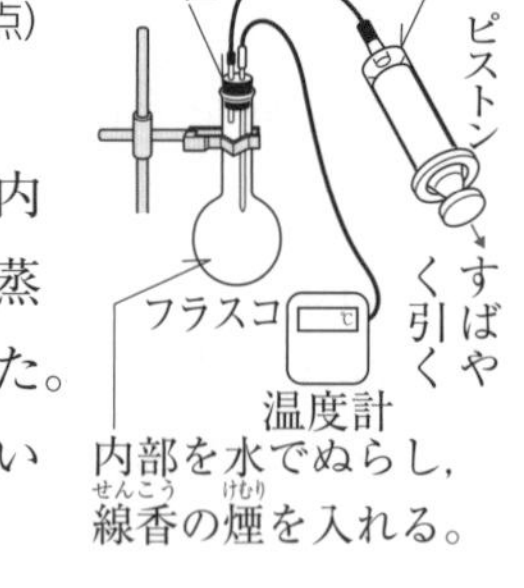

(1) フラスコ内がくもった理由を述べた文の(　)に適語を答えなさい。

ピストンをすばやく引くと，フラスコ内の気圧が(①　　)，フラスコ内の空気が膨張し，温度が(②　　)。そのため，フラスコ内の空気中の水蒸気のうち，飽和水蒸気量をこえた分が水滴になり，フラスコ内がくもった。

記述 (2) 飽和水蒸気量の意味を，「空気$1 m^3$」，「水蒸気」，「最大」という語句を用いて説明しなさい。

(3) 図2は，温度と飽和水蒸気量の関係を表したグラフである。図中の黒丸・A～Eは，温度や含まれる水蒸気量の異なる5種類の空気の状態を示している。次の①～③の文は，A～Eのどの点について述べたものか。あてはまるものをA～Eから選びなさい。

①露点が最も低い。　②湿度が最も低い。

③温度が5℃下がったとき，空気$1 m^3$あたり2.5gの水滴が生じる。

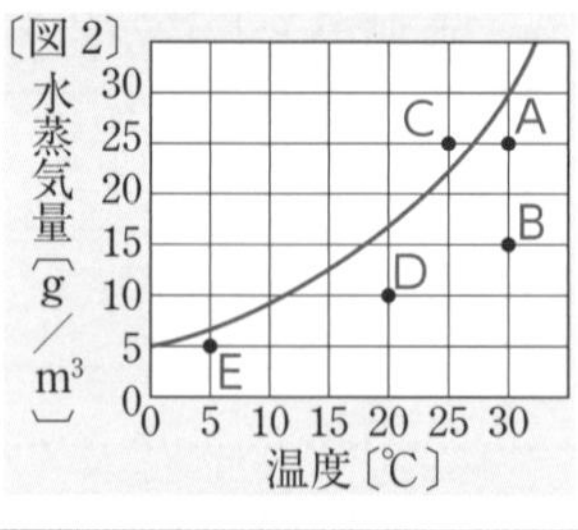

(1)	①	②	(2)	(3)	①	②	③

〔長崎・筑波大附高－改〕

3 **[雲のでき方・湿度]** 右図は，ふもとの空気が山の斜面に沿って上昇し，雲になるようすを示している。表は，気温と飽和水蒸気量との関係を示す。あとの問いに答えなさい。 (6点×5－30点)

山頂
雲
ふもとからの高さ〔m〕
1000
800
600
400
200
0
ふもと

〔表〕

気温〔℃〕	6	8	10	12	14	16	18	20
飽和水蒸気量〔g/m³〕	7.3	8.3	9.4	10.7	12.1	13.6	15.4	17.3

(1) 雲のでき方について述べた次の文の｛　｝にあてはまる適当なものの組み合わせを，あとの**ア**～**オ**から1つ選び，記号で答えなさい。

水蒸気を含んだ空気が上昇すると，気圧が｛a　上がって　　b　下がって｝膨張し，温度が｛c　上がる　　d　下がる｝。空気の温度が露点に達すると，ちりなどを核として雲ができる。このとき，湿度は｛e　50%　　f　100%｝となる。

ア　aとcとe　　**イ**　aとcとf　　**ウ**　aとdとf　　**エ**　bとcとe　　**オ**　bとdとf

(2) 気温18℃で $2m^3$ の空気中に7.7gの水蒸気を含んだ空気がある。湿度は何%ですか。

(3) 上図で，ふもとからの高さ0m地点にある空気の「かたまり」が上昇したら，600m地点で雲ができた。600m地点での気温は10℃であった。0m地点での湿度は何%か。ただし，空気の上昇，下降にともなう温度変化は，雲が発生していないときは100mにつき1℃，雲が発生しているときは100mにつき0.5℃であるとし，小数第1位を四捨五入して整数で答えなさい。

(4) 山頂でのこの空気の温度は何℃か。また，この空気が山をこえてふもとに降りたときの温度は何℃になるか。山をこえると雲は消えていたとし，小数第1位を四捨五入して整数で答えなさい。

(1)	(2)	(3)	(4) 山頂	反対側のふもと

〔高田高－改〕

4 **[日本の天気・飽和水蒸気量]** 次の気象についての問いに答えなさい。 (5点×4－20点)

(1) よく晴れた日の海沿いの地域では，風向きが1日のうちに変化する。夜間の陸と海の温度，気圧，地表付近の風向きを表している模式図として最も適切なものを次の**ア**～**エ**から選びなさい。

ア 高温・低圧➡低温・高圧　［陸｜海］
イ 低温・高圧➡高温・低圧　［陸｜海］
ウ 高温・低圧⬅低温・高圧　［陸｜海］
エ 低温・高圧⬅高温・低圧　［陸｜海］

(2) 右のグラフは気温と飽和水蒸気量の関係を表している。

①温度31℃，湿度85%の空気 $1m^3$ 中に含まれる水蒸気は何gか。小数第2位を四捨五入し小数第1位まで答えなさい。

②①の空気 $1m^3$ を11℃に冷やすと，水蒸気何gが水滴になるか。小数第2位を四捨五入し小数第1位まで答えなさい。

③温度11℃，湿度70%の閉め切った部屋($34m^3$)の温度を25℃に上げた場合，湿度は何%か。小数第2位を四捨五入し小数第1位まで答えなさい。

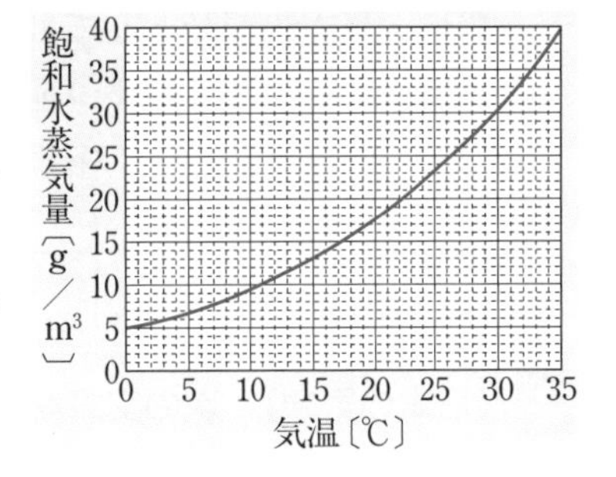

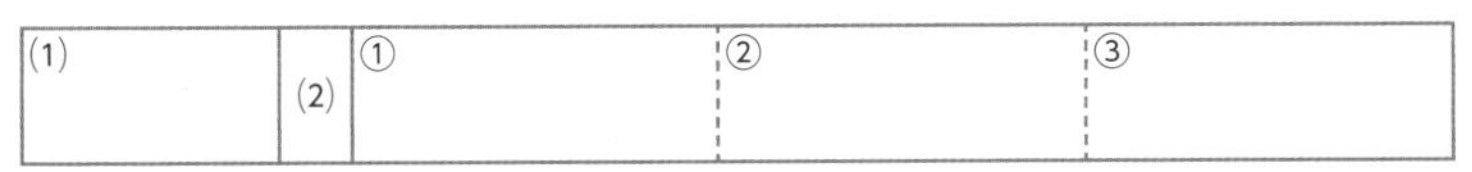

〔福岡大附属大濠高・函館ラ・サール高〕

3 (3) 6℃下がって10℃の温度になったので，ふもと(0m地点)での温度は，16℃。

12 天気とその変化 ②

●時間 40分　●合格点 75点　●得点　　点

解答▶別冊 14 ページ

1 ［天気の変化］ 図1の天気図について，次の問いにそれぞれ答えなさい。 （6点×9－54点）

〔図1〕

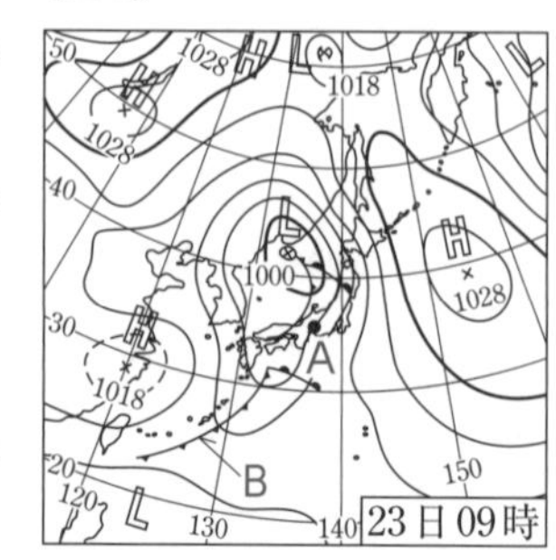

(1) 図1は，1月，4月，7月，9月のどの月の天気図ですか。

(2) 図1のA点の気圧は何hPaか。また，hPaの読み方をカタカナで書きなさい。

(3) 前線Bの名称(めいしょう)を答えなさい。

(4) 高気圧(Ⓗ)の中心付近の空気の流れを表したものを，次のア～エから選び，記号で答えなさい。ただし，⟶は地上付近の風を表している。

ア

イ

ウ
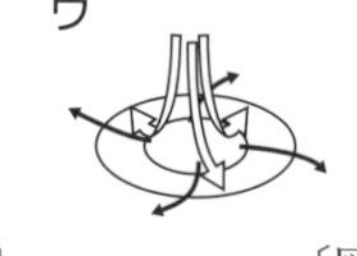

エ
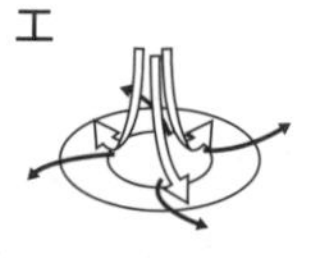

(5) 図2は図1の低気圧からのびる前線，図3のP，Qはどちらかの前線の断面図で，矢印は空気の流れを表したものである。P，Qはそれぞれ前線を図2の①～④のどの方向から見たものか。正しい組み合わせを，表のア～カから選び，記号で答えなさい。

〔図2〕　〔図3〕　〔図4〕

〔表〕

	ア	イ	ウ	エ	オ	カ
P	①	①	②	②	③	④
Q	③	④	③	④	②	①

(6) 図4のグラフは，図1のA点で，この日(23日)の9時から翌日(24日) 12時までの気温と湿(しつ)度(ど)の変化を1時間ごとに測定した結果を示したものである。このグラフを見て，A点を前線Bが通過した時間帯を，次のア～オから選び，記号で答えなさい。

ア　23日16時～18時　**イ**　23日18時～20時　**ウ**　23日20時～22時
エ　24日6時～8時　**オ**　24日8時～10時

(7) 図1と図4から，23日16時と21時のA点の天気・風向・風力の記号として最も適切なものを右の**ア～カ**からそれぞれ1つずつ選び，記号で答えなさい。

ア　イ　ウ　エ　オ　カ

(1)	(2) 気圧	読み方	(3)	(4)	(5)	(6)
(7) 16時	21時					

〔プール学院高－改〕

2 ［日本の気象］ 次の文章を読み，あとの問いに答えなさい。 （4点×4－16点）

〔図1〕 a　〔図1〕 b

日本付近では，季節ごとに特徴(とくちょう)的な①気団が四季の天気に影響(えいきょう)を与(あた)えている。その結果，季節によって，図1のa，bに示すような②典型的な気圧配置になる。また，高気圧と低気圧はまわりより気圧が高いか，低いかで示され，例えば，③図2のような等圧線で示される。

また，日本では④偏西風(へんせいふう)の影響を受け，天気が変化することが多い。

(1) 下線部①について，梅雨の天気は，小笠原気団とA気団がぶつかって，梅雨前線ができ，くもりや雨の日が多くなる。A気団の名称を答えなさい。

〔図2〕
（図中の天気図記号では天気については示していない）

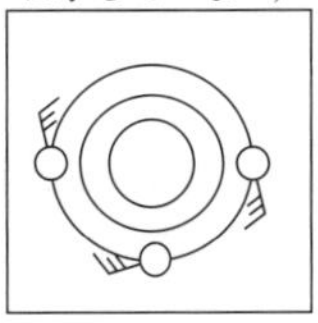

(2) 下線部②について述べた次の**ア**～**エ**から，誤っているものを1つ選びなさい。

ア　図1のaは冷たくて湿っているシベリア気団が高気圧になっている。
イ　図1のaは西高東低といわれる気圧配置になっている。
ウ　図1のbはあたたかくて湿っている小笠原気団が高気圧になっている。
エ　図1のbは南高北低といわれる気圧配置になっている。

(3) 下線部③について述べた次の**ア**～**エ**から，誤っているものを1つ選びなさい。

ア　図2は風が中心方向に吹きこむ低気圧を示す。　**イ**　図2の中心部では，雲はできにくい。
ウ　図2の中心部では，上昇気流が生じている。　**エ**　等圧線の間隔が狭いと，風はより強い。

(4) 下線部④について述べた次の**ア**～**エ**から，偏西風の影響が小さいものを1つ選びなさい。

ア　日本付近の上空で，西よりの風が年中吹く。　**イ**　移動性高気圧が西から東に移動する。
ウ　台風が日本付近で北東に進んでいく。　**エ**　日本の冬に北西の季節風が吹く。

(1) 気団	(2)	(3)	(4)

〔東京学芸大附高－改〕

3 **［日本の天気の変化］** 図1は日本付近の天気図（Ⓗは高気圧，Ⓛは低気圧），図2は3月のある場所での気圧，気温，湿度の3日間の記録である。あとの問いに答えなさい。（6点×5－30点）

記述 (1) 天気図a～dのうち，冬の天気図を選びなさい。また，選んだ理由を1つ簡潔に書きなさい。

〔図1〕　a　b　c　d
16日9時　17日9時　18日9時　5日9時

(2) aの下部のⓉも低気圧だが，cのⓁとは異なる点もある。Ⓣのみにあてはまるものを，次の**ア**～**オ**からすべて選びなさい。

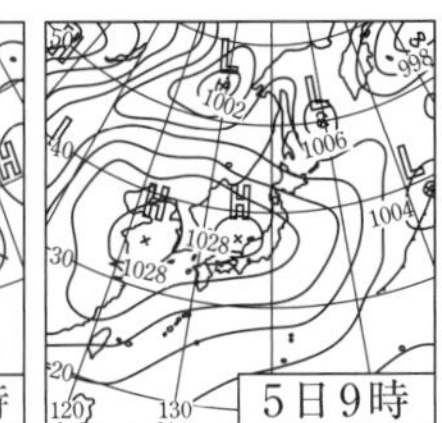

ア　寒気と暖気のおしあいによって発達する。
イ　あたたかい海面から供給された水蒸気によって発達する。
ウ　地上では中心から外側に風が吹き出している。
エ　中国から日本へ東に移動していく。
オ　日本の各地に集中豪雨をもたらすことがある。

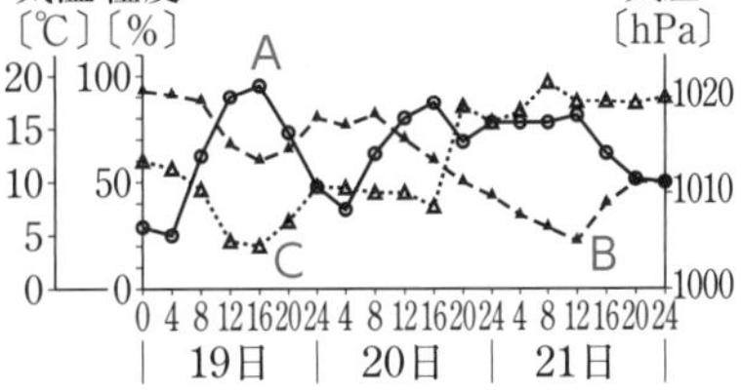

(3) 湿度を表すグラフはどれか。図2のA～Cから選びなさい。

(4) 3月20日20時の風向きと考えられるのは次のうちのどれか。**ア**～**オ**から選びなさい。

ア　北　　**イ**　南南西　　**ウ**　西北西　　**エ**　北東　　**オ**　東南東

(1)	記号	理由	(2)	(3)	(4)

〔同志社高－改〕

復習ポイント
2 (1) 秋には，秋雨前線とよばれる停滞前線ができ，長雨となる。
3 (3) 気温は14時ごろが最も高くなり，湿度のグラフは気温のグラフと逆になる。

月　日

1 水圧，浮力

Step A　Step B　Step C

解答▶別冊 15 ページ

1 水　圧

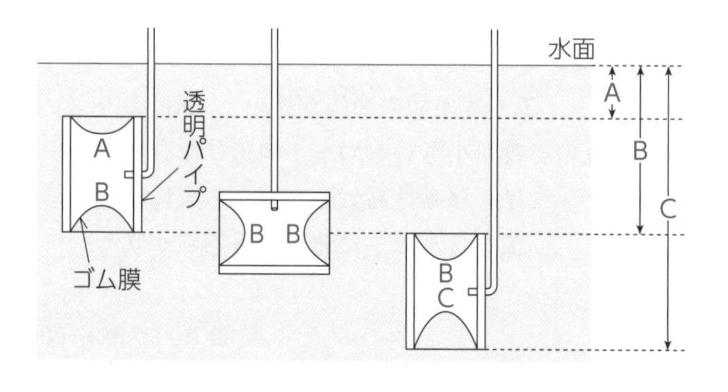

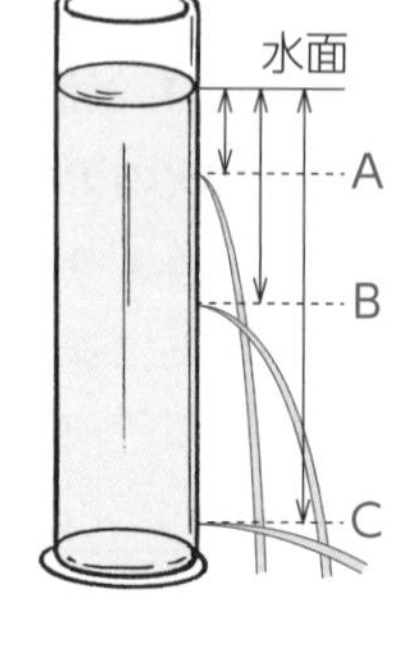

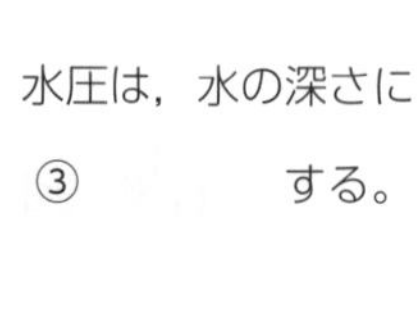

水圧は，水の深さに ③　　　する。

ゴム膜のへこみ方は ①　　　が最大　　　水の勢いは ②　　　が最大

2 浮(ふ)　力(りょく)

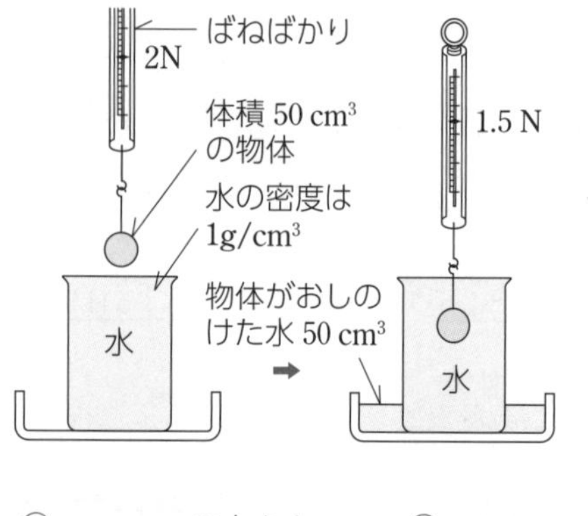

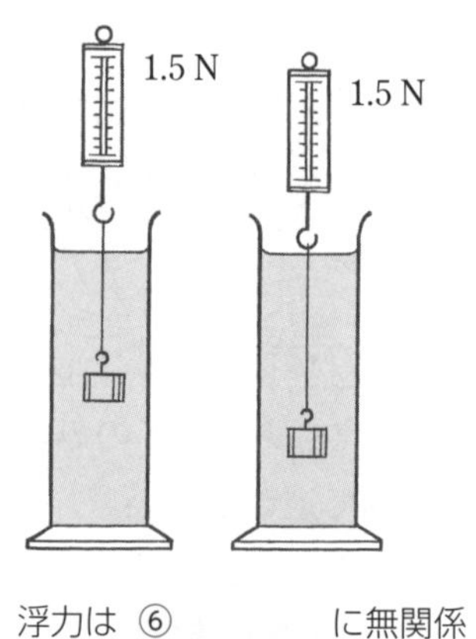

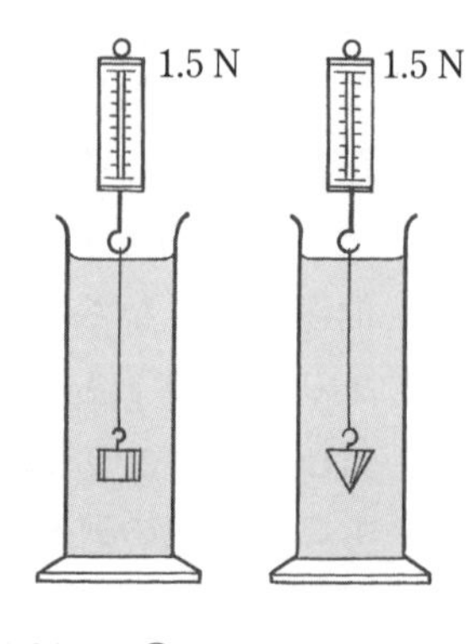

④　　　の大きさ　=　⑤　　　N　　浮力は ⑥　　　に無関係　　浮力は ⑦　　　に無関係

3 アルキメデスの原理

浮力は，物体の水中にある部分の体積と ⑧　　　体積の水の ⑨　　　と等しい。

これを ⑩　　　の原理という。

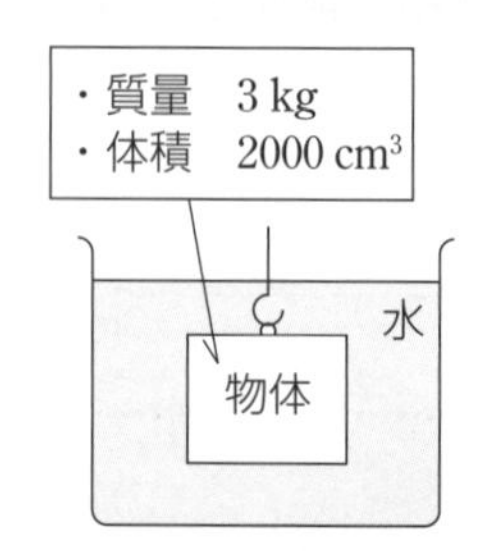

質量 100g の物体にはたらく重力の大きさを 1 N とすると，

水 2000cm³ にはたらく重力の大きさは ⑪　　　N

物体にはたらく浮力の大きさは ⑫　　　N

ばねばかりが示す値は，

物体にはたらく重力 ー 物体にはたらく浮力= ⑬　　　N

▶次の[　　]にあてはまる語句や数値を入れなさい。

4 水　圧

1 地球上の物体には，下向きの力である[⑭　　　]がはたらく。
2 水中の物体には，どの方向からも水による圧力がはたらく。これを[⑮　　　]という。
3 水中の物体にはたらく水圧は，物体よりも[⑯　　　]にある水の重さによって生じる。そのため，水の深さが深いほど，水圧は[⑰　　　]なる。

⑭
⑮
⑯
⑰

5 水圧の大きさ

右図の水柱について

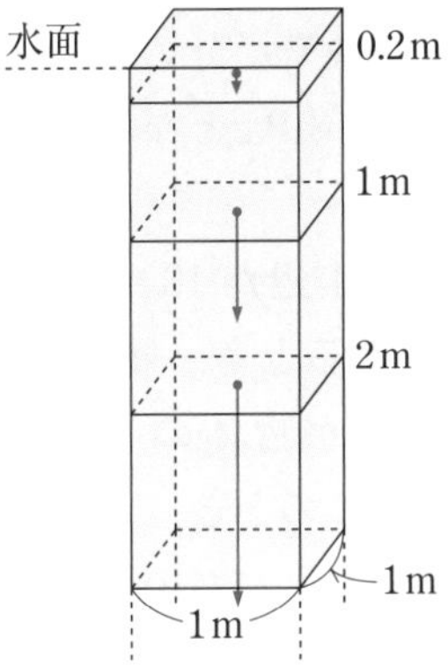

1 深さ 0.2m より上部の水の体積は[⑱　　　]m^3 である。
2 水 $1m^3$ の質量は 1000kg であるから，1の体積の水の質量は[⑲　　　]kg である。
3 質量 100g の物体にはたらく重力を 1N とすると，2の質量には[⑳　　　]N の重力がはたらく。
4 0.2m の深さでの水圧は[㉑　　　]N/m^2＝[㉒　　　]Pa になる。
5 0.4m の深さでの水圧は[㉓　　　]N/m^2 である。
6 1m の深さでの水圧は 10000N/m^2 になり，水圧は水の深さに[㉔　　　]して大きくなることがわかる。

⑱
⑲
⑳
㉑
㉒
㉓
㉔

6 浮　力

1 水中の物体の底面にはたらく[㉕　　　]向きの力と，物体の上面にはたらく[㉖　　　]向きの力の差を[㉗　　　]という。
2 水中の物体にはたらく浮力の大きさは，水の深さに関係[㉘　　　]。
3 水中の物体にはたらく浮力の大きさは，物体の形に関係[㉙　　　]。
4 水中に物体を沈めるとき，物体の一部を沈めるときよりも，物体をすべて沈めるときのほうが浮力は[㉚　　　]。
5 水中の物体にはたらく重力より，水中の物体にはたらく浮力のほうが大きい場合，物体は水に[㉛　　　]。
6 物体が水に浮かんで静止しているとき，物体にはたらく重力と物体にはたらく浮力は[㉜　　　]。
7 水中の物体にはたらく浮力は，物体の水中にある部分の体積と同じ体積の[㉝　　　]に等しい。これを[㉞　　　]の原理という。

㉕
㉖
㉗
㉘
㉙
㉚
㉛
㉜
㉝
㉞

Step A　Step B　Step C

●時 間 40分	●得 点
●合格点 75点	点

解答▶別冊 15 ページ

1 [水圧・浮力]　次の文章〔Ⅰ〕と〔Ⅱ〕を読んで，(①)～(⑨)に入る数値，式，または語を答えなさい。ただし，質量 100g の物体にはたらく重力の大きさを 1N，水の密度を $1\,g/cm^3$ とする。　(4点×9－36点)

〔図 1〕

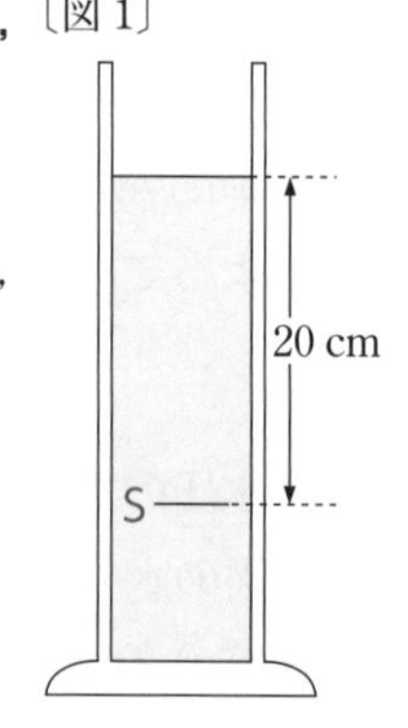

〔Ⅰ〕　図 1 のように，水が入ったメスシリンダーの水面から深さ 20cm の所に，面積が $10\,cm^2$ の面 S を考える。その面 S の上にのっている部分の水の重さは(①　　)N で，その水が面 S をおす圧力は(②　　)hPa となり，これが深さ 20cm での水圧となる。

ここで，もし面 S の面積を半分の $5\,cm^2$ として，深さ 20cm のところの水圧を計算すると，(③　　)hPa となる。以上より，水圧は，(④　　)だけできまることがわかる。

〔Ⅱ〕　水が入った水槽に，1 辺が 10cm の立方体の物体を入れて図 2 のような位置にあるとき，物体の上面における水圧は(⑤　　)hPa だから，水が物体の上面を下向きにおす力は(⑥　　)N となる。またこのとき，水が物体の下面を上向きにおす力は(⑦　　)N である。左右の面をおす力は互いに打ち消し合うので，結局，物体は水から上向きに(⑧　　)N の力を受けることになる。この上向きの力が，この立方体にはたらく(⑨　　)である。

〔図 2〕

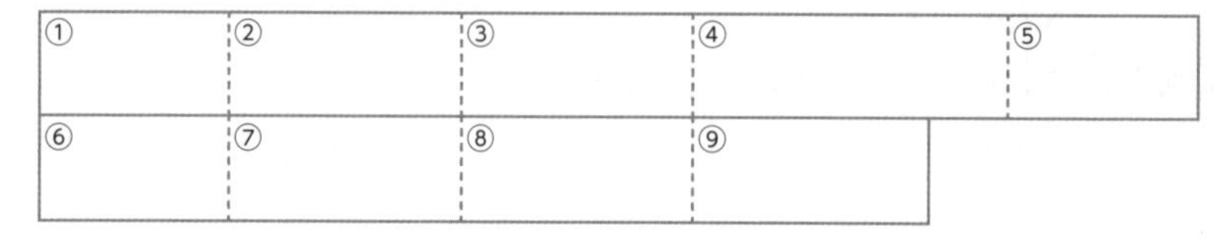

〔洛南高－改〕

2 [水圧・浮力]　右の図のように，質量 60g の物体 A をばねばかりにつるして水に沈めたところ，ばねばかりが 0.2N を示した。これについて，次の問いに答えなさい。ただし，100g の物体にはたらく重力の大きさを 1N とする。　(5点×2－10点)

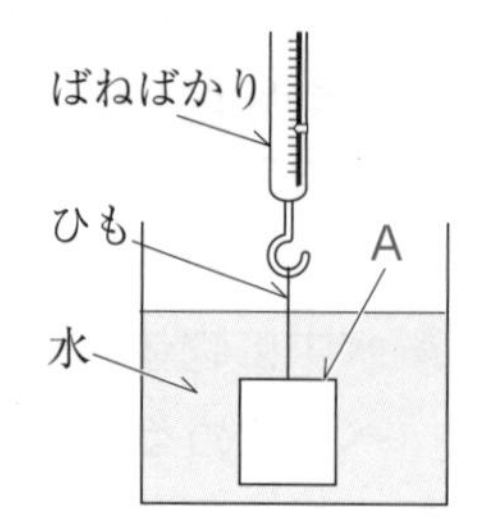

(1) 物体 A にはたらく水圧の大きさを表した図はどれか。最も適切なものを次の**ア**～**エ**から 1 つ選び，記号で答えなさい。ただし，矢印の長さは水圧の大きさを表すものとする。

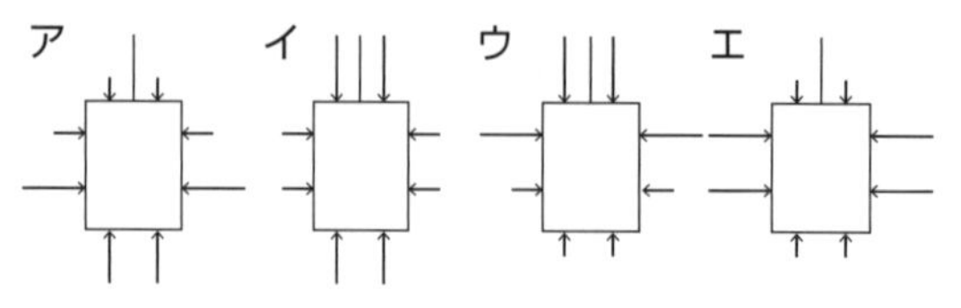

(2) 物体 A が受ける浮力の大きさは何Nか，求めなさい。

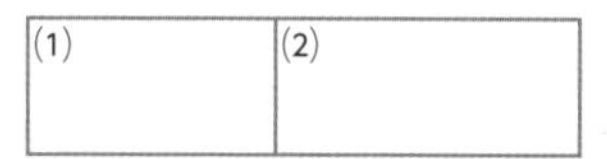

〔秋　田〕

要 **3** **[水圧の大きさ]** 図の容器に，高さ 10cm まで水を入れた。水の密度は $1 g/cm^3$ とし，圧力の単位には N/m^2 を使って，次の問いに答えなさい。 (6点×3－18点)

(1) 底面 BC での水の圧力の大きさはいくらですか。

(2) R 点の高さが 4cm だとすると，R 点での水の圧力の大きさはいくらですか。

(3) R 点に穴をあけると，水はどうなるか。次の**ア**～**ウ**から選び，記号で答えなさい。

ア 水はほとんど飛び出さない。

イ 水は EF の半分の高さまで飛び出す。

ウ 水は水面の高さまで飛び出す。

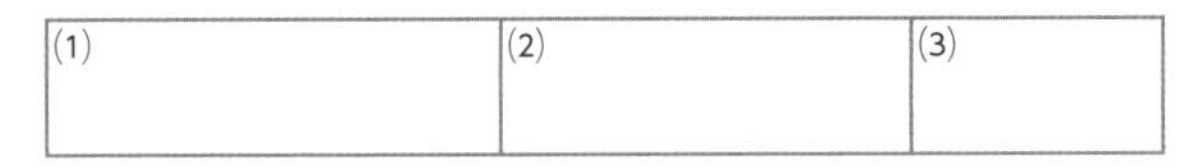

〔同志社香理高－改〕

要 **4** **[水圧と浮力]** 次の〔Ⅰ〕，〔Ⅱ〕について，問いに答えなさい。 (4点×9－36点)

〔Ⅰ〕 図1は，長さ 10cm のばねにつるしたおもりの重さとばねの伸びの関係をまとめたグラフである。このばねに，重さ 1.0N のおもりをつるし，静かに水の中に入れたところ，図2のようになって静止した。このとき，ばねの長さは 16cm であった。

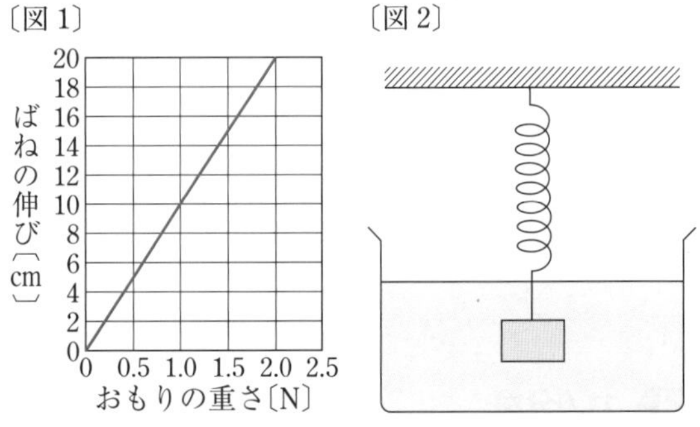

(1) このおもりにはたらいている浮力は何Nか求めなさい。

(2) おもりを体積が同じで重さが2倍のおもりに変えると，図2のようにおもりが水の中で静止したときのばねの長さは何 cm になるか求めなさい。

〔Ⅱ〕 うすいゴム膜を張った透明パイプ①～③を図のように水の中に沈めた。また，底面積 $20 cm^2$，高さ 15cm の円柱を沈め静止させた。

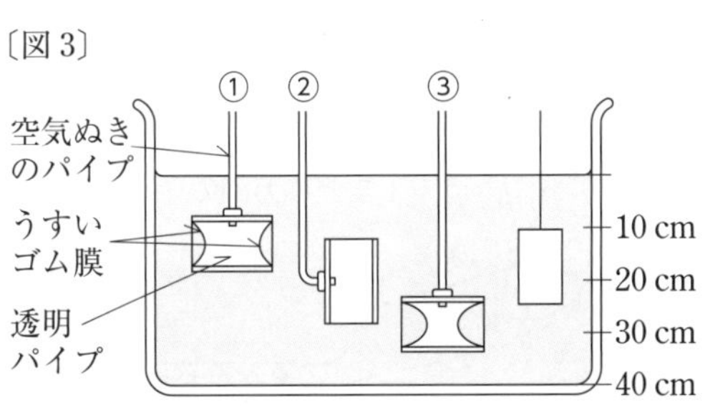

(3) 水面からの深さが 10cm での水圧は何 hPa ですか。

(4) ①と③のゴム膜のへこみ方の図から，②の上側と下側のゴム膜のへこみ方を図3に描きなさい。

(5) 円柱の物体の下面をおし上げる力の大きさを求めなさい。

(6) 円柱の物体にはたらく浮力を求めなさい。

(7) 次の，水圧について述べた文の（　）内に適する語を書き入れなさい。

水圧は深さに（①　）し，深さが同じなら（②　）にも（③　）である。

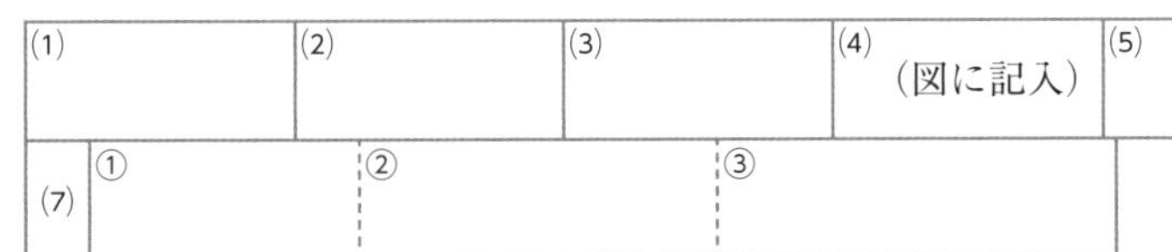

2 力の合成・分解

Step A　Step B　Step C

解答▶別冊 16 ページ

1 力の合成

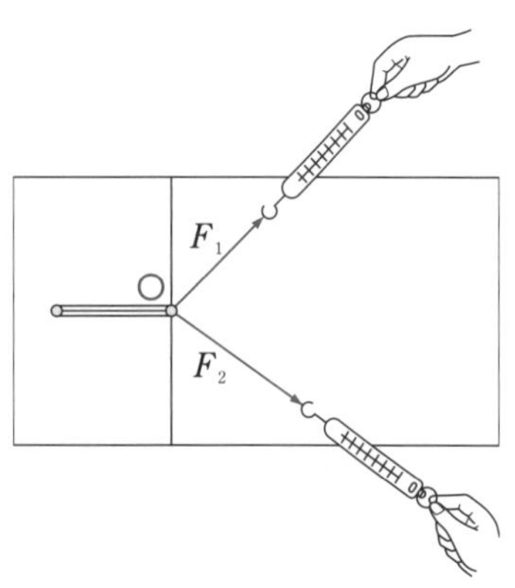

① O 点で F_1，F_2 の 2 つの力を加えたときの合力 F を，図中に描(か)きこみなさい。

2 力の合成と浮力(ふりょく)

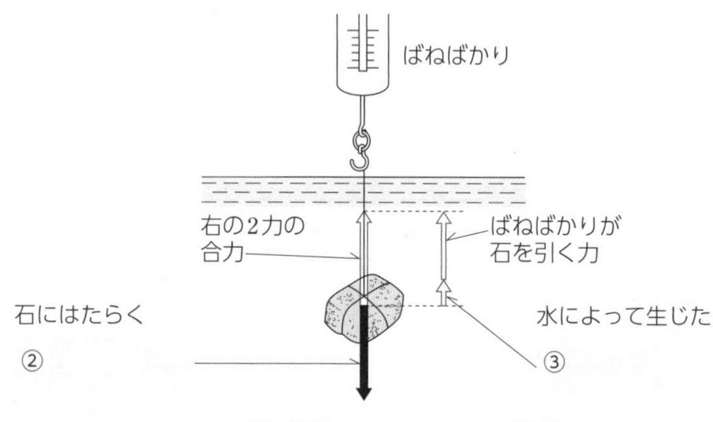

水中での石の重さ＝ ④　　中での石の重さ－ ⑤　　の大きさ

3 力の分解

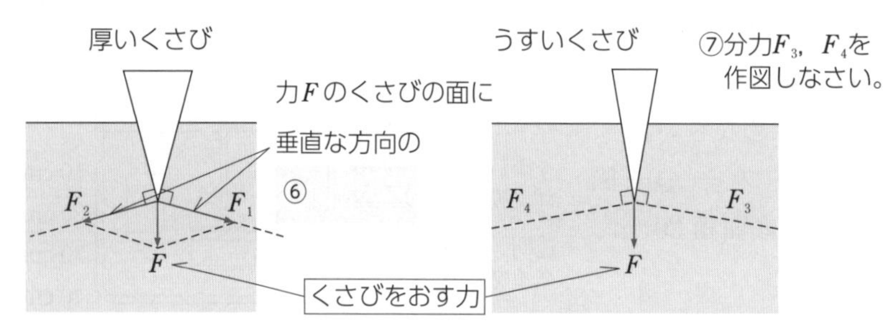

⑦分力F_3，F_4を作図しなさい。

うすいくさびのほうの分力が ⑧　　ので，ものを割るはたらきが大きい。

4 3力のつりあい

⑨ O 点で F_1, F_2 の 2 つの力がはたらいている。この 2 力とつりあう力 F_3 を図中に描きこみなさい。

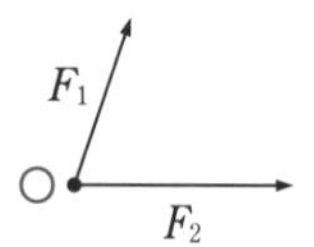

物体にはたらく力 F_1，F_2，F_3 がつりあっているとき，物体は ⑩　　する。また，力の関係は次のようになる。

・力 F_1 と力 F_2 の合力＝ ⑪

・力 F_1 と力 F_3 の合力＝ ⑫

・力 F_2 と力 F_3 の合力＝ ⑬

▶次の[　　]にあてはまる語句や数値を入れ，作図もしなさい。

5 2力の合成・分解

1 2つ以上の力を同じはたらきをする1つの力に置きかえることを[⑭　　　]といい，置きかえた力をそれらの[⑮　　　]という。

2 2力が同一直線上で，同じ向きのとき，2力の合力の大きさはそれぞれの力の大きさの[⑯　　　]になる。

3 2力が同一直線上で，向きが反対のとき，2力の合力の大きさはそれぞれの力の大きさの[⑰　　　]になる。

4 2力が角度をなすときの合力は2力の矢印を2辺とする[⑱　　　]形を作図し，2力がはたらく点を通る[⑲　　　]の矢印で表す。

5 1つの力と同じはたらきをする2つ以上の力を，もとの力の[⑳　　　]という。

6 分力を求めることを[㉑　　　]という。

7 O点に2つの力A，Bがはたらいている。それぞれの合力の向きと大きさを作図によって求めなさい。ただし，力Aは0.2N，力Bは0.3Nとする。

㉒
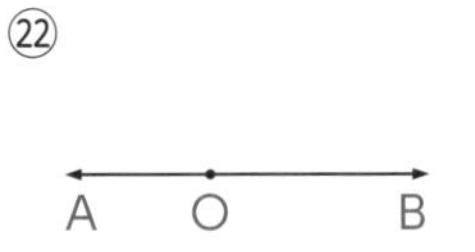

㉓
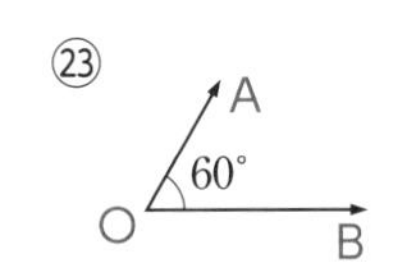

㉔
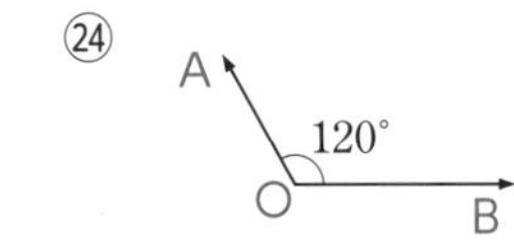

6 斜面(しゃめん)上の物体にはたらく力の分解

1 斜面上の物体には，重力，摩擦(まさつ)力，[㉕　　　]がはたらく。[㉕]は重力の斜面に垂直方向の分力と[㉖　　　]。

2 斜面の傾(かたむ)きが大きくなると，重力の斜面に[㉗　　　]方向の分力は小さくなり，重力の斜面に[㉘　　　]方向の分力は大きくなる。

3 下の図のように，重さ0.5Nの物体を斜面に置いたときの，
㉙ 斜面に平行な分力の大きさを，0.5Nを2cmの長さの矢印とし，
㉚ 作図によって求めなさい。

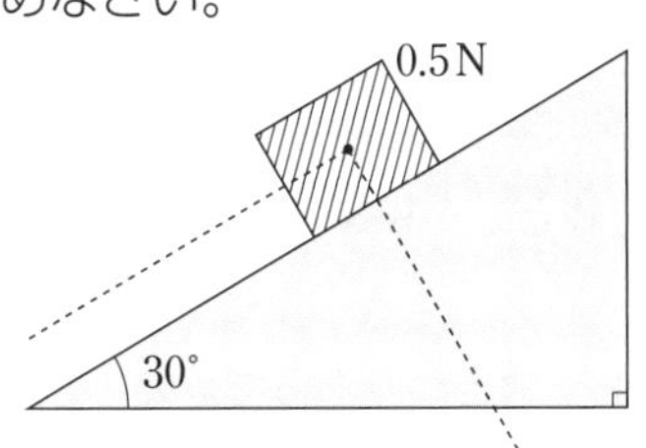

4 斜面をすべり落ちる力＝$\dfrac{\text{斜面の[㉛　　　]}}{\text{斜面の[㉜　　　]}}$×[㉝　　　]

⑭

⑮

⑯

⑰

⑱

⑲

⑳

㉑

㉒(向き)(図に記入)

(大きさ)

㉓(向き)(図に記入)

(大きさ)

㉔(向き)(図に記入)

(大きさ)

㉕

㉖

㉗

㉘

㉙

㉚(図に記入)

㉛

㉜

㉝

月　日

Step A　Step B　Step C

●時間 45分	●得点
●合格点 75点	点

解答▶別冊 17 ページ

1 [力のつりあい]　右の図のように，O 点に，2 つの力 F_1, F_2 がはたらいている。この図をもとに，また，直角三角形で辺の長さの比が右の〔例〕のようになるものがあるとして，次の問いに答えなさい。　(7 点× 4 − 28 点)

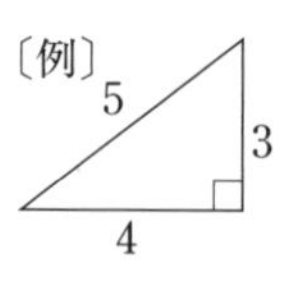

(1) 力 F_1 と力 F_2 の合力を作図によって求め，F_1，F_2 のように，O 点から引いた矢印で表し，F と書きなさい。

(2) この 2 つの力 F_1，F_2 にもう 1 つの力 F_3 を O 点にはたらかせて，3 つの力をつりあわせる。そのような力 F_3 を O 点から引いた矢印で表し，F_3 と書きなさい。

(3) 図の 1 目盛りを 0.1N とするとき，力 F_3 の大きさは何 N か。次の**ア**～**オ**から選びなさい。

ア　0.5N　　**イ**　0.6N　　**ウ**　0.7N　　**エ**　0.8N　　**オ**　0.9N

記述 (4) 3 つの力のつりあう条件を簡潔に書きなさい。

(1)（図に記入）	(2)（図に記入）	(3)	(4)

〔沖　縄〕

2 [力の分解]　図 1 のように，斜面(しゃめん)の A の位置に物体を置いた。すると，物体は斜面をくだり，B と C の位置を通過した。A の位置に置いた物体にはたらく重力は，斜面に垂直な方向の分力と，斜面に平行な方向の分力に分解して考えることができる。このことについて，あとの問いに答えなさい。ただし，物体と斜面の間にはたらく摩擦(まさつ)や空気抵抗(ていこう)は考えないものとする。

(6 点× 3 − 18 点)

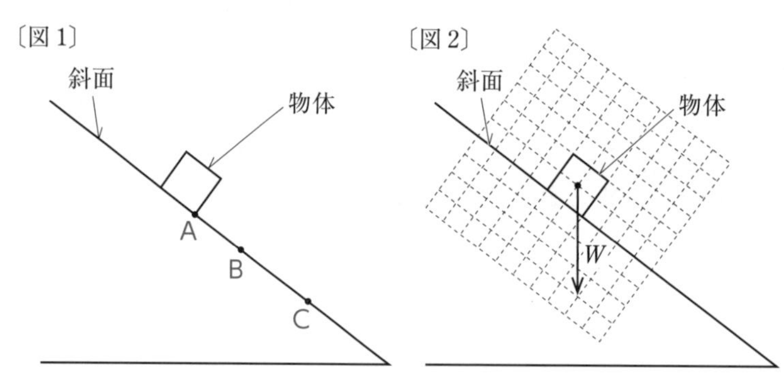

(1) 図 2 は，A の位置に置いた物体にはたらく重力を W とし，W を ⟶ で示したものである。W の分力をそれぞれ ⟶ を使って図 2 に描(か)き入れなさい。

(2) 斜面に垂直な方向の分力は斜面から物体にはたらく力とつりあっている。斜面から物体にはたらく力を何というか，その名称(めいしょう)を書きなさい。

(3) 物体が A の位置から斜面をくだるとき，C の位置での斜面に平行な方向の分力の大きさは，B の位置に比べてどうなるか。次の**ア**～**ウ**から最も適当なものを 1 つ選び，記号で答えなさい。

ア　大きくなる　　**イ**　小さくなる　　**ウ**　変わらない

(1)（図に記入）	(2)	(3)

〔三重－改〕

3 **[ばねと力のつりあい]** 0.05N の力で 1cm 伸びるばね A，0.04N の力で 1cm 伸びるばね B をつなぎ，図 1 のようにばね B に質量 40g のおもりをつるし，小さな輪をばねばかり P を使って引いた。図 2 は，ばねばかり P の示す値が 0.3N になったとき，小さな輪にはたらいて，つりあいの状態にある 3 つの力のうち，2 つの力を示している。また，質量 100g の物体にはたらく重力の大きさを 1N とする。次の問いに答えなさい。 (7 点× 3 − 21 点)

〔図 1〕

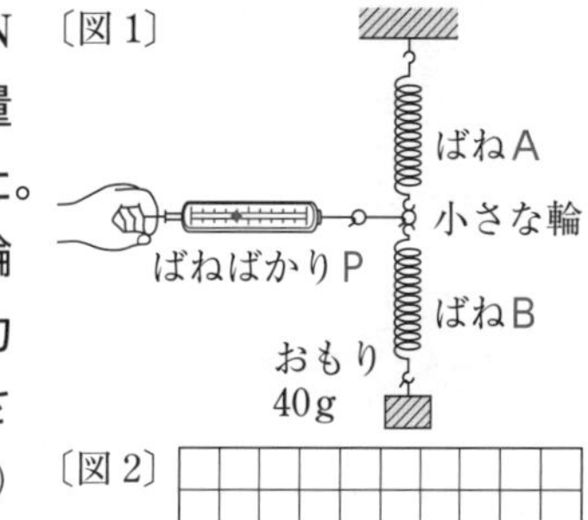

〔図 2〕

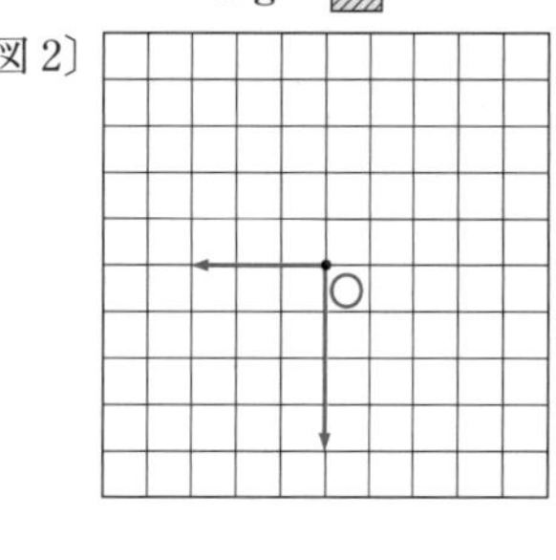

(1) ばね B の伸びは何 cm ですか。

(2) つりあう力の残り 1 つの力の大きさと向きを，小さな輪の位置を O 点として図 2 の中に描き入れなさい。

(3) ばね A の伸びは何 cm になりますか。（必要であれば，**1**の三角形の長さの比を使うこと。）

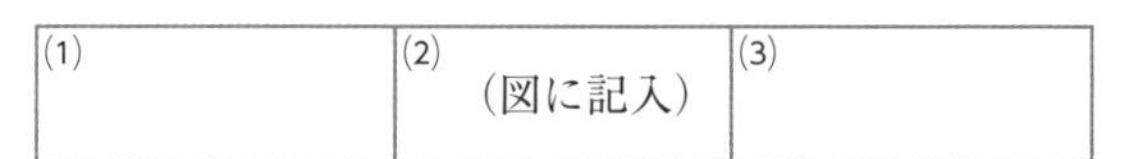

〔宮崎－改〕

要 **4** **[ばねの伸びと力の合成]** 2 本のばねがある。下の図 1 のようにばねの先端におもりをつけ，ばねの長さを測定したところ，2 本とも表のような結果が得られた。次の問いに答えなさい。ただし，質量 100g の物体にはたらく重力の大きさを 1N とする。 (7 点× 3 − 21 点)

〔図 1〕

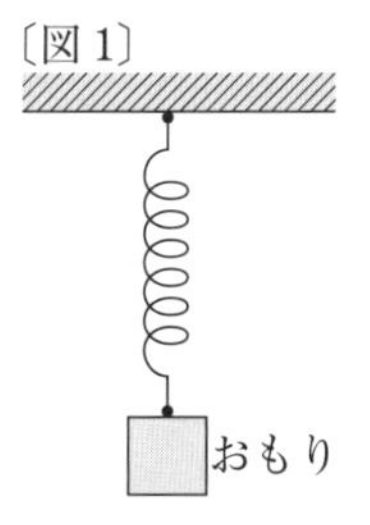

〔図 2〕

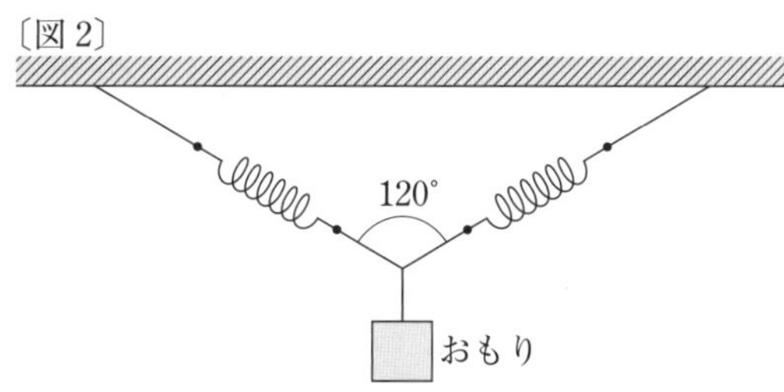

〔図 3〕

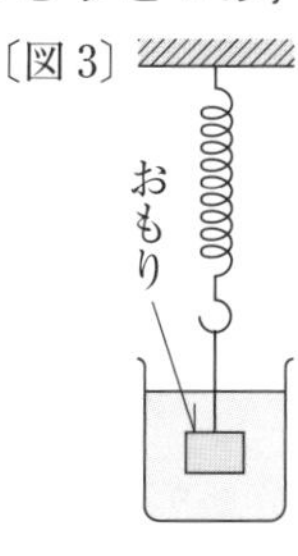

(1) おもりをつけないときのばねの長さを求めなさい。

〔表〕

おもりの質量〔g〕	100	150	200	250	300	350	400
ばねの長さ〔cm〕	22.0	22.5	23.0	23.5	24.0	24.5	25.0

(2) 2 本のばねを使っておもりをつり下げたところ，図 2 のようにつりあった。このとき 2 本のばねの長さはそれぞれ 22.5cm であった。おもりの重さは何 N かを求めなさい。

(3) 図 3 のように質量 300g のおもりをばねにつるし，おもりを水中に沈めてばねの長さを測定すると，ばねの長さは 23.5cm であった。おもりにはたらいた浮力を求めなさい。

〔都立工業高専－改〕

5 **[力の分解]** 右の図のように，摩擦のない斜面に重さ 40N の物体を置いたとき，物体は斜面をすべり落ちた。次の問いに答えなさい。 (6 点× 2 − 12 点)

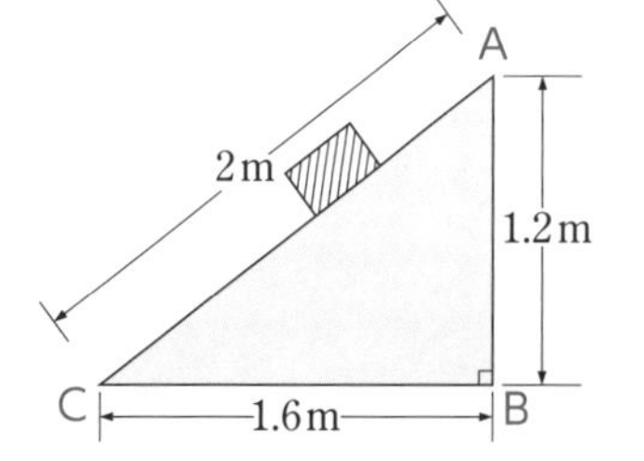

(1) 斜面に垂直な分力はいくらですか。

(2) 斜面に沿う分力はいくらですか。

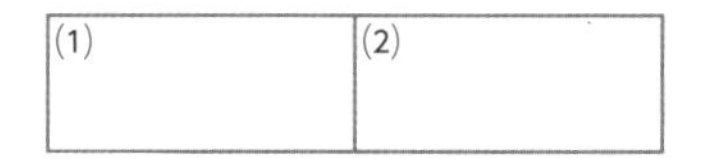

〔法政大第二高－改〕

3 運動のようすとその記録

Step A　Step B　Step C

解答▶別冊 17 ページ

1 運動の記録のとり方

①

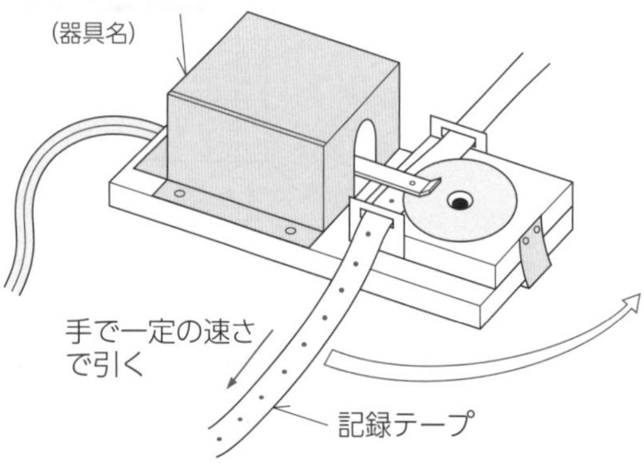

テープに打点された結果からテープを引く手の速さを求めてみよう。

50 Hzを使用した場合　→ ②　　　cm/s

60 Hzを使用した場合　→ ③　　　cm/s

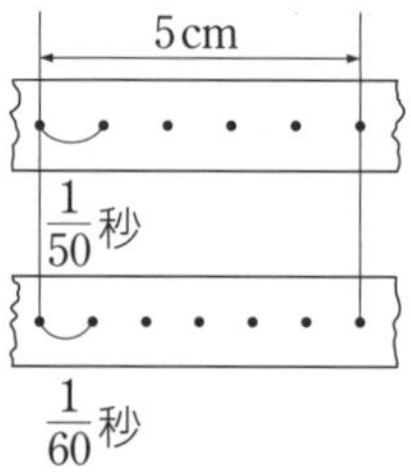

地域によって電灯線(交流)からの電流の周波数が違(ちが)う。自分の地域の周波数はいくらか，確かめておこう。

2 いろいろな運動

次のア～ケの記号を用いて，下の表を完成させなさい。

1 の装置で打点された結果	速さと時間の関係	運動の種類
テープを引く向き ← ア 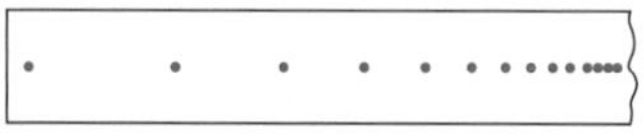	エ 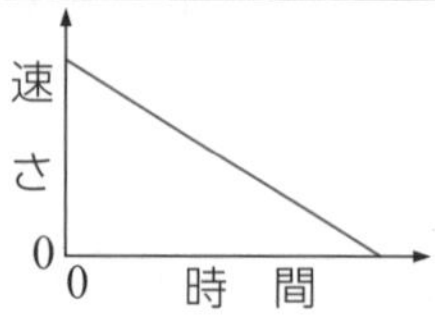	キ 等速直線運動
イ 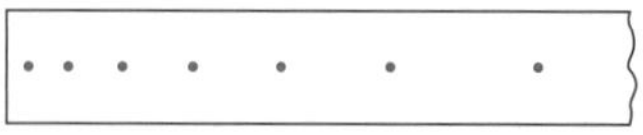	オ 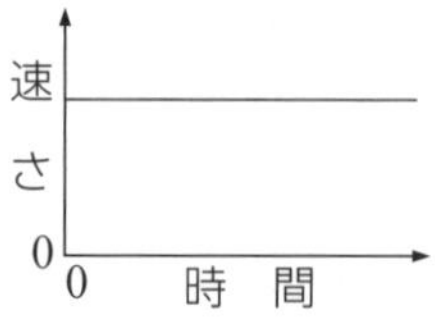	ク 摩擦(まさつ)力がはたらく水平面上の運動
ウ 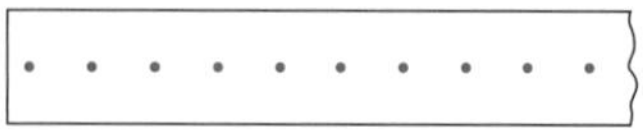	カ 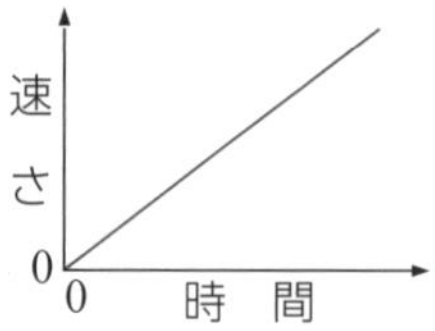	ケ 斜面(しゃめん)上の落下運動

	1 の装置で打点された結果	速さと時間の関係	運動の種類
速さが一定の運動	④	⑤	⑥
速さが増加する運動	⑦	⑧	⑨
速さが減少する運動	⑩	⑪	⑫

▶次の[　　]にあてはまる語句や数値を入れ，作図もしなさい。

3 記録タイマーと速さ

1 速さ＝移動した[⑬　　　]／移動に要した[⑭　　　]

2 運動している物体が[⑮　　　]に移動する距離(きょり)を速さという。

3 物体が1秒間に5メートルの割合で動くときの速さは[⑯　　　]と書き，5メートル毎秒という。

4 物体が1時間に60キロメートルの割合で動くときの速さは，[⑰　　　]と書き，60キロメートル毎時という。

5 記録タイマーは，一定の時間間隔(かんかく)でテープに打点を記録する。西日本では1秒間に[⑱　　　]回，東日本では[⑲　　　]回である。

6 下の紙テープを引いた速さは，それぞれいくらか。

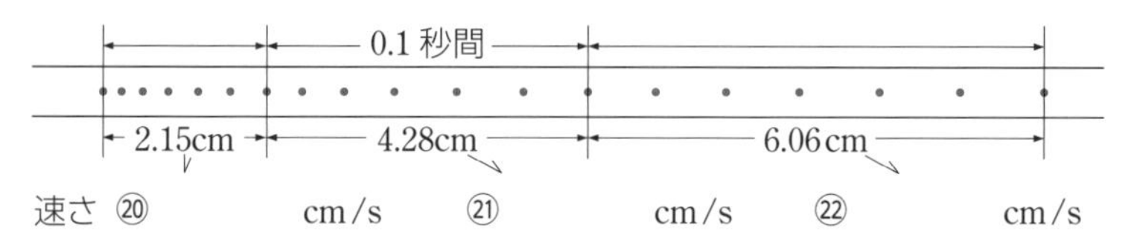

速さ ⑳　　　cm/s　㉑　　　cm/s　㉒　　　cm/s

7 速さが一定でない運動で，ある地点でのごく短い時間における速さを[㉓　　　]の速さという。

⑬
⑭
⑮
⑯
⑰
⑱
⑲
⑳
㉑
㉒
㉓

4 物体間の力と運動の関係

1 スケートボードにのって壁(かべ)をおしたAさんが，壁から離(はな)れていくのは，Aさんが壁をおすのと同時に[㉔　　　]がAさんをおし返すからである。このように，ある物体Aがほかの物体Bに力を加えると，同時にAはBから力を受ける。このとき，『AがBに加えた力(作用)とAがBから受ける力(反作用)とは大きさは[㉕　　　]で，向きは[㉖　　　]である。』このことを作用・反作用の法則という。

2 人が2Nの力で壁をおした。㉗の図に，人が壁をおす力と壁が人をおす力を図示しなさい。ただし，1Nの力の大きさを1cmとする。
(※この2つの力は，はたらく物体が違(ちが)うので，つりあいの関係にある2力ではない。)

㉔
㉕
㉖
㉗(左の図に記入)

5 摩擦力(まさつりょく)

1 物体と物体がふれあっているとき，ふれあっている面に生じる，運動を妨(さまた)げようとする力を[㉘　　　]という。

2 ㉘は運動方向と[㉙　　　]向きにはたらく。

3 水平な台の上で運動する物体は，しばらくほぼ一定の速さで進むが，やがてとまる。これは，[㉚　　　]や空気の[㉛　　　]が，物体の運動をする向きと[㉜　　　]向きにはたらくためである。

㉘
㉙
㉚
㉛
㉜

Step A　Step B　Step C

●時 間 40分	●得 点
●合格点 75点	点

解答▶別冊 17 ページ

1 [運動と力]　図1のように，水平で一様な実験机の上に，木片P，記録タイマー，伸(の)びない糸，なめらかで軽い滑車(かっしゃ)，おもりQをとりつけた。はじめPを手でおさえておき，その後静かにはなしたところ，Pは運動を始め，Qが床(ゆか)に着いたあともしばらく運動をし，運動を始めて 2.0 秒後に出発点から 2.6m の点Aを通過した。その後も運動を続け，やがて静かにとまった。図2はこの実験から得られた速さと時間の関係を表すグラフであり，2.2 秒までを表している。次の問いに答えなさい。　(6点×8－48点)

〔図1〕

記録タイマー　記録テープ　P　糸　2.6m　A　Q　0.80m

〔図2〕

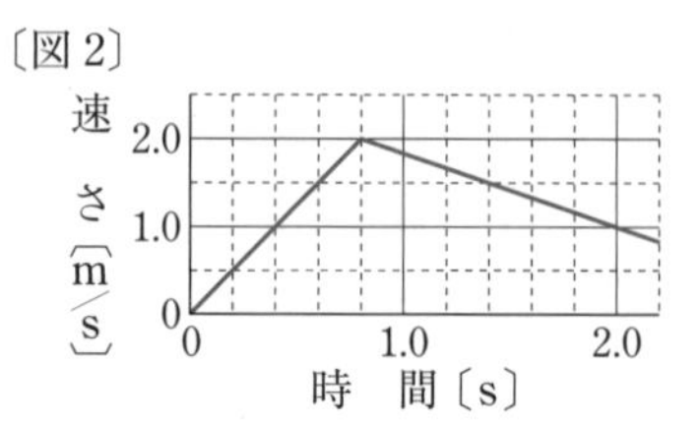

(1) Pの運動状態を記録したテープの打点を表しているものとして，次の①，②の場合を表す最も適当なものを，次の**ア**～**カ**からそれぞれ選び，記号で答えなさい。記録テープは図の右方向に進んでおり，テープの長さはどれも同じとする。また，**ウ**，**カ**の打点は等間隔(かんかく)である。

① Pが運動を始めたすぐあと

② Qが床に着いたすぐあと

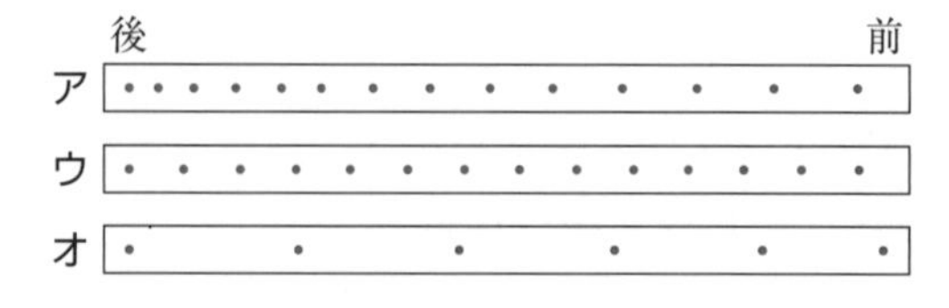

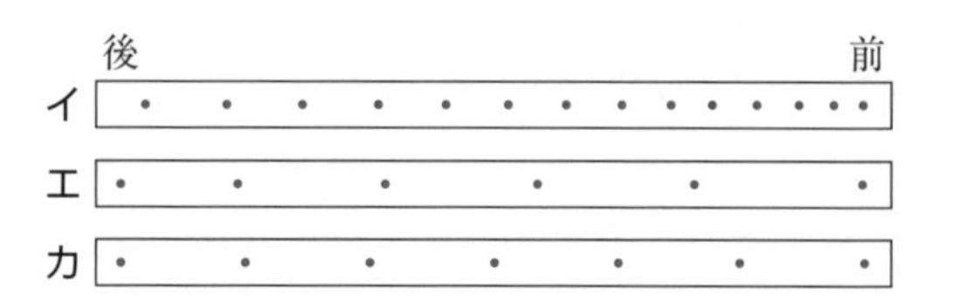

(2) Qが床に着いたのは，Pが動き始めてから何秒後ですか。

(3) Pが動き始めてから 2.6m の点を通過するまでの，Pの平均の速さはいくらですか。

(4) Pが動き始めてからの時間が 1.0 秒，2.4 秒のとき，Pにはたらいている水平方向の力の向きと力の大きさの関係は次のどれか。それぞれ1つずつ選び，記号で答えなさい。

〔力の向き〕

a　1.0 秒，2.4 秒ともに右向き。

b　1.0 秒，2.4 秒ともに左向き。

c　1.0 秒は右向き，2.4 秒は左向き。

d　1.0 秒は左向き，2.4 秒は右向き。

e　1.0 秒は左向き，2.4 秒では力ははたらいていない。

f　1.0 秒は右向き，2.4 秒では力ははたらいていない。

g　1.0 秒，2.4 秒いずれの場合も，力ははたらいていない。

〔力の大きさの関係〕

ア　1.0 秒と 2.4 秒でPにはたらく力は，大きさが等しい。ただし，力の大きさは0でない。

イ　1.0 秒でPにはたらく力のほうが，2.4 秒でPにはたらく力より大きい。

ウ　2.4 秒でPにはたらく力のほうが，1.0 秒でPにはたらく力より大きい。

エ　1.0 秒，2.4 秒いずれの場合も，力の大きさは0である。

(5) おもり Q が床に着いてから P がとまるまでに進んだ距離は何 m ですか。

(6) P が動き始めてからしばらく時間がたったある瞬間に，Q がついた糸を切ったところ，P は動き始めて 2.0 秒後にとまった。糸を切ったのは，P が動き始めてから何秒後ですか。

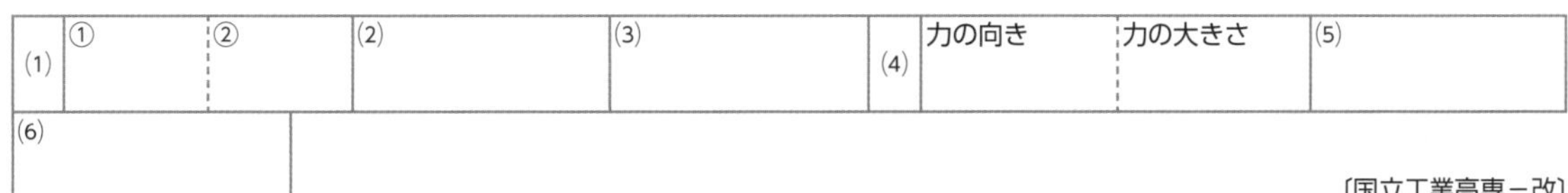

〔国立工業高専－改〕

2 ［直線運動］ 右のグラフは，直線運動をする物体の速さと時間の関係を示したものである。次の問いに答えなさい。 (3 点× 4 － 12 点)

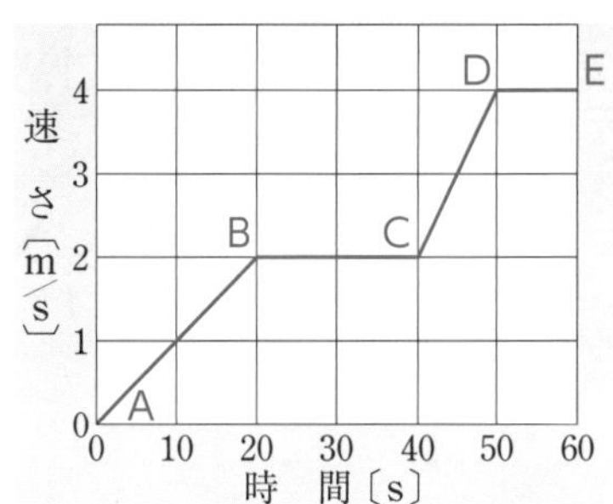

(1) BC 間で移動した距離はいくらですか。

(2) AB 間の平均の速さを求めなさい。

(3) 単位時間での速さの増加量が最も大きいのはどの区間か。A ～ E の記号を使って答えなさい。

(4) 60 秒間に進んだ距離を答えなさい。

(1)	(2)	(3)	(4)

要 **3** ［斜面上の落下運動］ 図 1 のように，力学台車にテープをつけて斜面上に置き，$\frac{1}{60}$ 秒ごとに点を打つことのできる記録タイマーをはたらかせながら，台車を静かにはなし，その運動を調べた。図 2 は，この実験で得られたテープの一部である。はっきり読める打点 A から 6 打点ごとに B，C，D，……の記号をつけ，それぞれの長さをはかり，下の表にまとめた。あとの問いに答えなさい。 (8 点× 5 － 40 点)

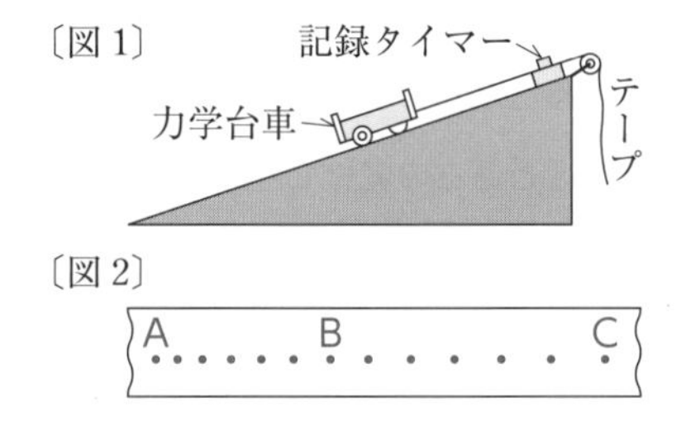

〔表〕

テープ区間	長さ〔cm〕
A － B	6.0
B － C	10.0
C － D	14.0
D － E	18.0
E － F	22.0

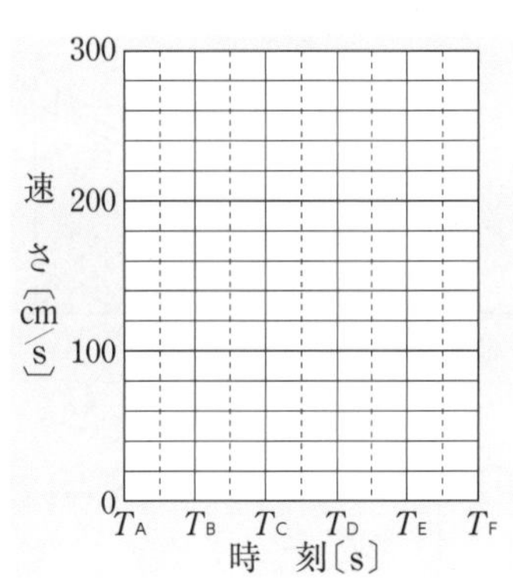

(1) 打点 A － B 間を運動中の台車の平均の速さはいくらですか。

(2) 台車の瞬間の速さと時刻との関係をグラフに示しなさい。ただし，右のグラフの横軸の目盛り T_A，T_B，……はそれぞれ A 点，B 点，……を記録タイマーが打点した時刻であり，また，各区間の平均の速さは，その区間の真ん中の時刻の瞬間の速さとみなしてよいとする。

(3) C 点をタイマーが打点した瞬間の台車の速さはいくらですか。

(4) D 点は台車をはなしてから何秒後に打たれた打点ですか。

(5) E 点は台車をはなしてから何 cm 移動したときに打たれた打点ですか。

(1)	(2) (図に記入)	(3)	(4)	(5)

〔大阪教育大附属平野高〕

4 力と物体の運動

Step A　Step B　Step C

解答▶別冊 18 ページ

1 等速直線運動

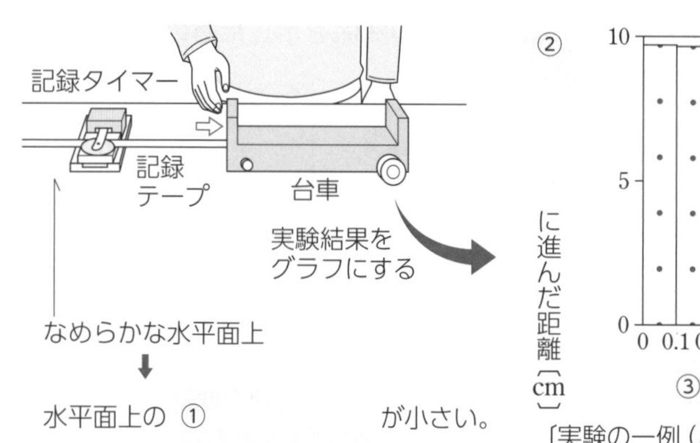

なめらかな水平面上
↓
水平面上の ①　　　　　　が小さい。

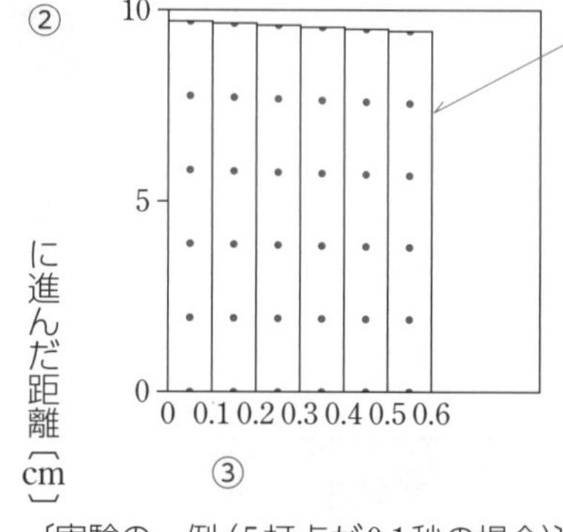

〔実験の一例（5打点が0.1秒の場合）〕

5打点ごとのテープの長さはほぼ ④
↓
速さが ⑤
↓
等速直線運動
（台車の進行方向には ⑥　　　　がはたらいていない。）

2 斜面上の落下運動

斜面上で台車を転がし，運動の記録をとった。

1 右の図にならって，重力の 2 つの方向の分力を作図しなさい。

⑦（作図）

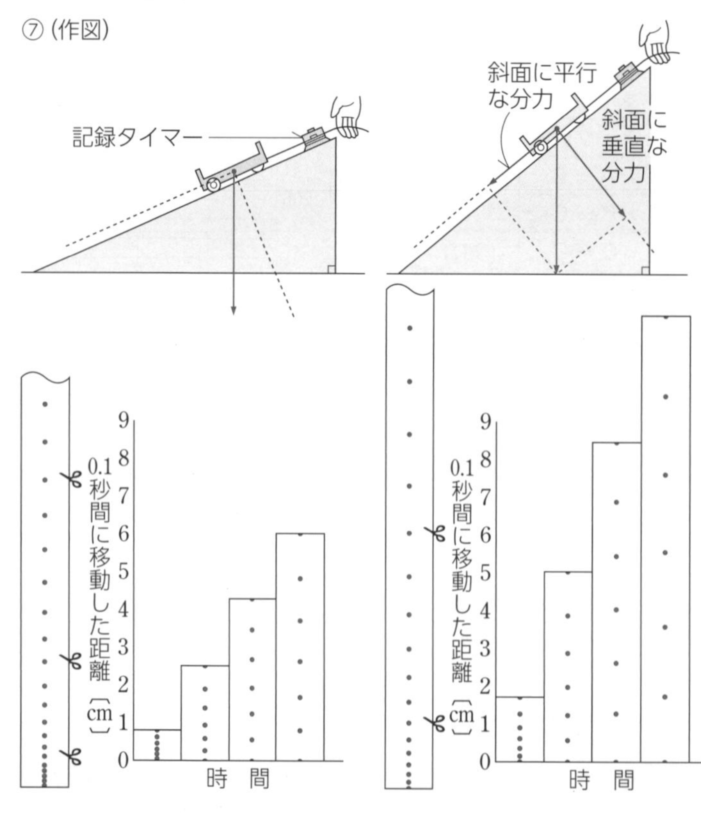

2 この結果から，斜面をくだる台車の速さは，だんだん ⑧　　　　なることがわかる。斜面の角度が大きいほど速さの変化も ⑨　　　　なる。

3 速さが変化し続ける運動では，物体に ⑩　　　　がはたらき続ける。

4 斜面の角度が大きいほど，斜面に沿う分力は ⑪　　　　なる。斜面の角度が小さいほど，斜面に沿う分力は ⑫　　　　なる。

5 物体が斜面をのぼる運動を行う場合，斜面をのぼる物体の速さはしだいに ⑬　　　　なる。これは，運動の向きと ⑭　　　　向きに ⑮　　　　がはたらくためである。

▶次の[　　]にあてはまる語句を入れなさい。

3 等速直線運動

1 [⑯　　　]の速さで，一直線上を動く運動を等速直線運動という。

2 等速直線運動における速さと時間の関係をグラフにすると右の図のaのようになる。グラフと縦軸(たてじく)，横軸で囲まれた斜線(しゃせん)の部分は[⑰　　　]を表す。

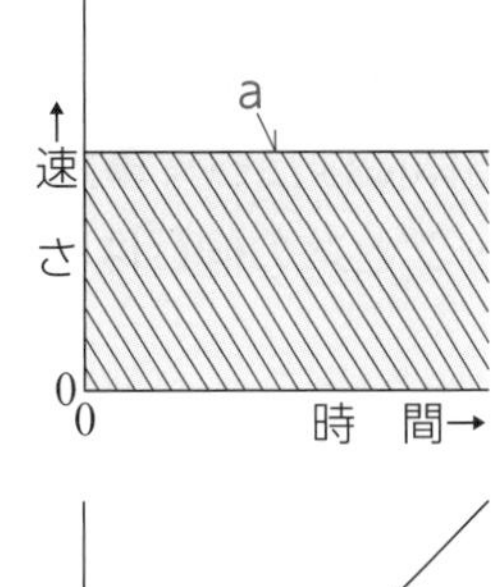

3 等速直線運動では，時間と移動した距離(きょり)は[⑱　　　]する。これを式で表すと，次のようになる。

距離〔m〕
＝[⑲　　　]〔m/s〕×[⑳　　　]〔s〕

グラフでは，右の図のbのようになる。

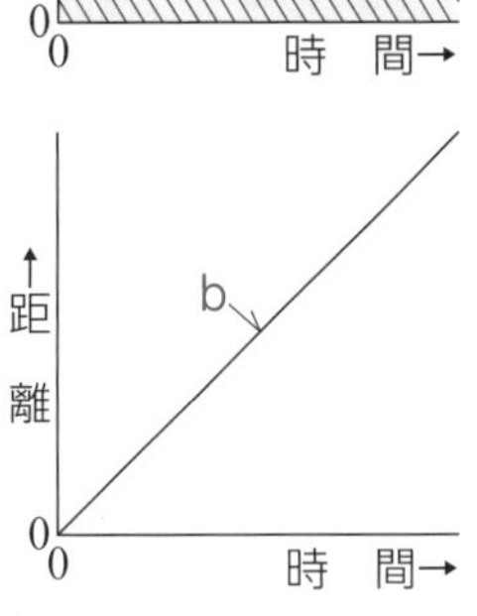

4 a，bのグラフより，速さと時間の関係は[㉑　　　]であるが，移動距離と時間とは[㉒　　　]関係である。

⑯

⑰

⑱

⑲

⑳

㉑

㉒

4 斜面上の落下運動と自由落下運動

1 斜面上の落下運動では時間と[㉓　　　]は比例する。

2 斜面上の落下運動における速さと時間の関係をグラフにすると右の図のcのようになる。グラフと縦軸・横軸で囲まれた斜線の部分は[㉔　　　]を表す。

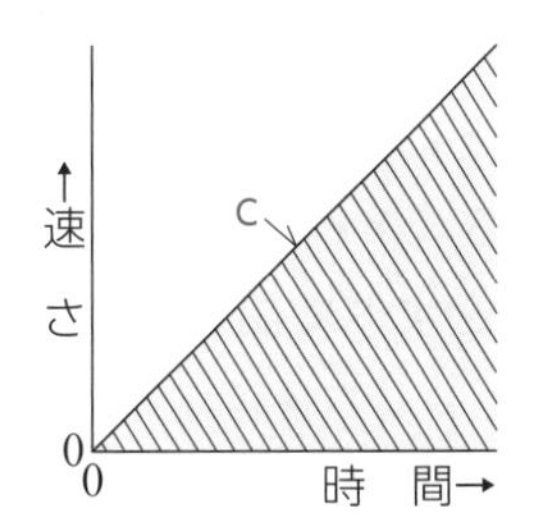

3 斜面の角度の異なる落下運動の場合，斜面の角度が大きいほど，速さのふえ方が[㉕　　　]なる。つまり，運動の向きに力がはたらくとき，物体にはたらく力が大きいほど，速さの増加する割合も[㉖　　　]くなる。

4 斜面の角度を90°にすると，斜面に沿う分力は[㉗　　　]となる。このとき物体にはたらく力は[㉘　　　]だけになり，物体は垂直に落下する。このときの運動を[㉙　　　]運動という。

㉓

㉔

㉕

㉖

㉗

㉘

㉙

5 慣性の法則

1 一般(いっぱん)に，運動している物体は，外から力がはたらかない(力がつりあう)限り[㉚　　　]運動を続け，静止している物体は，外から力がはたらかない限り[㉛　　　]し続ける。これを[㉜　　　]の法則といい，物体のもつこのような性質を[㉝　　　]という。

2 [㉝]の例として，電車が急に動き出すと乗客は進行方向と[㉞　　　]向きにたおれ，電車が急にとまると乗客は進行方向と[㉟　　　]向きにたおれるなどがある。

㉚

㉛

㉜

㉝

㉞

㉟

Step A　Step B　Step C

●時 間 35分	●得 点
●合格点 70点	点

解答▶別冊 19 ページ

重要 **1** [自由落下運動]　自由落下運動の実験を行った。これについて，あとの問いに答えなさい。ただし，質量 100 g の物体にはたらく重力の大きさを 1 N とし，摩擦(まさつ)や空気の抵抗(ていこう)，テープや糸，クリップの重さ，テープと糸の伸(の)びは考えないものとする。（9 点× 6 − 54 点）

〔実験〕

（i）図 1 のように，記録タイマーに通したテープを 200 g のおもりにつける。

（ii）テープから静かに手をはなし，おもりが落下するようすを $\frac{1}{60}$ 秒ごとに打点する記録タイマーで記録する。

（iii）テープの始めの，打点の重なっている部分は使わずに，残りのテープを打点が記録された順に 6 打点ごとに①～④に切り分ける。そして，図 2 のように，①～④を順に左から台紙に貼(は)る。

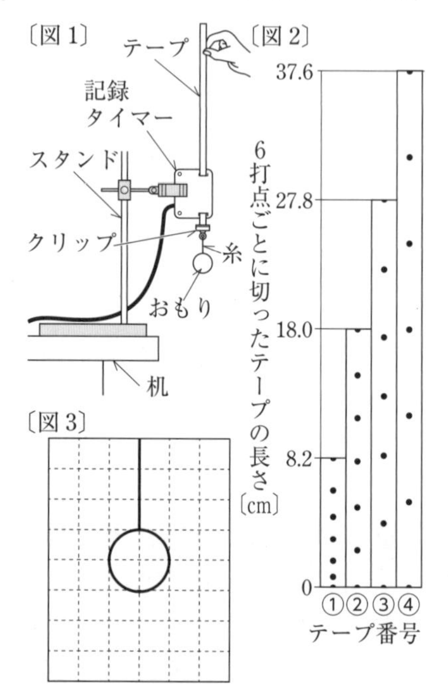

(1) 図 3 は，実験(ii)で手をはなす前，おもりを静止させたときのおもりのようすを表したものである。このときの糸がおもりを引く力を，図 3 に力の矢印で示しなさい。ただし，図 3 の 1 目盛りを 1N とする。

(2) 次の表は，図 2 をもとに，おもりの平均の速さをまとめようとしたものである。テープ①～④の各区間における，おもりの平均の速さをすべて記入して，下の表を完成させなさい。

区間(テープ番号)	①	②	③	④
おもりの平均の速さ〔cm/s〕				

(3) 図 2 をもとに，おもりが落下し始めてからの時間と，おもりの移動距離(きょり)の関係を表したグラフとして，最も適切なものを，次の**ア**～**エ**から 1 つ選び，記号で答えなさい。

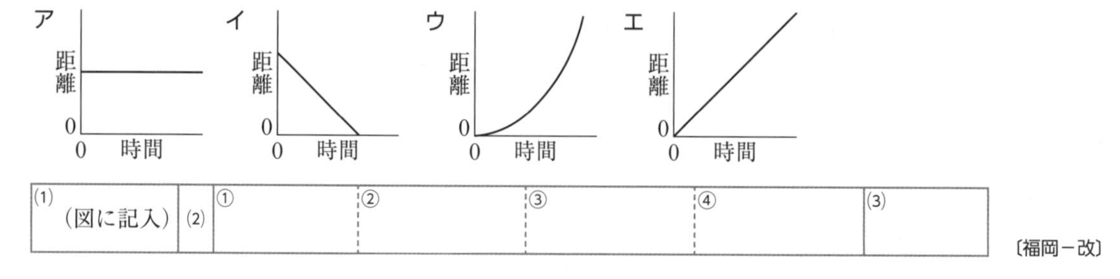

(1)（図に記入）	(2) ①	②	③	④	(3)

〔福岡－改〕

2 [速さと力の関係]　次の図のようなレールに小球を転がし，小球の速さを測定する実験を行った。レールの長さは 60 cm で，15 cm 間隔(かんかく)で印をつけている。レールの一端(いったん) A の高さを 30 cm とし，点Oで水平なレールとつないだ。表は，印をつけたそれぞれの位置から小球を転がしたときの，水平なレールにおける小球の速さの記録である。なお，小球はレールから摩擦力は受けず，点Oをなめらかに通過できるものとする。（10 点× 3 − 30 点）

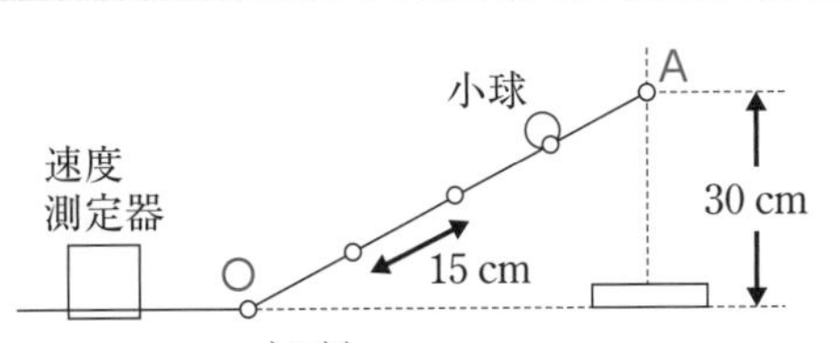

		小球を転がした斜面の長さ			
		15cm	30cm	45cm	60cm
Aの高さ	30cm	1.21m/s	1.71m/s	2.10m/s	2.42m/s

(1) 小球が斜面を転がっているときに小球にはたらく力を表した図として適切なものを，次の**ア**～**エ**から１つ選び，記号で答えなさい。

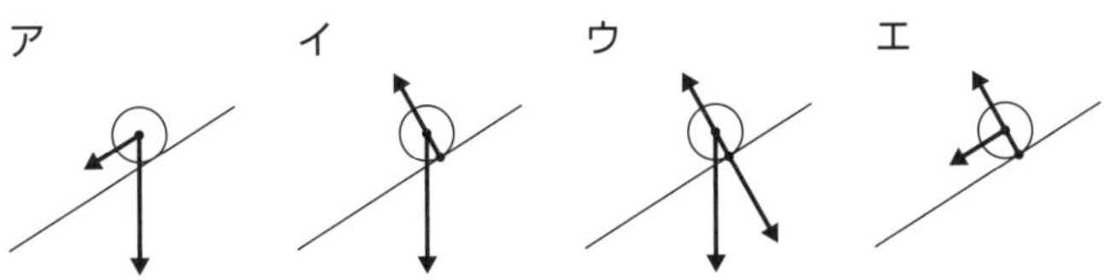

(2) 水平なレール上では，ある性質のため小球は等速直線運動をする。この性質を何というか，書きなさい。

(3) 実験の結果から，小球の速さの変化について考察した。４か所それぞれの位置から小球を転がしたときの，小球の移動距離と速さの関係を１つのグラフに表したものとして適切なものを，次の**ア**～**エ**から１つ選び，記号で答えなさい。

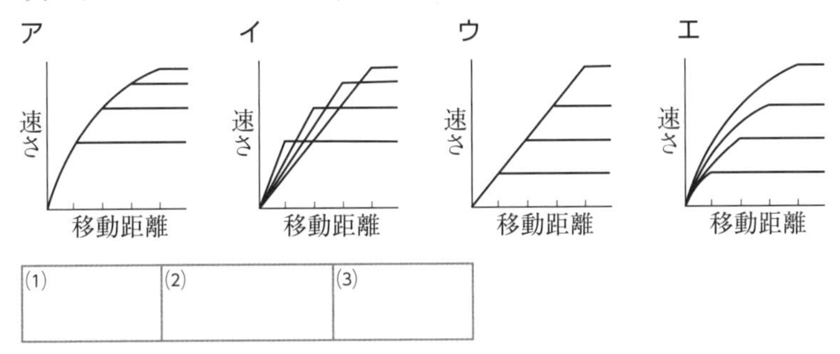

〔兵　庫〕

3 **[斜面上の物体にはたらく力]** 図のように，まっすぐなレールを用いて斜面をつくり，レール上のA点で小球を静かにはなした。ただし，斜面上では小球はつねにレールの上を運動し，小球とレールの間の摩擦や空気抵抗は考えないものとする。(8点×２－16点)

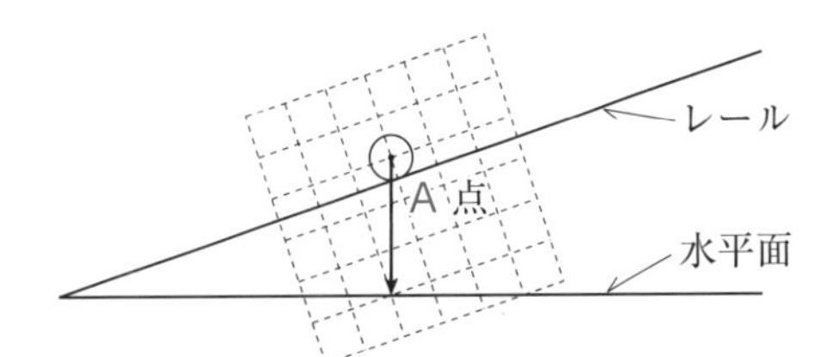

(1) 小球にはたらく重力が図中の矢印で表されている。この重力のレールに平行な分力とレールに垂直な分力を図に描き入れなさい。

(2) レールをくだっている小球にはたらく力と小球の運動について述べた文として最も適当なものを，次の**ア**～**エ**から１つ選び，記号で答えなさい。

ア　レールに沿う方向の力はしだいに大きくなり，速さの変化の割合も大きくなる。
イ　レールに沿う方向の力はしだいに大きくなるが，速さの変化の割合は変わらない。
ウ　レールに沿う方向の力は変化しないが，速さの変化の割合は大きくなる。
エ　レールに沿う方向の力は変化せず，速さの変化の割合も変わらない。

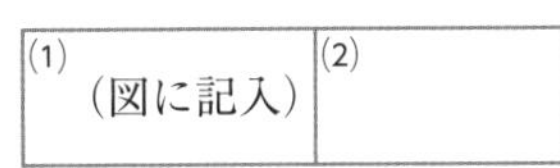

〔長　崎〕

月　日

5 仕事と仕事の原理

Step A　Step B　Step C

解答▶別冊 19 ページ

1 仕 事

下の図のように，重さ 10N の物体を 1m 持ち上げ，そのまま水平に 5m 移動した。

① N×5m

= ② J

移動の向きに力がはたらいていない。
(水平にして運ぶ)

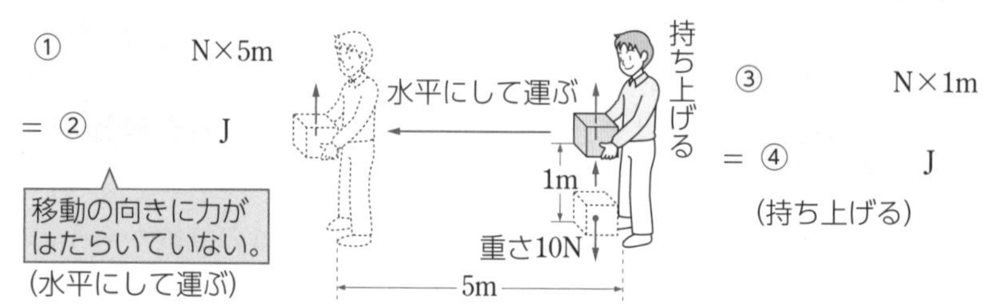

③ N×1m

= ④ J

(持ち上げる)

仕事の大きさは，加えた力とその力の⑤　　　　に移動した距離との積で表す。

2 仕事の原理

下図のような 3 通りの方法で，5kg の荷物を 1m 持ち上げた(滑車の重さや摩擦は無視できるものとする)。

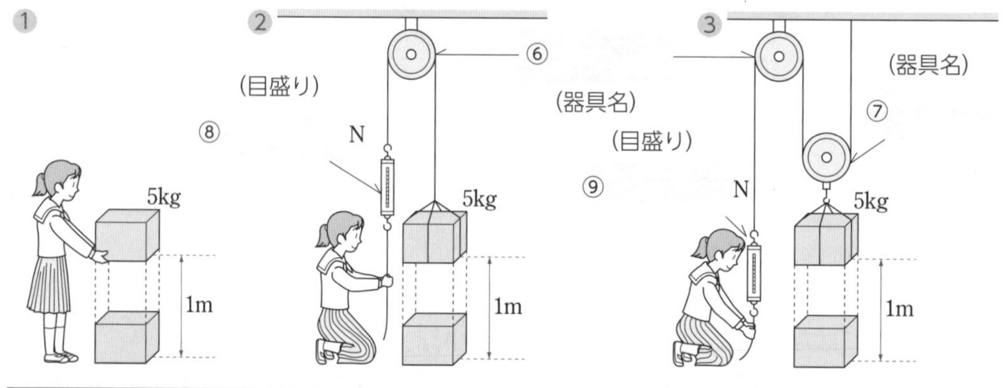

	1の方法	2の方法	3の方法
力の大きさ(加えた力の大きさ)	50N	⑧　N	⑨　N
力の向きに動いた距離(⑩，⑪ばねばかりの動いた距離)	1m	⑩	⑪
仕事の大きさ	⑫	⑬	⑭

4 斜面を使った仕事

斜面を利用した仕事

⑮ N×2m= ⑯ J

重さの斜面方向の分力

50N× ⑰

=25N

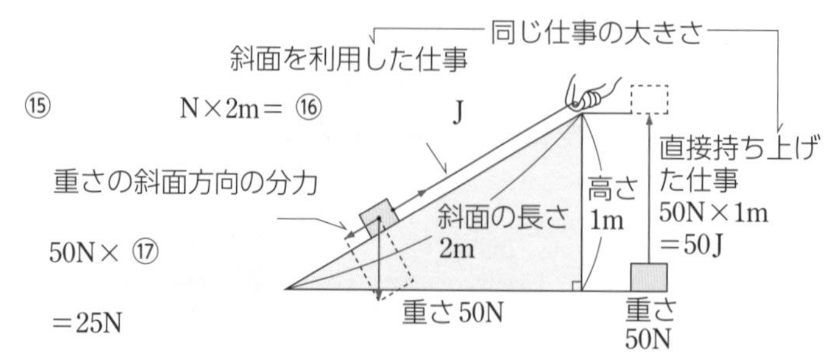

摩擦や抵抗がなければ，滑車や斜面を利用して物体に仕事をしても，利用せずに仕事をしても，仕事の大きさは ⑱　　　　。

⇓

⑲　　　　という。

▶次の[　　]にあてはまる語句や数値を入れなさい。

3 仕　事

1 仕事＝物体にはたらく[⑳　　　]×力の向きに動いた[㉑　　　]

2 物体に1Nの力を加え，その力の向きに1m移動させたときの仕事を1[㉒　　　](記号J)といい，仕事の単位とする。

3 物体に50Nの力を加え，2m動いたときの仕事は[㉓　　　]である。

4 重力にさからってする仕事…物体をある高さまで持ち上げるには，物体にはたらく[㉔　　　]と逆向きで同じ大きさの力を加えればよいので，仕事＝物体の[㉕　　　]×持ち上げる高さで表される。

5 摩擦(まさつ)力にさからってする仕事…摩擦のある床面(ゆかめん)で物体をある距離(きょり)まで動かすには，摩擦力と逆向きで同じ大きさの力を加えればよいので，仕事＝[㉖　　　]×移動距離で表される。

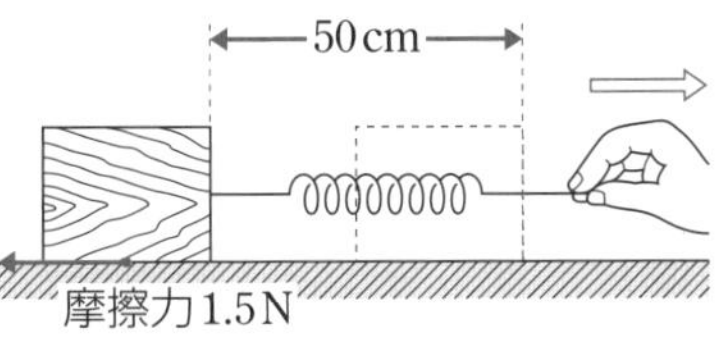

図のように，ばねを用いて木片を50cm引いた。このとき，手が引く力は[㉗　　　]Nで，摩擦力と同じ大きさになっている。手が木片にした仕事は[㉘　　　]Jである。

4 仕事の原理・仕事率

1 図のようなてこを使って，W〔N〕の物体をh〔m〕持ち上げた。手は，てこにF〔N〕の力を加え，H〔m〕下げた。

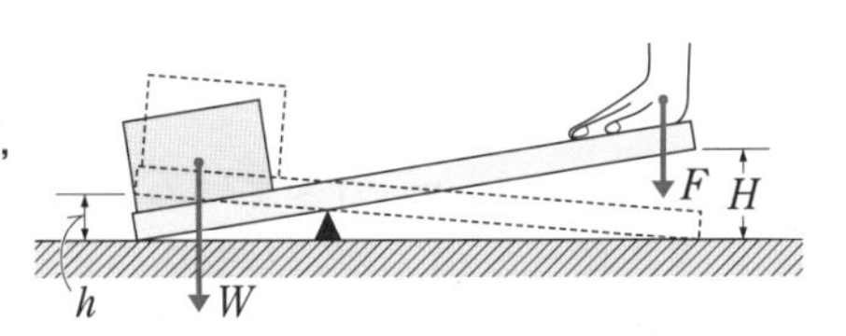

このとき，W×[㉙　　　]＝F×[㉚　　　]の関係がなりたつ。
てこで物体を持ち上げる場合，加える力は小さくなるが，[㉛　　　]が大きくなる。

2 定滑車(ていかっしゃ)を使うと，力の大きさと引く距離は変わらないが，加える力の向きは[㉜　　　]となり，物体を持ち上げやすくなる。

3 動滑車を使うと，力は$\frac{1}{2}$倍になるが，力を加える距離は[㉝　　　]になる。

4 単位時間(1秒間)にする仕事の大きさを[㉞　　　]という。1秒間に1Jの仕事をするときの[㉞]を1ワットといい，記号で表すと[㉟　　　]となる。

5 仕事率〔[㊱　　　]〕＝$\dfrac{\text{仕事の大きさ〔J〕}}{\text{要した[㊲　　　]〔s〕}}$

6 仕事率60Wの機械が50秒かかってする仕事を，仕事率15Wの機械ですると[㊳　　　]秒かかる。

(された仕事の分だけ多く，エネルギーをもつ)
10m
500Jの仕事
50N

5 仕事とエネルギー

1 高い所にある物体は，落下するとほかの物体を動かす[㊴　　　]をすることができる。

2 仕事をする能力を[㊵　　　]といい，単位はJで表す。

⑳ ㉑ ㉒ ㉓ ㉔ ㉕ ㉖ ㉗ ㉘ ㉙ ㉚ ㉛ ㉜ ㉝ ㉞ ㉟ ㊱ ㊲ ㊳ ㊴ ㊵

Step A　Step B　Step C

●時 間 40分	●得 点
●合格点 75点	点

解答▶別冊 19 ページ

1 [仕事と仕事率]　次の実験について，あとの問いに答えなさい。ただし，物体，滑車，ばねばかり，糸にはたらく摩擦力や空気の抵抗と，滑車，ばねばかり，糸の重さ，および糸の伸び縮みは考えないものとする。 (6点×3－18点)

〔実験1〕 図1のように，滑車とばねばかりをとりつけた重さ2.4 Nの物体を，床から10cm離れた位置に静止させる。この状態から，物体を1 cm/sの速さで真上に15cm引き上げる。

〔実験2〕 図2のように，滑車をとりつけた重さ2.4 Nの物体を，滑車を動滑車として用いて，糸の片方の端にばねばかりをとりつけ，床から10cm離れた位置に静止させる。この状態から，物体を一定の速さで真上に15cm引き上げる。

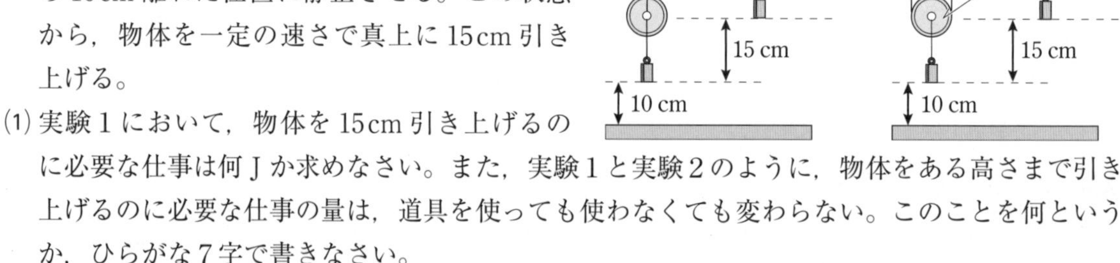

(1) 実験1において，物体を15cm引き上げるのに必要な仕事は何Jか求めなさい。また，実験1と実験2のように，物体をある高さまで引き上げるのに必要な仕事の量は，道具を使っても使わなくても変わらない。このことを何というか，ひらがな7字で書きなさい。

(2) 実験1と実験2で，物体を真上に15cm引き上げるときの仕事率が等しいとき，実験2における，ばねばかりを引き上げる速さは何cm/sか求めなさい。

(1)	仕事	名称	(2)

〔京　都〕

2 [動滑車と仕事]　図1のように，高さ5cmのおもりを滑車を使って引き上げる実験を行った。動滑車の質量を300g，おもりの質量を1500g，動滑車とおもりをつなぐ糸1の長さを10cmとして，あとの問いに答えなさい。ただし，質量100gの物体にはたらく重力の大きさを1Nとし，糸1，2は伸び縮みせず切れないものとする。また，ばねばかりと糸の質量，摩擦力は無視できるものとする。 (8点×5－40点)

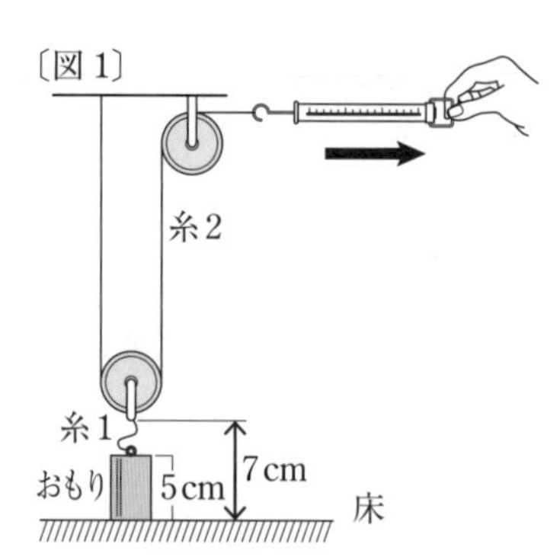

〔実験〕

(ⅰ)図1の状態(動滑車の最下部が床から7cmの状態)から，糸2をばねばかりで10cm引いたところ，動滑車が5cm引き上げられた。このときばねばかりの値は1.5Nであった。

(ⅱ)その後，1.5Nの力で引き続けたところ，糸1がまっすぐな状態になった。

(ⅲ)(ⅱ)の状態からじょじょに力を大きくして引き続けると，ばねばかりがある値を示したときに，おもりが床から離れた。

(ⅳ)床から離れたときの力で引き続け，おもりを床から10cm引き上げた。

(1) 実験(i)の結果から，動滑車の性質について述べた次の文中の空欄(X), (Y)に適切な数値を書きなさい。

図1のように動滑車を引き上げる場合，引き上げる力の大きさは，動滑車に糸をつけて直接引き上げる場合の(X)倍になり，糸を引く長さは(Y)倍になる。

(2) 実験(i)の動滑車が5cm引き上げられた状態から，実験(ii)の糸1がまっすぐな状態になるまで，糸2は何cm引かれたか，求めなさい。

(3) 実験(ii)の糸1がまっすぐになった状態から実験(iii)のおもりが床を離れるまでについて，糸2を引く力とおもりが床から受ける垂直抗力の関係を表すグラフを図2に描きなさい。ただし，糸2を引く力は1.5N以上になることに注意すること。

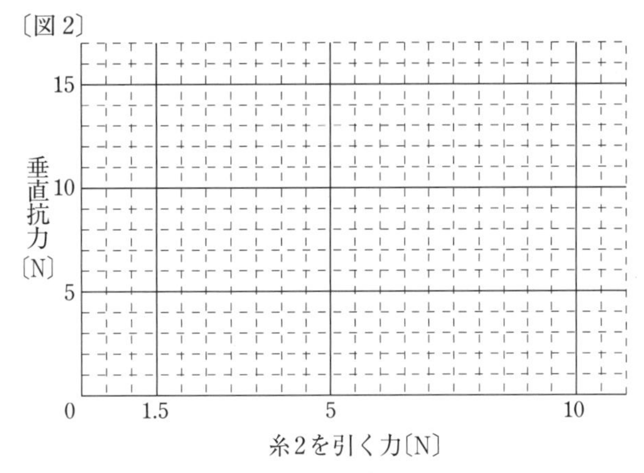

(4) 図1の状態から，実験(iv)のおもりが床から10cm引き上げられた状態になるまでに手がした仕事は何Jか，求めなさい。

(1)	X	Y	(2)	(3)	(4)
				(図に記入)	

〔富 山〕

3 **[動滑車と仕事・仕事率]** **図1，図2の方法で，重さ10N，底面積が20cm² の物体を床から40cmの高さまでゆっくり引き上げる実験を行った。次の問いに答えなさい。ただし，滑車の摩擦，ひもの重さ，ひもの伸び縮みは考えないものとする。** (7点×6－42点)

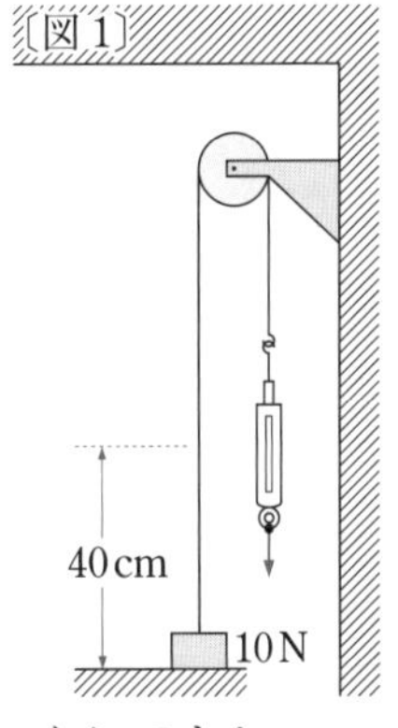

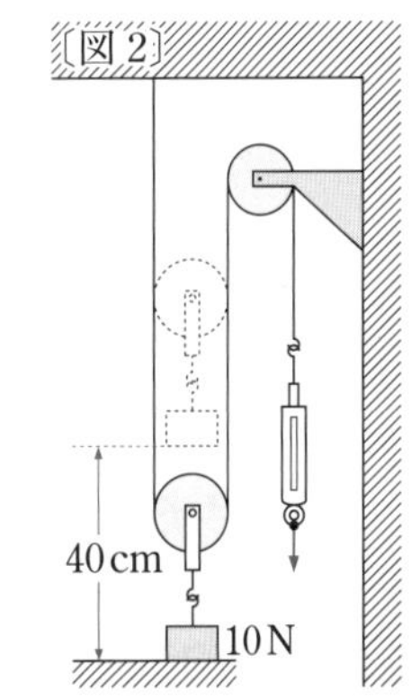

(1) 図1の実験において，物体が床から離れていない状態でばねばかりが6Nを示しているとき，物体が床面に加える圧力は何N/m² ですか。

(2) 図1の実験において，物体が床を離れ，40cmの高さに引き上げられるまでに，ひもを引く力がする仕事はいくらですか。

(3) 図2の実験において，物体が床を離れてから40cmの高さになるまでの間，ばねばかりは5.1Nを示していた。動滑車の重さはいくらですか。

(4) (3)のとき，物体を40cm引き上げるのに4秒かかった。次の①，②を，小数第2位を四捨五入して，小数第1位まで求めなさい。

①ひもを引く力がする仕事はいくらですか。　②仕事率を求めなさい。

記述 (5) ひもを引く力がした仕事は，直接引き上げるより動滑車を使うほうが大きくなることがわかる。この理由を簡潔に説明しなさい。

(1)	(2)	(3)	(4) ①	②
(5)				

6 力学的エネルギーの保存

Step A　Step B　Step C

解答▶別冊 20 ページ

1 エネルギー

1 右図のような装置でおもりの高さや質量を変え，① 　　　エネルギーとの関係を調べた。実験結果のグラフを完成させよう。

高さ	くいの移動距離	質量	くいの移動距離
10cm	1.2mm	60g	1.5mm
20cm	2.8mm	120g	2.9mm
30cm	3.9mm	180g	4.8mm

（質量 120g のとき）（高さ 20cm のとき）

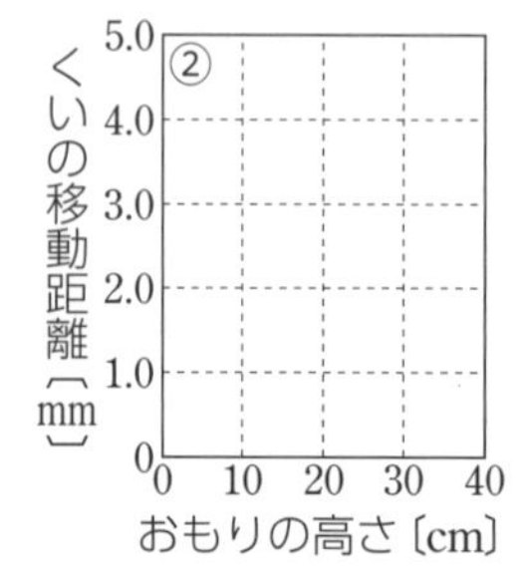

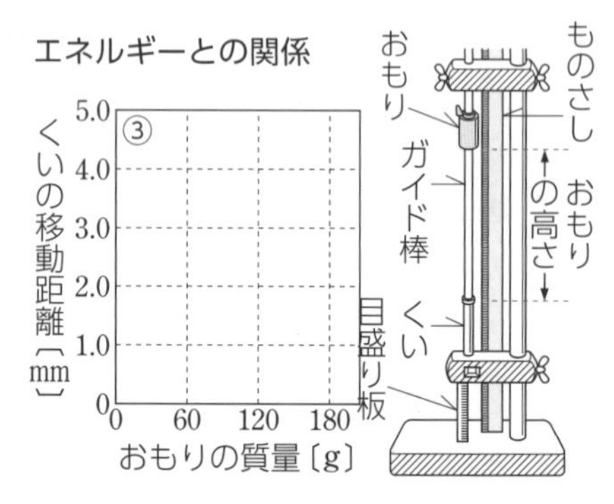

2 下の図のような装置で台車の速さや質量を変え，台車の④ 　　　エネルギーとの関係を調べ，得られた結果から下記のグラフを完成させた。グラフの横軸を答えなさい。

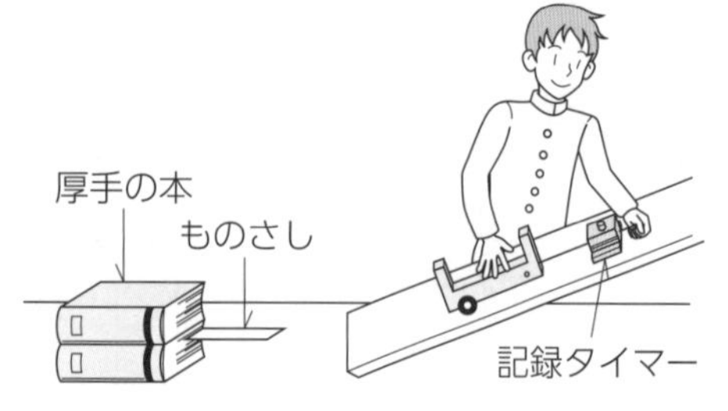

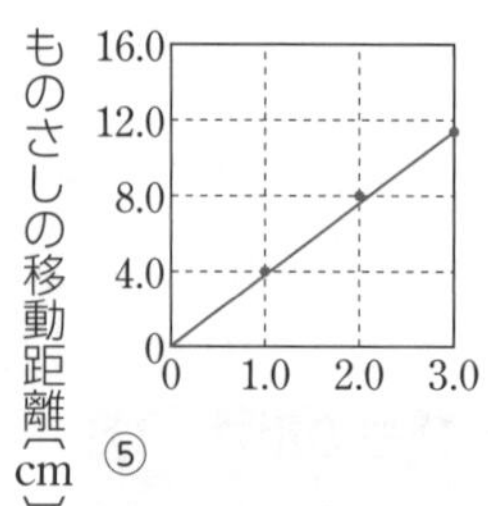

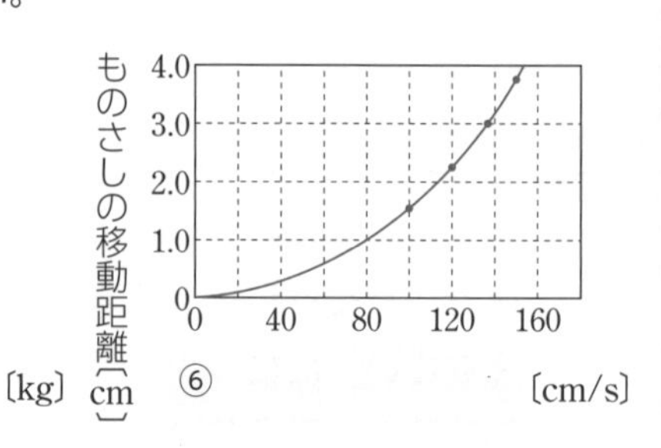

位置エネルギーの大きさは，物体の高さが高いほど，物体の⑦ 　　　が大きいほど大きい。
運動エネルギーの大きさは，物体の速さが速いほど，物体の質量が大きいほど大きい。

2 力学的エネルギー

振り子の運動

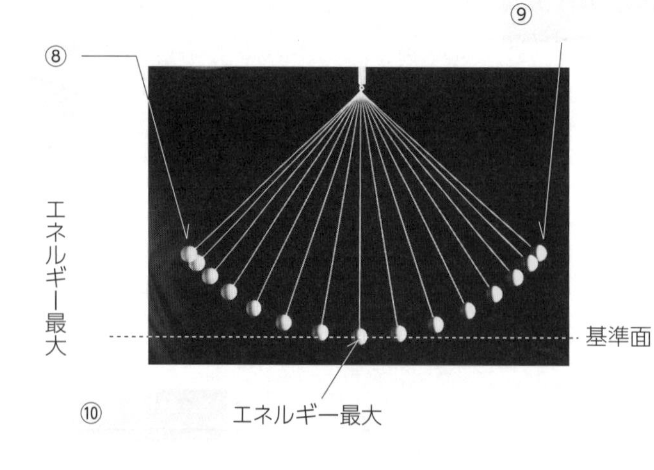

位置エネルギー＋運動エネルギー
＝ ⑪ 　　　は一定

位置エネルギーが ⑫
運動エネルギーが ⑬

▶次の[　　]にあてはまる語句や数値を入れなさい。

3 エネルギー

1 ほかの物体に力を加えて動かす，変形させるなどの仕事をする能力をもっている物体は[⑭　　　]をもっているという。

2 運動している物体がもつエネルギーを[⑮　　　]といい，物体の[⑯　　　] の 2 乗と質量に比例する。

〔図 1〕おもり (50g)　30°　45°

3 物体を置く高さの違い(ちが)によって生じるエネルギーを[⑰　　　]といい，物体の質量と基準面からの[⑱　　　]に比例する。

4 図 1 のように，50g のおもりを斜面(しゃめん)の傾き(かたむ)だけを変えて，同じ高さから転がした。このとき，動く物体の距離(きょり)は[⑲　　　]である。

〔図 2〕

5 重さ 10N の物体を 2m 持ち上げるのに要する仕事は[⑳　　　]J で，このおもりが図 2 のように基準面まで落下すると，[㉑　　　]J の仕事をする。

6 物体は，重力にさからってされた仕事の分の[㉒　　　]がふえる。

⑭
⑮
⑯
⑰
⑱
⑲
⑳
㉑
㉒

4 力学的エネルギーの保存

1 次の[　　]にあてはまる語句を入れなさい。

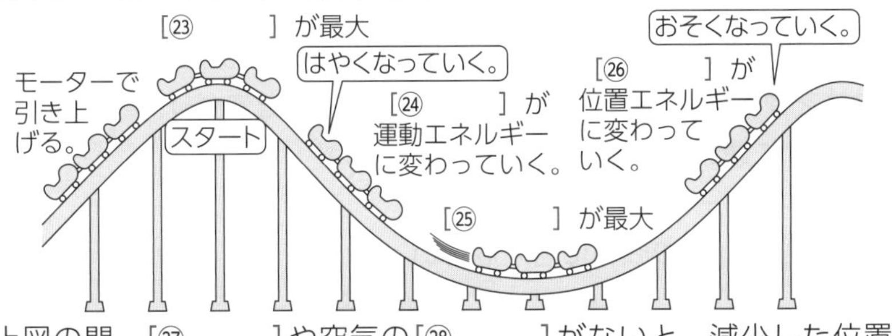

2 上図の間，[㉗　　　]や空気の[㉘　　　]がないと，減少した位置エネルギーの分だけ運動エネルギーが[㉙　　　]する。

3 運動エネルギーと位置エネルギーの和を[㉚　　　]といい，この値はいつも一定である。これを[㉛　　　]という。

4 右の図のように，振(ふ)り子の運動で，A 点よりおもりをはなした。おもりの位置エネルギーは A 点で最も[㉜　　　]く，それからだんだん小さくなって B 点で[㉝　　　]になる。

A　C　基準面　B

5 4 で，減少した位置エネルギーの分が B 点で[㉞　　　]に変わり，次に[㉞]はだんだん減り，減った分が[㉟　　　]に変わり，C 点に移る。このように力学的エネルギーが[㊱　　　]される。実際には空気の抵抗(ていこう)や O 点での摩擦(まさつ)力にさからって仕事をするので，振り子はとまる。

㉓
㉔
㉕
㉖
㉗
㉘
㉙
㉚
㉛
㉜
㉝
㉞
㉟
㊱

Step A　Step B　Step C

●時 間 40分	●得 点
●合格点 70点	点

解答▶別冊 21 ページ

1 **[振り子の運動]**　右図のように，長さ 1m の糸に質量 0.4kg のおもりをつけた振り子をつくり，糸の先を手で持ち，おもりを a 点から d 点までまっすぐ上に引き上げて，O 点につるした。次に，振り子を b 点まで傾けてはなし，運動のようすを調べた。次の問いに答えなさい。ただし，糸の質量と伸び，おもりの大きさは無視できるものとし，摩擦や空気の抵抗は考えないものとする。　(8 点× 3 − 24 点)

(1) おもりのもつ運動エネルギーが最も大きい地点はどこか。図の a ～ e から 1 つ選び，記号を書きなさい。

(2) P 点に長いくぎを打ったとき，振り子が b 点からはなれ，振り子の糸がくぎにぶつかったあと，振り子がどの位置まで動くかを作図しなさい。ただし，おもりの位置だけでなく，そのときの糸も必ず描くこと。

(3) 床から 4 m の高さにある質量 1 kg の物体のもつ位置エネルギーは，O点にある質量 0.4kg の物体のもつ位置エネルギーと比べて，何倍の大きさですか。

〔青森－改〕

2 **[物体の運動とエネルギー]**　図 1 のように，平らな斜面と水平面がなめらかにつながっている。斜面 P 上の点 A から小物体をすべらせると，点 B を通過して水平面をすべり，点 C から斜面 Q をすべり上がって最高点 D に達した。水平面 BC を含む水平な面を小物体の位置エネルギーの高さの基準面とし，摩擦や空気抵抗はないものとして，次の問いに答えなさい。　(9 点× 4 − 36 点)

〔図 1〕

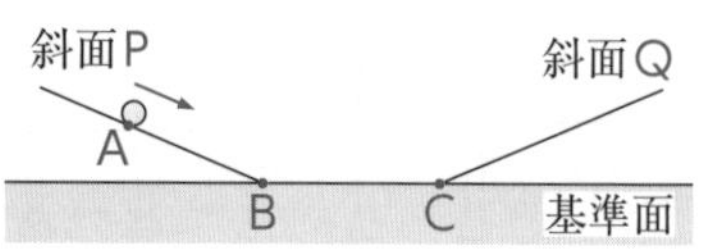

(1) 質量の異なる小物体を用いて，次の①，②の量をそれぞれ比較する実験をするために，小物体を点 A から静かにはなしてすべらせた。①，②について，「質量の大きな小物体のほうが大きい」「質量の小さな小物体のほうが大きい」「質量に関係なく等しい」のいずれが正しいか，答えなさい。

①点 B で小物体がもつ運動エネルギーの大きさ

②小物体の最高点 D の高さ

小物体を，ある速さで点 A から斜面下方にすべらせた。斜面 P 上での小物体の速さは一定の割合で増加し，その後，水平面 BC をすべり，点 C から斜面 Q をすべり上がって最高点 D に達した。点 B での小物体の運動エネルギーの大きさを 1 とすると，斜面 P 上での小物体の位置と運動エネルギーの大きさの関係は図 2 のようになった。

〔図 2〕

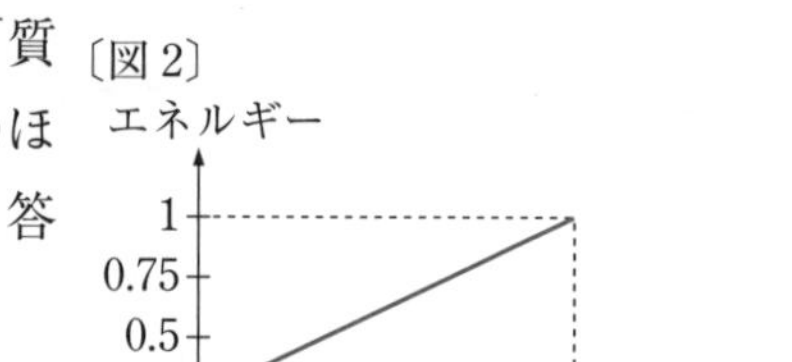

(2) 斜面 P 上の小物体の位置と位置エネルギーの関係を，図 2 に実線で記入しなさい。

(3) この小物体が水平面BCをすべっている間に，何らかの原因で，点Cでの運動エネルギーが点Bでの運動エネルギーの半分になった。小物体が達する最高点Dの高さは点Aの高さの何倍になるか。小数第3位を四捨五入して小数第2位まで答えなさい。

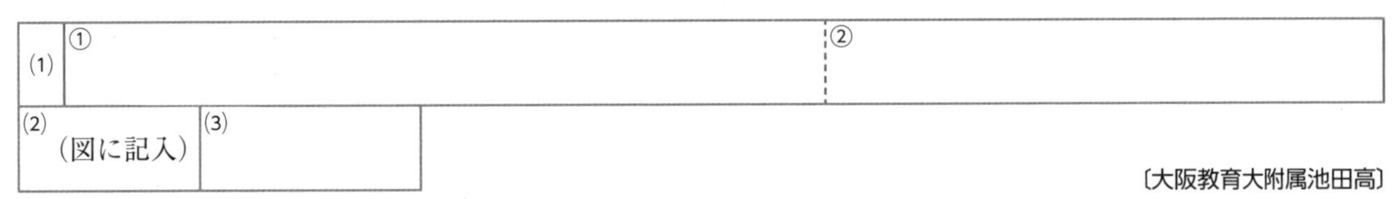

〔大阪教育大附属池田高〕

要 **3** **[力学的エネルギー]　右の図のような材質が均一なレールと小球を用いて，次の実験を行った。ただし，小球がレールをはなれることはないものとし，レール上の点BC間と点DE間は水平で，図の点線(------)は基準面および基準面からの高さが等しい水平な面を表している。** (8点×5－40点)

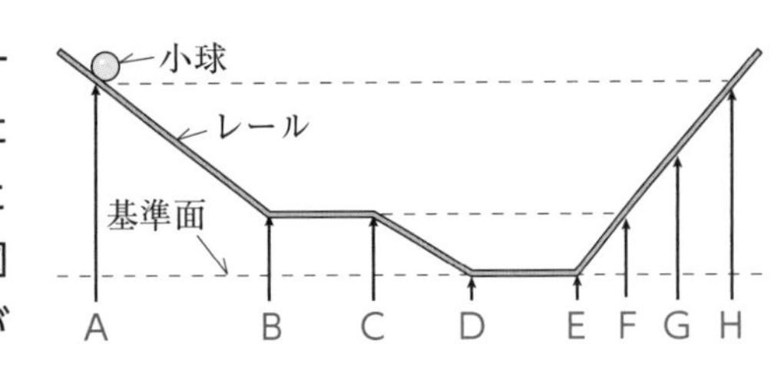

〔実験〕 小球を点Aに置き，静かに手をはなして小球を転がし，小球が点Aと同じ高さの点Hに到達するかどうかを調べる。

〔結果〕 小球は点Aから点B～点Fを経て，点Gまでのぼり，点Hには到達しなかった。

記述 (1) 小球が点Hに到達しなかった理由を，「力学的エネルギー」という語句を用いて簡潔に書きなさい。また，小球にはたらく力で，小球が点Hに到達しない原因となるものを2つ答えなさい。

(2) 小球が図中の点Aから点Gまで運動するときの，小球のもつ位置エネルギーの大きさの変化を模式的に表したものとして最も適当なものを，次の**ア**～**カ**から1つ選び，記号で答えなさい。

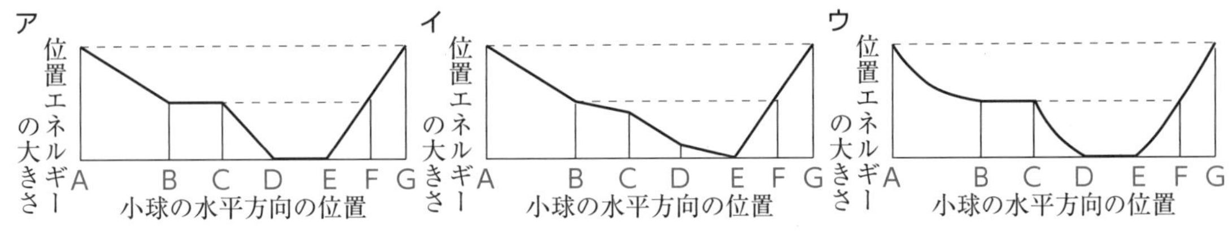

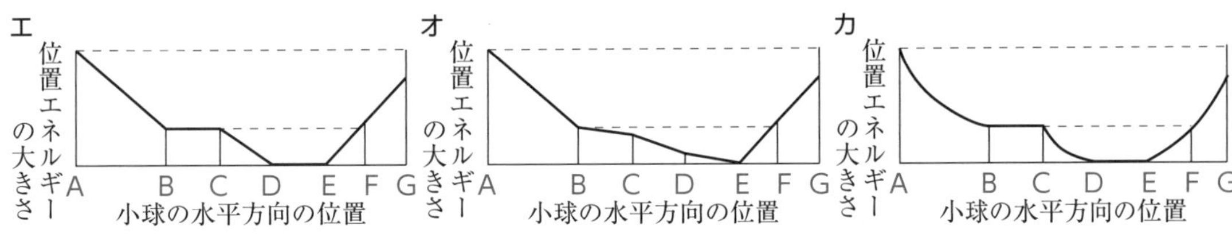

(3) 小球が点Aから点Gまで運動するときの，点B・点C・点Fにおける速さを比べた。このとき，小球の速さが最もはやい点と最もおそい点を，B・C・Fからそれぞれ1つずつ選び，記号で答えなさい。

〔京都－改〕

Step A　Step B　Step C

●時 間 45分	●得 点
●合格点 75点	点

解答▶別冊 21 ページ

重要 **1** 図1のように，斜面(しゃめん)上で水平面から高さ 1.5m の地点で台車を静かにはなし，台車の速さを記録テープで測定する実験を行った。台車の質量は 2.0kg で，記録タイマーは1秒間に 60 回打点する。また，斜面と水平面はA点でなめらかに接続され，斜面，水平面と台車の間や記録テープによる摩擦(まさつ)はないとし，次の問いに答えなさい。　(6点×5－30点)

〔図1〕
記録テープ
記録タイマー
台車
1.5m
B点
0.6m
A点

〔図2〕
基準 5.0cm　10cm　15cm　20cm　25cm

(1) 得られた記録テープの一部を図2に示す。台車の速さと時間の関係を図3にグラフで表しなさい。ただし，図2中の基準の点が打点された時刻を0秒とし，基準から6打点ごとに点線で区切っている。

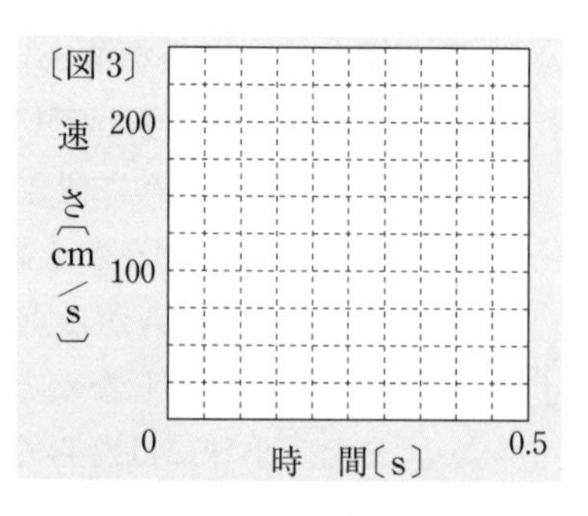

(2) 1.0 秒後の台車の瞬間(しゅんかん)の速さは何 cm/s ですか。ただし，台車はA点に到達(とうたつ)していない。

(3) 台車をはなす直前の，台車の位置エネルギーは何Jですか。

(4) 水平面からの高さ 0.6m のB点を通過したとき，台車の運動エネルギーは何Jですか。

記述 (5) 台車におもりをのせて再度実験を行った。A点を通過したときの台車の速さは，おもりをのせない場合と比べてはやくなりますか，おそくなりますか。それとも同じですか。

(1)	(2)	(3)	(4)	(5)
(図に記入)				

〔愛光高－改〕

2 質量 100g の物体にはたらく重力の大きさを1N とし，次の問いに答えなさい。　(6点×4－24点)

(1) 全長 20cm のばねに 500g のおもりをつるすと全長が 30cm になった。このばねの一端(いったん)を固定して，他端に 200g のおもりをつるし，右の図1のように指でおしておもりに水平方向の力を加えると，ばねの全長が 25cm になった。指がおもりから受けている力は何Nですか。答えに根号$\sqrt{\ }$が出てくる場合，$\sqrt{\ }$の中の計算は行っておくこと(例　$2\sqrt{2\times1.3+1}$ は $2\sqrt{3.6}$ にする)。

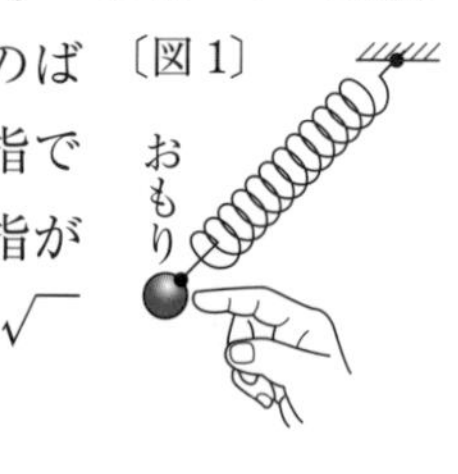

(2) 図2のような装置に同じ重さのおもりa，bをそれぞれ糸でつないだ。ばねばかりをゆっくりと 60cm 鉛直(えんちょく)上向きに引いたとき，ばねばかりは 2.0N を示した。このとき，
①おもりaの重さは何Nですか。
②おもりaは鉛直上向きに何 cm 動きましたか。
③おもりaがされた仕事を単位をつけて答えなさい。ただし，滑車(かっしゃ)，棒，糸の重さはないものとする。

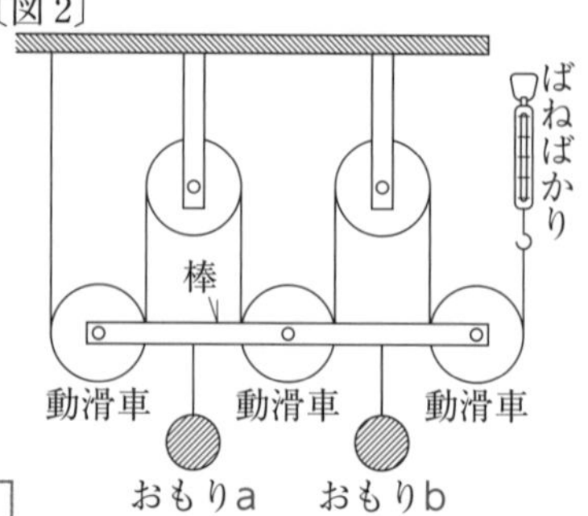

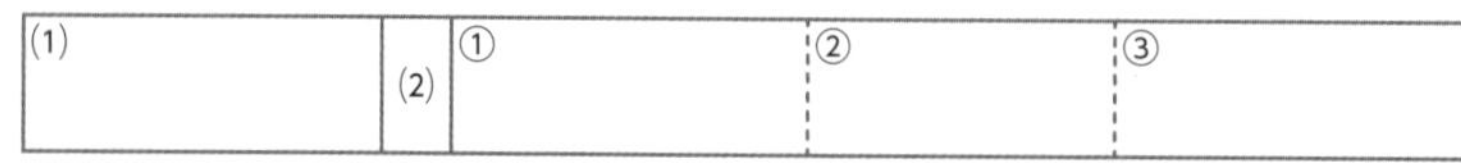
(1)	(2) ①	②	③

〔お茶の水女子大附高・高田高－改〕

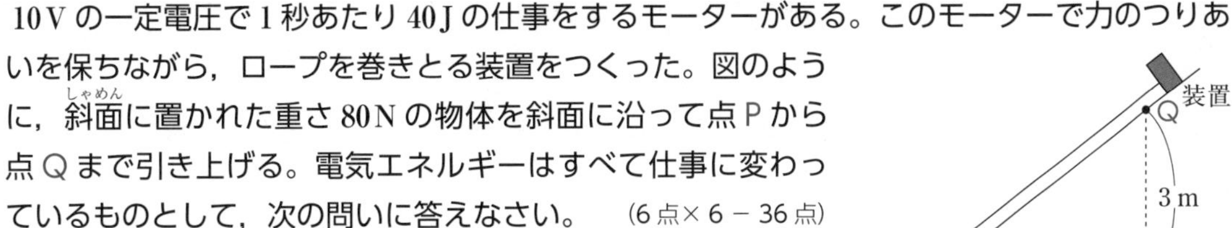

3 10 V の一定電圧で 1 秒あたり 40 J の仕事をするモーターがある。このモーターで力のつりあいを保ちながら，ロープを巻きとる装置をつくった。図のように，斜面（しゃめん）に置かれた重さ 80 N の物体を斜面に沿って点Ｐから点Ｑまで引き上げる。電気エネルギーはすべて仕事に変わっているものとして，次の問いに答えなさい。 （6点×6－36点）

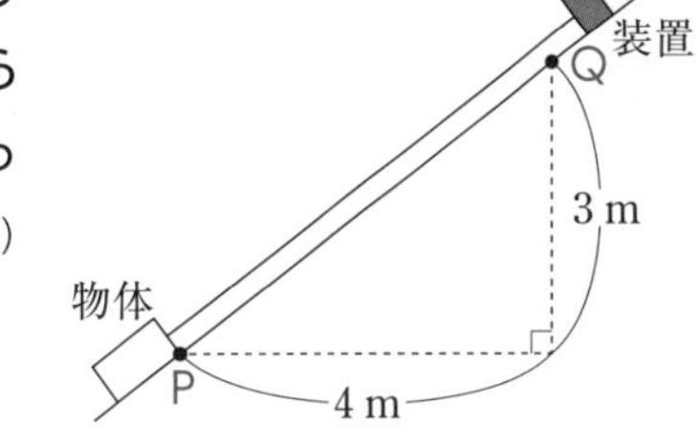

(1) この装置を流れる電流は何 A ですか。

(2) 斜面には摩擦（まさつ）がないものとして，次の①，②に答えなさい。

①物体を引き上げるとき，ロープにかかる力の大きさは何 N ですか。

②このときの物体を点Ｐから点Ｑまで引き上げるのに何秒かかりますか。

(3) 実際には斜面に摩擦があり，物体を点Ｐから点Ｑまで引き上げるのに 6.8 秒かかった。なお，物体が動いている間にはたらいている摩擦力の大きさは一定である。次の①，②に答えなさい。

①物体が動いているときの摩擦力の大きさは何 N ですか。

②物体をＰからＱまで引き上げたとき，垂直抗力（こうりょく）は何 N ですか。また，物体が垂直抗力にされる仕事は何 J ですか。

(1)	(2)	①	②	(3)	①	②	抗力	仕事

〔洛南高〕

4 水中での浮力（ふりょく）の大きさを調べるために次の実験を行い，結果を表にまとめた。あとの問いに答えなさい。(5点×2－10点)

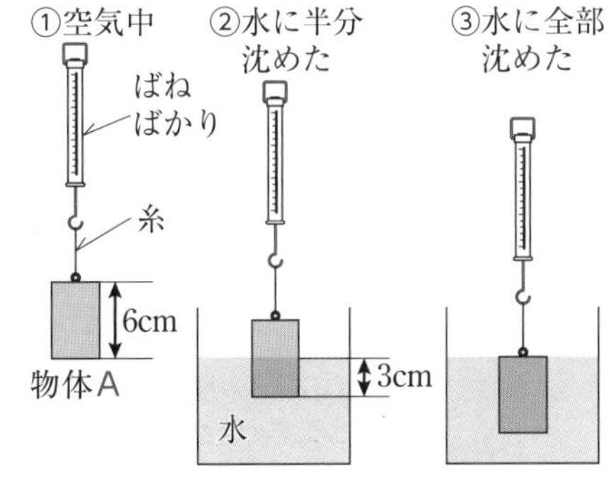

〔実験〕

① 高さが 6 cm のアルミニウムの物体Ａを軽い糸でばねばかりにつるし，空気中で重さをはかった。

② 物体Ａを水に半分(3 cm)沈（しず）めたときのばねばかりの示す値を読みとった。

③ 物体Ａを水に全部(6 cm)沈めたときのばねばかりの示す値を読みとった。

④ 物体Ａを，物体Ａと同じ形で同じ体積である銅の物体Ｂに変えて，①～③と同様の操作を行った。

⑤ ①と②，①と③のばねばかりの示す値の差を，それぞれ求めた。

	物体	① 空気中	物体を沈めた長さ ② 3 cm	物体を沈めた長さ ③ 6 cm	ばねばかりの示す値の差 ①と②の差	ばねばかりの示す値の差 ①と③の差
ばねばかりの示す値〔N〕	A	2.1	1.7	1.3	*a*	*b*
	B	7.0	6.6	6.2	*c*	*d*

(問い) 表の *a* と *b* を比べると，どのようなことがわかるか。また，*b* と *d* を比べると，どのようなことがわかるか。最も適切なものを，次の**ア**～**エ**から１つずつ選び，記号で答えなさい。

ア 物体の水中部分の体積が大きいほうが，浮力の大きさは大きいこと。

イ 物体にはたらく重力の大きさが大きいほうが，浮力の大きさは大きいこと。

ウ 浮力の大きさは，物体の水中部分の体積に関係しないこと。

エ 浮力の大きさは，物体にはたらく重力の大きさに関係しないこと。

*a*と*b*	*b*と*d*

〔宮 崎〕

7 水溶液とイオン

Step A　Step B　Step C

解答▶別冊 23 ページ

1 原子とイオン

1 原子の構造

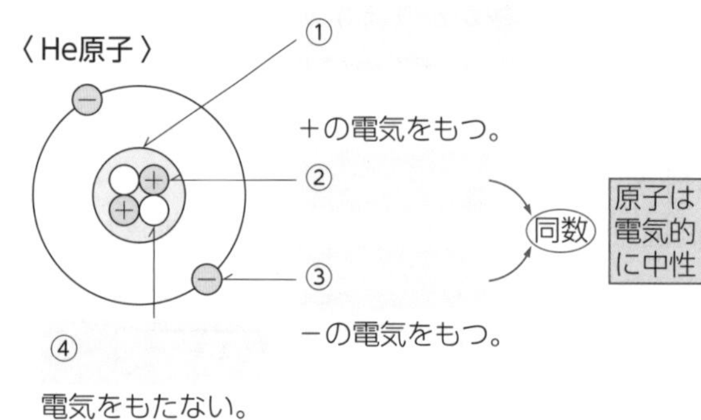

2 電流を流す水溶液(塩化銅水溶液)

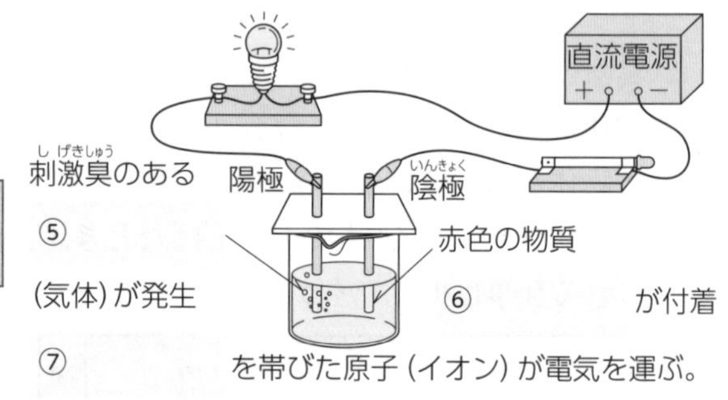

3 イオン…原子が⑧　　　を失ったり受けとったりすると，原子全体は⑨　　　を帯びる。

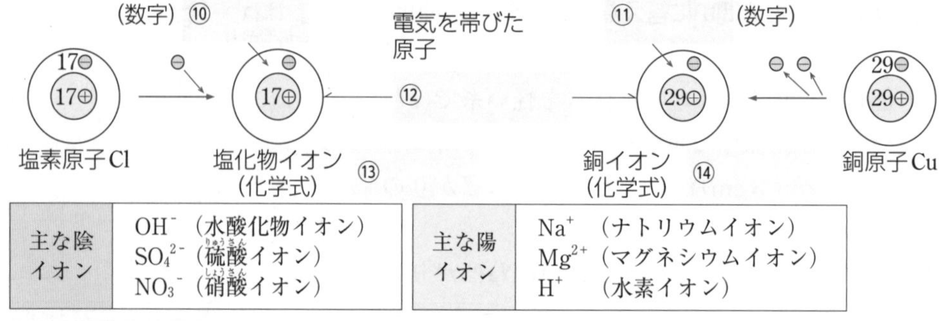

主な陰イオン	OH^-（水酸化物イオン） SO_4^{2-}（硫酸イオン） NO_3^-（硝酸イオン）

主な陽イオン	Na^+（ナトリウムイオン） Mg^{2+}（マグネシウムイオン） H^+（水素イオン）

2 電気分解とイオン

- 塩化銅の電離　$CuCl_2 \longrightarrow$ ⑮　　　+ ⑯

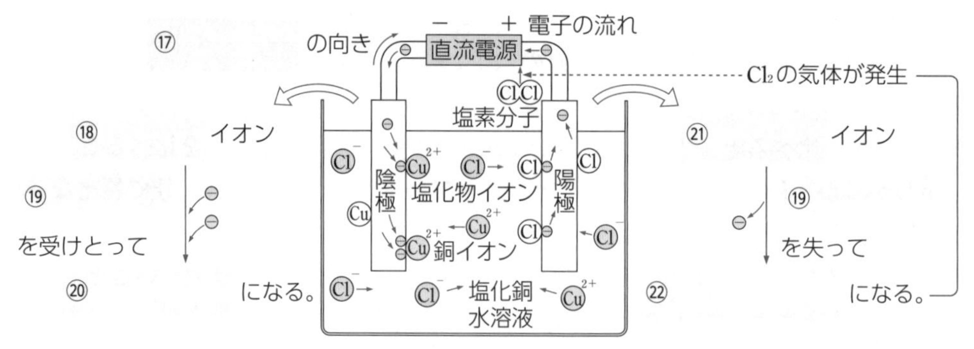

- 塩化銅水溶液中の㉓　　　イオンは青色を呈する。長時間電流を流すと，イオンが原子に変わるので，青色がうすくなっていく。
- 塩化銅水溶液の電気分解　$CuCl_2 \longrightarrow$ ㉔　　　+ ㉕

▶次の[　　]にあてはまる語句や化学式を入れなさい。

3 電解質と非電解質

1 固体の食塩(塩化ナトリウム)や砂糖は電気を通さないが，水に溶かすと[㉖　　　]水は電気を通し，[㉗　　　]水は電気を通さない。

2 水に溶けたときに電気を通す物質を[㉘　　　]といい，電気を通さない物質を[㉙　　　]という。

3 電解質が水に溶けたときに電気を通すのは，[㉚　　　]して陽イオンと陰イオンに分かれるためである。

4 非電解質は水に溶けても[㉛　　　]に分かれず，分子のままなので，電気を通さない。

5 エタノール，酢酸，塩化銅，水酸化ナトリウムの4種類のうち，エタノールだけが[㉜　　　]であり，残りはすべて[㉝　　　]である。

㉖
㉗
㉘
㉙
㉚
㉛
㉜
㉝

4 化学式と電離

1 [㉞　　　]や[㉞]の集団が，電子を失ったり得たりして，全体として電気を帯びたものを[㉟　　　]という。

2 食塩が水に溶けると，ナトリウムイオン Na^+，[㊱　　　] Cl^-とに電離する。イオンは，Na^+，Cl^-のような化学式で表す。

3 電解質が水に溶けて電離するようすは，化学式を用いて，次のように表す。

- $HCl \longrightarrow H^+ + Cl^-$
- $CuCl_2 \longrightarrow$ [㊲　　　] $+ 2Cl^-$
- $H_2SO_4 \longrightarrow$ [㊳　　　] $+ SO_4^{2-}$
- $NaOH \longrightarrow Na^+ +$ [㊴　　　]

㉞
㉟
㊱
㊲
㊳
㊴

5 電気分解とイオン

1 塩化水素は，水溶液(塩酸)中で $HCl \longrightarrow H^+ + Cl^-$ と電離しているので，白金電極を用いて塩酸に電気を流すと，陽極側では，引きよせられた[㊵　　　]が陽極に電子を奪われて[㊶　　　]に変わり，[㊶]が2つ結びついて[㊷　　　]となり，刺激臭のある気体(塩素)が発生する。

2 陰極側では，[㊸　　　]が陰極から電子をもらって[㊹　　　]になり，[㊹]が2つ結びついて[㊺　　　]となり，燃える気体が発生する。

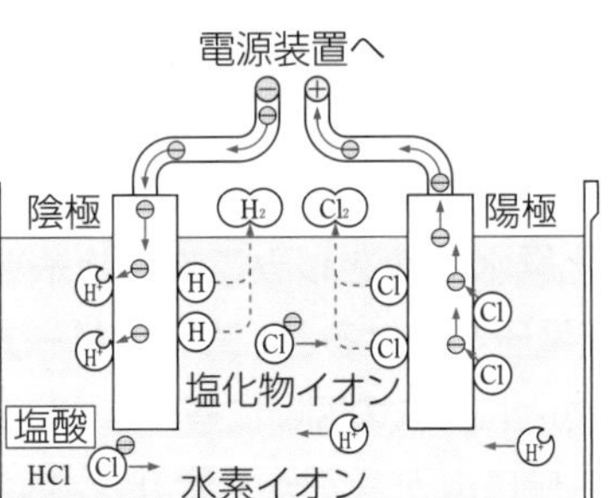

3 塩酸が電気分解するときの化学反応式は，$2HCl \longrightarrow$ [㊻　　　] $+ Cl_2$

4 塩化銅水溶液の電気分解の途中で，電極を逆につなぎかえると，これまでの陰極に付着していた[㊼　　　]原子が少しずつ消失し，新しい陰極のほうに析出する。これは，銅の極が陽極に変わるため，発生する[㊽　　　]と化学変化を起こして[㊾　　　]に変わり，水に溶けるからである。

㊵
㊶
㊷
㊸
㊹
㊺
㊻
㊼
㊽
㊾

Step A　Step B　Step C

●時 間 45分	●得 点
●合格点 75点	点

解答▶別冊 23 ページ

1 **[電解質・非電解質]** 4種類の水溶液A～Dは，塩化水素，砂糖，塩化銅，水酸化ナトリウムの各水溶液のいずれかである。次の実験をもとに，あとの問いに答えなさい。 (4点×7－28点)

〔実験1〕 各水溶液について，炭素棒を電極として電気分解を行い，このとき検流計を用いて電流が流れるかどうかも調べた。すると，電流が流れたのはA，B，Dの3種類であり，しばらくすると，A，Dからは鼻をつくような刺激臭をもつ気体が発生した。

〔実験2〕 青色リトマス紙を各水溶液につけたところ，赤色に変色したのは，Dのみであった。

(1) 水溶液にしたときに，電流が流れるような性質の物質のことを何といいますか。

(2) A，Dから発生した，刺激臭をもつ気体の名称を書きなさい。

(3) (2)の気体の化学式を書きなさい。

(4) A～Dは，それぞれ何の水溶液ですか。

(1)	(2)	(3)	(4)	A	B	C	D

〔大阪青凌高〕

2 **[原子とイオン]** 原子のつくりとイオンについて，次の問いに答えなさい。 (3点×6－18点)

a　b　c　原子核

(1) 右図はヘリウム原子のモデルを表したもので，aは－の電気を，bは＋の電気をもつ粒子である。a～cの粒子の名称を答えなさい。

(2) 原子で，aの粒子の数と等しいのはb，cどちらですか。

(3) ナトリウム原子は，電子を1個失って陽イオンになる。このようすを，電子1個をe^-で表すと，化学式を用いて，$Na \longrightarrow Na^+ + e^-$ と示すことができる。

①銅原子が，電子2個を失って銅イオンになるようすを，化学式を用いて示しなさい。

②塩素原子が，電子1個をもらって陰イオンになるようすを，化学式を用いて示しなさい。

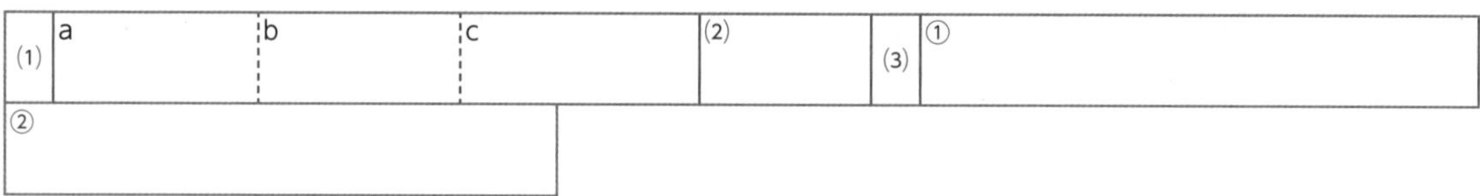

(1) a	b	c	(2)	(3) ①

②

3 **[イオンの移動]** 右図のように，ガラス板に，硫酸ナトリウム水溶液をしみこませたろ紙を置き，両端に金属棒A，Bをのせた。ろ紙の中央に濃い塩化銅水溶液をしみこませた糸を置き，両端の金属棒A，B間に直流電圧をかけると，青い色が一方の側へ広がっていった。この実験をもとに，次の問いに答えなさい。(4点×3－12点)

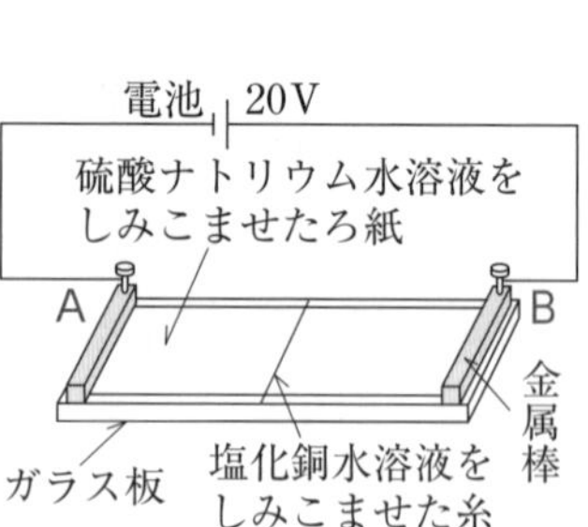

(1) 青い色はA，Bどちら側に広がったか，選びなさい。

(2) 青い色は何イオンによる色か。次の**ア**～**エ**から1つ選びなさい。

ア　水酸化物イオン　　**イ**　塩化物イオン　　**ウ**　水素イオン　　**エ**　銅イオン

(3) 塩化銅が電離するようすを，化学式を用いて表しなさい。

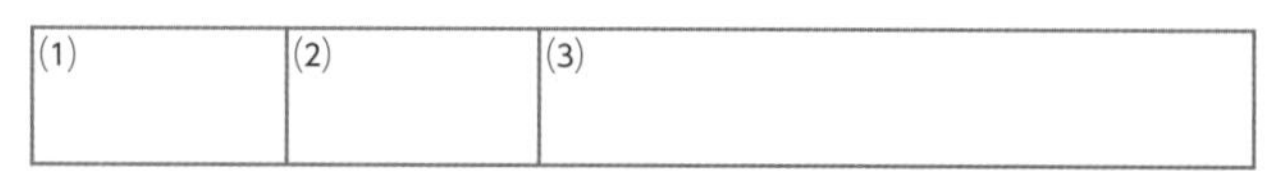

(1)	(2)	(3)

〔滋　賀〕

要 **4** **[塩化銅水溶液の電気分解]** 右図のような装置で，炭素棒A，Bを電極にして，5％塩化銅水溶液を電気分解したところ，一方の電極から気体が発生し，他方の電極には銅が付着した。次の問いに答えなさい。 (3点×5－15点)

(1) この実験で発生する気体に関して述べた文として正しいものを，次の**ア～エ**から選び，記号で答えなさい。

ア 刺激臭のある有毒な気体がAの電極から発生した。

イ 水の電気分解において，陽極から発生する気体と同じものがAの電極から発生した。

ウ 無色無臭の気体がBの電極から発生した。

エ 塩酸を電気分解したときに，陰極から発生する気体と同じものがBの電極から発生した。

(2) 塩化銅が，水溶液中でイオンに分かれるようすを表すモデルとして正しいものを，次の**ア～エ**から選び，記号で答えなさい。ただし，●は銅原子，○は塩素原子を表し，右肩に＋，2+，－，2－などのついたものはイオンを示している。

ア 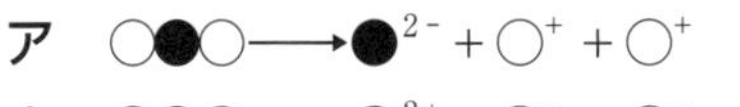　**イ** 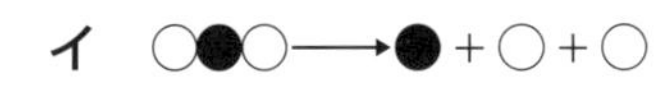

ウ 　**エ** 

(3) 電極A付近の変化のようすをモデルで表したものとして，正しいものを，右の**ア～オ**から選び，記号で答えなさい。

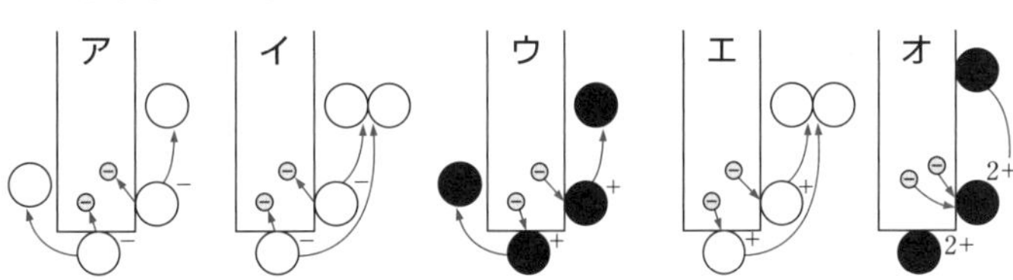

⊖は電子を示す。

記述 (4) 塩化銅水溶液は何色の水溶液か。
また，電流を長時間流すと色はどのように変化するか，簡潔に書きなさい。

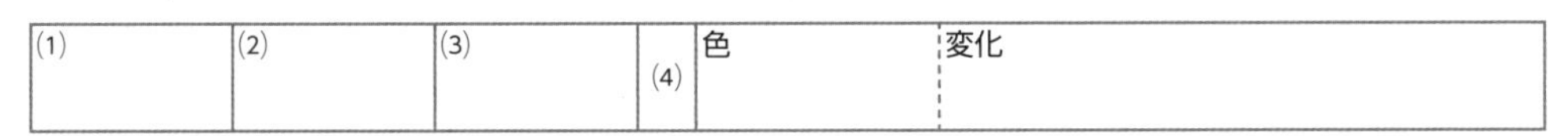

(1)	(2)	(3)	(4)	色	変化

5 **[電気分解]** 右図のような電気分解の装置を組み，ビーカー①には食塩水，②には塩化銅水溶液，③には塩酸を入れ，直流電源につないだところ，Dの極板から気体が発生した。この実験について，次の問いに答えなさい。 (3点×9－27点)

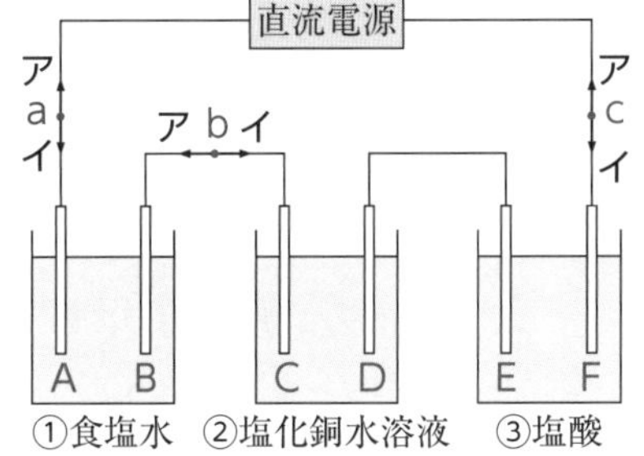

(1) 食塩水と塩酸が電離しているようすを示す式を，化学式を用いて完成させなさい。

NaCl ⟶ (　　　＋　　　)

HCl ⟶ (　　　＋　　　)

(2) a点，b点，c点のそれぞれでは，電流は図中の矢印の**ア**，**イ**のどちら向きに流れていますか。

(3) Dの極板と同じ気体が発生する極板を，Dを除くA～Fからすべて選び，記号で答えなさい。
また，この気体の名称を書きなさい。

(4) 塩化銅水溶液中の銅イオンは，銅原子になってCの極板に付着する。いま，100個の銅イオンが変化したとすれば，Dから発生する気体分子の数は何個ですか。

(5) 水中のイオンが電子を受けとっている極板を，A～Fからすべて選び，記号で答えなさい。

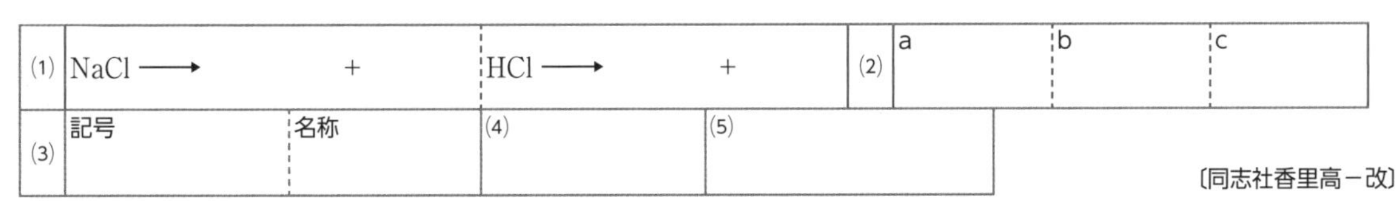

(1)	NaCl ⟶　　＋	HCl ⟶　　＋	(2)	a	b	c
(3)	記号	名称	(4)	(5)		

〔同志社香里高－改〕

酸・アルカリとイオン

Step A　Step B　Step C

解答▶別冊 24 ページ

1 酸の共通性

1 指示薬の変色

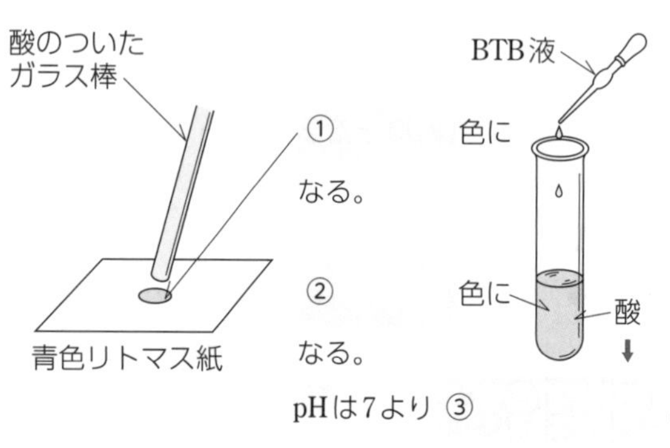

pHは7より ③　　　　。

2 金属との反応

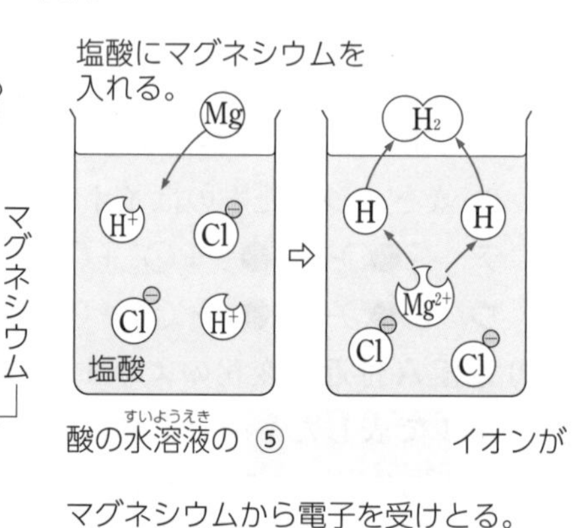

酸の水溶液の ⑤　　　　イオンがマグネシウムから電子を受けとる。

3 イオンの移動

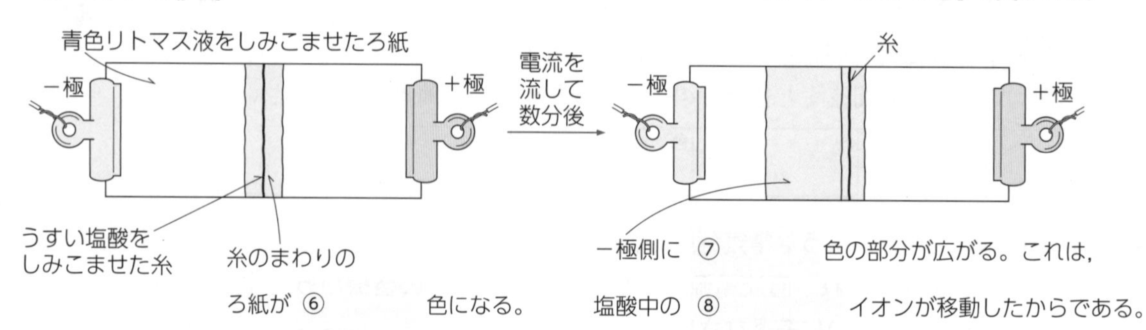

ろ紙が ⑥　　　　色になる。

－極側に ⑦　　　　色の部分が広がる。これは，塩酸中の ⑧　　　　イオンが移動したからである。

2 アルカリの共通性

1 指示薬の変色

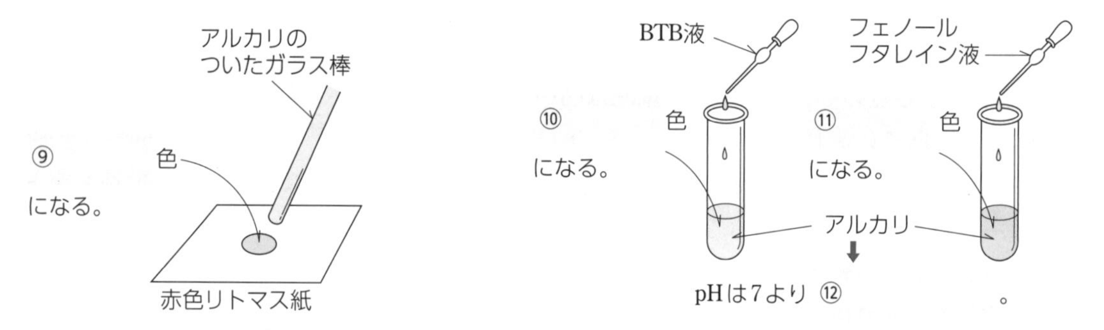

pHは7より ⑫　　　　。

2 イオンの移動

……⑬　　　　色リトマス液をしみこませたろ紙に水酸化ナトリウム水溶液をしみこませた糸を置いて，1 3のイオンの移動と同じようにして電流を流して観察すると，⑭　　　　極のほうに ⑮　　　　く変色した部分が広がる。

これは，水酸化ナトリウム水溶液中の ⑯　　　　イオンが移動したためである。

▶次の[　　]にあてはまる語句や化学式を入れなさい。

3 酸と酸性

1 [⑰　　　]紙を赤色に変えたり，[⑱　　　]液を黄色にしたりする性質を酸性という。そのような酸性の水溶液には共通して[⑲　　　]イオンが存在していて，このイオンが酸性に共通の特徴を示す。

2 酸とは，水に溶けると[⑳　　　]して，[㉑　　　]イオンを生じる化合物をいう。例えば，塩酸は，水に溶けると次のように[⑳]する。

$HCl \longrightarrow$ [㉒　　　] $+ Cl^-$

3 代表的な酸には，[㉓　　　]や硫酸，硝酸，酢酸，炭酸などがある。

4 酸の共通の性質には，次のようなものがある。

・マグネシウムやアルミニウム，亜鉛，鉄などの金属と反応し，気体の[㉔　　　]を発生する。

・青色リトマス紙につけると，[㉕　　　]色に変色する。

・水溶液を電気分解すると，－極から[㉖　　　]の気体が発生する。

5 主な酸の性質

・塩酸(HCl)…[㉗　　　]という気体が溶けている無色の水溶液で，刺激のあるにおいをもっている。

・硫酸(H_2SO_4)…無色で，においがなく，粘り気のある液体。空気中の水分を吸ったり，紙や木から水を奪って炭素だけを残したりする，[㉘　　　]性という性質がある。

・炭酸(H_2CO_3)…[㉙　　　]という気体が水に溶けて，一部が水と反応したものである。水溶液としてのみ存在する。

⑰
⑱
⑲
⑳
㉑
㉒
㉓
㉔
㉕
㉖
㉗
㉘
㉙

4 アルカリとアルカリ性

1 赤色リトマス紙を青色に変えたり，フェノールフタレイン液を[㉚　　　]く着色したり，BTB液を[㉛　　　]色に変えたりする水溶液の性質，また，苦味があり，皮膚につけるとぬるぬるする性質をアルカリ性という。

2 水溶液の中で[㉜　　　]して，[㉝　　　]イオンを生じる化合物をアルカリという。

例えば，水酸化ナトリウムは，水に溶けると次のように[㉜]する。

[㉞　　　] $\longrightarrow Na^+ +$ [㉟　　　]

3 主なアルカリの性質

・水酸化ナトリウム($NaOH$)…白い[㊱　　　]で，空気中の水分を吸って表面が溶ける。この性質を潮解という。

・水酸化カルシウム($Ca(OH)_2$)…この物質の水溶液は[㊲　　　]といい，二酸化炭素を通すと，炭酸カルシウムという白色沈殿を生じる。

・アンモニア水…強い刺激臭のある[㊳　　　](NH_3)という気体が溶け，次のように電離している水溶液。

$NH_3 + H_2O \longrightarrow NH_4^+ +$ [㊴　　　]

㉚
㉛
㉜
㉝
㉞
㉟
㊱
㊲
㊳
㊴

Step A　Step B　Step C

●時 間 35分	●得 点
●合格点 75点	点

解答▶別冊 24 ページ

1 [酸とアルカリ]　うすい塩酸とうすい水酸化ナトリウム水溶液について，次のような実験を行った。これについて，あとの問いに答えなさい。　(7点×5－35点)

①青色リトマス紙を入れたら赤色に変わった。
②フェノールフタレイン液を加えたら赤くなった。
③手につけると，ぬるぬるした感じがする。
④マグネシウムリボンの小片を入れたら，気体を発生して溶けた。
⑤炭酸水素ナトリウムを加えたら，気体を発生した。
⑥ BTB 液を加えたら青くなった。

(1) うすい塩酸が示すのは，①～⑥の変化のうちどれか。次の**ア**～**オ**の組み合わせの中から1つ選びなさい。

ア ①・③・⑤　**イ** ②・③・⑥　**ウ** ①・④・⑤　**エ** ①・⑤・⑥　**オ** ①・④

(2) うすい水酸化ナトリウム水溶液が示すのは，①～⑥の変化のうちどれか。次の**ア**～**オ**の組み合わせの中から1つ選びなさい。

ア ②・③・④　**イ** ②・③・⑥　**ウ** ①・③・⑥　**エ** ②・⑥　**オ** ②・④・⑥

(3) ④の実験で発生する気体の名称を答えなさい。

(4) ⑤の実験で発生する気体をほかの方法で発生させるには，次の**ア**～**オ**のどれが適当か。

ア　塩化ナトリウムを加熱する。
イ　塩化アンモニウムと水酸化カルシウムの混合物を加熱する。
ウ　石灰石にうすい塩酸を加える。
エ　石灰石にうすい水酸化ナトリウム水溶液を加える。
オ　亜鉛にうすい硫酸を加える。

(5) 水溶液の酸性，アルカリ性の強弱を表すのに pH の値が使われる。次の**ア**～**エ**を，pH の値の小さいものから順に並べなさい。

ア　純　水　**イ**　1％塩酸　**ウ**　5％塩酸　**エ**　1％水酸化ナトリウム水溶液

(1)	(2)	(3)	(4)	(5)

〔日本大豊山女子高－改〕

2 [物質の性質]　次の問いに答えなさい。　(8点×2－16点)

(1) 無色の水溶液の入ったビーカーがある。その水溶液は下の**ア**～**オ**のどれかであることがわかっている。いくつかの実験の結果，次の①～③のことがわかった。実験の結果から，あてはまると思われる水溶液を選びなさい。

①特有のにおいはなかった。
②赤色リトマス紙に水溶液をつけると青色に変わった。
③うすい硫酸を加えても白い濁りや沈殿は生じなかった。

ア　水酸化バリウム水溶液　**イ**　食塩水　**ウ**　水酸化ナトリウム水溶液
エ　アンモニア水　**オ**　炭酸水

(2) 石灰水とうすい塩酸について，次の**ア〜オ**に示す実験をした。そのうち，2つの水溶液で結果が同じになった実験はどれか。1つ選びなさい。

ア 電流が流れるかどうか調べた。

イ 二酸化炭素を通して白く濁(にご)るかどうか調べた。

ウ フェノールフタレイン液を加えて赤くなるかどうか調べた。

エ 加熱して水分を蒸発させ，あとに固体が残るかどうか調べた。

オ マグネシウムリボンを入れて気体が発生するかどうか調べた。

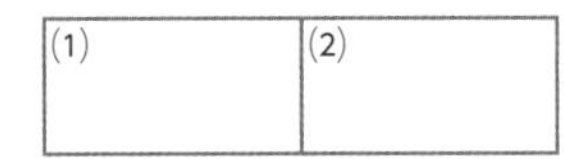

〔国立工業高専〕

要 **3** **[酸・アルカリとイオン]　次の実験について，下の問いに答えなさい。** (7点×7－49点)

〔実験〕 ①水酸化ナトリウムを，50.0gの水に溶(と)かして，2.0%の濃度(のうど)の水酸化ナトリウム水溶液をつくった。

②右図のように，ガラス板の上に食塩水で湿(しめ)らせたろ紙を置き，その上に赤色リトマス紙A，Bと青色リトマス紙C，Dをのせた。

③中央の[ ]の所に，実験①でつくった水酸化ナトリウム水溶液をしみこませたろ紙をのせた。

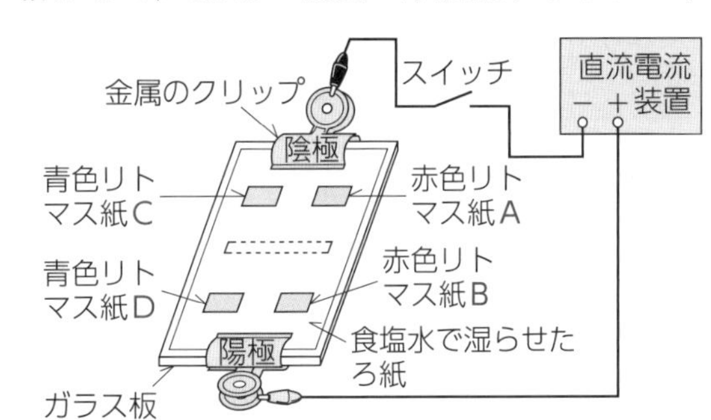

④約15Vの電圧をかけて，リトマス紙の色の変化を調べた。

⑤次に，うすい塩酸をしみこませたろ紙を用いて，実験②〜実験④と同じ実験をくり返した。

〔結果〕 リトマス紙の色の変化したようすをまとめると，次の表のようになった。

〔表〕

水溶液	水酸化ナトリウム水溶液	うすい塩酸
赤色リトマス紙A	変化がなかった。	変化がなかった。
赤色リトマス紙B	青色に変化した。	a
青色リトマス紙C	変化がなかった。	b
青色リトマス紙D	変化がなかった。	変化がなかった。

(1) 実験①で，水に溶かした水酸化ナトリウムの質量は何gか。小数第2位を四捨五入して小数第1位まで求めなさい。

(2) 結果の表の中のaとbにあてはまるリトマス紙の色の変化の結果をそれぞれ書きなさい。

(3) 次の文の(　　)の中に適当な語を書きなさい。

結果の表からは，水酸化ナトリウム水溶液に含(ふく)まれている(①　　)イオンが(②　　)極に，うすい塩酸に含まれている(③　　)イオンが(④　　)極に移動したことがわかる。

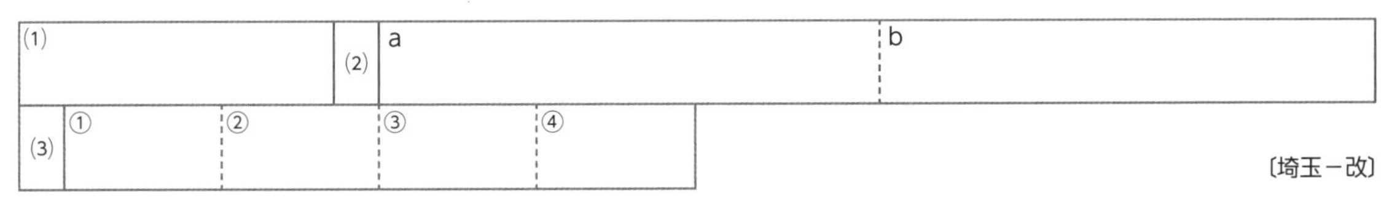

〔埼玉－改〕

中和と塩

Step A　Step B　Step C

解答▶別冊 25 ページ

1 中和とイオン

1 塩酸の中の ①　　　　イオンの数と水酸化ナトリウム水溶液の中の ②　　　　イオンの数とが等しい場合

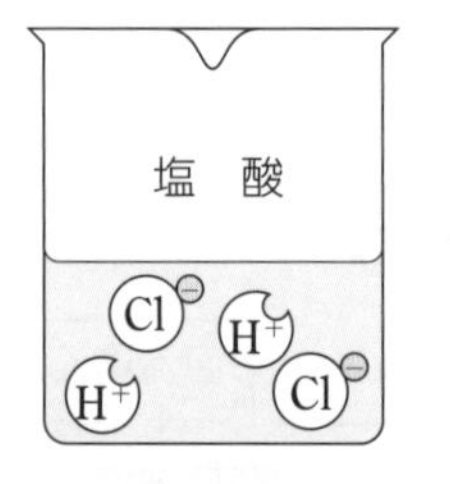

＋

2つを混ぜ合わせると→

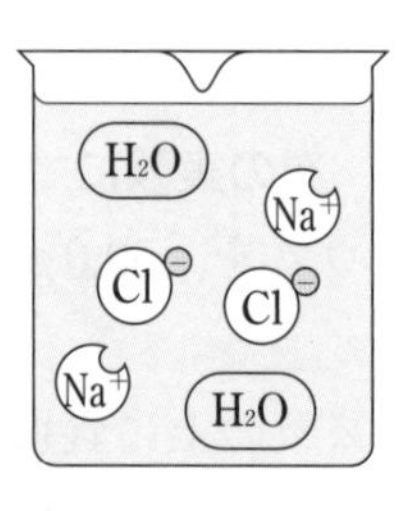

水を蒸発させると→

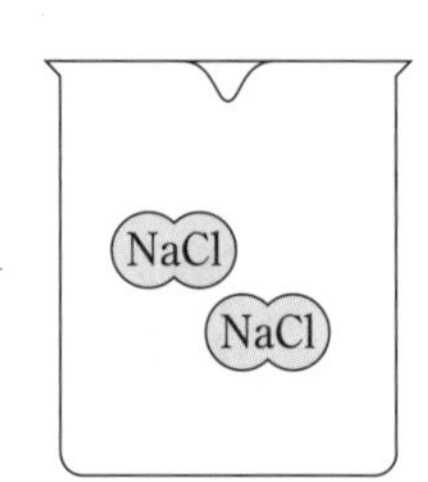

③　　　　性を示し，④　　　　水溶液が得られる。　　④　　　　の結晶

上の図は，酸の ⑤　　　　イオンとアルカリの ⑥　　　　イオンが反応して ⑦　　　　ができる反応である。この反応を ⑧　　　　という。

2 酸の ⑨　　　　イオンの数とアルカリの ⑩　　　　イオンの数が同じでない場合

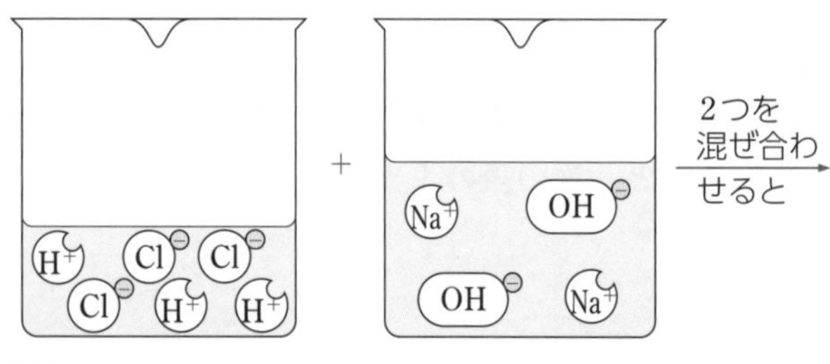

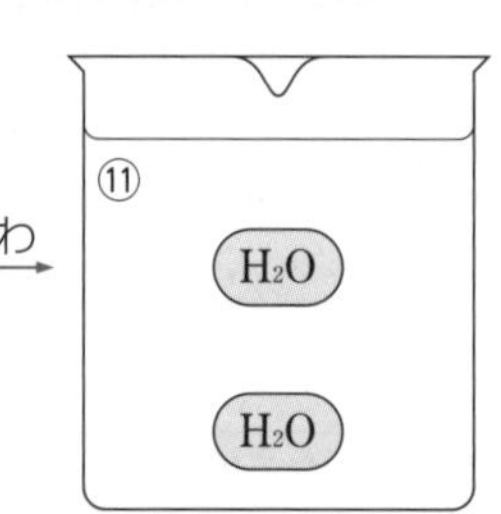

⑪（左の図中に存在するイオンを，1 にならって描きなさい。）

⑫　　　　性を示す。

2 中和における液中のイオンの存在

酸の水溶液にアルカリの水溶液を加えたときの反応液中のイオンの濃度は，電気の通りやすさで調べることができる。例　塩酸 10mL に水酸化ナトリウム水溶液 10mL を加えていった場合

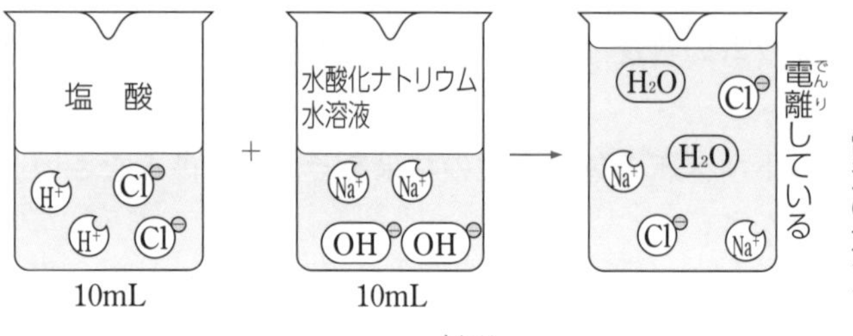

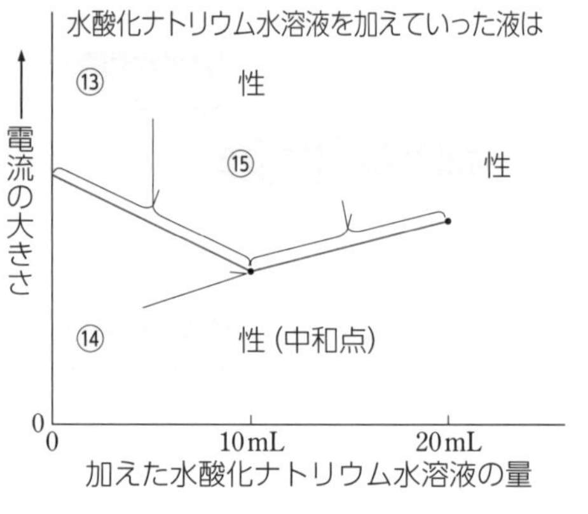

注　中和によって生成する塩が沈殿する場合は，ちょうど中性になった点で電流の強さは ⑯　　　　になる。

例　硫酸に水酸化バリウム水溶液を加えた場合

H_2SO_4 ＋ ⑰　　　　 ⟶ $BaSO_4$ ＋ $2H_2O$
（白色沈殿）

▶次の[　　]にあてはまる語句や数字,化学式を入れなさい。

3 中　和

1 塩酸に水酸化ナトリウム水溶液を加えていくと，酸の性質が失われると同時にアルカリの性質も失われ，酸性でもアルカリ性でもない[⑱　　　]性の水溶液が得られる。この反応を化学式を用いて表すと，次のようになる。

$$HCl + NaOH \longrightarrow H^{+} + Cl^{-} + Na^{+} + OH^{-}$$
$$\longrightarrow [⑲　　　] + H_2O$$

2 1で，[⑳　　　]の出す H^{+} と[㉑　　　]の出す OH^{-} から，

[㉒　　　] + [㉓　　　] ⟶ H_2O

のように水が生じる反応を[㉔　　　]という。

3 一般に，酸の陰イオンとアルカリの陽イオンとが結びついてできる化合物を[㉕　　　]という。これには，1でできる NaCl のように，Na^{+}，Cl^{-} として水に溶けるものもあれば，硫酸バリウムのように，水に溶けずに沈殿するものもある。

⑱ ＿＿＿＿
⑲ ＿＿＿＿
⑳ ＿＿＿＿
㉑ ＿＿＿＿
㉒ ＿＿＿＿
㉓ ＿＿＿＿
㉔ ＿＿＿＿
㉕ ＿＿＿＿

4 中和における酸とアルカリの量

1 水素イオンの数と[㉖　　　]イオンの数とが等しい中和では，その反応液は中性になる。

2 いま，下の図のA液を 10mL とり，B液[㉗　　　]mL を加えると，ちょうど中性の水溶液になるが，A液 10mL にB液 10mL を加えると溶液は[㉘　　　]性を示す。

3 A液にその体積と同じ量の水を加えた場合,得られる溶液(C液とする)全体の水酸化物イオンの数は[㉙　　　]が，濃度は[㉚　　　]倍になる。したがって，このC液 10mL をちょうど中和するにはB液が[㉛　　　] mL 必要になる。

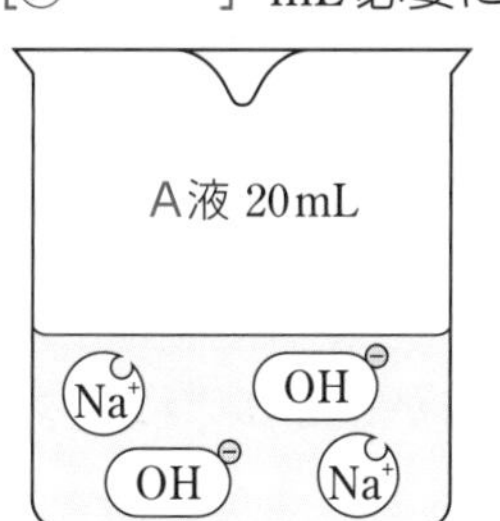

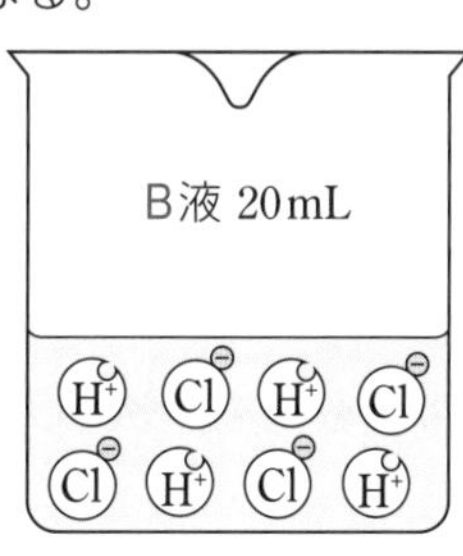

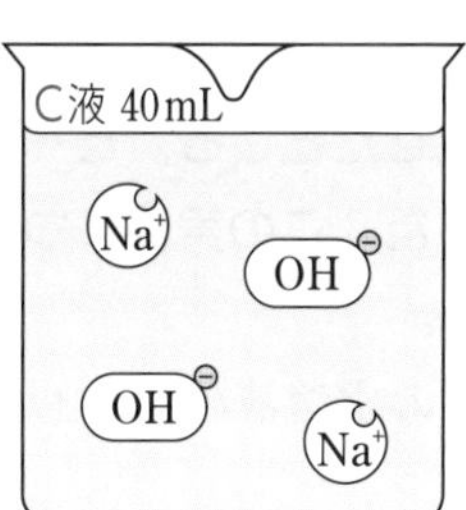

㉖ ＿＿＿＿
㉗ ＿＿＿＿
㉘ ＿＿＿＿
㉙ ＿＿＿＿
㉚ ＿＿＿＿
㉛ ＿＿＿＿

5 中和の指示薬

酸とアルカリが中和した点を知るためには，酸性やアルカリ性の度合いによって変色する薬品を用いる。これを中和の[㉜　　　]という。右の表に示したものが，その代表的なものである。

〔表〕

指示薬＼性質	酸性	中性	アルカリ性
リトマス紙	赤	——	[㉝]
フェノールフタレイン液	[㉞]	無色	赤
BTB 液	[㉟]	緑	青

㉜ ＿＿＿＿
㉝ ＿＿＿＿
㉞ ＿＿＿＿
㉟ ＿＿＿＿

Step A　Step B　Step C

●時 間 35分	●得 点
●合格点 75点	点

解答▶別冊 26 ページ

1 [中和と濃度(のうど)]　濃度の異なる塩酸 A 液，B 液とうすい水酸化ナトリウム水溶液(すいようえき)がある。いろいろな量の A 液と B 液に，この水酸化ナトリウム水溶液を加えて中性にする実験を行った。右図は，中性になったときの塩酸 A 液，B 液のそれぞれの体積と，この水酸化ナトリウム水溶液の体積との関係を表したものである。この実験に関して，次の問いに答えなさい。　(7 点× 4 − 28 点)

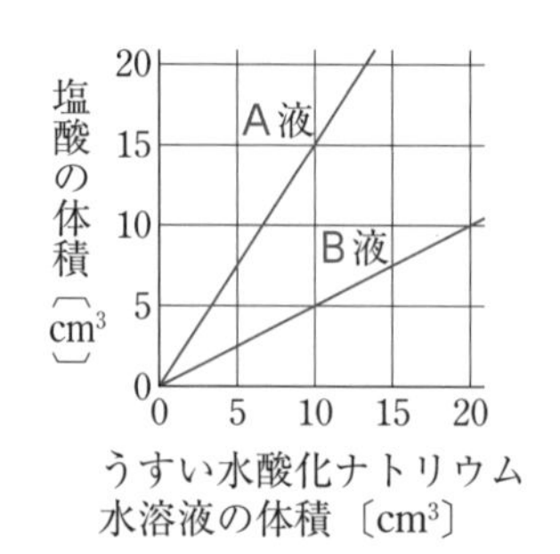

(1) 酸とアルカリの中和を示す式を，化学式を用いて書きなさい。

(2) B 液の濃度は，A 液の濃度の何倍ですか。

(3) A 液 30 cm³ に BTB 液を 1 滴(てき)加えたあと，ガラス棒でよくかき混ぜながらこのうすい水酸化ナトリウム水溶液 30 cm³ を少量ずつ加えていくと，液の色はどのように変化するか。次の**ア**～**エ**から 1 つ選び，記号を答えなさい。

ア　黄色から青色へ，さらに緑色に変化した。

イ　黄色から緑色へ，さらに青色に変化した。

ウ　青色から黄色へ，さらに緑色に変化した。

エ　青色から緑色へ，さらに黄色に変化した。

(4) B 液 8 cm³ に，この水酸化ナトリウム水溶液を加えて中性にしようとしたところ，この水酸化ナトリウム水溶液を 19 cm³ 加えてしまった。そこで，A 液をさらに加えて中性にするには，A 液を何 cm³ 加えればよいですか。

(1)	(2)	(3)	(4)

〔新潟－改〕

2 [中和と濃度]　ビーカー A ～ F にうすい塩酸を 50 cm³ ずつ入れ，BTB 液をそれぞれ 2 ～ 3 滴加えた。その後，うすい水酸化ナトリウム水溶液を，表に示した体積だけビーカー B ～ F にそれぞれ加えてよくかき混ぜたところ，ビーカー D の水溶液は緑色になった。この実験について，あとの問いに答えなさい。　(6 点× 5 − 30 点)

溶液＼ビーカー	A	B	C	D	E	F
塩酸の体積〔cm³〕	50	50	50	50	50	50
水酸化ナトリウム水溶液の体積〔cm³〕	0	10	20	30	40	50

(1) 実験後のビーカー A と F の水溶液の色として適切なものを，次の**ア**～**エ**からそれぞれ 1 つずつ選び，記号で答えなさい。

ア 青 色　**イ** 紫 色　**ウ** 赤 色　**エ** 黄 色

(2) ビーカー B ～ F では，水溶液の温度が上昇(じょうしょう)していた。この理由を説明した次の文の□に入る適切な語句を，漢字 2 字で書きなさい。

酸とアルカリが中和する化学反応は，□反応であるため。

(3) 次の図は，実験でビーカー F に加えた，うすい水酸化ナトリウム水溶液 50 cm³ に含(ふく)まれるイオンの種類と数を模式的に表したものである。このとき，ビーカー A の水溶液に含まれるイオンの種類と数を模式的に表したものとして適切なものを，あとの**ア**～**エ**から 1 つ選び，記号で答えなさい。

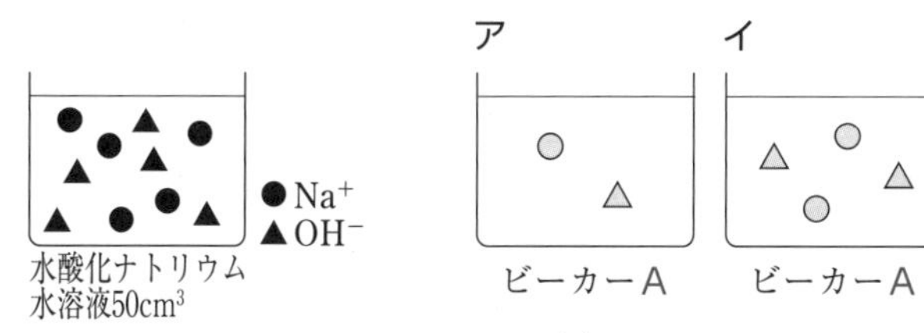

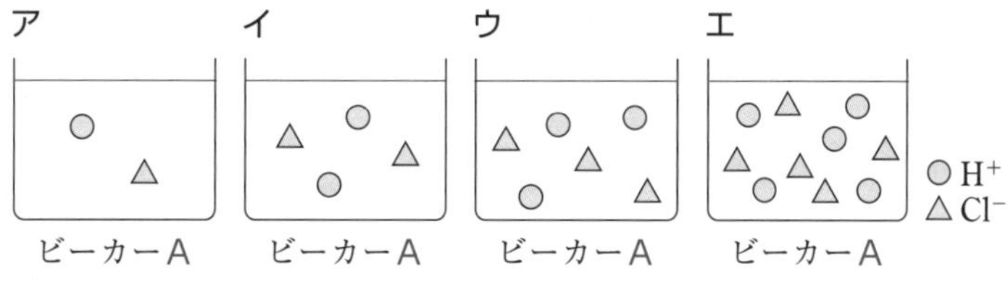

(4) 実験後のビーカーA～Fに含(ふく)まれる，すべてのイオンの数を比較(ひかく)したグラフとして適切なものを，次の**ア**～**エ**から1つ選び，記号で答えなさい。

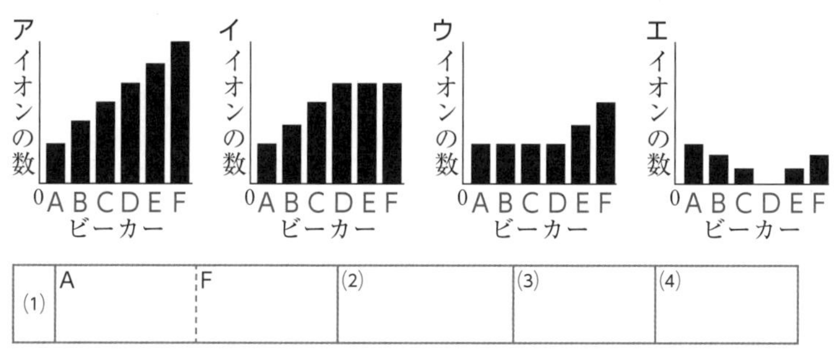

(1)	A	F	(2)	(3)	(4)

〔兵　庫〕

要 **3** ［中　和］ うすい塩酸とうすい硫酸のそれぞれに，同じ濃度(のうど)のうすい水酸化ナトリウム水溶液(すいようえき)を加えて中和反応を調べた。下の問いに答えなさい。 (7点×6－42点)

〔実験〕 ビーカーa～dにはうすい塩酸を，ビーカーe～hにはうすい硫酸(りゅうさん)を表1，2の量だけとり，それぞれにBTB液を少量加えた。次に，ビーカーa～hにうすい水酸化ナトリウム水溶液をガラス棒でよくかき混ぜながら少しずつ加え，a～dの塩酸とe～hの硫酸を完全に中和させた。この中和に要した水酸化ナトリウム水溶液の量は，表1，2のとおりであった。

〔表1〕塩酸を完全に中和するのに要した水酸化ナトリウム水溶液の量

ビーカー	a	b	c	d
ビーカーにとった塩酸の量〔cm^3〕	5	10	15	20
中和に要した水酸化ナトリウム水溶液の量〔cm^3〕	10	20	30	40

〔表2〕硫酸を完全に中和するのに要した水酸化ナトリウム水溶液の量

ビーカー	e	f	g	h
ビーカーにとった硫酸の量〔cm^3〕	5	10	15	20
中和に要した水酸化ナトリウム水溶液の量〔cm^3〕	5	10	15	20

(1) 表1，2を利用して，次の①，②の問いに答えなさい。

①塩酸 15cm^3 に水酸化ナトリウム水溶液 35cm^3 を加えると，溶液は次の**ア**～**ウ**のどの性質を示すか。適当なものを1つ選び，記号で書きなさい。

ア 酸　性　　**イ** 中　性　　**ウ** アルカリ性

②硫酸 20cm^3 に水酸化ナトリウム水溶液 30cm^3 を加えた溶液を，完全に中和するのに必要な塩酸の量はいくらですか。

(2) 実験結果をもとに次の考察をした。次の①～③にあてはまる物質名または数を書きなさい。

〔考察〕 この実験で使った塩酸と硫酸の同じ量の中に存在する水素イオンは，[①　　]のほうが多い。また，その比は塩酸と硫酸では[②　　]：[③　　]である。

(3) 塩酸と水酸化ナトリウム水溶液が中和するときの化学反応式を書きなさい。

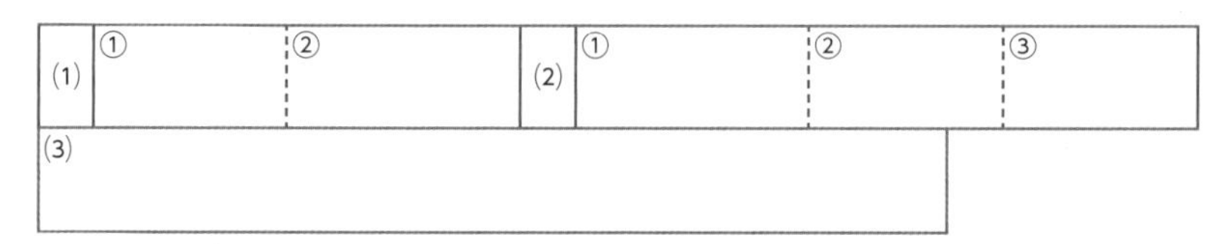

(1)	①	②	(2)	①	②	③
(3)						

〔宮　崎〕

10 化学変化と電池のしくみ

Step A　Step B　Step C

解答▶別冊 26 ページ

1 金属のイオン化

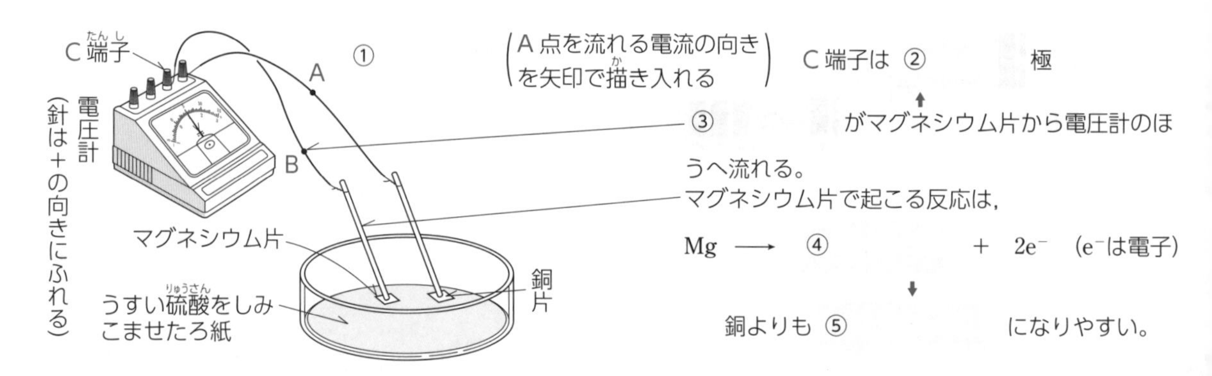

2 電池とイオン

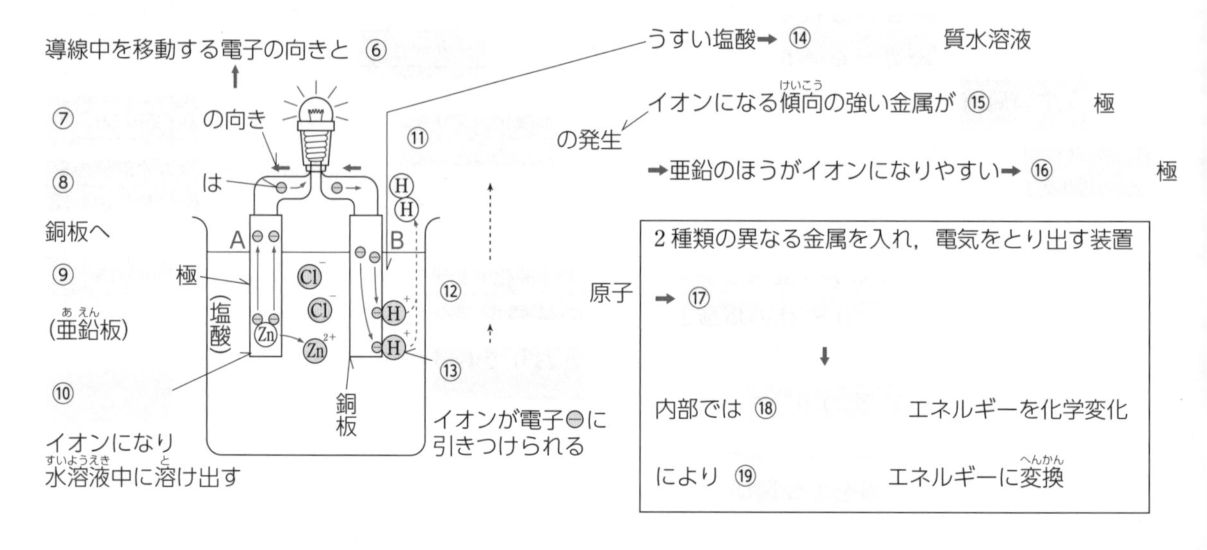

3 電池の種類としくみ

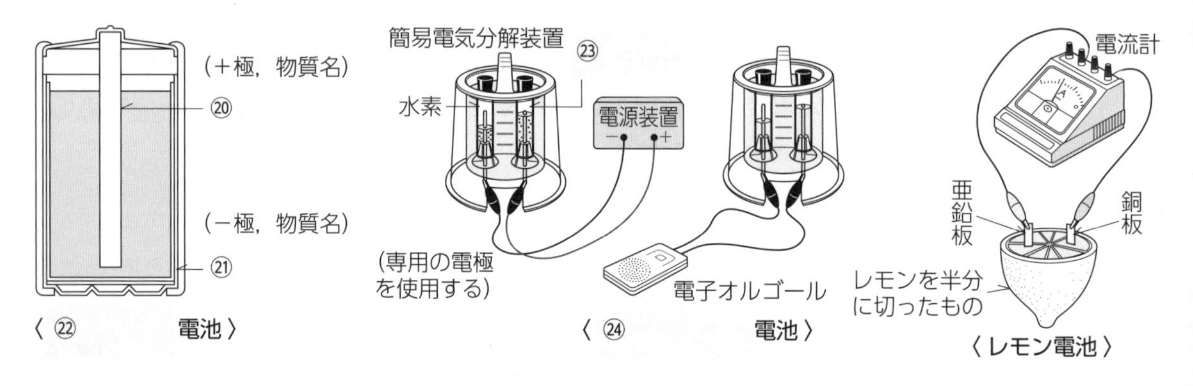

▶次の[　　]にあてはまる語句や記号を入れなさい。

4 金属のイオンへのなりやすさ

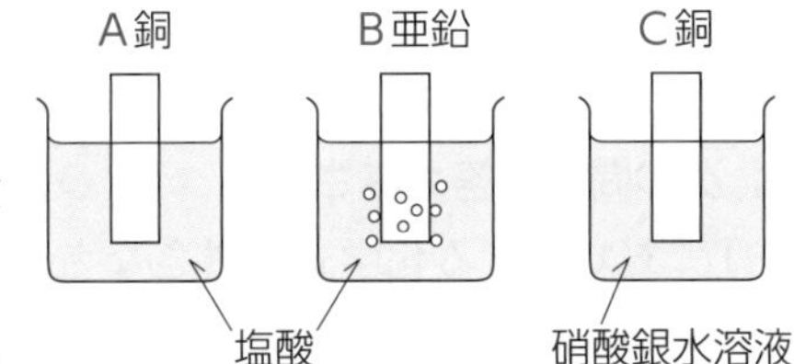

1 金属は，一般(いっぱん)に，電子を出して[㉕　　]イオンになろうとする傾向(けいこう)があり，なりやすさは金属によって異なる。

2 塩酸の中に銅板と亜鉛(あえん)板を入れる(右図ビーカーA，B)と，亜鉛板は[㉖　　]の気体を発生して溶(と)けるが，銅板のほうでは変化が見られない。

3 亜鉛板での変化(B)は，亜鉛は電子を残して，[㉗　　](Zn^{2+})として水溶液(すいようえき)中へ溶け出し，残った電子は，水溶液中の水素イオン(H^{+})が受けとり水素原子となり，2原子が結びついて[㉘　　]の気体になる。

4 ビーカーCでは，銅板から銅が電子を残して[㉙　　](Cu^{2+})として水溶液中へ溶け出し，残った電子は水溶液中の銀イオン(Ag^{+})が受けとり，[㉚　　]となり，銅板の表面に付着する。

5 銅，亜鉛，銀をイオンになろうとする傾向の強い順に並べると，[㉛　　]＞(水素)＞[㉜　　]＞[㉝　　]となる。

㉕
㉖
㉗
㉘
㉙
㉚
㉛
㉜
㉝

5 電池のしくみ

1 うすい硫酸(りゅうさん)(塩酸)の中に亜鉛板と銅板を入れると，[㉞　　]板は反応して[㉟　　]の気体を発生するが，銅板は反応しない。

2 1のときに亜鉛板と銅板を導線(リード線)で結ぶと，銅板から[㊱　　]の気体が発生し始める。
また，このときに導線の途中(とちゅう)に豆電球をつなぐと点灯し，電流計をつなぐと，電流が流れていることがわかる。

3 電解質水溶液に2種類の金属を入れて，その金属を導線でつなぐと，電流をとり出すことができる。そのような装置を[㊲　　]という。この場合，イオンになりやすい金属のほうが[㊳　　]極になる。

4 3の装置は，化学エネルギーを化学変化によって[㊴　　]エネルギーに変換(へんかん)している。

㉞
㉟
㊱
㊲
㊳
㊴

6 電池の種類と特徴(とくちょう)

1 自動車には蓄(ちく)電池が使われている。この電池には，鉛(なまり)板と酸化鉛が使われており，[㊵　　]して電池の力が弱くなると，充電(じゅうでん)してまた使うことができるようになっている。また，懐中(かいちゅう)電灯などに使う[㊶　　]電池では，－極には金属の亜鉛が使われているが，＋極は非金属の[㊷　　]が使われている。

2 電池には，水の電気分解と逆の化学変化が起こり，水ができるときに電流が発生する[㊸　　]電池，また，光があたると電気を生じる[㊹　　]電池などもある。

㊵
㊶
㊷
㊸
㊹

Step A　Step B　Step C

●時 間 40分	●得 点
●合格点 75点	点

解答▶別冊 27 ページ

1 **[硫酸中の亜鉛と銅の反応]**　右図のように，約 10% の希硫酸の中に亜鉛板と銅板を入れた。次の問いに答えなさい。（3点×6－18点）

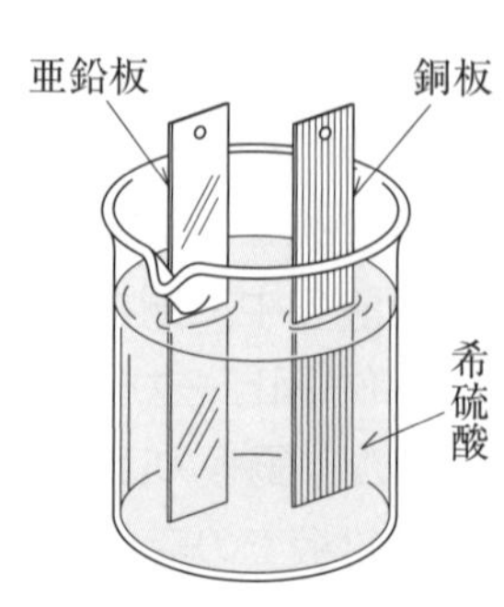

(1) 次の電離を表す式の(　)にあてはまる化学式を書きなさい。

$H_2SO_4 \longrightarrow 2H^+ + (\quad\quad)$

(2) 希硫酸の中に出ていくイオンの名称を書きなさい。

(3) 亜鉛板または銅板の表面ではどのような現象が起こるか。次の**ア**～**エ**から選び，記号で書きなさい。

ア　亜鉛板から水素が発生する。　**イ**　亜鉛板に銅がつく。
ウ　銅板から水素が発生する。　**エ**　銅板に亜鉛がつく。

(4) 亜鉛板と銅板を導線でつなぐと，どのような現象が起こるか。次の**ア**～**エ**から選び，記号で書きなさい。

ア　亜鉛板から水素がますます激しく発生してくる。
イ　亜鉛板から酸素が発生する。　**ウ**　銅板から水素が発生する。
エ　亜鉛板からは水素が発生し，銅板からは酸素が発生する。

(5) (4) のときに銅板で起こる反応を化学式を用いて書きなさい。ただし，電子は e^- で表すこと。

(6) (4) の状態で希硫酸を塩酸にかえた場合に，亜鉛板または銅板の表面ではどのような現象が起こるか。次の**ア**～**エ**から選び，記号を書きなさい。

ア　亜鉛板から水素が発生する。　**イ**　亜鉛板から塩素が発生する。
ウ　銅板から水素が発生する。　**エ**　亜鉛板から水素が発生し，銅板から塩素が発生する。

(1)	(2)	(3)	(4)	(5)	(6)

重要 **2** **[電池のしくみとイオン]**　図1のように，うすい塩酸と銅，亜鉛，マグネシウムの金属板から2枚を選んで電池をつくった。次の問いに答えなさい。（6点×7－42点）

〔図 1〕

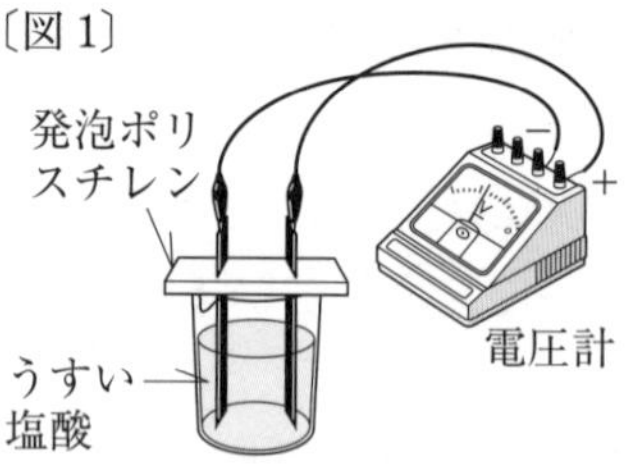

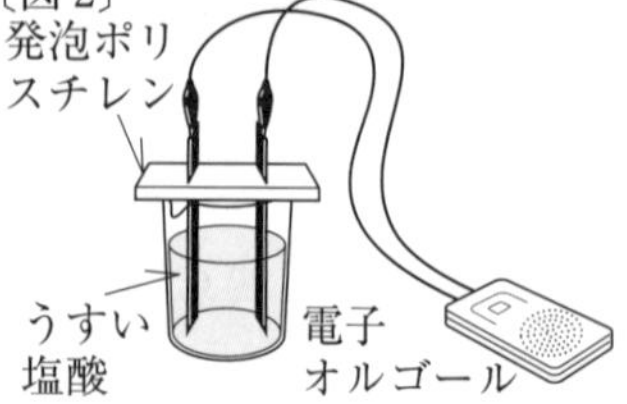

(1) 塩酸は何という気体が水に溶け，イオンに分かれている水溶液か。気体の名称を書きなさい。

(2) 亜鉛とマグネシウムの金属板を用いたとき，電池の＋極になるのはどちらの金属板ですか。

(3) 2枚の金属の組み合わせ①(銅，マグネシウム)，②(銅，亜鉛)③(亜鉛，マグネシウム)で電池をつくるとき，電圧が最も大きくなるのはどれか。番号で書きなさい。

〔図 2〕

(4) 図2のように銅と亜鉛の金属板を用いて電池をつくり，電子オルゴールにつないだ。

①電池のしくみによって，銅板表面で起こっている反応として正しいものを，次の**ア**～**エ**から1つ選び，記号で書きなさい。ただし，e^- は電子を表す。

ア　$Cu \longrightarrow Cu^{2+} + 2e^-$　**イ**　$Cu^{2+} + 2e^- \longrightarrow Cu$
ウ　$2H^+ + 2e^- \longrightarrow H_2$　**エ**　$H_2 \longrightarrow 2H^+ + 2e^-$

②電子オルゴールが鳴っているときの電子の動きとして最も適当なものを，次の**ア**～**エ**から1つ選び，記号で書きなさい。

ア　銅→電子オルゴール→亜鉛(あえん)　　**イ**　亜鉛→電子オルゴール→銅

ウ　銅→塩酸→亜鉛　　**エ**　亜鉛→塩酸→銅

③電流が流れることにより，ⓐ増加する，ⓑほとんど変化しないビーカー内のイオンは何か。それぞれ化学式で答えなさい。

(1)	(2)	(3)	(4) ①	②	③ ⓐ	ⓑ

〔帝塚山泉ヶ丘高－改〕

3　[いろいろな電池]　図1は木炭の棒に食塩水を湿(しめ)らせたろ紙を巻き，その上にアルミニウムはくを巻いた木炭電池である。端子(たんし)Aはアルミニウムはくに，端子Bは木炭につながっている。図2はうすい塩酸に銅板と亜鉛板をひたした電池で，図3はうすい水酸化ナトリウム水溶液(すいようえき)を満たした簡易電気分解装置である。端子Cを端子Eに，端子Dを端子Fに接続すると，XとYから気体が発生した。発生した気体の体積比は，X：Y＝2：1であった。あとの問いに答えなさい。

(4点×10－40点)

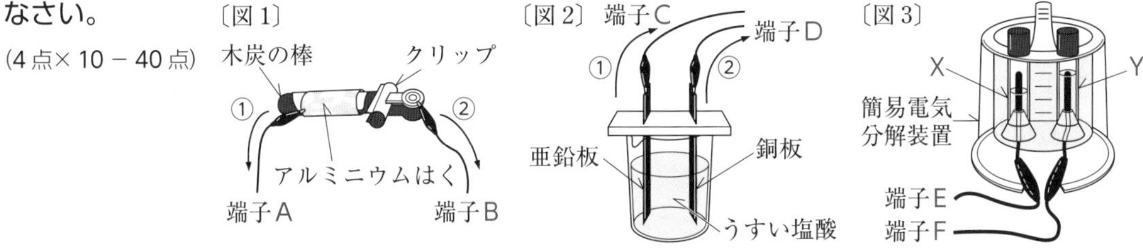

(1) 図1と図2で電流が流れる向きの組み合わせとして正しいものを，右の**ア**～**エ**から1つ選び，記号で答えなさい。

	ア	イ	ウ	エ
図1	①	①	②	②
図2	①	②	①	②

(2) 図1で長時間電流を流した。そのときのようすを述べた次の文の(　　)に適する語句を書きなさい。

アルミニウムが，ろ紙に湿らせた食塩水中に(①　　)となって溶(と)け出したため，アルミニウムはくは(②　　)になっていた。この化学変化によって，木炭電池は(③　　)エネルギーを電気エネルギーとしてとり出した。

(3) 図2で端子CとDに豆電球を接続し，点灯させた。このとき，銅板から水素の気体が発生した。

①塩酸の溶質が電離(でんり)するようすを，化学式を用いて書きなさい。

②次の式は，e^-を電子のモデルとして，水素が発生するようすを表したものである。(　　)に化学式を記入し，式を完成させなさい。

(a　　) + $2e^-$ ⟶ (b　　)

(4) 図3のX，Yで発生する気体の名称(めいしょう)をそれぞれ答えなさい。

(5) 図3で電気分解したあと，端子EとFを電子オルゴールにつなぐと，電子オルゴールが鳴った。このように，水の電気分解とは逆の化学反応を利用する電池を何電池というか。漢字2字で答えなさい。

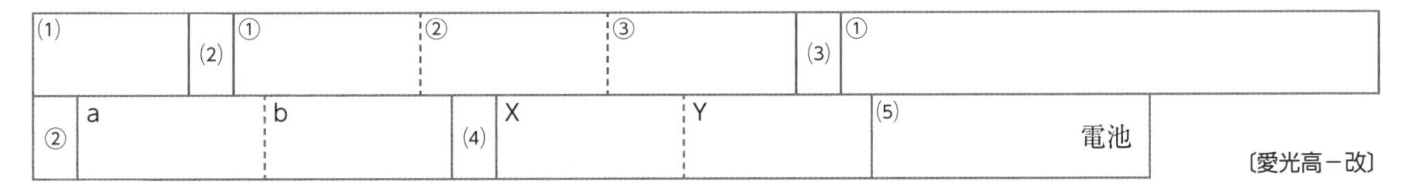

(1)	(2) ①	②	③	(3) ①

(3) ② a	b	(4) X	Y	(5) 　電池

〔愛光高－改〕

Step A　Step B　Step C

●時間 45分	●得点
●合格点 75点	点

解答▶別冊 27 ページ

1 ある濃度（のうど）の塩酸を $6\,cm^3$ ずつ6個のビーカーにとり，それぞれに，ある濃度の水酸化ナトリウム水溶液（すいようえき）を表の a～f に示した量ずつ加えて混ぜた。その後，それぞれのビーカーにアルミニウムの小片を加えて，発生してくる気体を25℃，1013 hPa のもとで捕集（ほしゅう）する実験を行ったところ，気体の体積は表のようになった。ただし，気体が発生し終わったあと，どのビーカーにもアルミニウムは残っていた。次の問いに答えなさい。　(6点×5－30点)

(1) この実験で発生する気体はすべて同じ気体であり，塩酸とマグネシウムを反応させたときに発生する気体とも同じであった。この気体は何か。化学式で答えなさい。

〔表〕　(表中の数値の単位は cm^3)

	a	b	c	d	e	f
塩　酸	6	6	6	6	6	6
水酸化ナトリウム水溶液	3	6	9	12	15	18
気　体	105	60	15	30	75	120

(2) アルミニウムを加えても気体がまったく発生しないのは，この実験に用いた塩酸 $6\,cm^3$ に対して，水酸化ナトリウム水溶液を何 cm^3 加えたときか。

(3) アルミニウムを加える前の，b の混合溶液中のイオンをすべて，化学式で答えなさい。

(4) アルミニウムを加える前の，表の f の混合溶液を蒸発させると，白い物質が残った。この白い物質は何か。含（ふく）まれる物質をすべて，化学式で答えなさい。

難 (5) ある濃度の塩酸 A がある。この実験に用いた水酸化ナトリウム水溶液 $18\,cm^3$ と塩酸 A $18\,cm^3$ を混ぜた溶液にアルミニウムを加えたところ，気体はまったく発生しなかった。塩酸 A の濃度は，この実験で用いた塩酸の濃度の何倍ですか。答えは，約分した分数でもよい。

(1)	(2)	(3)	(4)	(5)

〔お茶の水女大附高－改〕

2 酸とアルカリの水溶液について，次の実験を行った。表は実験の結果をまとめたものである。あとの問いに答えなさい。　(7点×5－35点)

〔実験〕

(ⅰ) うすい水酸化バリウム水溶液を 20 mL 入れたビーカー A～E を用意し，それぞれに緑色の BTB 液を数滴（すうてき）加えた。

(ⅱ) ビーカー B～E にうすい硫酸（りゅうさん）をそれぞれ 5 mL，10 mL，15 mL，20 mL 加えたところ，白い物質ができた。なお，ビーカー A にはうすい硫酸を加えなかった。

(ⅲ) ビーカー B～E の中に混ぜた液をそれぞれろ過し，白い物質とろ液に分け，ろ液の色を観察した。

ビーカー	A	B	C	D	E
うすい水酸化バリウム水溶液の体積〔mL〕	20	20	20	20	20
加えたうすい硫酸の体積〔mL〕	0	5	10	15	20
ろ液の色	青	青	緑	黄	黄

(1) うすい水酸化バリウム水溶液が手についてしまった場合，どのようにすればよいか。最も適当なものを次の**ア**～**エ**から1つ選び，記号で答えなさい。

ア　酸性の水溶液で洗（あら）い流す。　**イ**　大量の水で洗い流す。
ウ　布でよくふきとる。　**エ**　ドライヤーでよく乾（かわ）かす。

(2) 実験(ⅱ)で，うすい硫酸を加えたときの化学変化を，化学反応式で書きなさい。

(3) 実験(ⅱ)で，できた白い物質は何か。物質名を書きなさい。

難 (4) 右の図は，実験(ⅰ)，(ⅱ)で，実験(ⅰ)の「うすい水酸化バリウム水溶液(すいようえき) 20 mL」に含(ふく)まれる水酸化物イオンの数を $2n$ 個として，「加えたうすい硫(りゅう)酸(さん)の体積」と，混ぜた液中の水酸化物イオンの「イオンの数」の関係を表したグラフである。

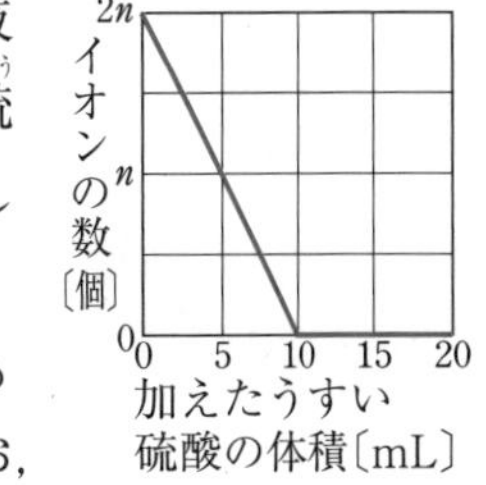

図を参考にして，次の①，②の関係を表したグラフとして最も適当なものを，あとの**ア**～**カ**からそれぞれ1つずつ選び，記号で答えなさい。なお，①と②には同じ記号を選んでもよい。

①「加えたうすい硫酸の体積」と，混ぜた液中の水素イオンの「イオンの数」

②「加えたうすい硫酸の体積」と，混ぜた液中のバリウムイオンの「イオンの数」

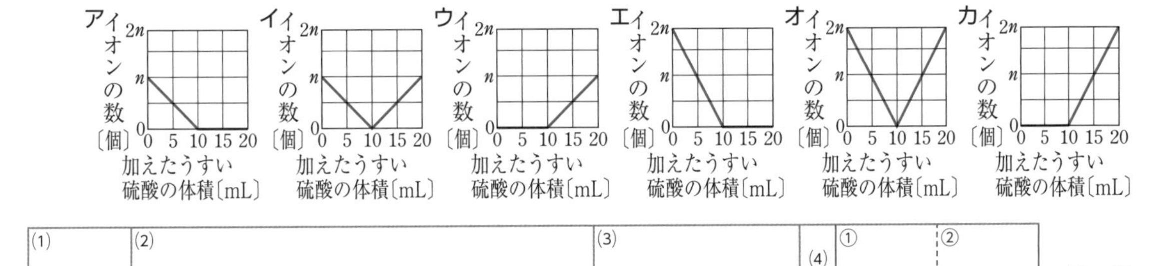

(1)	(2)	(3)	(4) ①	②

〔大　分〕

3 下図のように，金属板 A と金属板 B をうすい塩酸に入れ，プロペラのついたモーターをつないだ装置を使って電池の実験をした。金属板 A と金属板 B の組み合わせをかえることにより，次の a ～ d の実験結果を得た。これらに関連して，あとの問いに答えなさい。(7点×5－35点)

〔実験結果〕 (時計回り，反時計回りは，モーターについたプロペラ回転の向きを表す。)

a　A を亜鉛(あえん)板，B を銅板にすると，時計回りに回転した。

b　A を銅板，B を亜鉛板にすると，反時計回りに回転した。

c　A を銅板，B をマグネシウムリボンにすると，反時計回りに回転し，回転の速さは，a や b の場合よりもはやかった。

d　A を亜鉛板，B をマグネシウムリボンにすると，反時計回りに回転した。

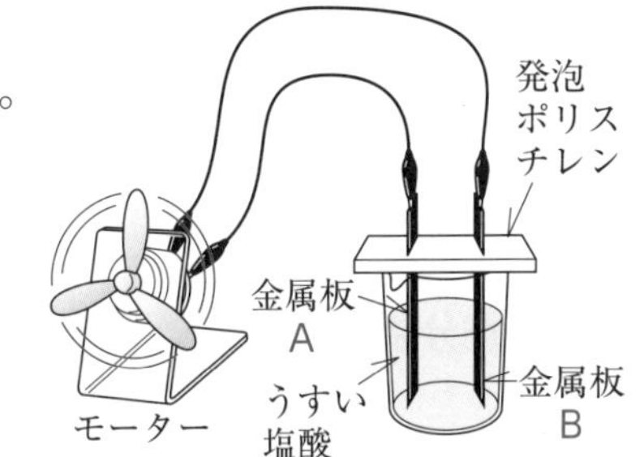

(1) A が亜鉛板で B が銅板の電池にしたとき，＋極は亜鉛，銅のどちらの金属になるか。原子の記号で答えなさい。

(2) A が銅板で B が亜鉛板の電池にしたとき，－極の金属の表面で原子がうすい塩酸の中にイオンとして溶(と)け出す変化を，例にならって式で表しなさい。例 $Na \longrightarrow Na^{+} + e^{-}$ (e^{-}は電子1個を表す。)

(3) A が銅板で B が亜鉛板の電池にしたとき，電子が－極から導線を通って，＋極に n 個流れたとき，＋極の表面では，水素分子は何個できるか。数字と n を使って表しなさい。

(4) (3) での＋極の表面の変化を，(2) の例のように，化学式，電子 e^{-}を使って表しなさい。

(5) a ～ d の実験結果から，①亜鉛，②銅，③マグネシウムをうすい塩酸に入れたとき，電子を失って陽イオンになりやすい順に，①～③の番号を用いて並べなさい。

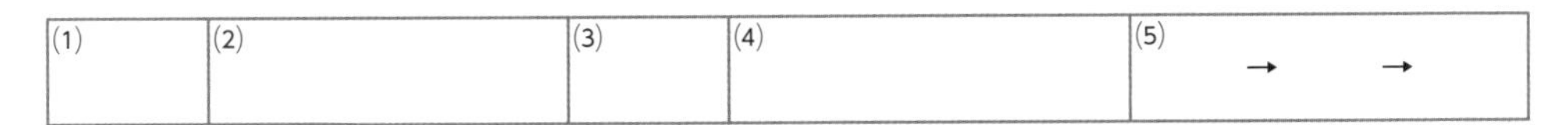

(1)	(2)	(3)	(4)	(5)
				→ →

〔開成高－改〕

11 細胞分裂と生物の成長

Step A　Step B　Step C

解答▶別冊 29 ページ

1 生物の成長(タマネギの観察)

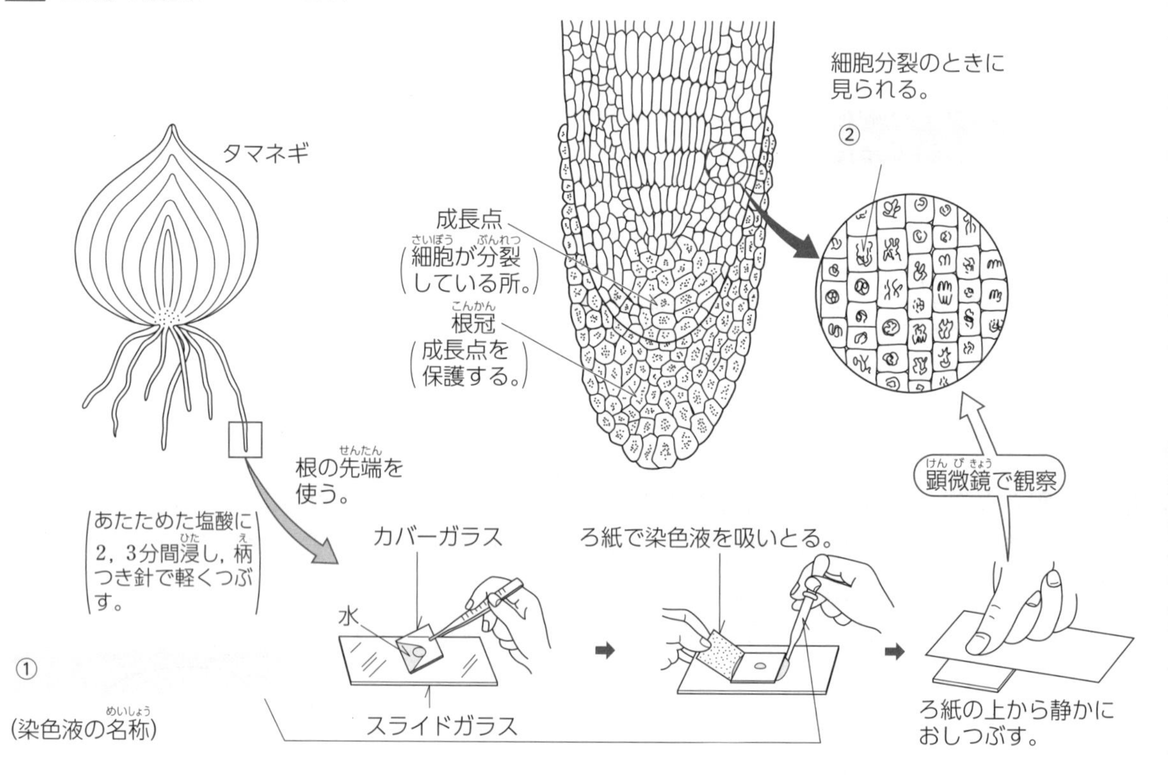

2 細胞分裂(植物細胞)

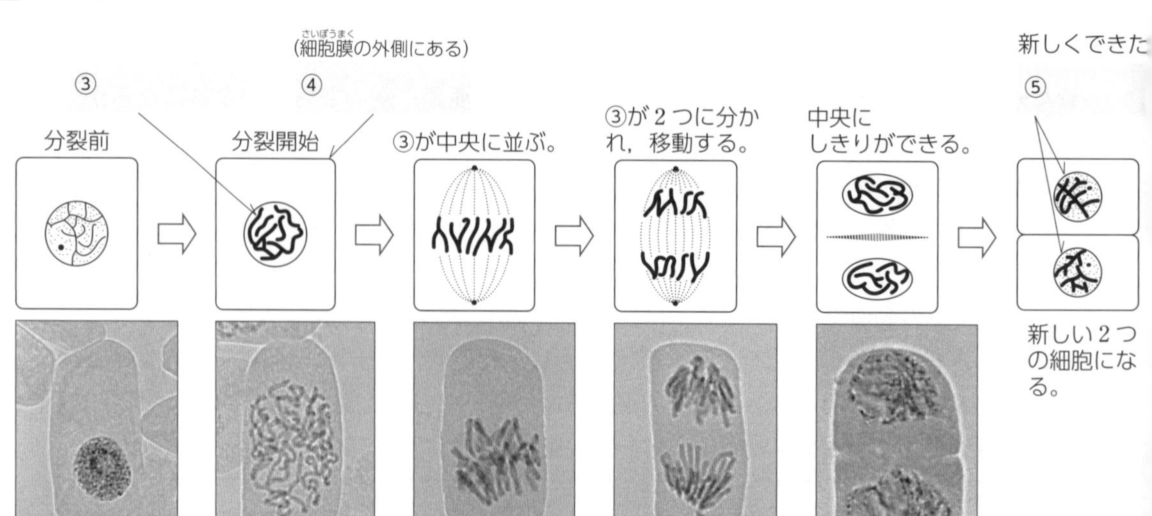

▶次の[　　]にあてはまる語句や数値を入れなさい。

3 生物の成長

1 生物は，栄養の状態や時期がくると分裂を始め，細胞の数をふやす。このように，細胞が分裂することを[⑥　　　]という。生物は，[⑥]で数をふやすことと，分裂した細胞が大きくなることによって成長していく。このからだをつくる分裂を特に[⑦　　　]という。

2 動物も植物も，受精直後は細胞全体で分裂を行って成長していく。しかし，一定の時期を過ぎると分裂はある部分に限られるようになる。植物では，茎や根の[⑧　　　]がその部分にあたる。特にその部分を[⑨　　　]という。動物では，骨や筋肉，皮膚などの表皮細胞が分裂の盛んな部分である。

3 細胞の観察を行うときは，観察しやすいように染色液を使う。ふつう，観察には，[⑩　　　]か酢酸オルセイン液という染色液を使う。染色液は，細胞内の[⑪　　　]をよく染めるので，分裂のときのようすがよくわかる。

⑥

⑦

⑧

⑨

⑩

⑪

4 細胞分裂

1 細胞分裂は次のような順序で行われる。

(分裂直前) 栄養を十分蓄えた細胞である。

(分裂開始) 核が見えなくなり，内部の糸状の物質がひも状にまとまり始める。まとまり始めたひも状の物質は，[⑫　　　]を形成する。

(分裂中期)　[⑫]が細胞の[⑬　　　]に並ぶ。

(分裂後期)　[⑫]が細胞の[⑭　　　]に向かって移動し始める。そのとき，[⑫]の数は，分裂前の細胞の[⑫]の数と[⑮　　　]分かれている。

(分裂終期)　[⑭]に分かれた[⑫]は，もとの糸状の物質にもどって新しい[⑯　　　]をつくり始める。そのとき，植物細胞では中央に2つの細胞を分けるしきりが形成される。動物細胞の場合は，細胞表面の中央が[⑰　　　]てねじ切れるように分かれる。あとは，最初の細胞と[⑱　　　]大きさになるまで成長を続ける。

2 核の中には，その生物がもっている特有の性質に関する物質である[⑲　　　]が入っている。細胞分裂のときには，この物質は染色体に含まれて，新しい細胞に伝えられる。この物質は，その生物の特徴を表すものなので，染色体の[⑳　　　]や形は，生物の種類によって決まっている。例えば，ヒトの染色体数は[㉑　　　]本である。

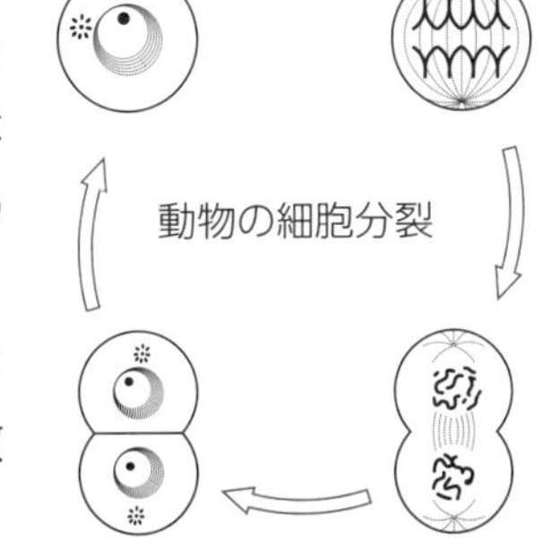

3 ゾウリムシやアメーバなどの[㉒　　　]生物のなかまは，細胞分裂をしてなかまをふやす。このふえ方を[㉓　　　]という。

⑫

⑬

⑭

⑮

⑯

⑰

⑱

⑲

⑳

㉑

㉒

㉓

Step A　Step B　Step C

●時間 40分	●得点
●合格点 75点	点

解答▶別冊 29 ページ

1 [植物の成長]　次の実験について，あとの問いに答えなさい。　(8点×5－40点)

〔実験〕 図1のように，ニンニク1片を水につけておくと根が伸(の)び始めた。伸びた根の1つに，先端(せんたん)から1cmの間に同じ間隔(かんかく)で印を3つつけ，ニンニクを再び水につけたところ，1日後，根は1cm伸びていた。図2は，このときのようすを示したものである。伸びた根を根元から切り，60℃のうすい塩酸に入れ，数分間あたためた。この根をスライドガラス上にとり出し，図3のように3つの部分X，Y，Zをそれぞれ1mmずつ切り出した。X，Y，Zを別々のスライドガラスにのせ，染色液を1滴たらして10分間置いた。その後，カバーガラスとろ紙をのせ，押しつぶしたものを顕微鏡(けんびきょう)で観察した。右の表は，すべて同じ倍率で観察した細胞(さいぼう)のスケッチである。

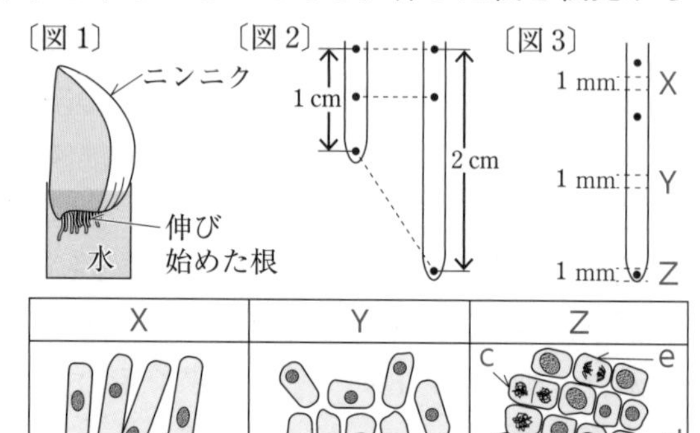

記述 (1) 実験で，根をうすい塩酸に入れてあたためるのは，細胞を観察しやすくするためである。このような操作によって観察しやすくなる理由を，簡潔に書きなさい。

(2) 表中のa～eを，aを1番目として，細胞分裂(ぶんれつ)の過程に沿って並べなさい。

(3) 表中のbの細胞の染色体数をnとする。bの細胞がdの過程になったときの染色体数として適切なものを，次の**ア**～**エ**から1つ選び，記号で答えなさい。

ア　$0.25n$　　**イ**　$0.5n$　　**ウ**　n　　**エ**　$2n$

(4) 次の文は，表をもとに，まとめたものである。文中の［①］，［②］にあてはまる語句をそれぞれ書きなさい。

> ・細胞の大きさは，根元に近い部分と比べて先端に近い部分のほうが［①］ことがわかる。
> ・根元に近い部分の細胞の中には［②］を見ることができないが，根の先端に近い部分の細胞の中には［②］が見られる細胞もある。
> ・これらのことから，根は細胞分裂によって先端に近い部分の細胞がふえ，それぞれの細胞が大きくなることで成長することがわかる。

(1)	(2) a→　→　→　→	(3)
(4) ①	②	

〔群馬－改〕

2 [植物の成長]　図1のように水にタマネギをつけておくと，根が伸びてきた。その根をとり出し，次の図2のXのように先端から2mm間隔で印をつけた。この根を再び水にもどしたところ，根は2日後に図2のYのように伸びていた。図3は，顕微鏡を用いて観察した図2のa～dの部分の，それぞれのようすを模式的に表したものであり，図2のa～dのうち，細胞分裂(さいぼうぶんれつ)のようすが観察できたのはdのみであった。次の問いに答えなさい。

(5点×4－20点)

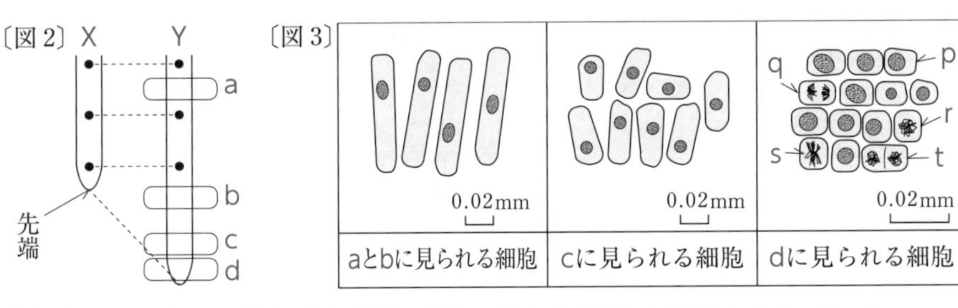

(1) 図3のp～tは，それぞれ細胞分裂の異なる段階の細胞を示している。p～tを細胞分裂が進む順序にしたがって並べるとどうなるか。pに続けてq～tの記号で書きなさい。

(2) 次の文の①，②にあてはまる適当な言葉をそれぞれ書きなさい。

図3のsの細胞で観察されたひも状のものを［ ① ］という。［ ① ］には，生物の形質を決める［ ② ］があり，［ ② ］の本体はDNAという物質である。

記述 (3) 観察結果をもとに，タマネギの根が伸びるしくみを，細胞の数と大きさにふれながら，「細胞分裂によって」に続けて簡単に書きなさい。

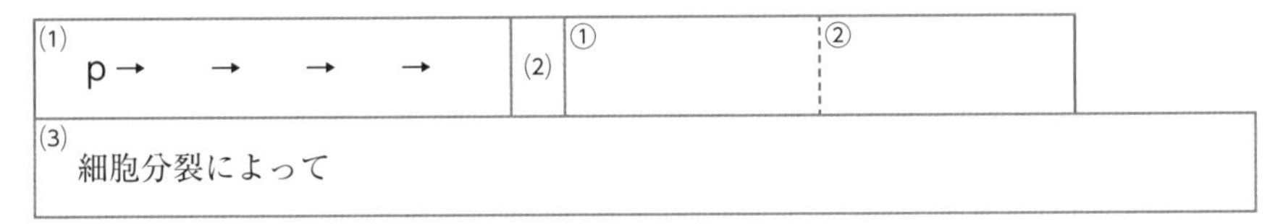

〔愛 媛〕

要 3 ［タマネギの細胞分裂］ 根の成長を調べるため，次の実験1，2を行った。あとの問いに答えなさい。

(8点×5－40点)

〔実験1〕 図1のタマネギの根を切りとり，60℃のうすい塩酸で処理した。その後，スライドガラスにのせ，柄(え)つき針で軽くつぶし，染色液を数滴(すうてき)落とした。数分後にカバーガラスをかけ，その上からろ紙をかぶせ，真上から垂直におしつぶし，プレパラートを作成した。それを顕微鏡(けんびきょう)で観察したところ，いくつかの細胞の中に，図2のA～Dのようなひも状のものが見られた。

〔実験2〕 図3のように，タマネギの根の先端(せんたん)から2 cmの部分に，油性ペンで等しい間隔(かんかく)の4つの点をつけた後，再び図1のように水につけ，2日後に根の状態を観察した。

〔図 1〕

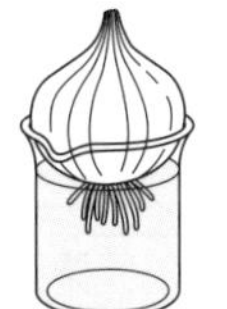

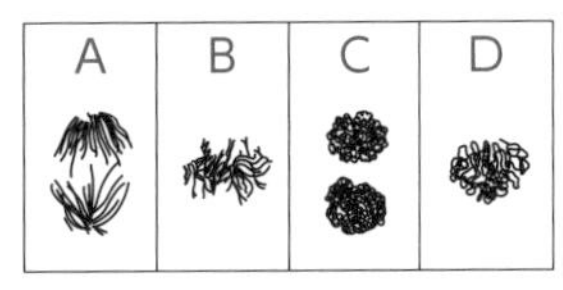

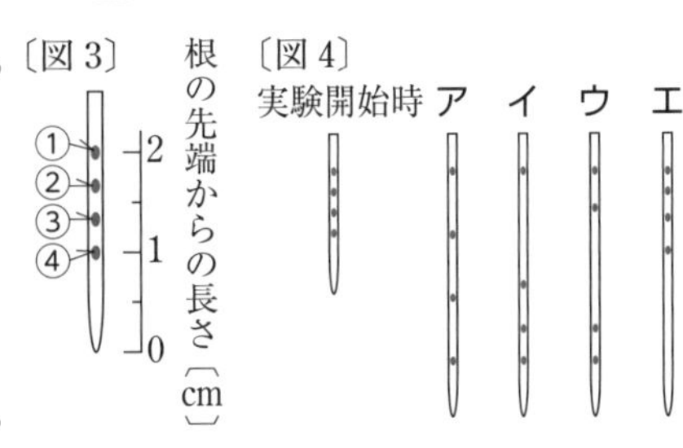

(1) 実験1では，核やひも状のものが赤く染色されていた。このとき使用した染色液は何ですか。

(2) 図2のA～Dを，Dを始まりとして，細胞分裂の正しい順に並べかえ，記号で書きなさい。

(3) 実験1で観察した根の場所は，図3ではどの部分か。次から選びなさい。

ア ①と②の間　**イ** ②と③の間　**ウ** ③と④の間　**エ** ④より下

(4) 細胞分裂の時期になると，ひも状のものが複製されて2倍になり，分裂のとき，1本1本のひも状のものが(　　　)。(　　)に適する語句を書きなさい。

(5) 実験2において，2日後の各点の位置として最も適当なものを，図4の**ア**～**エ**から選びなさい。

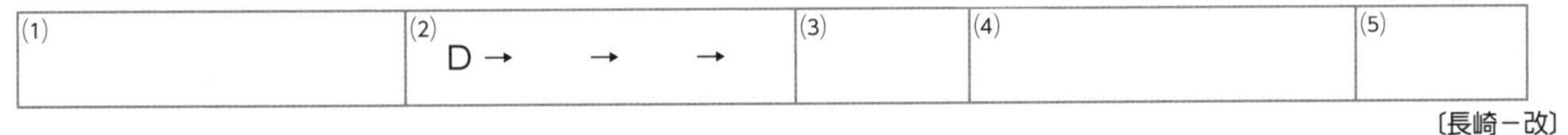

〔長崎－改〕

12 生物のふえ方

Step A　Step B　Step C

解答▶別冊 29 ページ

1 植物のふえ方(種子植物)

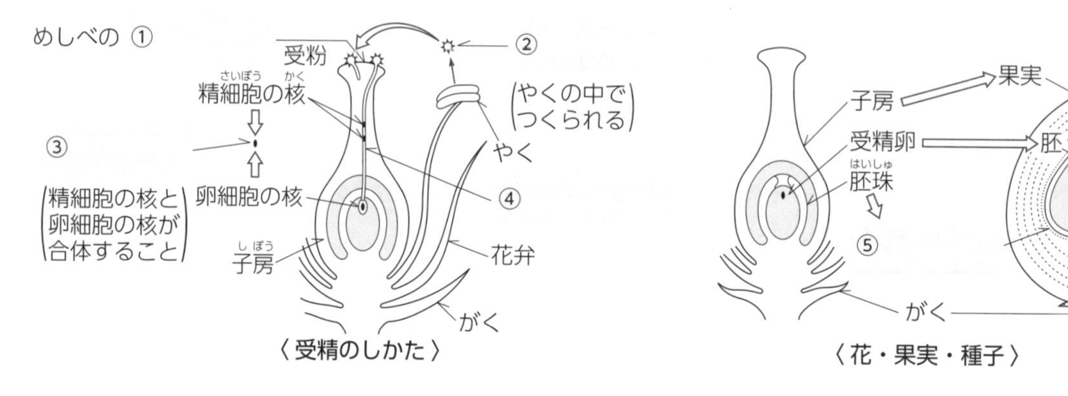

2 動物のふえ方(カエルの誕生)

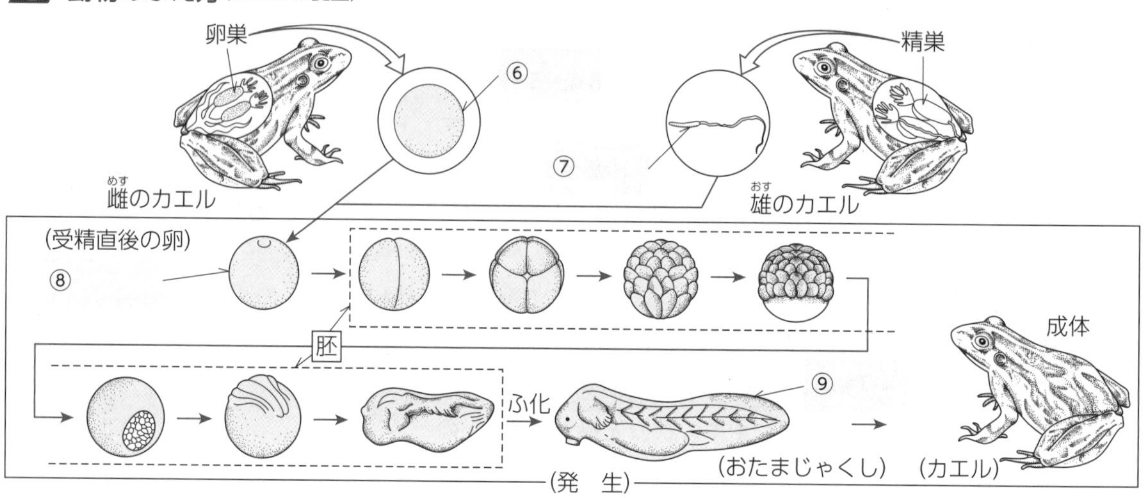

3 無性生殖

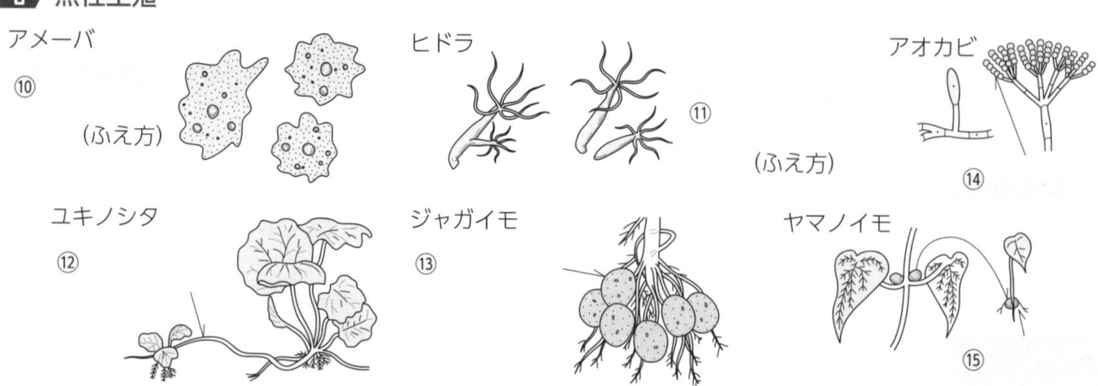

▶次の[　　]にあてはまる語句を入れなさい。

4 生物のふえ方

1 生物には，自分と同じ種類の子をつくり，なかまをふやすはたらきがある。これを[⑯　　　]という。

2 雌(めす)と雄(おす)がつくる[⑰　　　]細胞(さいぼう)が合体することによって子孫を残すふえ方を，[⑱　　　]という。

3 動物では，雄の精巣でつくられた[⑲　　　]が，雌の卵巣でつくられた[⑳　　　]の中に入り，それぞれの核が合体して[㉑　　　]が起こる。[㉑]によってできた[㉒　　　]は，細胞分裂をくり返しながら新しい個体へと成長する。この過程を[㉓　　　]という。

4 植物の有性生殖(せいしょく)では，めしべの柱頭についた花粉が[㉔　　　]をのばし，子房(しぼう)内の胚珠(はいしゅ)に達すると，花粉管内を移動してきた[㉕　　　]の核(かく)(精核)が胚珠の中の卵細胞の核と合体し[㉖　　　]する。

5 4の結果できた[㉗　　　]は，細胞分裂をくり返して[㉘　　　]（根・茎(くき)・葉のもと）となる。胚珠全体は種子になり，種子が発芽(はつが)するとき，種子の中の[㉘]は成長して芽ばえ，新しい植物体へと成長する。この過程を，動物と同じように発生という。

6 受精によらずになかまをふやす方法を[㉙　　　]という。[㉙]には，ヒドラやイソギンチャクのように，からだの一部がふくらんで新しい個体になるもの(出芽(しゅつが))や，ゾウリムシやアメーバのように，からだが2つに分かれてふえる方法の[㉚　　　]などがある。植物などでは，[㉛　　　]やとり木でなかまをふやす方法もある。

5 遺　伝

1 親のもつ形や性質の特徴(とくちょう)([㉜　　　])が，染色体にある[㉝　　　]によって子に伝えられることを，[㉞　　　]という。

2 有性生殖の生物は，卵(卵細胞)や精子(精細胞)という[㉟　　　]をつくるとき，ふつうの細胞分裂とは異なり，「染色体の数がもとの細胞の[㊱　　　]になるような特別な細胞分裂」を行う。このような細胞分裂を[㊲　　　]という。

3 染色体の数が半分になった卵(卵細胞)と精子(精細胞)の受精によって，子と親の細胞では[㊳　　　]の染色体をもつことになる。

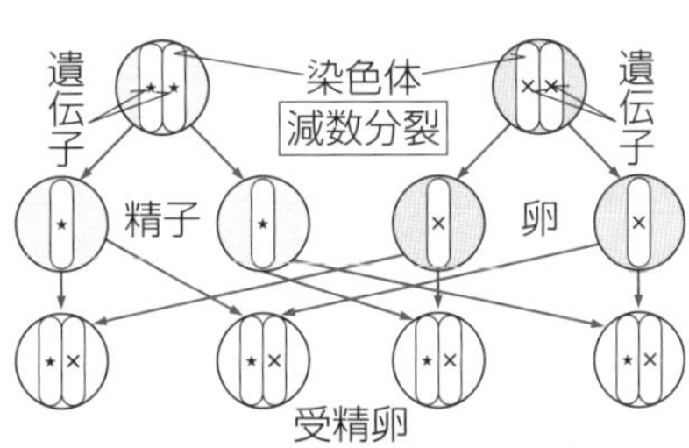

〈減数分裂と遺伝のしくみ〉

4 [㊴　　　]では，一般(いっぱん)に受精を通して，両方の親の遺伝子が半分ずつ子に受けつがれ，子は，親とも兄弟とも異なる特徴をもつようになる。

5 [㊵　　　]では，子は親と同じ遺伝子を受けつぎ，親と同じ形質が現れる。

⑯
⑰
⑱
⑲
⑳
㉑
㉒
㉓
㉔
㉕
㉖
㉗
㉘
㉙
㉚
㉛

㉜
㉝
㉞
㉟
㊱
㊲
㊳
㊴
㊵

Step A　Step B　Step C

●時 間 40分	●得 点
●合格点 70点	点

解答▶別冊 30 ページ

1 [カエルの発生]　図は，カエルの受精卵が細胞分裂をくり返し，変化していくときのいろいろな段階をスケッチしたものである。あとの問いに答えなさい。　(6点×4－24点)

(1) 受精卵Aが変化していく順に並べたものとして最も適当なものを，次の**ア**～**エ**の中から選び，記号を書きなさい。

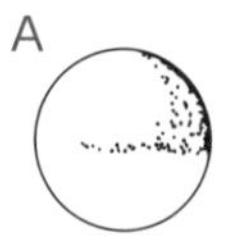

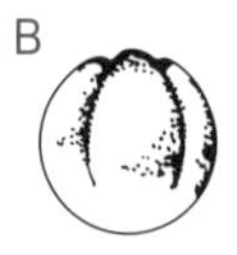

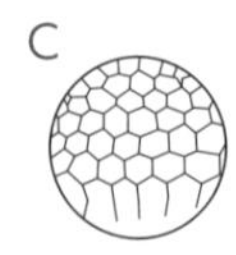

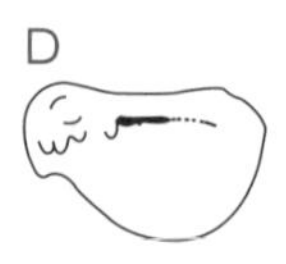

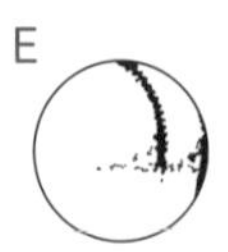

ア　A→E→B→D→C　　**イ**　A→C→B→E→D
ウ　A→E→B→C→D　　**エ**　A→B→E→C→D

(2) 次の文の下線部ⓐ，ⓑに関して，(　)にあてはまる最も適当な語を書きなさい。

受精卵が分裂し，ⓐ数のふえた細胞は，それぞれが特徴のある形やはたらきをもつものに分かれて変化していく。やがて，ⓑ受精卵はおたまじゃくしになったのち，親のカエルになる。

ⓐのように変化した細胞は，形やはたらきのよく似た細胞の集まりである(①　　)をつくる。さらに，(①)はいくつか組み合わさり，1つのまとまったはたらきをする(②　　)をつくる。ⓑのように，その生物の特徴(形質)が親から子に受けつがれることを(③　　)という。

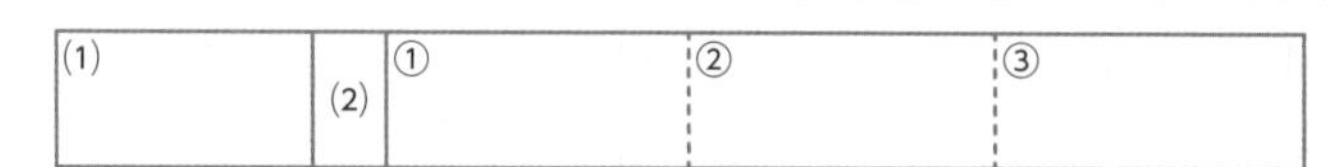

(1)	(2)	①	②	③

〔愛媛－改〕

重要 **2** [生物のふえ方]　生物のふえ方について，あとの問いに答えなさい。　(5点×8－40点)

多くの動物や植物では，子孫を残すために，雌雄の体内で①特別な細胞がつくられる。動物では，雄の精巣でつくられる(A　　)と，雌の卵巣でつくられる(B　　)である。この(A)と(B)の②核が合体し，さらに③細胞分裂をくり返してしだいに個体の形ができていく。このようなふえ方を有性生殖という。また，有性生殖を行わず，親のからだの一部から個体が複製されることもある。このようなふえ方を無性生殖という。

〔図1〕

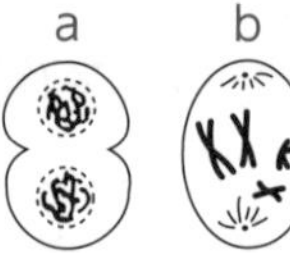

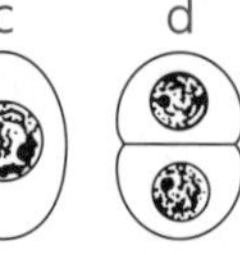

(1) 文中の(　)に適当な語を答えなさい。

(2) 下線部①の細胞がつくられるときの特別な細胞分裂を何といいますか。

(3) (2)の細胞分裂は，次の**ア**～**エ**のどこで行われているか。1つ選び，記号で答えなさい。

ア　タマネギの根の先端　　**イ**　アサガオのおしべのやく
ウ　サツマイモにできた新しいいも　　**エ**　発芽しているソラマメの種子

(4) 下線部②の現象を何といいますか。

(5) 図1のa～fは，下線部③のようすを顕微鏡で観察しスケッチしたものである。a～fを細胞分裂の順に並べなさい。ただし，cから始まるものとする。

(6) 次の**ア**～**カ**のうち，有性生殖に関係あるものをすべて選び，記号で答えなさい。

ア　子は一方の親のもっている遺伝子の半分を受けついでいる。
イ　新しい染色体の組み合わせができるので，親とは異なる特徴をもつ子が現れることがある。
ウ　ゾウリムシが分裂してふえる。　　**エ**　植物がさし木でふえる。
オ　種子植物が種子をつくってふえる。　　**カ**　種子植物が胞子をつくってふえる。

(7) 図2は無性生殖の過程を示したものである。これにならって，右の図3に有性生殖の過程を示すように染色体を描きなさい。

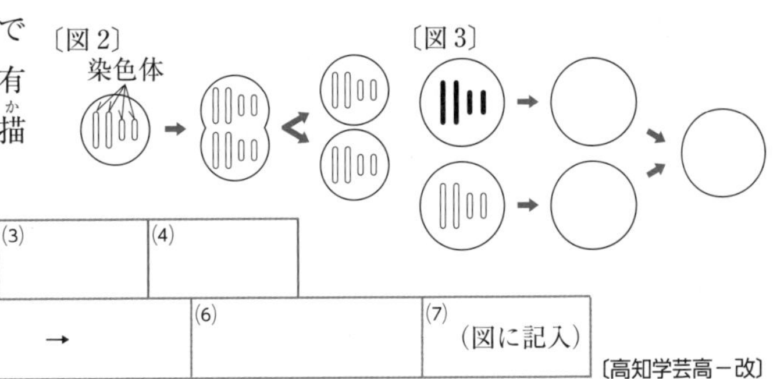

<table>
<tr><td>(1)</td><td>A</td><td>B</td><td>(2)</td><td>(3)</td><td>(4)</td></tr>
<tr><td colspan="3">(5) C →　　→　　→　　→　　→</td><td>(6)</td><td colspan="2">(7)（図に記入）</td></tr>
</table>

〔高知学芸高－改〕

3 **［植物のふえ方］ 次の文を読み，あとの問いに答えなさい。** (6点×6－36点)

Aさんがカキを切っていると，果実とともに種子も切れた。種子の中には，半透明の胚乳に包まれている小さな乳白色の子葉があった(図1)。このようすを見たAさんは，種子がどのようにできるのかに興味をもった。

Aさん：先生，種子はどうやってできるのですか。

先　生：まず受粉することが必要です。図2は被子植物がふえるしくみを示した図です。花粉がめしべの(①　　)につくと，花粉から花粉管が(②　　)に向かってのびます。花粉管の先端が(②)に達すると，その中にある(a)卵細胞と，花粉管の中を移動してきた(③　　)が合体します。合体して生じた(④　　)は，分裂をくり返して胚になり，胚を含む(②)全体が種子となります。Aさんが見た白い子葉は，種子の中の胚だったのです。種子は，胚がある程度大きくなるまで保護し，胚の成長に必要な栄養分を確保しているのです。

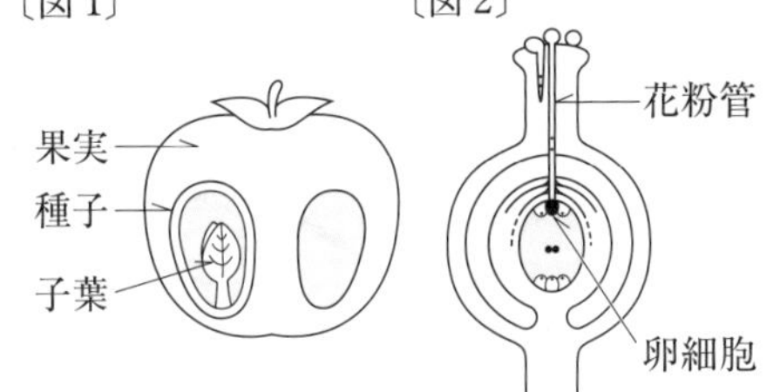

調べてみると，カキには，(b)種子のある種類とない種類があり，種子のないカキでは，受精しても途中で胚が退化してしまい種子ができないこと，ふやすためには，種子のあるカキの若い木に，種子のないカキの枝を接ぎ木して育てるというくふうをしていることがわかった。

(1) 文中の(　)に適当な語句を漢字で答えなさい。

(2) 文中の下線部(a)の卵細胞の説明として適当なものを，次の**ア**～**エ**から選び，記号で答えなさい。

ア　ほかの細胞よりも細胞壁が厚く，内部を保護している。　**イ**　栄養分を細胞中に蓄えている。

ウ　核の中の染色体の数がほかの多くの細胞とは違っている。　**エ**　細胞の中に2個の核がある。

(3) 文中の下線部(b)について，種子のあるカキとないカキの説明として適当なものを，次の**ア**～**エ**からすべて選び，記号で答えなさい。

ア　種子のあるカキでは，種子から育てた木と親の木の形質はすべて同じになる。

イ　種子のないカキでは，枝から育てた木と親の木の形質はすべて同じになる。

ウ　種子のあるカキの果実の形質はすべて同じであるが，種子のないカキの果実の形質は同じとはかぎらない。

エ　種子のないカキの果実の形質はすべて同じであるが，種子のあるカキの果実の形質は同じとはかぎらない。

(1)	①	②	③	④	(2)	(3)

〔大阪桐蔭高－改〕

13 遺伝の規則性

Step A　Step B　Step C

解答▶別冊 30 ページ

1 メンデルの実験

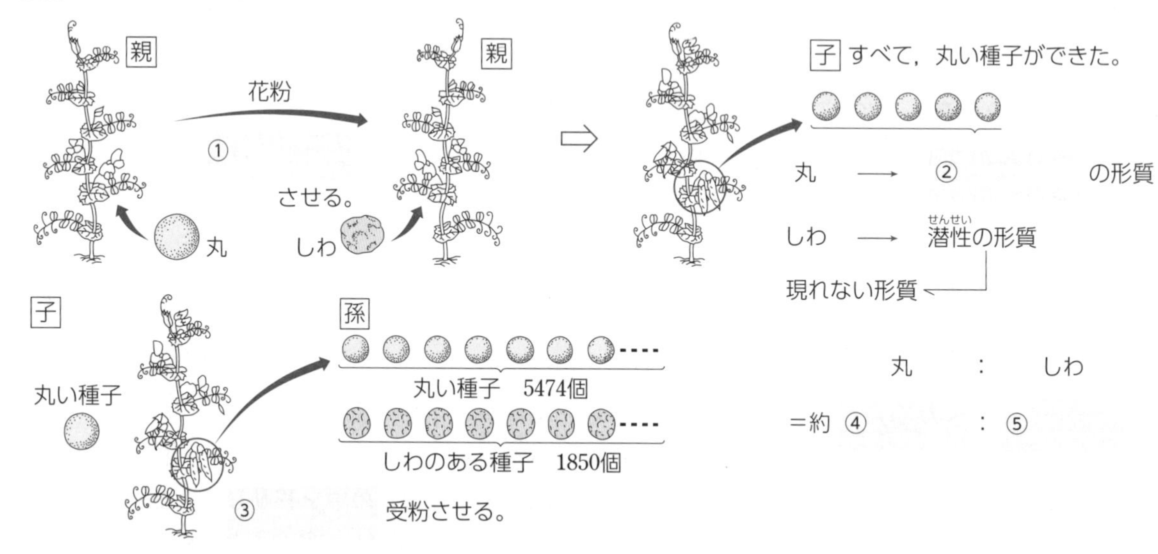

丸 ⟶ ② の形質

しわ ⟶ 潜性の形質

現れない形質

丸　：　しわ

＝約 ④　：⑤

2 遺伝子と遺伝の規則性

丸い種子をつくる純系の遺伝子の組み合わせ：AA

しわのある種子をつくる純系の遺伝子の組み合わせ：aa

どちらか一方のみが現れる 2 つの形質どうしを ⑥　　という。

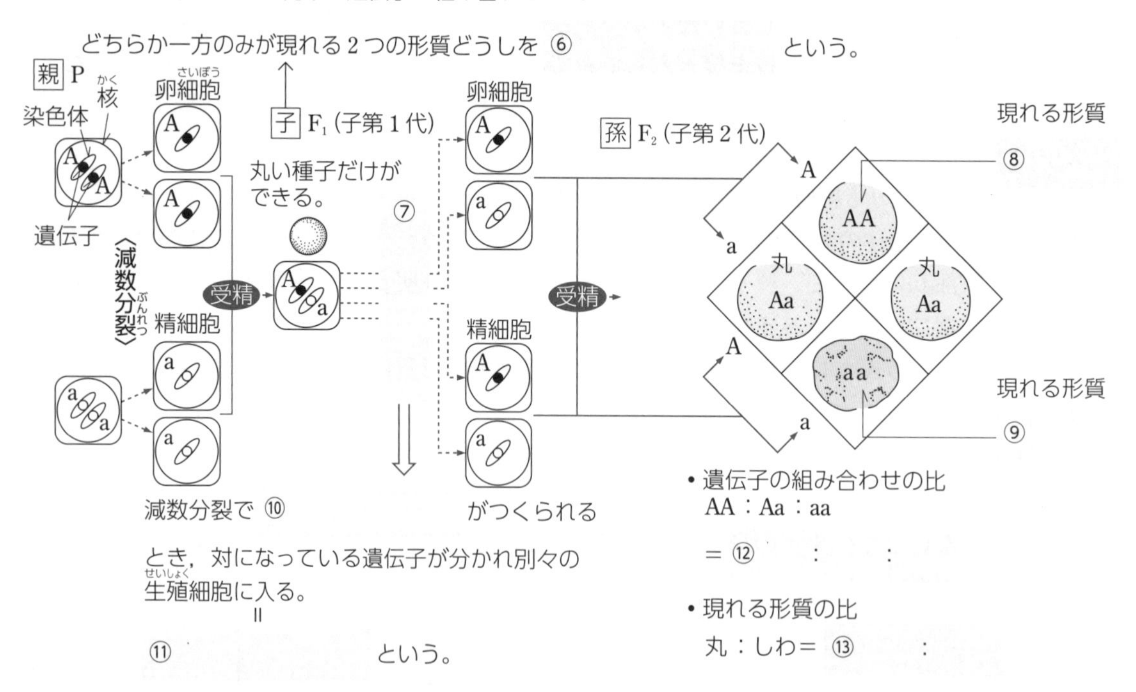

減数分裂で ⑩　　がつくられる

とき，対になっている遺伝子が分かれ別々の生殖細胞に入る。

‖

⑪　　という。

• 遺伝子の組み合わせの比
AA：Aa：aa
＝ ⑫　：　：

• 現れる形質の比
丸：しわ＝ ⑬　：

▶次の[　　]にあてはまる語句や数値を入れなさい。

3 遺伝と遺伝子

1 エンドウを使って，8年間にわたり実験をくり返し，[⑭　　　]を伝達するもとになる要素(今日では[⑮　　　]にあたる)があると考え，その要素の伝わり方に一定の法則があることを発見したのは，[⑯　　　]の父といわれる[⑰　　　]である。

2 生物がもつ，色，形，大きさ，性質などを[⑱　　　]といい，これには，親から子へ遺伝するものとしないものとがある。

3 遺伝するエンドウの形質で，種子の形(丸形，しわ形)，子葉の色(黄色，緑色)など対になる形質を[⑲　　　]という。

4 自分の花粉で受粉することを[⑳　　　]という。

5 親，子，孫の代と自家受粉を重ねても，その形質が親と同じになる場合，これらの系統を[㉑　　　]という。

6 細胞のもつ遺伝子はアルファベットで表すことができる。エンドウで，丸形はA，しわ形はaと，[㉒　　　]の遺伝子を大文字で，[㉓　　　]の遺伝子を小文字で表すことが多い。遺伝子の組み合わせがAA，Aaのエンドウに現れる形質は，ともに[㉔　　　]である。

7 遺伝子は[㉕　　　]の中に含まれていて，その本体は[㉖　　　](デオキシリボ核酸)という物質である。

4 遺伝の規則性

1 子葉が黄色(RR)と緑色(rr)のエンドウを親として交配すると，子の遺伝子の組み合わせはすべて[㉗　　　]となり，子にすべて[㉘　　　]の形質が現れる。([㉙　　　]の遺伝子(r)をもっていても発現しない)

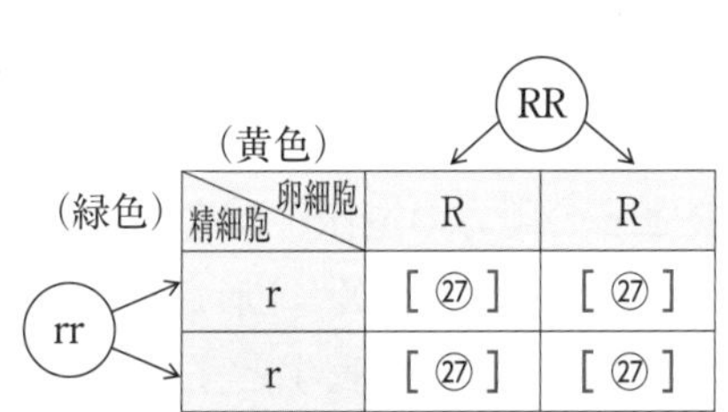

精細胞＼卵細胞	R	R
r	[㉗]	[㉗]
r	[㉗]	[㉗]

2 子(F₁第1代)を自家受粉させてF_2(第2代)を得ると(下の表)，

黄：緑＝[㉚　：　]

の割合で現れる。

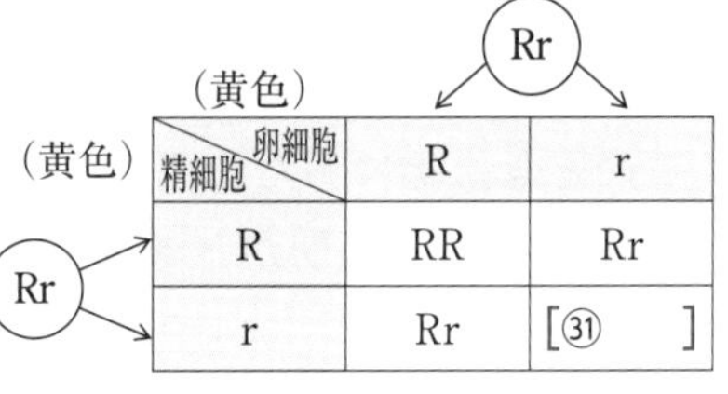

精細胞＼卵細胞	R	r
R	RR	Rr
r	Rr	[㉛　]

3 2のような割合で現れるのは，F_1が[㉜　　　]によって生殖細胞をつくるとき，F_1のもつ対立遺伝子Rとrが[㉝　：　]に分離して生殖細胞に入るからである。このことを[㉞　　　]という。

4 緑の純系の親(rr)に子F_1(Rr)の花粉を受粉させる場合，[㉟　　　]の法則によって，緑の親の卵細胞は(r)か(r)を，子F_1の精細胞は[㊱　　　]か[㊲　　　]の遺伝子をもつようになり，生じた子の形質の比は黄：緑＝[㊳　：　]になる。

⑭
⑮
⑯
⑰
⑱
⑲
⑳
㉑
㉒
㉓
㉔
㉕
㉖
㉗
㉘
㉙
㉚　：
㉛
㉜
㉝　：
㉞
㉟
㊱
㊲
㊳　：

Step A　Step B　Step C

●時 間 40分	●得 点
●合格点 75点	点

解答▶別冊 31 ページ

重要 **1** **［遺伝の規則性］　メンデルはエンドウを使って以下の実験を行い，遺伝の研究を行った。これについて，あとの問いに答えなさい。**　(4点×7－28点)

〔図1〕

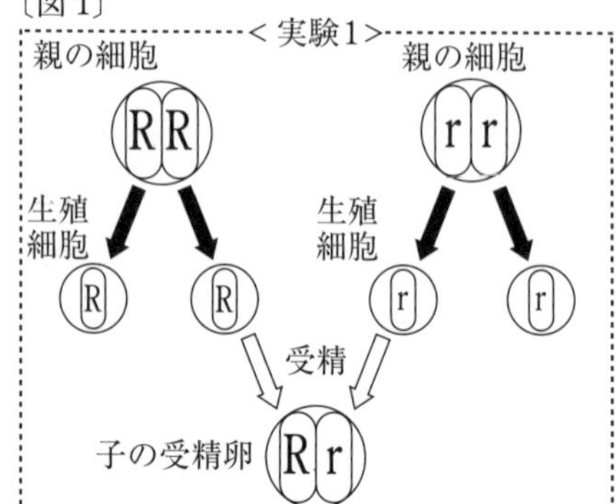

〔実験1〕　丸形の種子をつくる純系のエンドウの花に，しわ形の種子をつくる純系のエンドウの花粉を受粉させたところ，できた種子(子にあたる個体)はすべて丸形であった。

〔実験2〕　実験1でできた丸形の種子(子にあたる個体)を育てて自家受粉させると，できた種子(孫にあたる個体)は丸形としわ形の両方であった。

図1は実験1における遺伝子の受けつがれ方を，図2は実験2における遺伝のしくみと遺伝子の組み合わせを模式的に表したものであり，丸形の形質に対応する遺伝子をR，しわ形の形質に対応する遺伝子をr，染色体を▯としている。あとの問いに答えなさい。なお，図2の▯には，Rまたはrが入る。

〔図2〕

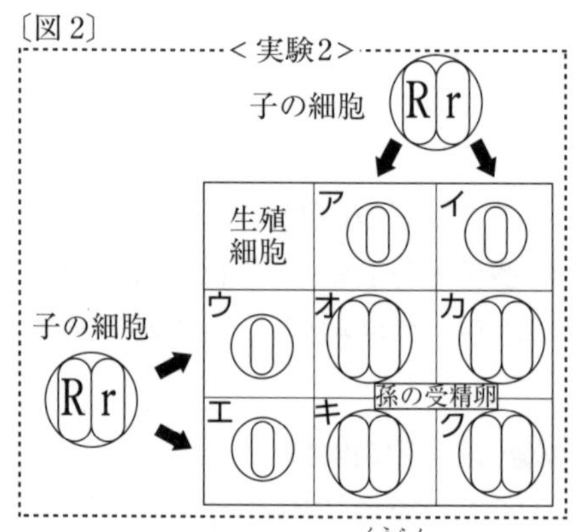

(1) 図1，図2において⟶は特別な細胞分裂(ぶんれつ)を表している。このような細胞分裂を何というか，書きなさい。

(2) 染色体に含(ふく)まれている遺伝子の本体である物質を何というか，書きなさい。

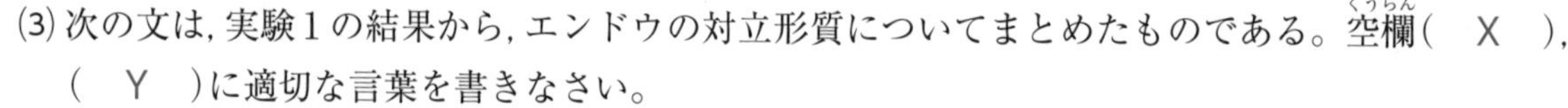

(3) 次の文は，実験1の結果から，エンドウの対立形質についてまとめたものである。空欄(くうらん)(　X　)，(　Y　)に適切な言葉を書きなさい。

子の受精卵には，Rとrの両方の遺伝子が含まれるが，子にあたる個体には，丸形の形質しか現れなかったことから，丸形が(　X　)形質で，しわ形が(　Y　)形質である。

(4) 図2において，**ク**がしわ形の形質を表すとすると，**オ**，**カ**の遺伝子の組み合わせはどのように表されるか，Rとrを使って右の図に描(か)き入れなさい。

オ　　カ

(5) 実験2でできた孫にあたる個体のうち，しわ形の種子の数は1850個であった。このとき，孫にあたる個体のうち，次の①，②の条件にあてはまる種子はいくつあると考えられるか。最も適切だと考えられる個数をあとの**ア**～**オ**からそれぞれ1つずつ選び，記号で答えなさい。

①丸形の種子

②丸形の種子のうち，Rとrの両方の遺伝子が含まれる種子

ア　620個　　**イ**　1250個　　**ウ**　1850個　　**エ**　3700個　　**オ**　5550個

(1)	(2)	(3) X	Y	(4) (図に記入)

(5) ①	②

〔富　山〕

2 [遺　伝]　**ある植物の花弁の色の遺伝と葉の形の遺伝について，次の文と実験を読み，下の問いに答えなさい。**（6点×12－72点）

ある被子植物の花弁の色に関する一組の対立形質には赤色と白色があり，この花弁の色を決定する一組の対立遺伝子には，P（赤色）とQ（白色）の遺伝子がある。

また，この植物の葉の形に関する一組の対立形質には丸形とくびれ形があり，この葉の形を決定する一組の対立遺伝子には，R（丸形）とS（くびれ形）の遺伝子がある。

〔実験1〕　遺伝子がPPで花弁の色が赤色の個体と，遺伝子がQQで花弁の色が白色の個体を両親としてかけ合わせると，赤色の花弁をもつ子のみが生じた。

〔実験2〕　実験1で得た子を自家受粉させて，その孫を得た。ただし，自家受粉とは，同じ個体の花のめしべとおしべの間で受粉が行われることである。

〔実験3〕　葉の形に関する遺伝子が［①　］であり，葉が丸形の個体と，葉の形に関する遺伝子が［②　］であり，葉がくびれ形の個体を両親としてかけ合わせると，葉の形が丸形の子とくびれ形の子が同数生じた。

〔実験4〕　葉の形が丸形である，ある個体を自家受粉すると，丸形の葉をもつ子のみが生じた。

〔実験5〕　葉の形がくびれ形である，ある個体を自家受粉すると，生じた子の数の比は，丸形：くびれ形＝1：3であった。

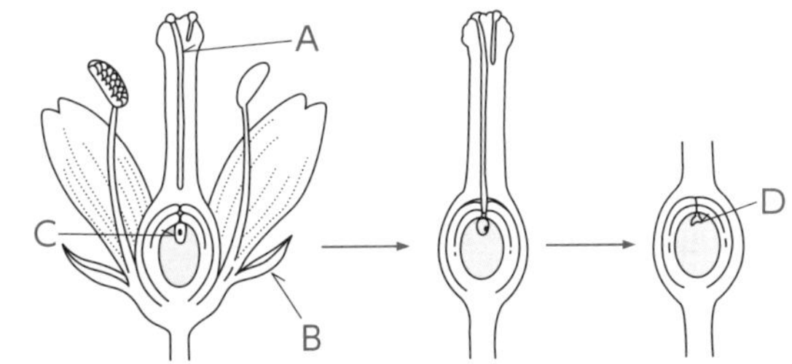

(1) 右図は，実験1のかけ合わせで子ができる過程の一部を示したものであり，図の花弁の色は白色である。次の①～③に答えなさい。

①図のAの名称を答え，このAの核がもつ花弁の色に関する遺伝子も答えなさい。

②図のBの部分の細胞とCの細胞がもつ花弁の色に関する遺伝子をそれぞれ答えなさい。

③図のDの名称と，Dの細胞がもつ花弁の色に関する遺伝子の組み合わせを答えなさい。

(2) 実験2のかけ合わせで生じる孫のうち，赤色の花弁をもつ個体は何％と考えられますか。

(3) 次の①～③のそれぞれの実験から，葉の形に関する遺伝子RとSの間の関係について，どのようなことがいえるか。最も正しいものを，次の**ア**～**オ**から1つずつ記号で答えなさい。

①実験3のみ

②実験4のみ

③実験5のみ

ア　RはSに対して顕性である。

イ　RはSに対して潜性である。

ウ　RとSの間には顕性と潜性の関係がある。

エ　RとSの間には顕性と潜性の関係がない。

オ　RとSの間の顕性と潜性の関係については何もいえない。

(4) 実験3～5より判断して，実験3のそれぞれの［　］に入る遺伝子を答えなさい。

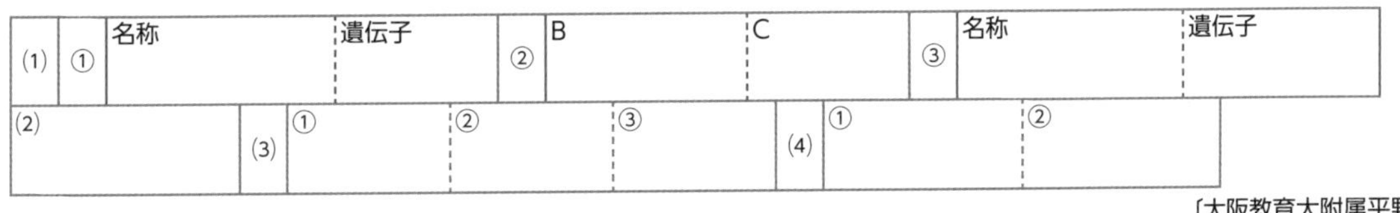

(1)	① 名称	遺伝子	② B	C	③ 名称	遺伝子

(2)	(3) ①	②	③	(4) ①	②

〔大阪教育大附属平野高〕

月　日

14 生物の進化

Step A　Step B　Step C

解答▶別冊 31 ページ

1 生物の進化（セキツイ動物の歴史）

古生代の初期に ①　　　類が，中期に両生類が，後期にハ虫類が現れた。その後，中生代の初期にホ乳類が，中期に ②　　　類が現れた。

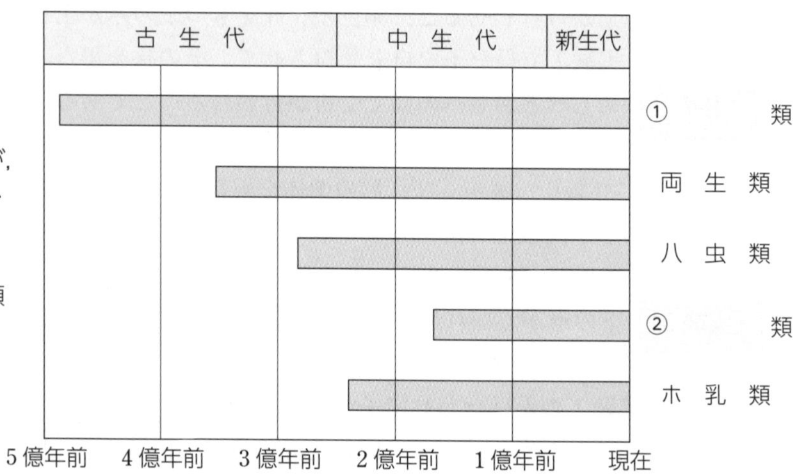

2 生物の進化（特徴の移り変わり）

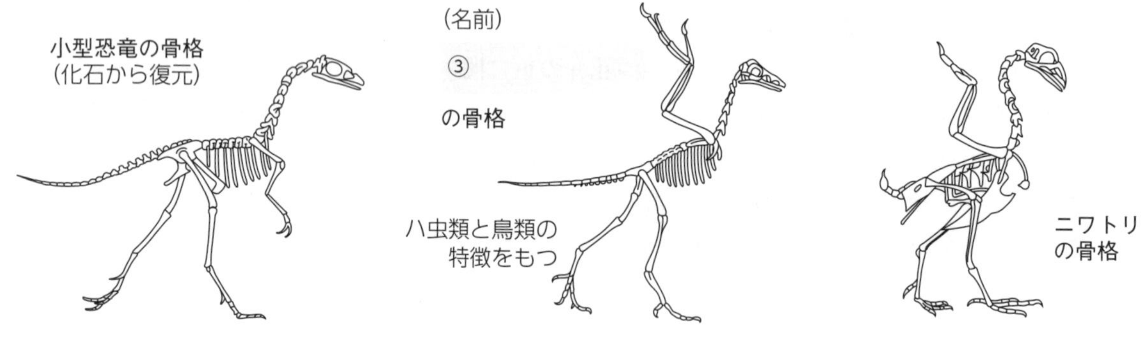

3 生物の進化（形態の比較）

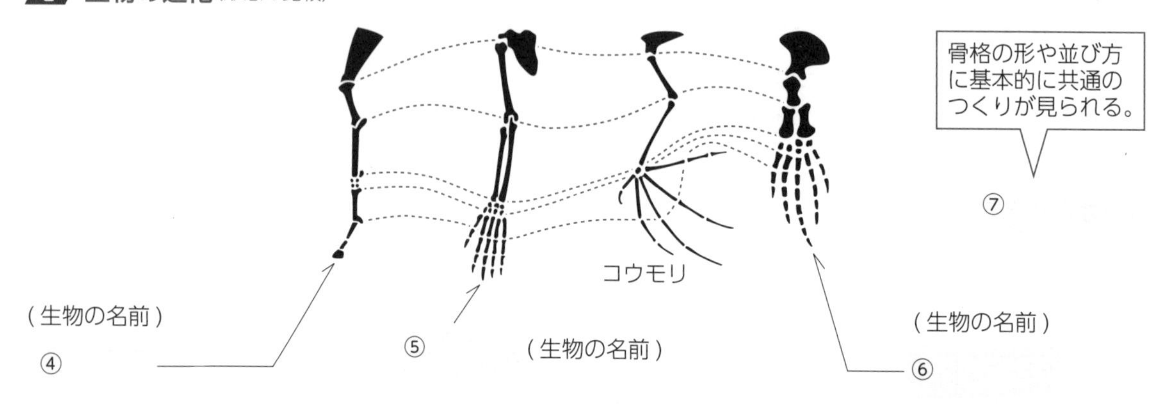

▶次の[　　]にあてはまる語句を入れなさい。

4 生物の歴史

生物の歴史は，次のように大きく区分することができる。

(時代区分)

・先カンブリア時代……生命誕生の時代→46億～5.4億年前

・古生代……[⑧　　　]・両生類の時代→5.4億～2.5億年前

(上空に[⑨　　　]が形成された。水中から陸上へ)

・中生代……[⑩　　　]の時代→2.5億～6600万年前

(大形ハ虫類全盛(ぜんせい)，陸上の乾燥(かんそう)化，被子(ひし)植物・ホ乳類の出現)

・新生代……[⑪　　　]の時代→6600万年～現在

(ホ乳類と被子植物全盛，後期には人類が出現)

5 生物の進化

1 生物の特徴(とくちょう)をもとに，生物どうしの類縁(るいえん)関係を調べると，もともと簡単なつくりをもつ単細胞(たんさいぼう)生物から分かれてきたと考えられる。このように，生物が長い時間をかけて変化し，分かれていくことを生物の[⑫　　　]という。

2 進化の証拠(しょうこ)には，[⑬　　　]の調査や形態的な比較(ひかく)，発生的な比較があげられる。[⑬]の例としては，ハ虫類から鳥類へ進化したと考えられる[⑭　　　]の化石やウマの祖先の化石がある。

3 形態的な比較としては，セキツイ動物の前あしのように，外形やはたらきが異なっても発生起源が共通の器官である[⑮　　　]の存在があげられる。ほかには，茎(くき)を起源とするジャガイモのいもやカボチャの巻きひげなどがある。

4 発生的な比較の例としては，セキツイ動物の[⑯　　　]の発生がある。右の図のように，発生の初期になればなるほど共通点が多くなり，互(たが)いに類縁関係の深いことをうかがわせる。このことからヘッケルは「個体発生は[⑰　　　]発生をくり返す」という[⑱　　　]説を発表した。

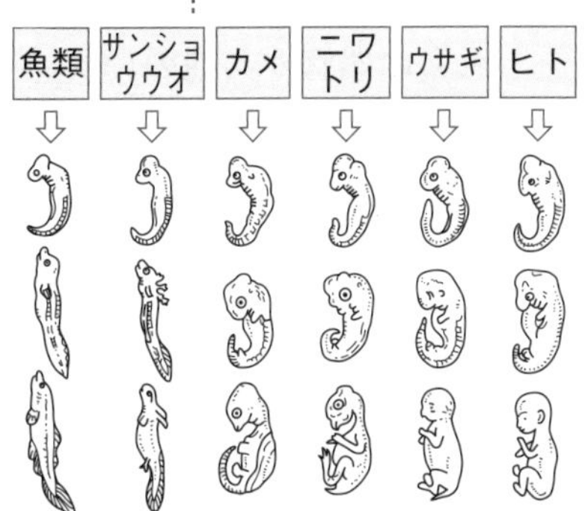

〈セキツイ動物の胚(はい)の比較〉

6 進化説

1 進化の原因について考えられた学説を，[⑲　　　]という。この問題は，実証することの困難な問題であるが，さまざまな人が[⑲]を提唱(ていしょう)している。

2 [⑳　　　]は，ガラパゴス諸島などの研究によって，「環境(かんきょう)に最もよく適応できる形質をもった個体だけが選択されて生き残る」という[㉑　　　]説を発表した。

⑧
⑨
⑩
⑪
⑫
⑬
⑭
⑮
⑯
⑰
⑱
⑲
⑳
㉑

Step A　Step B　Step C

●時 間 40分　●得 点　　点
●合格点 75点

解答▶別冊 32 ページ

重要 **1** **[地質時代]** 地質時代について，次の問いに答えなさい。（2点×10－20点）

(1) 放射性同位元素を利用して，物理的に測定される絶対年代に対して，各地層や生物の化石などをもとにしたものを何とよびますか。

(2) 次の①～⑨の生物は，主に地質時代のどの時代に栄えたか。下の**ア**～**エ**から選びなさい。

① ハ虫類　② 昆虫(こんちゅう)類　③ シダ植物　④ 両生類　⑤ 魚類
⑥ 裸子(らし)植物　⑦ 被子(ひし)植物　⑧ フデイシ　⑨ ボウスイチュウ

ア 中生代　**イ** 先カンブリア時代　**ウ** 新生代　**エ** 古生代

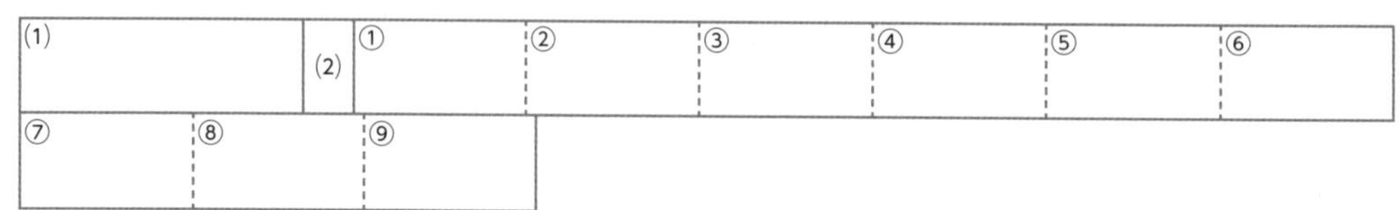

2 **[進化の証拠(しょうこ)]** 次の文の（　　）にあてはまる動物名・語句を，下のア～コから選び，記号で答えなさい。（3点×5－15点）

右の図はホ乳類の前あしの骨格を比較(ひかく)したものである。Aは（①　　），Bは（②　　），Cは（③　　）である。これらの前あしは外形や機能が著しく違(ちが)っているにもかかわらず，互(たが)いに（④　　）であり，骨格は共通の原形をもっている。この事実はこれらの器官が共通の（⑤　　）の前あしから変化して生じたものと考えて初めて理解することができる。

ア ニワトリ　**イ** コウモリ　**ウ** イヌ　**エ** クジラ　**オ** 相同
カ 相似　**キ** 類似　**ク** 変異　**ケ** 祖先　**コ** 類縁

①	②	③	④	⑤

重要 **3** **[生物の進化]** 次の進化についての文を読み，あとの問いに答えなさい。（3点×11－33点）

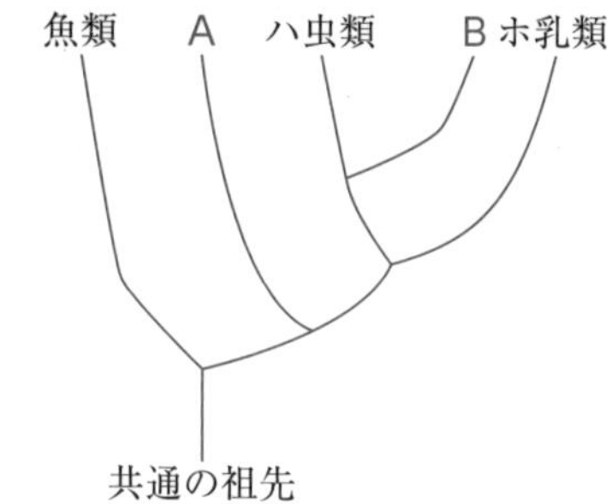

生物の「進化」の道筋は，1つの方法として地層に残された生物の化石を調べることにより，解き明かすことができる。

古い地層から新しい地層に向かって化石を調べていくと，セキツイ動物のなかまの中で，最も古い地層から見つかるのが魚類で，ついで〔　A　〕，ハ虫類の順で化石が見つかり始める。そして，ホ乳類と〔　B　〕はそのあとに見つかり始めることから，右の図のように，魚類から〔　A　〕が，〔　A　〕からハ虫類とホ乳類が，そしてハ虫類から〔　B　〕が進化したと考えられている。

また，化石以外にも，現在生きている生物の特徴(とくちょう)を調べ，共通の特徴をもつ生物ほど近いなかまに分類するなどで進化の手がかりが得られる。例えば，カモノハシという生物は卵生であり，母乳で子を育てるから〔　C　〕と〔　D　〕のなかまの中間にあたる生物であると考えられる。また，〔　A　〕のカエルは，うまれたときは主に（　a　）呼吸を行っているが，大人になると主に肺呼吸を行うようになる。これは〔　A　〕の祖先である魚類の特徴が子供のときに現れているのだと考えられる。

(1) 本文中の〔　　〕A，Bに適する分類名を答えなさい。

(2) 次にあげる化石を年代の古い順に並べ，記号で答えなさい。

ア　ナウマンゾウ　　**イ**　サンヨウチュウ　　**ウ**　アンモナイト

(3) 示準化石の定義として，「個体数が多い」という以外に必要な条件を，次の**ア**～**エ**から1つ選び，記号で答えなさい。

ア　限られた地域にすみ，比較的短い期間に栄えて絶滅した生物の化石

イ　広い地域にすみ，比較的短い期間栄えて絶滅した生物の化石

ウ　限られた地域にすみ，比較的長い期間栄えてから絶滅した生物の化石

エ　広い地域にすみ，比較的長い期間栄えてから絶滅した生物の化石

(4) ①ザトウクジラ，②フンボルトペンギン，③アオウミガメは，セキツイ動物であるが，それぞれ何類にあたるか答えなさい。

(5) カモノハシは，何類と何類の中間にあたる生物か。問題文中の〔　C　〕と〔　D　〕を答えなさい。

(6) 問題文中の（　a　）にあたる器官名を答えなさい。

(7) ハ虫類と〔　B　〕のそれぞれの特徴である，歯や羽毛を備えた生物の化石は何ですか。

(1)	A	B	(2)	(3)	(4)	①	②
③	(5)	C	D	(6)	(7)		

4 ［進化説］ 生物進化の研究において，ダーウィン(A)，ド＝フリース(B)，ラマルク(C)，マラー（D)らの人物は大きな役割を果たしている。次の問いに答えなさい。 (4点×8－32点)

(1) 4人の人物が残した業績を次の**ア**～**オ**から1つずつ選び，記号で答えなさい。

ア　進化の素材として突然変異の意義を強調した。

イ　小さな島での隔離が種の分化を促進することを認めた。

ウ　時代に先がけて生物進化のしくみを論じた。

エ　獲得形質の遺伝を否定し，ネオダーウィニズムを発展させた。

オ　放射線照射によって，ときには有益な突然変異の生じることを報告した。

(2) ダーウィンが考えた進化説を何とよびますか。

(3) ダーウィンの有名な著書を書きなさい。

(4) ダーウィンは，進化の要因として個体間の争いを重視しているが，これは何とよばれていますか。

(5) ラマルクが考えた進化説を何とよびますか。

(1)	A	B	C	D	(2)	(3)
(4)	(5)					

Step A　Step B　**Step C**

●時 間 40分	●得 点
●合格点 75点	点

解答▶別冊 32 ページ

1 地球上に最初に現れたセキツイ動物は，水中で生活する魚類であり，その後，陸上で生活するセキツイ動物のグループに進化してきたと考えられている。このことについて，次の問いに答えなさい。 (5点×3－15点)

(1) 右の図は，セキツイ動物の化石が発見される地質年代をまとめたものである。図中のA，Bにあてはまるセキツイ動物のグループの組み合わせとして最も適切なものを，次の**ア**～**エ**の中から1つ選び，記号で答えなさい。

セキツイ動物の化石が発見される地質年代

5億年前　4億年前　3億年前　2億年前　1億年前　現在

古生代　中生代　新生代

魚類

A

B

ア　A－ハ虫類　　B－ホ乳類

イ　A－ハ虫類　　B－鳥類

ウ　A－両生類　　B－ホ乳類

エ　A－両生類　　B－鳥類

記述 (2) 水中から陸上へと生活場所を広げるため，セキツイ動物はさまざまなからだのしくみを変化させた。このうち，「移動のための器官」と「卵のつくり」について，ハ虫類で一般的に見られる特徴を魚類と比較して，それぞれ簡潔に書きなさい。

(1)	(2) 移動のための器官
卵のつくり	

〔和歌山〕

2 次の文章を読み，下の問いに答えなさい。 (5点×4－20点)

同じ種類で，白色と黄色の花を咲かせる純系の植物(白)と純系の植物(黄)がある。植物(白)と植物(黄)をかけ合わせると，子の代は黄色の花が咲く個体だけができた。そこで，この子の代の個体と植物(白)をかけ合わせると，孫の代は白色の花が咲く個体と①黄色の花が咲く個体が(i)の比でできた。また，子の代の個体どうしをかけ合わせると，②白色の花が咲く個体と黄色の花が咲く個体が(ii)の比でできた。その後，下線部①と下線部②をかけ合わせたところ，やがて③種子ができた。

(1) 顕性の純系と潜性の純系をかけ合わせた場合，子には顕性の特徴のみが現れる。この現象は，ある細胞分裂のしくみから生じたと考えられる。その細胞分裂とは何か答えなさい。

(2) i・ii にあてはまる比を例にならって答えなさい。ただし，白色の花が咲く個体：黄色の花が咲く個体の順番で答えること。例　1：1

(3) 下線部③でできた種子をまいて，2000 個体が育ったとすると，その中に黄色の花を咲かせるものは何個体あると考えられるか。遺伝の規則性から予想して答えなさい。

(1)	(2) i 白：黄＝　：	ii 白：黄＝　：	(3)

〔同志社高〕

3 次の文章を読んで，下の問いに答えなさい。 （5点×7－35点）

植物にはさまざまな種類がある。種子植物は胚珠が［a］に包まれた被子植物と胚珠がむき出しの裸子植物に分かれる。被子植物ではおしべのやくでつくられた花粉がめしべの柱頭に［b］したあと，花粉管が胚珠に向かって伸びる。花粉管内でつくられた２つの［c］は胚珠内でそれぞれ［d］する。１つの［c］は［e］と［d］したあと胚に成長し，もう１つの［c］は中央細胞（極核）と［d］したあと胚乳となる。一方，種子植物以外にも，シダ植物やコケ植物などがある。

(1) 文章中の［　］にあてはまる語を入れなさい。

(2) 右図は胚乳がつくられたあとの被子植物のめしべのつくりを示している。胚乳は図中の**ア**～**エ**のどれか，１つ選びなさい。

ア　イ　ウ　エ

(3) シダ植物とコケ植物の共通点を次の**ア**～**カ**からすべて選びなさい。

ア　胞子をつくる。　　**イ**　精子は泳ぐことができる。

ウ　雄株と雌株に分かれている。　　**エ**　水を吸収する部分は根である。

オ　卵をつくる部分は光合成をすることができる。　　**カ**　前葉体をつくる。

(1)	a	b	c	d	e	(2)	(3)

〔東大寺学園高〕

4 生物の生殖は，生殖細胞の有無により，有性生殖と無性生殖に分けられる。次の問いに答えなさい。 （5点×6－30点）

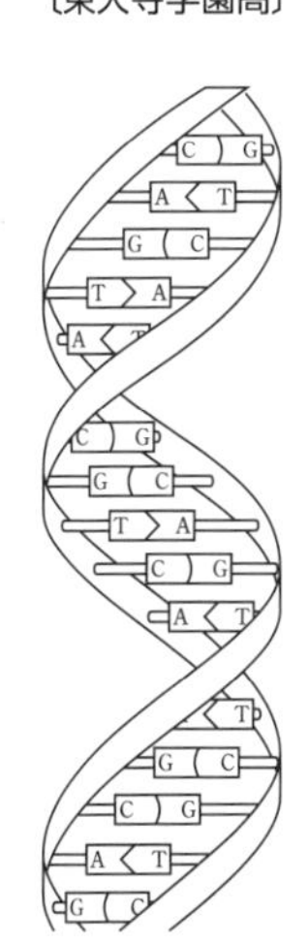

個体の形質を決定しているものを［①］といい，親から子へ［①］が伝えられることによって，形質が代々受けつがれていく。

［①］の本体はDNAである。DNAは２本のリボンがねじれて巻きつきあったような構造（右図）をしているため，［②］構造とよばれている。これを解明したのは［③］とクリックという２人の科学者である。DNAは右図のように，A，T，G，Cの記号で表される４種類の構成要素（これを塩基という）が，AはTと，GはCと相補的※に向かい合った構造（これを塩基対という）が多数並んだはしご型をしている。

※相補的…特定の塩基どうしが対をつくる性質のこと。

(1) 文中の［　］にあてはまる語句を答えなさい。

(2) 次の**ア**～**キ**から**誤りを含むもの**を２つ選び，記号で答えなさい。

ア　酵母菌は出芽によって増殖する。　　**イ**　ゾウリムシは分裂によって増殖する。

ウ　ジャガイモは受精することなく子孫を残せる。　　**エ**　精子をもつ植物は存在しない。

オ　ジャガイモは受精によって子孫を残せる。　　**カ**　無性生殖の子のDNAは親と同じである。

キ　有性生殖に比べ，無性生殖は子孫を残すのは難しいので，子孫は環境変化に適応しにくい。

(3) 品種改良と異なり，近年，農薬を利用しなくても害虫の被害にあいにくいトウモロコシのように［①］の操作によって有用な形質を示す品種開発により育種された作物を何といいますか。

(4) 成人の１つの細胞内に存在する総塩基数（総塩基対数ではない）が120億個であったとき，１つの細胞内にはおよそ何mのDNAが含まれることになるか。ただし，１塩基対間の長さは100万分の0.34mmとし，小数以下を四捨五入し整数で答えなさい。

(1)	①	②	③	(2)	(3)	(4)

〔西大和学園－改〕

15 天体の1日の動き

Step A Step B Step C

解答▶別冊 33 ページ

1 恒星の1日の動き

〈北の空〉

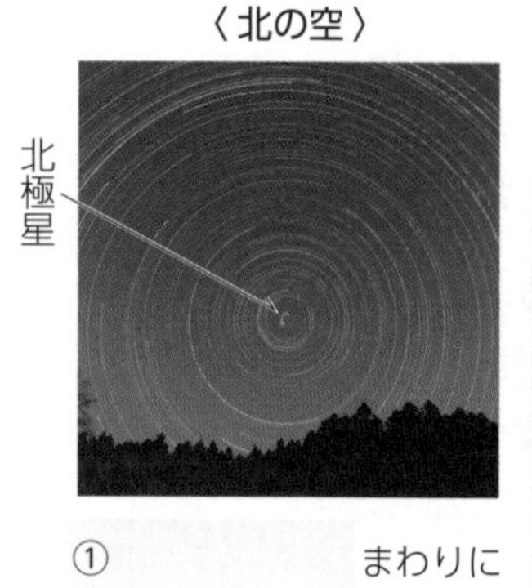

① まわりに 回転

② の空

〈南の空〉

③ の空

2 天球と星の動き

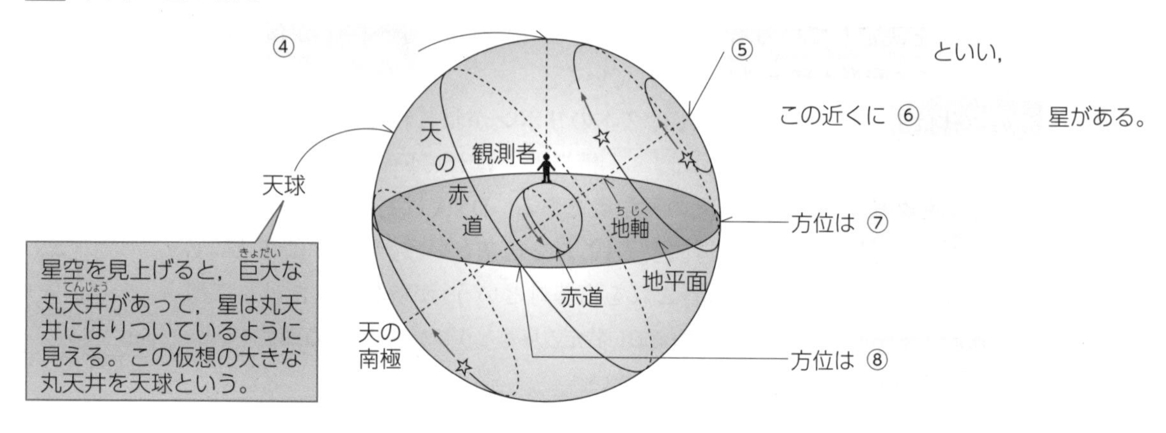

星空を見上げると，巨大な丸天井があって，星は丸天井にはりついているように見える。この仮想の大きな丸天井を天球という。

3 地球上の方位の決め方

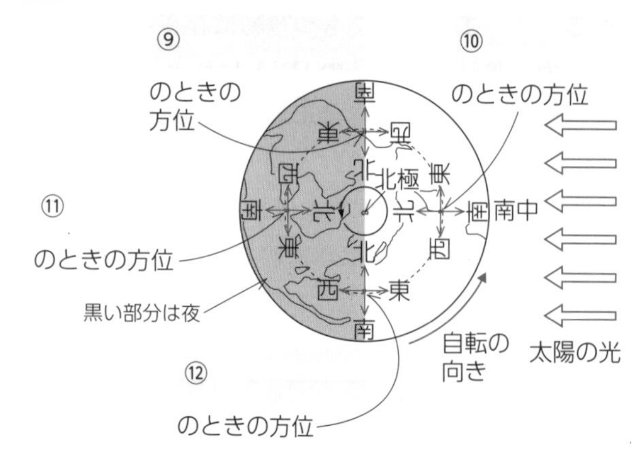

太陽が南中した時刻がその場所の正午であり，これを12時として時刻を決める。ある日に太陽が南中してから，次に南中するまでの時間が1日である。地方によって時刻が異なるので，日本では，兵庫県明石市を通る東経135°の子午線で太陽が南中したときを⑬ の12時とし，日本中がこれを使用している。

▶次の　　や[　　]にあてはまる語句や数値を入れなさい。

4 太陽の観測

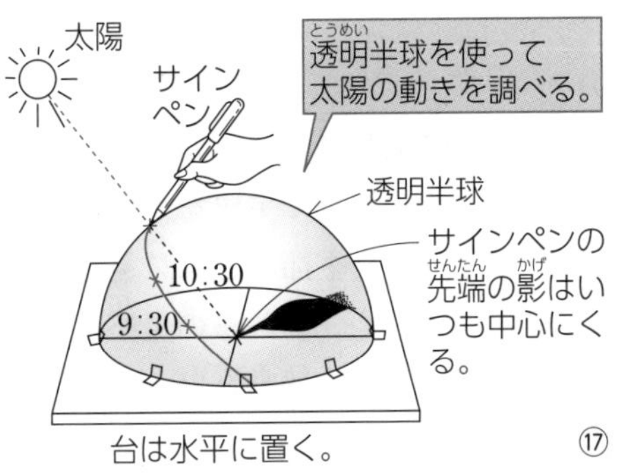

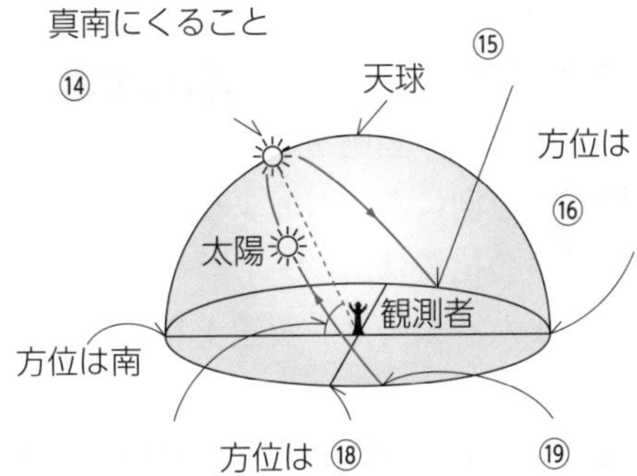

⑰

5 天球の考え方

1 地球(観測者)を中心とした見かけのドーム状をした球面を[⑳　　]という。

2 地球は北極と南極を結んだ軸，すなわち[㉑　　]を中心として，1日に1回，西から東へ回転している。

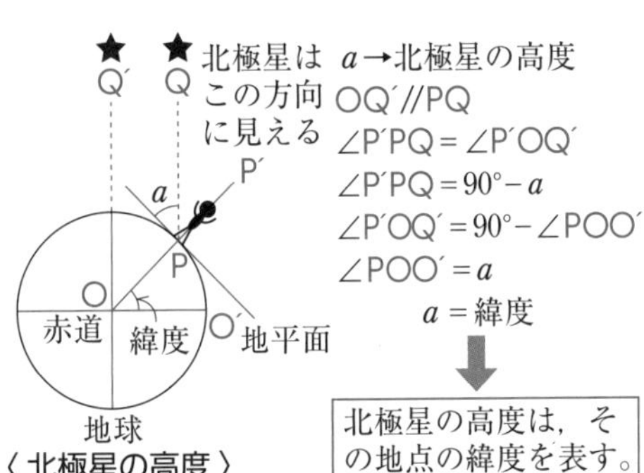

〈北極星の高度〉

3 2のため，天球上を星や太陽は，1日に1回[㉒　　]のほうへ回転するように見える。

4 北半球における北極星の高度は，その地点の[㉓　　]に等しくなっている。

⑳＿＿＿＿
㉑＿＿＿＿
㉒＿＿＿＿
㉓＿＿＿＿

6 星の日周運動

1 地球の[㉔　　]にともなう星や太陽の1日の見かけの動きを，日周運動という。

2 星は1日に約1回転(24時間で360°)，1時間には[㉕　　]°，北極星を中心に[㉖　　]に回転する。

3 右図のAの角度は[㉗　　]°である。

4 東のほうの空にある星は，[㉘　　]の空にのぼり，西のほうの空に沈む動きをする。

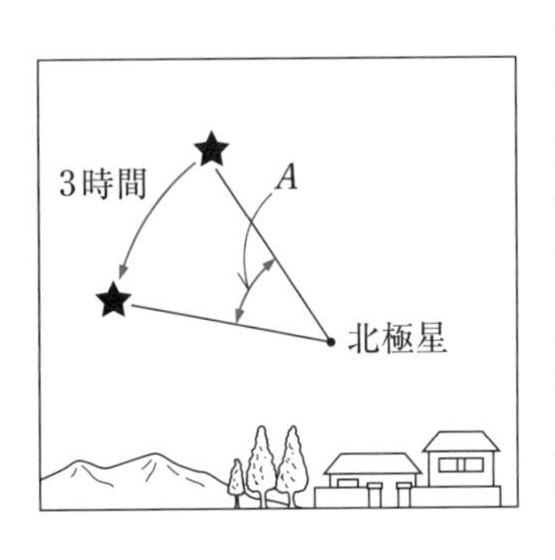

㉔＿＿＿＿
㉕＿＿＿＿
㉖＿＿＿＿
㉗＿＿＿＿
㉘＿＿＿＿

7 太陽の日周運動

1 太陽が真南にきたとき太陽は[㉙　　]したといい，このときの高度を[㉚　　]といって，1日のうちで最大の高度となる。

2 透明半球を使って太陽の動きを調べると，その動く速さは[㉛　　]であることや，日の出，日の入りの方位などがわかる。

㉙＿＿＿＿
㉚＿＿＿＿
㉛＿＿＿＿

Step A　Step B　Step C

●時 間 40分	●得 点
●合格点 70点	点

解答▶別冊 34 ページ

1 [天体の動き]　次の文について，あとの問いに答えなさい。　(10点×5－50点)

図１は，黄道とその付近の星座を示したものである。それぞれの星座の下に書かれている月は，太陽がその星座の方向にあるおおよその時期を示している。ある地点で星座を観察すると，同じ時刻に見える星座の位置は，(①　　)へと１日に約(②　　)動き，季節とともに見える星座が変わっていく。また，太陽は，黄道上を(③　　)へと移動していく。これらの星座と太陽の動きは，地球の公転による見かけの動きである。これを天体の(④　　)運動という。黄道は地球の公転面を(⑤　　)上に延長したものと同じである。

〔図１〕
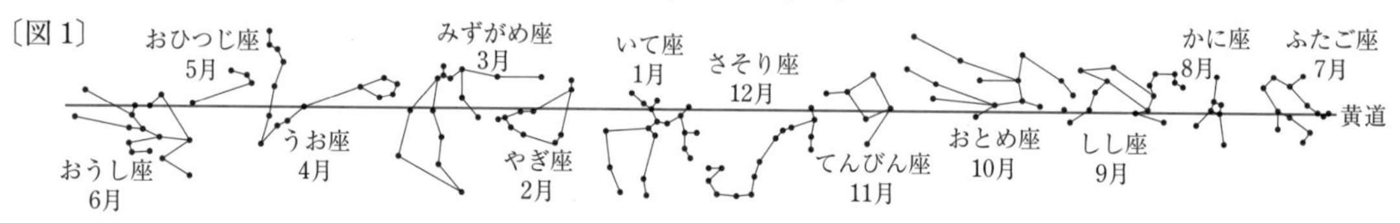

(1) 文中の①～③にあてはまる言葉と数字の組み合わせはどのようになるか。次の**ア**～**ク**の中から１つ選びなさい。

	①	②	③
ア	西から東	1°	西から東
イ	西から東	1°	東から西
ウ	東から西	1°	西から東
エ	東から西	1°	東から西

	①	②	③
オ	西から東	30°	西から東
カ	西から東	30°	東から西
キ	東から西	30°	西から東
ク	東から西	30°	東から西

(2) 文中の④にあてはまる言葉は何か。書きなさい。

(3) 文中の⑤にあてはまる言葉は何か。漢字２字で書きなさい。

(4) 図１から考えると，４月15日の午前０時頃(ごろ)に南中する星座は何か。次の**ア**～**オ**の中から最も適当なものを１つ選び，記号で答えなさい。

ア　うお座　　**イ**　おうし座　　**ウ**　かに座
エ　おとめ座　　**オ**　さそり座

(5) 図２は，福島県のある場所でいて座を観察したとき，いて座が矢印の向きに移動して，点Aの付近に沈(しず)もうとしているのを示した図である。点Aの方向を説明している最も適当なものを，次の**ア**～**オ**の中から１つ選び，記号で答えなさい。

〔図２〕
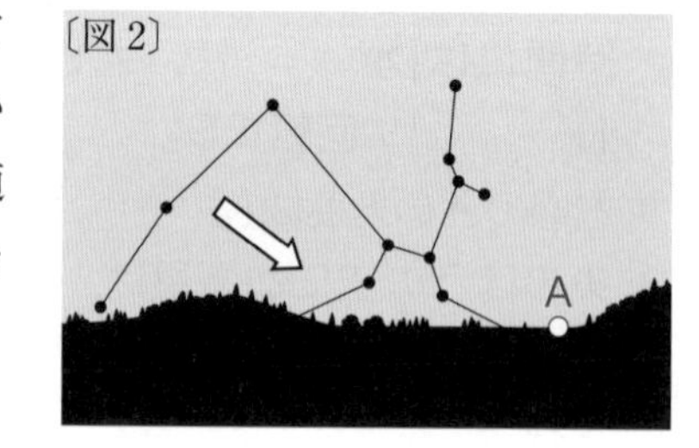

ア　方位磁針のＮ極がさす方向
イ　方位磁針のＳ極がさす方向
ウ　夏至の日に太陽が沈む方向
エ　秋分の日に太陽が沈む方向
オ　冬至の日に太陽が沈む方向

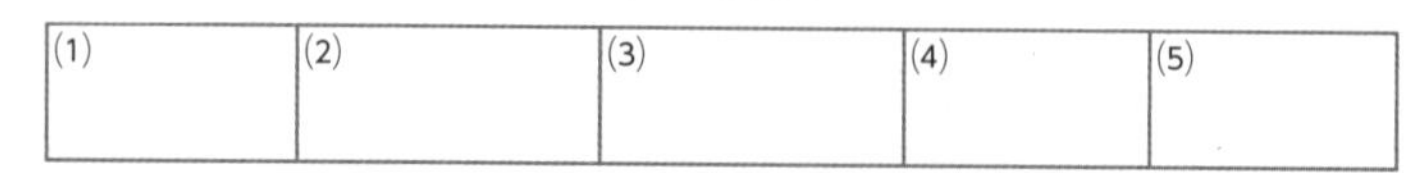

(1)	(2)	(3)	(4)	(5)

〔福　島〕

2 **[天体の観測]** 次の問いに答えなさい。 (10点×2－20点)

(1) 図1は，ある日の21時頃の北の空のスケッチである。恒星Aの4時間後の位置として，最も適切なものを，図2の**ア**～**サ**から1つ選び，記号で答えなさい。

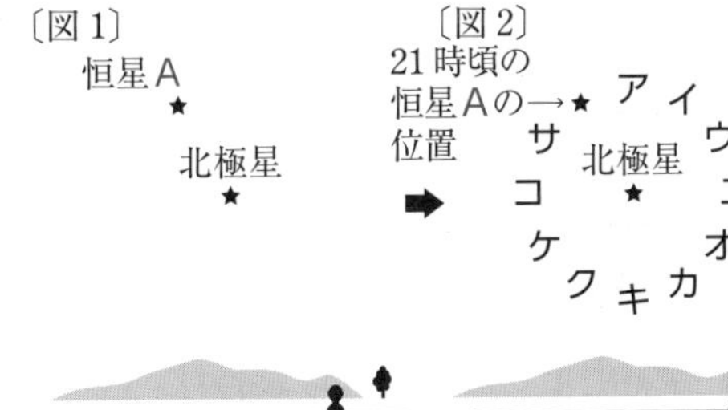

(2) 赤道付近での星の1日の動きを模式的に表したものとして，最も適切なものを，次の**ア**～**エ**から1つ選び，記号で答えなさい。ただし，★は星，→は星の動く向きを表している。

ア
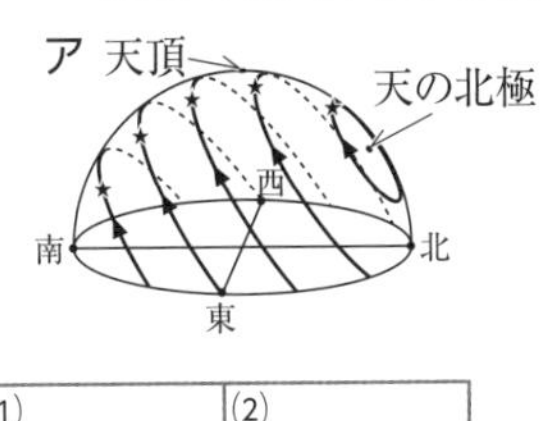

イ
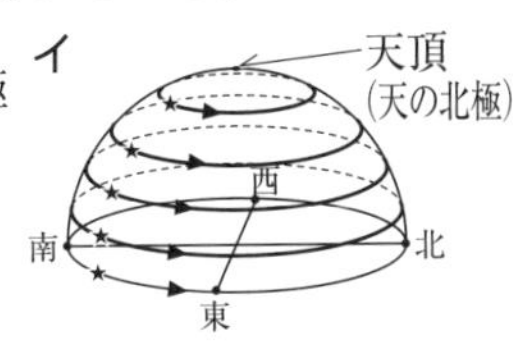

ウ
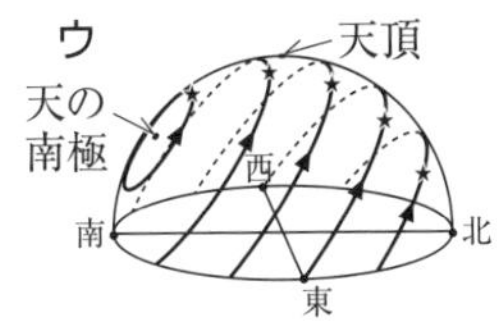

エ
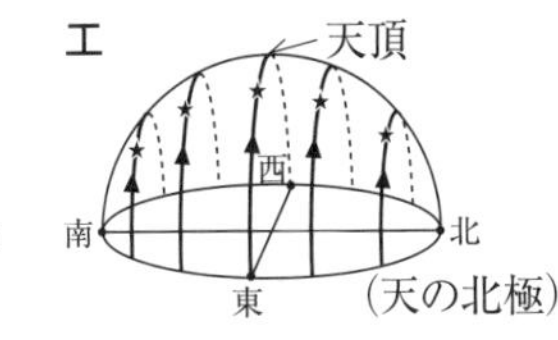

(1)	(2)

〔鳥 取〕

要 **3** **[太陽の1日の動き]** Sさんたちは11月中旬，宮崎県のある場所で，太陽の1日の動きを調べるために，図1のように固定台の中心点Oを決めて透明半球を固定し，日光がよくあたる場所に水平に置いて方位を記入した。図2の孤AEBは，記録した点を線で結び，さらにその線を地平線までのばし，太陽の通り道を透明半球上に記入したもので，図3は，図2の太陽の通り道である孤AEBの記録を透明テープにうつしとったものにものさしをあてたものである。次の問いに答えなさい。 (10点×3－30点)

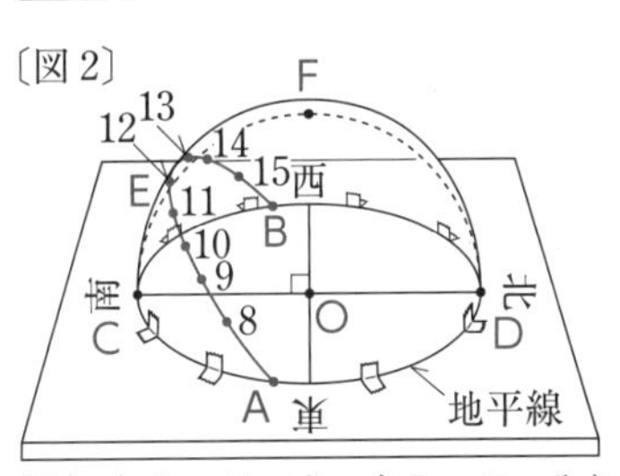

(注) 点A…日の出 点B…日の入り
点E…南中点 点F…天頂

記述 (1) 透明半球上に，太陽の位置を点で記入するとき，その点はどのようにして決めるか。その方法を簡潔に書きなさい。

(2) 図のC，E，F，Dの各点を結ぶ半円において，弧CEと弧EFDの長さの比を調べたところ，おおよそ2対7であった。南中高度は約何度か。次の**ア**～**エ**から1つ選び，記号で答えなさい。

ア 20° **イ** 40° **ウ** 70° **エ** 160°

(3) 日の出の時刻が図3のAであるとすれば，それは何時何分頃であると考えられるか。次の**ア**～**エ**から1つ選び，記号で答えなさい。

ア 6時20分頃 **イ** 6時40分頃
ウ 6時50分頃 **エ** 7時10分頃

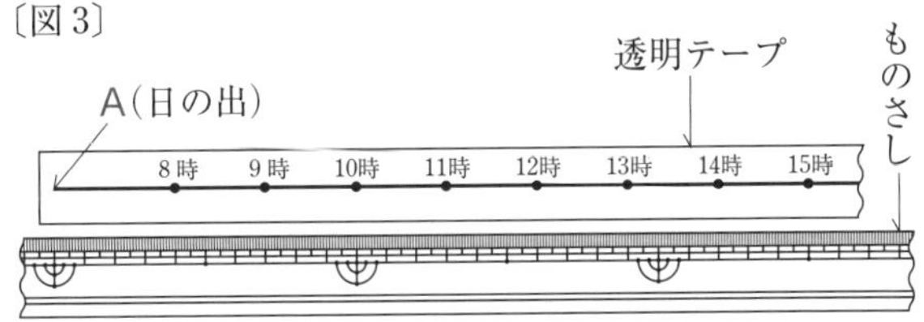

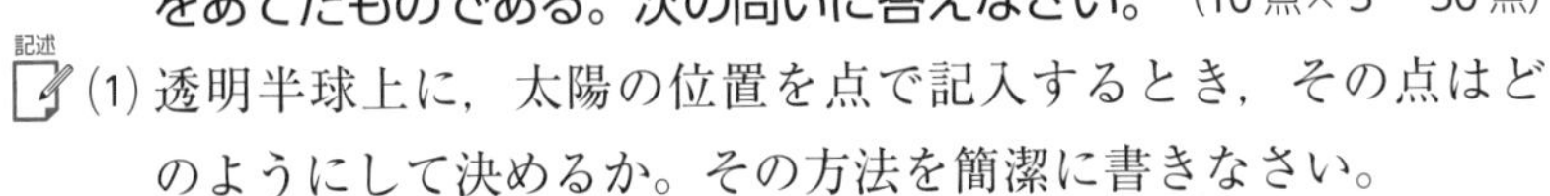

(1)	(2)	(3)

16 季節の変化と四季の星座

Step A　Step B　Step C

解答▶別冊 34 ページ

1 季節による星座の移り変わり

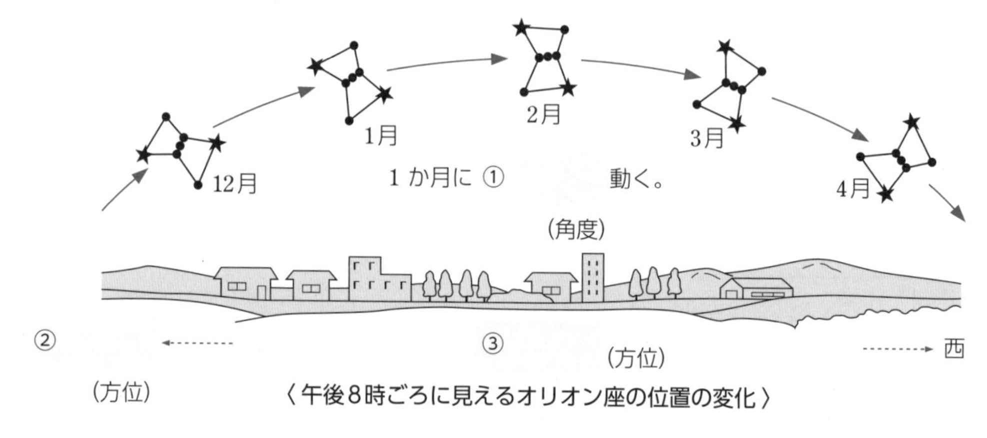

〈午後8時ごろに見えるオリオン座の位置の変化〉

2 季節による太陽の日周運動の変化

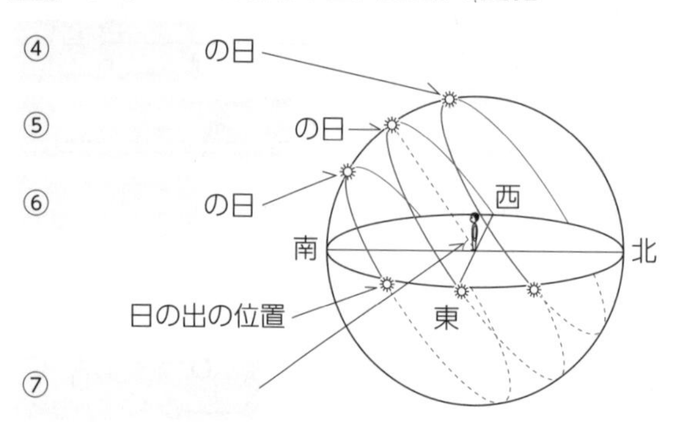

3 太陽光線の傾き(かたむ)と光の量の違い(ちが)

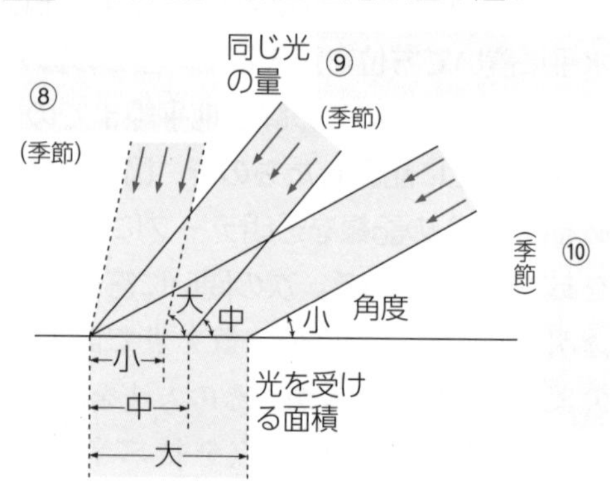

4 季節による日光のあたり方の違い

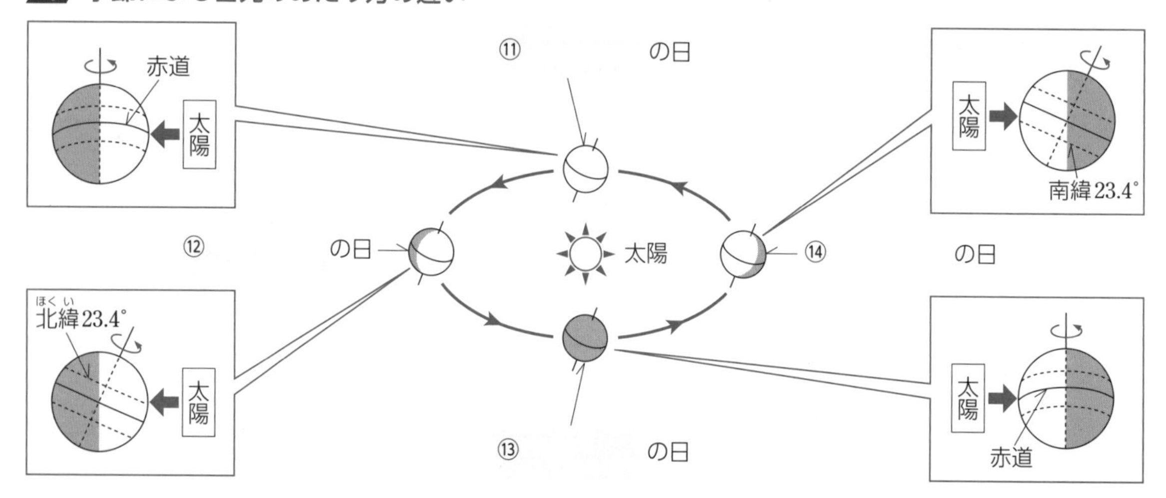

▶次の[　　]にあてはまる語句や数値を入れなさい。

5 星の年周運動

1 地球の[⑮　　　]にともなう，星や太陽の1年間にわたる見かけの動きを[⑯　　　]という。

2 地球の公転の向きは，自転の向きと[⑰　　　]である。

3 同じ時刻に見られる星座(恒星)の位置は，毎日少しずつ[⑱　　　]から[⑲　　　]にずれていき，1年後には，再びもとの位置で見られるようになる。

4 ある星が南中する時刻は，毎日約[⑳　　　]分ずつはやくなる。1か月ではおよそ[㉑　　　]時間ずつはやくなる。

5 天の北極付近の恒星の年周運動を調べると，[㉒　　　]まわりに1日に約[㉓　　　]°ずつ，1か月ではおよそ[㉔　　　]°ずつ動くことがわかる。

6 四季の星座

1 右の図で天球上を太陽が動く通り道を[㉕　　　]という。

2 冬にはさそり座が，夏には[㉖　　　]座が太陽の方向にあるので，冬にさそり座，夏に[㉗　　　]座は観測できない。

3 黄道付近にある12の星座を[㉘　　　] 12星座という。

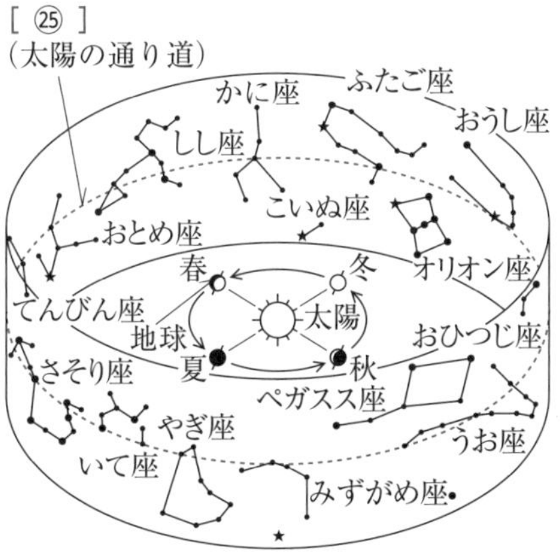

7 季節による太陽高度の変化

1 太陽の南中高度の大きさは，[㉙　　　]＞春分・秋分＞[㉚　　　]の日となる。

2 [㉛　　　]の日は，昼と夜の長さが同じである。また，夏至の日は，昼が最も[㉜　　　]く，冬至の日は，昼が最も[㉝　　　]くなる。

3 春分・秋分の日の太陽の南中高度＝90°－緯度
夏至の日の太陽の南中高度＝90°－緯度＋[㉞　　　]°
冬至の日の太陽の南中高度＝90°－緯度－[㉟　　　]°

8 太陽の高さと受ける熱

1 太陽の光が真上からあたるとき，一定面積に受ける光の量は最も[㊱　　　]なる。

2 受ける光の量が最大になるとき，受ける熱の量も[㊲　　　]になる。

9 季節の変化と地軸の傾き

1 季節の変化は，昼の長さの変化と南中高度の変化による地面の[㊳　　　]の変化が原因である。

2 この変化の原因は，[㊴　　　]が地球の公転面に立てた垂線に対して23.4°傾いたまま公転しているためである。

⑮ ＿＿＿＿
⑯ ＿＿＿＿
⑰ ＿＿＿＿
⑱ ＿＿＿＿
⑲ ＿＿＿＿
⑳ ＿＿＿＿
㉑ ＿＿＿＿
㉒ ＿＿＿＿
㉓ ＿＿＿＿
㉔ ＿＿＿＿
㉕ ＿＿＿＿
㉖ ＿＿＿＿
㉗ ＿＿＿＿
㉘ ＿＿＿＿
㉙ ＿＿＿＿
㉚ ＿＿＿＿
㉛ ＿＿＿＿
㉜ ＿＿＿＿
㉝ ＿＿＿＿
㉞ ＿＿＿＿
㉟ ＿＿＿＿
㊱ ＿＿＿＿
㊲ ＿＿＿＿
㊳ ＿＿＿＿
㊴ ＿＿＿＿

Step A　Step B　Step C

●時 間 40分	●得 点
●合格点 75点	点

解答▶別冊 34 ページ

重要 **1** [地球の公転と星座]　図1は，日本の北緯(ほくい) 35° のある地点における，夏至の日の太陽の動きを，天球上に矢印で示した模式図である。次の問いに答えなさい。（9点×4－36点）

〔図1〕

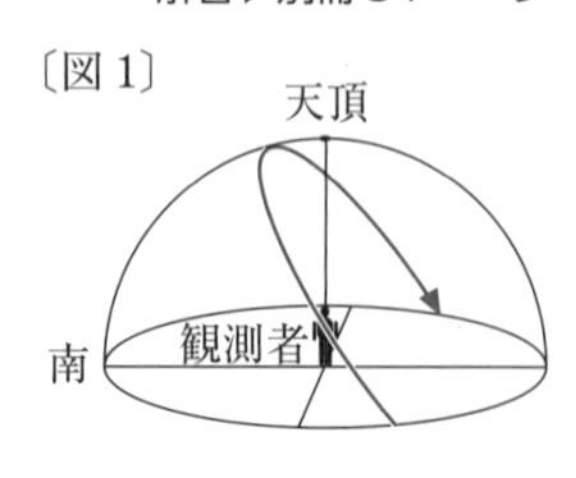

⑴ 図1の観測者の地点で，夏至の日に太陽光発電を行うことを考える。太陽が南中したときに，太陽電池の光を受ける面が，図2のように太陽光に対して垂直になるように設置したい。このとき，水平面と太陽電池のなす角度 X を何度にすればよいですか。

〔図2〕

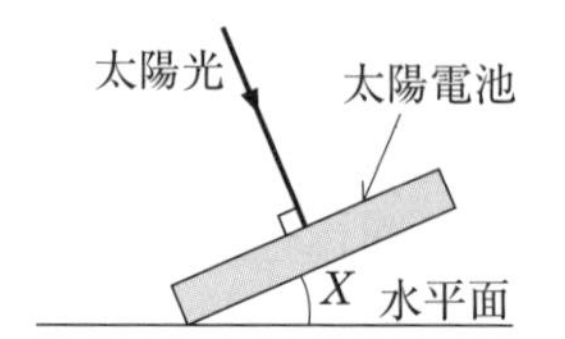

⑵ 日本が夏至の日，オーストラリア南部での天球上の太陽の動きとして，最も適当なものを次の**ア**～**エ**から1つ選び，記号で答えなさい。

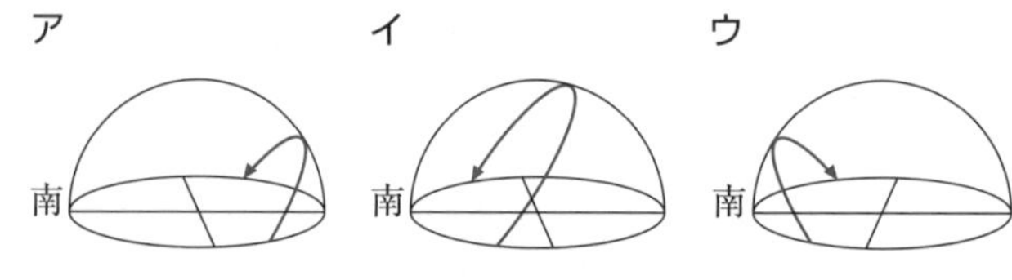

⑶ 図3は，太陽のまわりを公転している地球のようすと，主な星座およびその位置関係を模式的に表したものである。日本の春分，夏至，秋分，冬至のときに，地球は図3のいずれかの位置にあるものとする。日本の夏至の日，日本で真夜中に南中する星座を，図3から1つ選び，答えなさい。

〔図3〕

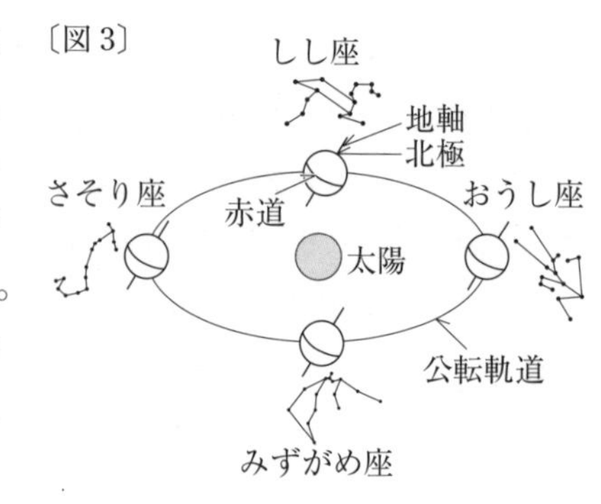

記述 ⑷ 星座をかたちづくる星々を観察すると，互(たが)いの位置が変わらず，その星々は天球に貼(は)りついているように見える。これはなぜか説明しなさい。

⑴	⑵	⑶	⑷

〔長 崎〕

2 [星座の動き]　図1は，ある年の8月1日午前0時頃(ごろ)に，新潟県のある場所で，Aさんが北の空のようすを観察し，こぐま座をスケッチしたものであり，図2は，同じ日時に，同じ場所で，Bさんが南の空のようすを観察し，やぎ座と火星をスケッチしたものである。また，図3は，この日の太陽，地球および，主な星座の位置関係を模式的に表したものである。これについて，次の問いに答えなさい。（8点×3－24点）

〔図1〕

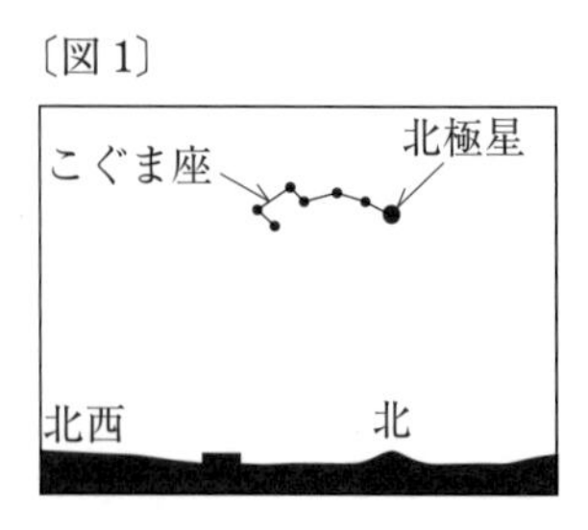

〔図2〕

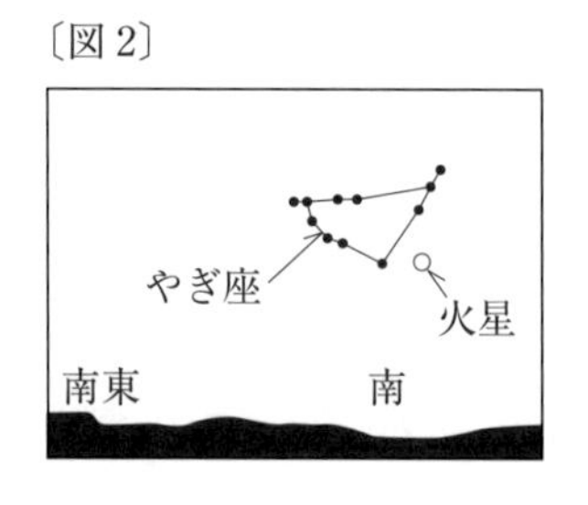

〔図3〕

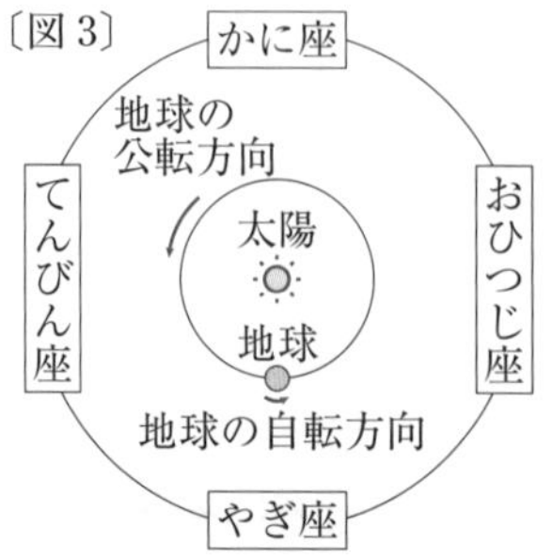

(1) Aさんがこぐま座をスケッチしてから3時間後に，同じ場所で，北の空ではこぐま座はどのように見られるか。最も適当なものを，次の**ア**～**エ**から1つ選び，記号で答えなさい。

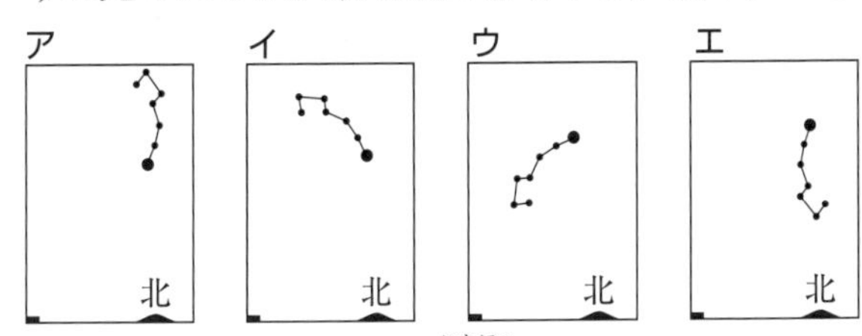

(2) 図3について，この日の日没（にちぼつ）後まもない時刻に，スケッチした同じ場所で，南の空に見られる星座として，最も適当なものを，次の**ア**～**エ**から1つ選び，記号で答えなさい。

ア　やぎ座　　**イ**　おひつじ座　　**ウ**　かに座　　**エ**　てんびん座

(3) 図2，3について，スケッチした年の8月30日から31日にかけて，同じ場所で，南の空を観察するとき，やぎ座が図2と同じ位置に見られる日時として，最も適当なものを，次の**ア**～**オ**から1つ選び，記号で答えなさい。

ア　8月30日午後10時頃（ごろ）　　**イ**　8月30日午後11時頃　　**ウ**　8月31日午前0時頃

エ　8月31日午前1時頃　　**オ**　8月31日午前2時頃

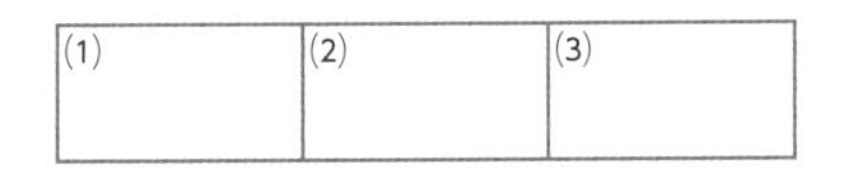

〔新　潟〕

3 **[星座の年周運動]**　図1は，午後8時に，日本のある地点でオリオン座を観測し，1か月ごとの位置を示したものである。さらに，観測記録をもとに，天体の動きについてモデル実験をした。次の問いに答えなさい。（8点×5－40点）

〔図1〕

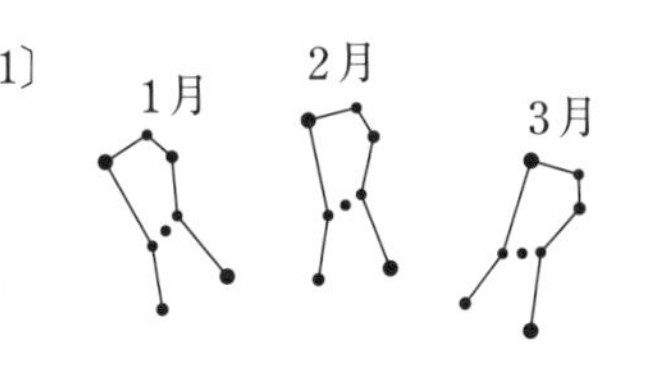

(1) 午後8時に見えるオリオン座の位置は，1か月におよそ何度ずつ変化しますか。

(2) 3月のオリオン座のおよその南中時刻を求めなさい。

〔図2〕

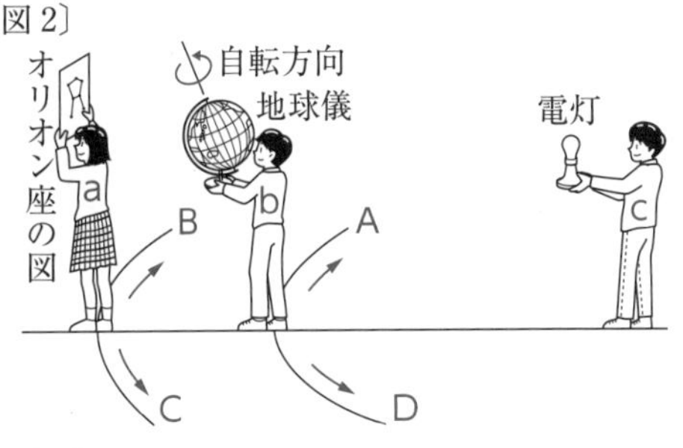

次に，同時刻に見えるオリオン座の位置が，図1のように変化したのはどうしてかを調べるために，3人が役割を分担（ぶんたん）して，図2のような実験をした。

(3) オリオン座の観測者にあたる人を，図2のa，b，cから選んで記号で答えなさい。

(4) この実験で，a，b，cの3人のうち，2人は動かず，1人が下の**ア**～**エ**のように動いてみた。①，②の問いに答えなさい。

①オリオン座の位置が図1の変化と同じ方向に動いて見えるのは，下の**ア**～**エ**のうちどれか。2つ選び，記号で答えなさい。

②地球の公転を考えたとき，図1の観測結果に合う動きは，下の**ア**～**エ**のうちどれか。1つ選び，記号で答えなさい。

ア　aがBの方向に動く。　　**イ**　aがCの方向に動く。

ウ　bがAの方向に動く。　　**エ**　bがDの方向に動く。

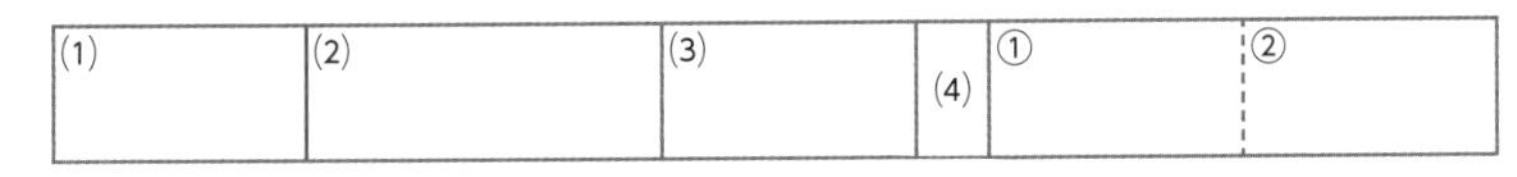

17 太陽と月

Step A　Step B　Step C

解答▶別冊 35 ページ

1 活動する太陽

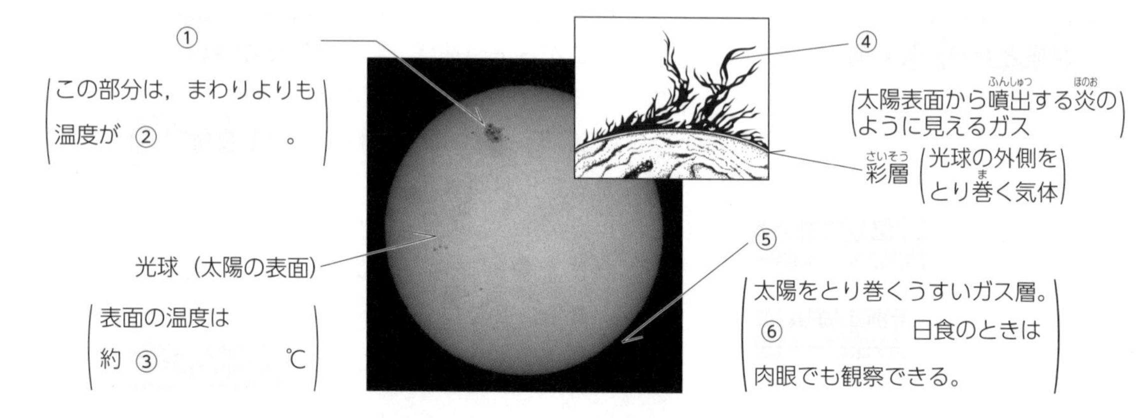

2 地球に最も近い天体――月――

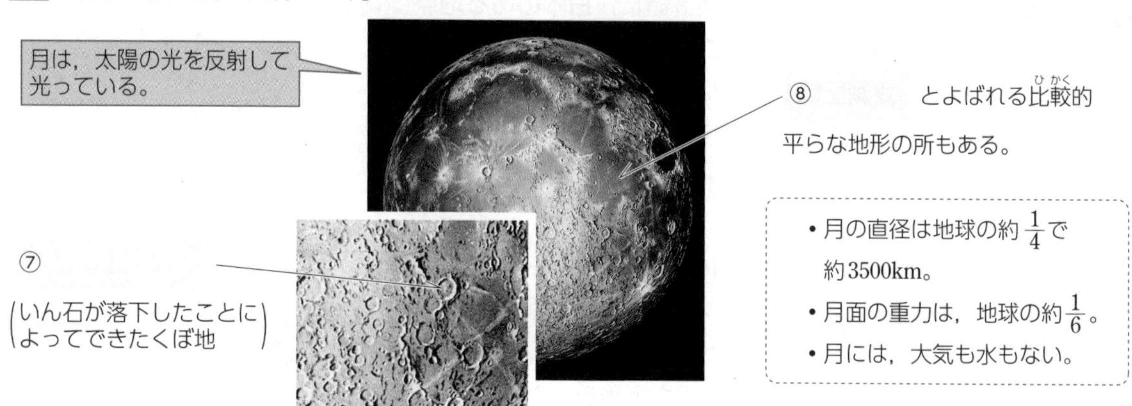

- 月の直径は地球の約 $\frac{1}{4}$ で約3500km。
- 月面の重力は，地球の約 $\frac{1}{6}$。
- 月には，大気も水もない。

3 月の満ち欠け

金星と同じように ⑨　　を反射してかがやく。

三日月 → 上弦の月 → 満月のように ⑬　　するのは，月が地球のまわりを ⑭　　することによる。

- 地球は太陽（恒星）のまわりを公転する惑星。
- 月は地球（惑星）のまわりを公転する ⑮　　。

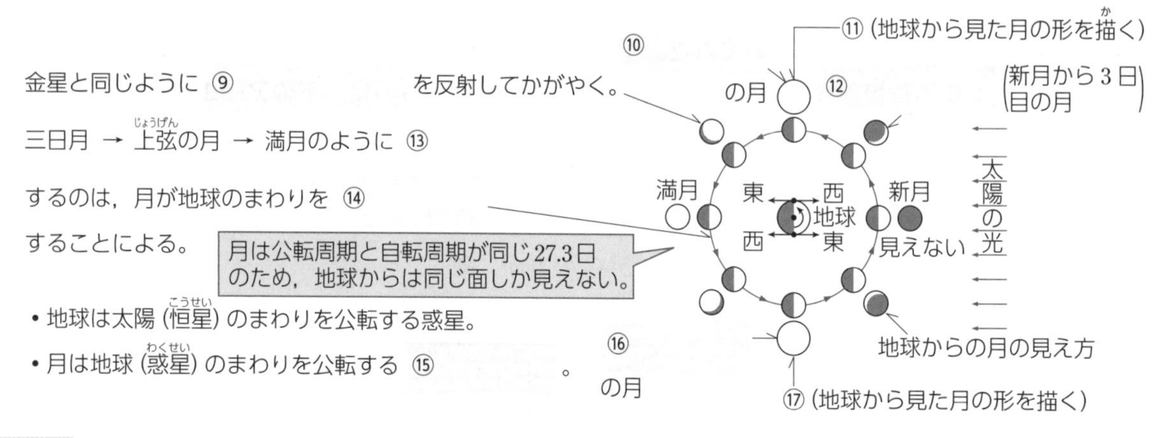

▶次の[　　]にあてはまる語句や数値を入れなさい。

4 太陽の大きさと形

1 太陽は，地球から約[⑱　　　] kmの距離にある。

2 太陽は，その直径が地球の約[⑲　　　]倍，質量は地球の約33万倍もある。

3 太陽は，球形で自転している。このことは，[⑳　　　]の移動の見かけの速さや，その形の見え方の変化などからわかる。

⑱＿＿＿＿
⑲＿＿＿＿
⑳＿＿＿＿

5 太陽の表面のようす

1 太陽は，水素，ヘリウムなどの高温の[㉑　　　]のかたまりである。

2 肉眼で見える太陽の表面を光球といい，その温度は約[㉒　　　]℃である。

3 太陽の表面に見える黒い斑点を[㉓　　　]といい，その温度が約4000℃とまわりよりも低いために黒く見える。

4 太陽の表面からは，ときおり，炎状の[㉔　　　]とよばれるガスの動きが見られる。

5 太陽の表面からずっと外側に広がったうすいガスの層を[㉕　　　]といい，その温度は100万℃以上もある。

㉑＿＿＿＿
㉒＿＿＿＿
㉓＿＿＿＿
㉔＿＿＿＿
㉕＿＿＿＿

6 月

1 月の表面には[㉖　　　]とよばれるくぼ地が多数ある。また，海とよばれる比較的平らな地形も見られる。

2 月面での重力は，地球上の約[㉗　　　]である。

3 月面の温度は，約−170℃から110℃までも変化する。このように温度差が激しいのは，月面に[㉘　　　]や水がなく，そのうえ，昼と夜がそれぞれ約2週間ずつも続くためである。

4 宇宙空間から見ると，月の周囲はくっきりと見えるが，地球の周囲がぼやけて見えるのは，地球に[㉙　　　]があるためである。

5 月の直径は約[㉚　　　] kmで，月は，地球から平均[㉛　　　] km離れた所を公転している，地球唯一の[㉜　　　]である。

6 下の図のように，太陽・月・地球の順に一直線上に並び，地球から見て月が太陽をかくす現象を[㉝　　　]という。

7 下の図のように，太陽・地球・月の順に並び，地球の影に月が入り，月をかくす現象を[㉞　　　]という。

8 日食には[㉟　　　]日食，[㊱　　　]日食などがある(下図)。

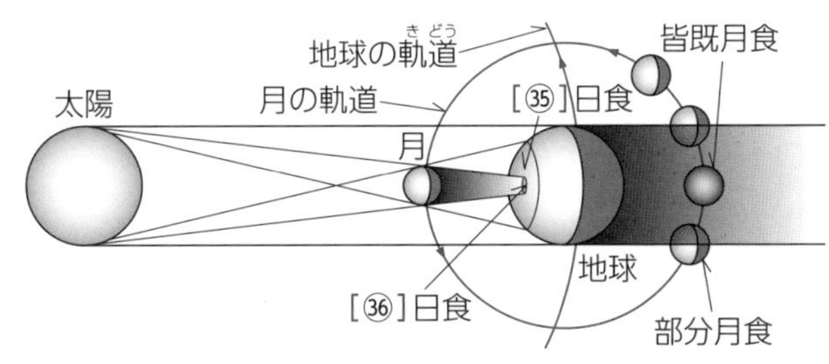

㉖＿＿＿＿
㉗＿＿＿＿
㉘＿＿＿＿
㉙＿＿＿＿
㉚＿＿＿＿
㉛＿＿＿＿
㉜＿＿＿＿
㉝＿＿＿＿
㉞＿＿＿＿
㉟＿＿＿＿
㊱＿＿＿＿

月　日

Step A　Step B　Step C

●時 間 40分	●得 点
●合格点 75点	点

解答▶別冊 36 ページ

1 ［月，地球］ 次の文は，月と地球とを比較しながら述べたものである。⑴についてはア～エから，⑵についてはカ～ケから，⑶についてはサ～セから，それぞれ正しいものをすべて選び，記号で答えなさい。 (5点×3－15点)

⑴ **ア** 月には海とよばれる地形がある。

イ 月の海にも，地球の海と同じように水が存在している。

ウ 月の表面には，大小さまざまなクレーターがある。

エ 月のクレーターはいん石が衝突してできたものである。

⑵ **カ** 月は地球に対していつも表側を向けてそのまわりを回っている。

キ 月の裏側はいつも夜ばかり続いている。

ク 月の質量は地球の質量の約6分の1である。

ケ 月の質量は地球の質量より小さく，月面での重力は地球の約6分の1である。

⑶ **サ** 月には，地球と同じような組成で，濃度は$\frac{1}{200}$くらいの大気が存在する。

シ 月の表面には大気がないため，昼間でも空は暗黒に見える。

ス 月の太陽に面した部分の表面温度は最高100℃をこえ，一方夜の部分では－100℃以下にもなる。

セ 月から見る地球と太陽の見かけ上の形は，地球のほうが大きく，そして満ち欠けもある。

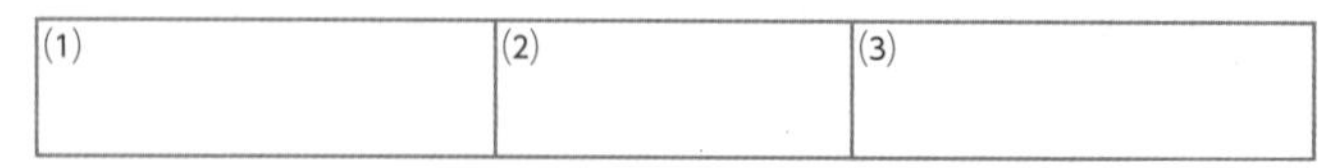

〔東邦高〕

重要 **2** ［日　食］ 右図は，地球・月・太陽が一直線に並んだときのようすを模式的に表したものである。また，写真Aはある天体現象のようす，写真Bは月ロケットから撮影されたもので，手前が昼間の月面，奥で半月状に見えているのが地球である。あとの問いに答えなさい。

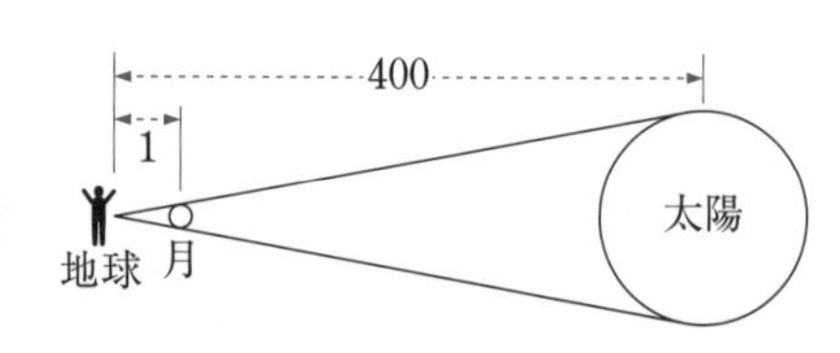

(7点×4－28点)

⑴ 図のような位置関係にある月の見え方について，次のア～オから正しいものを1つ選び，記号で答えなさい。

〔写真A〕

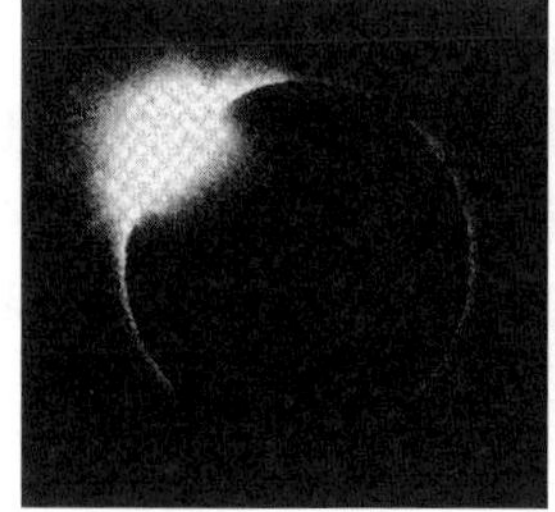

〔写真B〕

ア 日の出とともに東の地平線からのぼる。

イ 正午に東の地平線からのぼる。

ウ 日没時に東の地平線からのぼる。

エ 一晩中，空に明るく輝いている。

オ 午前0時ごろ東の地平線からのぼる。

⑵ 写真Aは，ダイヤモンドリングといわれ，ある現象の直前や直後に見られる。このある現象を何といいますか。

記述 (3) 写真Bで，空が暗くうつっている理由を10字程度で書きなさい。

(4) 図の場合，地球から見る月と太陽はほぼ同じ大きさに見えるが，地球から太陽までの距離(きょり)は月までの距離の400倍である。月の半径を1700kmとして，太陽の半径を計算によって求めなさい。

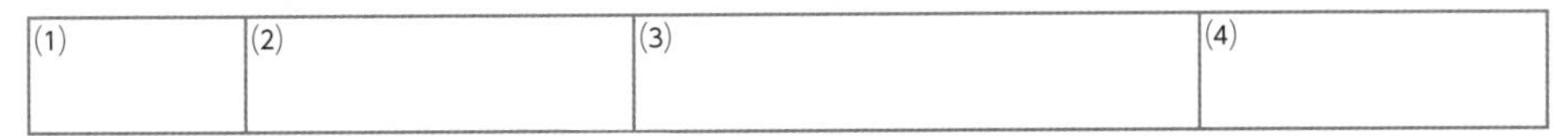

(1)	(2)	(3)	(4)

〔鳥　取〕

3 [太陽の観測]

図1のように，望遠鏡の投影板(とうえいばん)上の観察用紙に太陽の像を投影して，ある黒点の位置と形を記録したところ，図2のようになった。これについて，次の問いに答えなさい。(5点×3－15点)

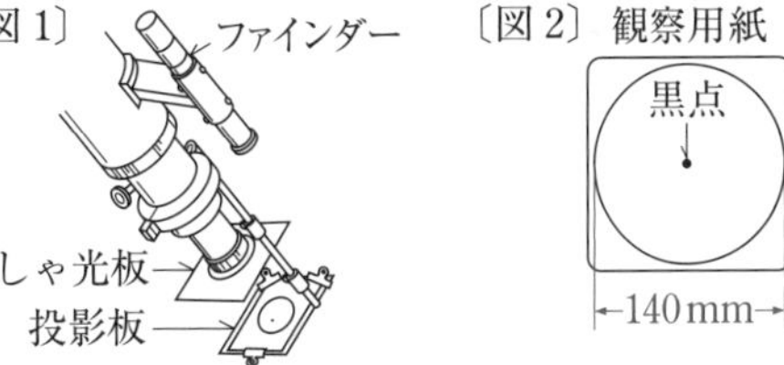

記述 (1) 黒点が黒く見える理由を，簡潔に書きなさい。

(2) 図2において，太陽の像の直径は140mmであり，黒点の像は円形でその直径は2.6mmであった。太陽の直径が地球の直径の109倍であるとするとき，この黒点の直径は地球の直径の何倍になるか。答えは，小数第1位を四捨五入して答えなさい。

〔図3〕 24時間後　48時間後　72時間後

(3) 図3はこの黒点を同じ装置を使って24時間ごとに記録したもので，黒点が図3のようにしだいに位置を変えるように見えるのは，太陽がある運動をしているためである。その運動の名称(めいしょう)を答えなさい。

(1)	(2)	(3)

要 4 [月の満ち欠け]

図1は地球を回る月のようすを，図2は月の満ち欠けを表している。次の問いに答えなさい。ただし，月の観測は日本で行われたとして考えること。(6点×7－42点)

〔図1〕 ア　月　イ　ク　太陽の光　自転の向き　ウ　キ　地球　エ　カ　オ

〔図2〕 A　B　C　D

(1) 図1において，満月になるのは月がどの位置にあるときか。**ア～ク**の記号で答えなさい。

(2) 月が図2のCのように見えるのは，図1のどの位置にあるときか。**ア～ク**の記号で答えなさい。また，Cの月を何の月とよびますか。

(3) 図1において，月が一晩中見えるのはどの位置にあるときか。**ア～ク**の記号で答えなさい。

(4) 図1の**カ**の位置にある月が日の出前に観測されるとき，どの方角に見えますか。

記述 (5) 月食の現象が起こるのは月がどの位置にあるときか。**ア～ク**の記号で答えなさい。また，この現象が起こるしくみを簡潔に書きなさい。

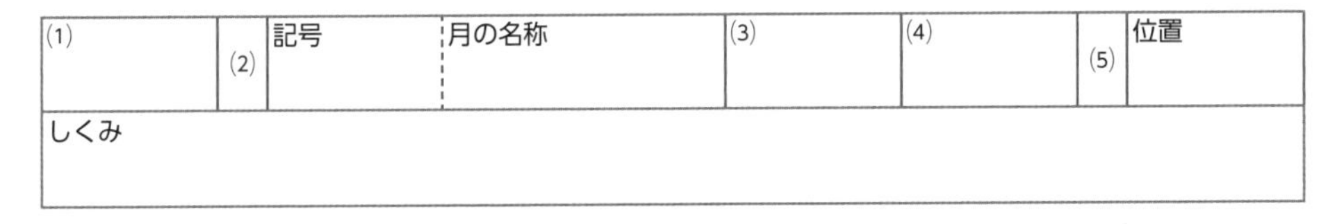

(1)	(2) 記号	月の名称	(3)	(4)	(5) 位置
しくみ					

〔豊川高－改〕

18 惑星と恒星

Step A　Step B　Step C

解答▶別冊 36 ページ

1 金星の見え方

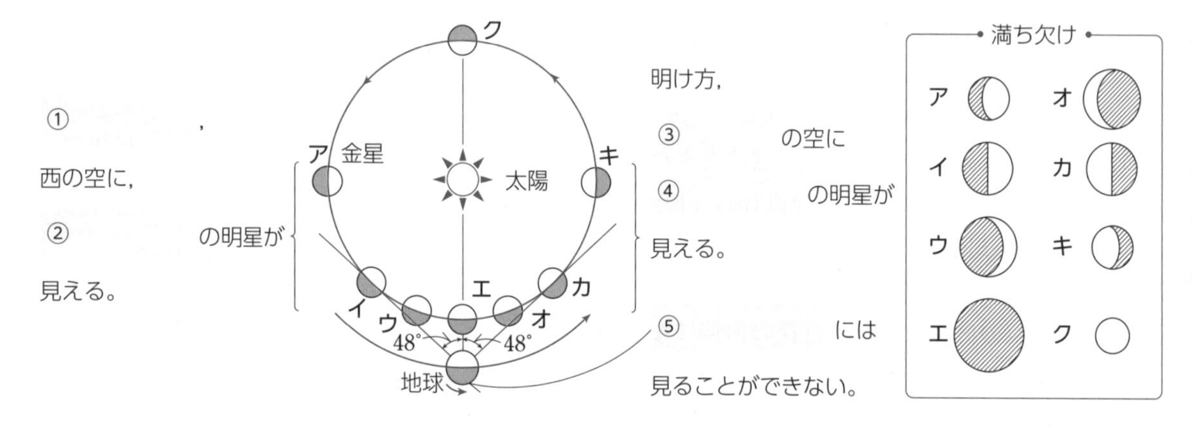

① ,
西の空に,
② の明星が
見える。

明け方,
③ の空に
④ の明星が
見える。

⑤ には
見ることができない。

2 太陽系と惑星

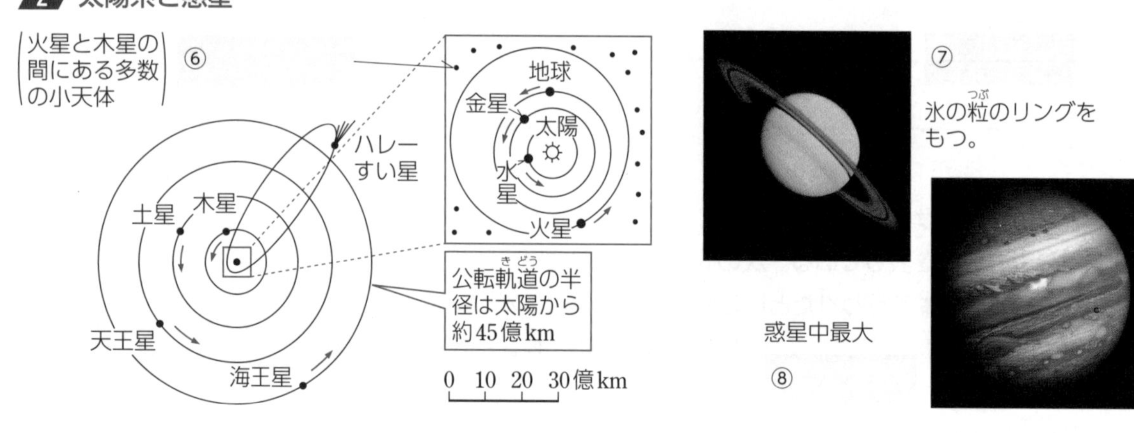

⑦
氷の粒のリングをもつ。

惑星中最大
⑧

3 いろいろな恒星

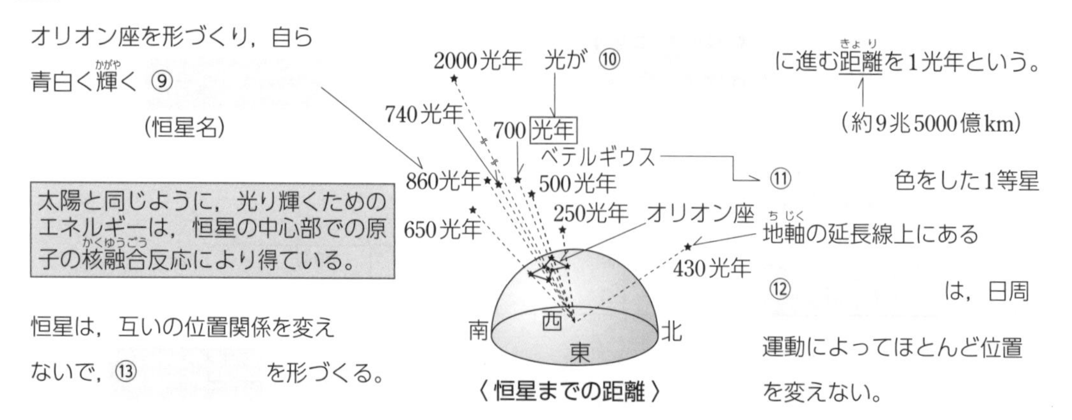

〈恒星までの距離〉

オリオン座を形づくり，自ら青白く輝く ⑨ (恒星名)

光が ⑩ に進む距離を1光年という。
(約9兆5000億km)

ベテルギウス → ⑪ 色をした1等星

太陽と同じように，光り輝くためのエネルギーは，恒星の中心部での原子の核融合反応により得ている。

地軸の延長線上にある ⑫ は，日周運動によってほとんど位置を変えない。

恒星は，互いの位置関係を変えないで，⑬ を形づくる。

▶次の[　　]にあてはまる語句や数値を入れなさい。

4 惑星の特徴

1 水星・金星・[⑭　　　]は，表面が岩石でできていて，大きさや密度の値が地球とよく似た惑星なので[⑮　　　]惑星という。

2 木星・[⑯　　　]・天王星・海王星は，密度が小さく，表面が気体からなる惑星で，[⑰　　　]惑星という。

3 [⑱　　　]……地球に最も近く，内側を公転する惑星で，太陽，月についで明るく見えるので，よいの明星，[⑲　　　]の明星などとよぶ。

4 [⑳　　　]……地球のすぐ外側を公転し，[㉑　　　]色に見える。

5 [㉒　　　]……太陽系最大の惑星で，地球の[㉓　　　]倍の大きさがあり，表面にしま模様，巨大な大赤斑がある。

6 [㉔　　　]……木星につぐ大きな惑星で，氷の粒でできた円盤状のリング(環)がある。

7 地球より内側の軌道を回る水星，金星を[㉕　　　]といい，外側を回る火星，木星などを[㉖　　　]という。

5 金星の見え方

1 地球と金星の間の距離によって，見かけの大きさは変化[㉗　　　]。また，その形は，月と同じように[㉘　　　]する。

2 金星が観測できるのは，夕方の[㉙　　　]の空か，明け方の[㉚　　　]の空である。[㉛　　　]に観察することはできない。

6 恒星の特徴

1 太陽と同じように，自ら輝き，光や熱を宇宙空間に放出している天体を[㉜　　　]という。

2 地球から見える恒星の明るさは[㉝　　　]で表される。同じ等級の星では，遠い距離にある星のほうが実際には明るい。(見かけの等級)

3 1等星の明るさは，6等星の[㉞　　　]倍の明るさで，1等級違うごとに明るさは約2.5倍違う。

4 ベテルギウスは[㉟　　　]色，リゲルは青白い色の星である。恒星の色の違いは，[㊱　　　]温度の違いによる。温度が低い星ほど赤く(約3000℃)，温度が高くなるにつれて，だいだい→[㊲　　　]（太陽，約6000℃)→うす黄色→白色→青白色(約11000℃)と変わる。

7 宇宙の広がり

1 太陽系を含み，約2000億個の恒星からなる集団を[㊳　　　]（右図)という。

2 銀河系のさらに外には，銀河系と同じような恒星の大集団である銀河が[㊴　　　]に存在している。

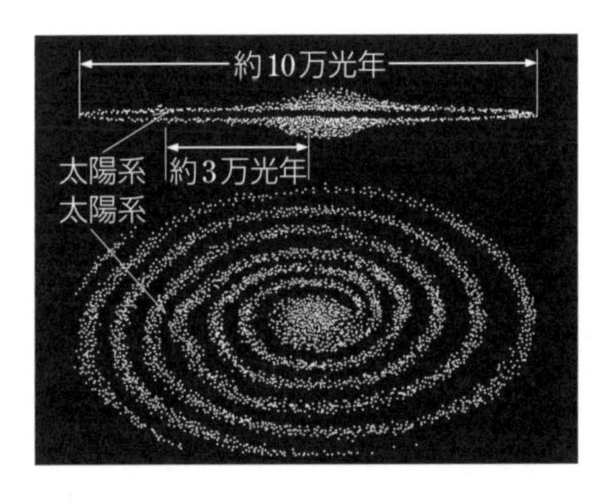

⑭
⑮
⑯
⑰
⑱
⑲
⑳
㉑
㉒
㉓
㉔
㉕
㉖
㉗
㉘
㉙
㉚
㉛
㉜
㉝
㉞
㉟
㊱
㊲
㊳
㊴

Step A　Step B　Step C

●時 間 45分	●得 点
●合格点 70点	点

解答▶別冊 37 ページ

重要 **1** [惑星(わくせい)の見え方] 図1は，太陽，金星，地球，火星の位置関係を模式的に示したもので，図2は地球と月の位置関係と太陽の光の方向を模式的に示したものである。次の問いに答えなさい。ただし，天体の動きは日本で観察したものとする。(6点×4－24点)

〔図1〕

太陽　火星　金星　地球　公転の向き　自転の向き

〔図2〕

太陽の光　エ　地球　ア　ウ　イ　月　公転の向き

(1) 金星や火星のように，自ら光を出さずに，太陽の光を反射し，太陽のまわりを公転している天体を何というか書きなさい。また，図1のとき，金星と火星はどのような位置関係に見えるか。右のア～エから1つ選び，記号で答えなさい。

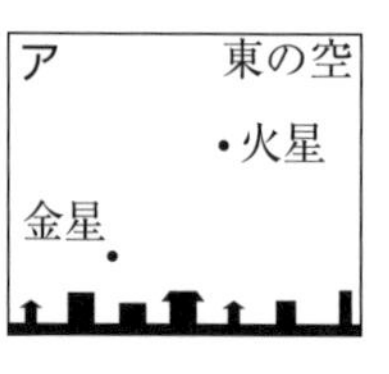

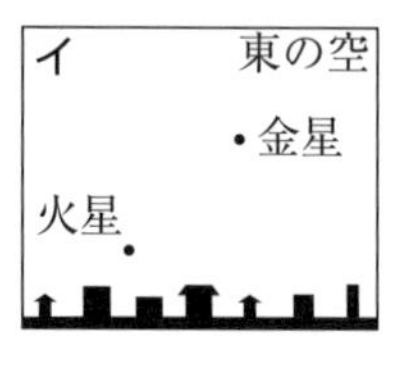

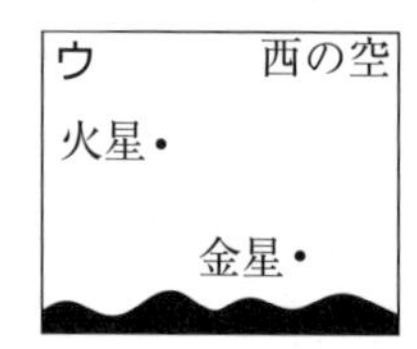

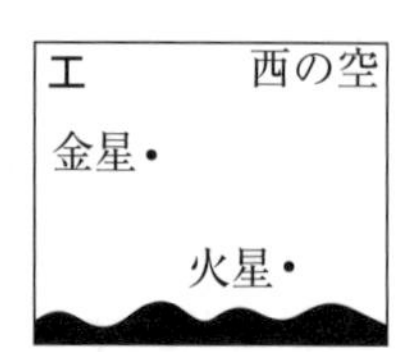

(2) 図1のときに金星を見ると，図2で月がどの位置にあるときに見える形と同じ形に見えるか。図2のア～エから1つ選び，記号で答えなさい。

記述 (3) 地球の内側を公転している金星を観察すると，外側を公転している火星に比べ，見え方と見える時間にはどのような違(ちが)いがあるか。簡潔に答えなさい。

〔茨城－改〕

(1)	天体	記号	(2)	(3)

2 [惑　星] 太陽系の惑星に関する下の表について，次の問いに答えなさい。(4点×6－24点)

(1) ①の惑星名を答えなさい。

(2) 金星にはごくわずかに水が存在するが，水の主な状態②はどのようになっていますか。

(3) 表中の惑星のうち，地球に最も近づく惑星を次から選び，記号で答えなさい。

ア 水　星　　イ ①の惑星
ウ 金　星　　エ 木　星

〔表〕

惑星	地球	水星	①	金星	木星
表面温度	約15℃	-170～350℃	-100～20℃	約480℃	-150～-130℃
大気の主成分	窒素，酸素	なし	二酸化炭素	二酸化炭素	水素，ヘリウム
水の主な状態	液体	なし	固体	②	―
密度〔水＝1〕	5.51	5.43	3.93	5.24	1.33
軌道半径〔地球＝1〕	1.00	0.39	1.52	0.72	5.20
公転周期〔年〕	1.0年	0.24年	1.88年	0.62年	11.9年
自転周期〔日〕	1.0日	58.65日	1.03日	243.0日	0.41日

(4) 表中の惑星のうち，地球からの距離(きょり)が最も遠くなる惑星はどれか。(3)のア～エから1つ選び，記号で答えなさい。また，そのときの地球との距離は何億kmですか。ただし，太陽と地球間の距離を1.5億kmとする。

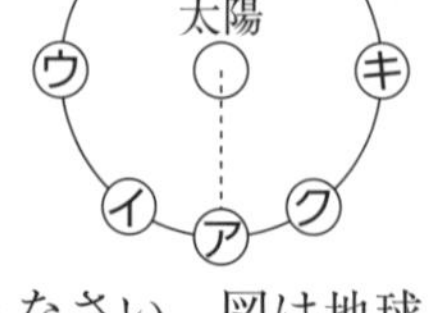

(5) 木星が右の図のアの位置にきてからちょうど1年後，木星はどの位置に移動していると考えられるか。ア～クから最も適当なものを選び，記号で答えなさい。図は地球の北極側から見たもので，木星は太陽を中心とする円上を公転しているとする。

(1)	(2)	(3)	(4) 記号	距離	(5)

〔高知学芸高－改〕

3 [恒星] 右の表は，恒星の地球からの距離，等級，色についてまとめたものである。これについて，次の問いに答えなさい。(4点×6－24点)

〔表〕

	恒星名(星座)	距離〔光年〕	等級	色
A	シリウス(おおいぬ座)	8.6	−1.5	白
B	北極星(こぐま座)	430	2.0	うす黄
C	ベテルギウス(①　　)	500	0.5	赤
D	アンタレス(②　　)	550	1.0	赤
E	リゲル(オリオン座)	860	0.1	青白
F	ベガ(こと座)	25	0.0	白

(1) 表の①，②に入る星座名を答えなさい。

(2) 最も明るい恒星をA～Fから選び，記号で答えなさい。

(3) 北極星の明るさはアンタレスの明るさの何倍か。次の**ア**～**オ**から選び，記号で答えなさい。

ア 0.6倍　**イ** 0.4倍　**ウ** 0.2倍　**エ** 2倍　**オ** 4倍

(4) 表面温度が太陽(黄，6000℃)よりも高い恒星をA～Fからすべて選び，記号で答えなさい。

(5) アンタレスを地球から275光年の距離に置いたとき，明るさは何等級に見えるか。次の**ア**～**エ**から選び，記号で答えなさい。ただし，明るさは距離の2乗に反比例する関係にあるものとする。

ア 0等級と1.0等級の間　**イ** 0等級と－1.0等級の間

ウ 2.0等級と1.0等級の間　**エ** －1.0等級と－2.0等級の間

(1) ①	②	(2)	(3)	(4)	(5)

4 [太陽系の惑星] 表と図を見て，太陽系の惑星に関する次の問いに答えなさい。(4点×7－28点)

記述 (1) 表は，太陽系の惑星の7つの天体(地球を除く)の特徴をまとめたもので，これらの天体はすべて天球上の黄道近くで観測される。このことから何がわかるか。「公転軌道」という言葉を用いて30字以内で説明しなさい。

〔表〕

	地球を1としたときの 質量	赤道半径	太陽からの距離	公転周期
A	0.11	0.53	1.5	687日
B	95.2	9.4	9.6	29.5年
C	0.82	0.95	0.7	225日
D	17.2	3.9	30.1	165年
E	0.06	0.38	0.4	88日
F	14.5	4.0	19.2	84年
G	318	11.2	5.2	11.9年

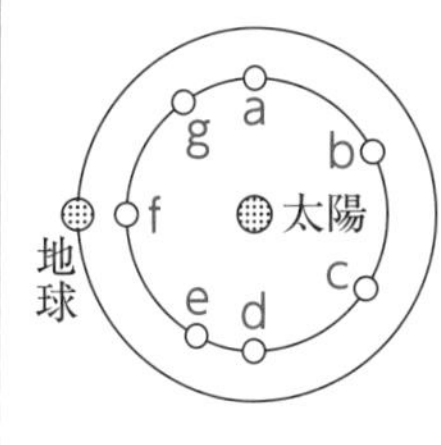

(2) 地球の密度を1としたときの天体Fの密度を小数第2位まで求めなさい。ただし，天体Fは完全な球であり，球の体積は半径の3乗に比例する。

(3) 惑星は，X「主に岩石ででき，密度が大きい惑星」とY「主に気体からなり，密度が小さい惑星」に分類される。Xに分類される惑星を表のA～Gからすべて選びなさい。

(4) 図は，地球と天体Cが太陽のまわりを公転しているようすを北極側から見たものである。日本で天体Cを観測する場合について，次の問いに答えなさい。

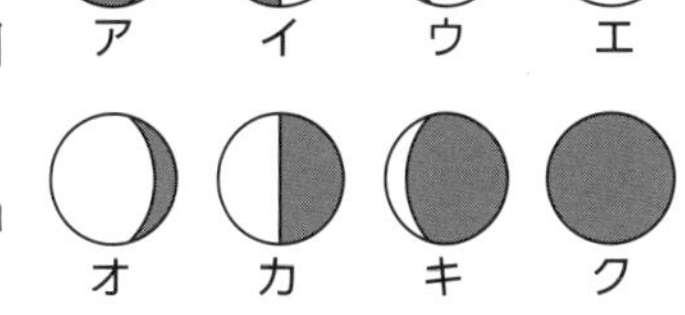

① Cが明け方に見えた。東西どちらの空に見えましたか。

② Cがeの位置にあるとき，どのような形に見えるか。右の図から1つ選び，記号で答えなさい。

③ Cが西の空に見えるとき，太陽から最も離れて見えるのはa～gのどの位置にあるときですか。

④ Cが，再び同じ時刻に同じ位置に見えるのは，ほぼ何日後か。次の**ア**～**オ**から選びなさい。

ア 140日　**イ** 225日　**ウ** 365日　**エ** 587日　**オ** 815日

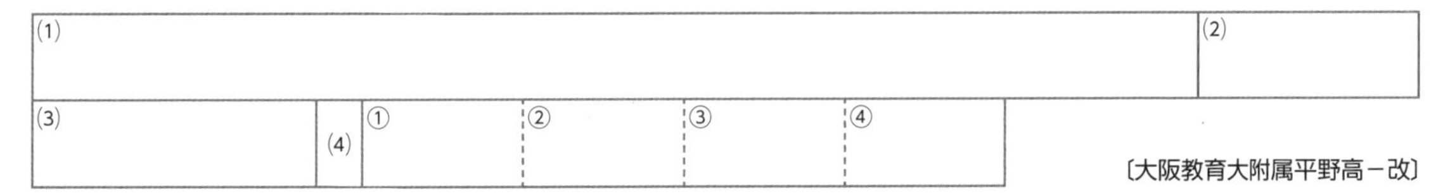

〔大阪教育大附属平野高－改〕

Step A　Step B　Step C

●時 間 40分	●得 点
●合格点 70点	点

解答▶別冊 38 ページ

1 オーストラリアのアデレード(東経 138 度，南緯 35 度)で，ある日透明半球を用いて太陽の軌跡を調べたところ，右図で太線で示す曲線のようになった。次の問いに答えなさい。 (5 点× 4 － 20 点)

太陽の軌跡　透明半球　西　南　北　東

(1) 同じ日，北極(北緯 90 度)，赤道(北緯 0 度)，東京(北緯 35 度)の各地点では，透明半球上の太陽の軌跡はどのようになるか。それぞれの地点について，最も適切なものを下の**ア～サ**から1つずつ選び，記号で答えなさい。ただし，各図で，観測地点を ○，太陽の軌跡は透明半球上の太線で示す。

ア　イ　ウ　エ　オ　カ

キ　ク　ケ　コ　サ

サの図は透明半球上に太陽の軌跡がないことを示す。

(2) この日の日付は何月何日か。最も近いものを次の**ア～エ**から選び，記号で答えなさい。

ア　3 月 20 日　　**イ**　6 月 20 日　　**ウ**　9 月 20 日　　**エ**　12 月 20 日

(1)	北極	赤道	東京	(2)

〔筑波大附高〕

難 **2** 宇宙についての次の文章を読み，あとの問いに答えなさい。 (6 点× 5 － 30 点)

電波による観測などから，銀河系は渦を巻いた円盤状の形をしていることがわかっている。そして，天の川は，銀河系の恒星の密集した部分を内部から見ている姿である。現在では，銀河系のさらに外にも銀河系と同じような恒星の集団が無数に見つかっている。

(1) 右図は銀河系を真横から見た簡略図である。太陽系は**ア～オ**のどの位置と考えられているか。記号で答えなさい。

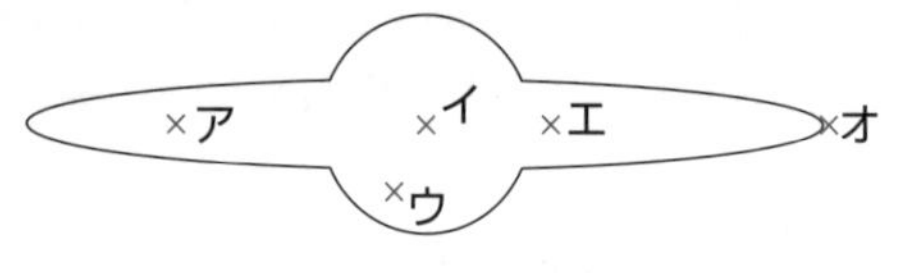

(2) 銀河系には恒星の数は約何個存在すると考えられているか。次の**ア～オ**から選び，記号で答えなさい。

ア　20 万個　　**イ**　2000 万個　　**ウ**　20 億個　　**エ**　2000 億個　　**オ**　20 兆個

(3) 銀河系には，星間物質でできているオリオン座のオリオン大星雲のような天体もある。地球からオリオン大星雲までの距離を1つ選びなさい。ただし，天文単位とは地球—太陽間の平均距離を1として表した単位，光年とは，光が1年かかって進む距離を1として表した単位をいう。

ア　1500 天文単位　　**イ**　15 万天文単位　　**ウ**　15 光年　　**エ**　1500 光年　　**オ**　15 万光年

(4) 下線部のような恒星の集団を何といいますか。

(5) (4) のような恒星の集団として，大マゼラン星雲がある。この天体の太陽系からの距離はいくらですか。次の**ア～オ**から選び，記号で答えなさい。

ア　16 光年　　**イ**　160 光年　　**ウ**　1600 光年　　**エ**　1 万 6000 光年　　**オ**　16 万光年

(1)	(2)	(3)	(4)	(5)

〔東大寺学園高〕

3 右の図は，地球から見た太陽と黄道上にある星座の位置関係を示している。次の問いに答えなさい。 (5点×3－15点)

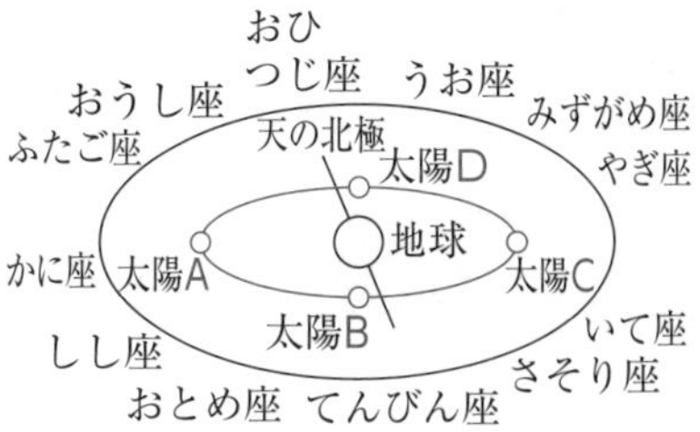

(1) 太陽A～太陽Dのうち，春分の日の位置に最も近いものを選び，A～Dの記号で答えなさい。

(2) 次の**ア**～**エ**から，夏至の日の夜中に見られない星座の組み合わせを選びなさい。

ア おとめ座，てんびん座　**イ** ふたご座，おうし座

ウ うお座，みずがめ座　**エ** いて座，さそり座

(3) 次の**ア**～**エ**から，冬至の日の日の入り直後，西の地平線近くに見える星座を選びなさい。

ア やぎ座　**イ** おひつじ座　**ウ** かに座　**エ** てんびん座

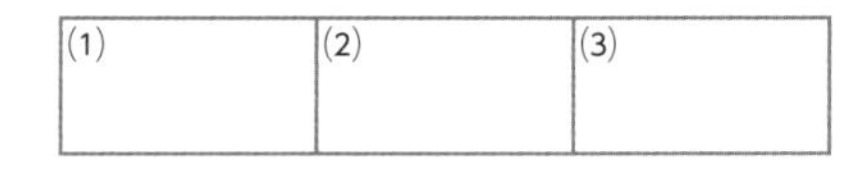

〔久留米大附高〕

要 **4** 次の文章を読み，あとの問いに答えなさい。(5点×7－35点)

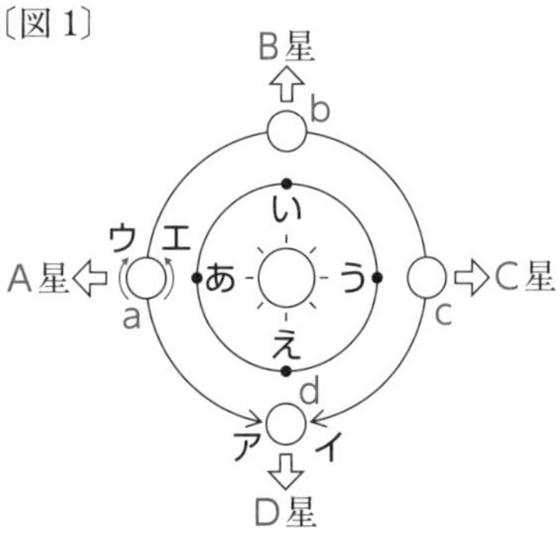

図1は，北半球の上のほうから，太陽のまわりを地球と金星が回転しているようすを模式的に示した図である。a～dの地球は春分の日，夏至の日，秋分の日，冬至の日の地球の位置のいずれかにあてはまる。また，内側の円は金星の軌道(きどう)を表し，A～Dの星は，それぞれ地球がa～dに位置するとき太陽と反対方向に位置する星を示している。

図2は，北半球のある地点での南の空のようすである。Eの位置と観測者とFの位置とのなす角度は120°であった。

〔図1〕

〔図2〕

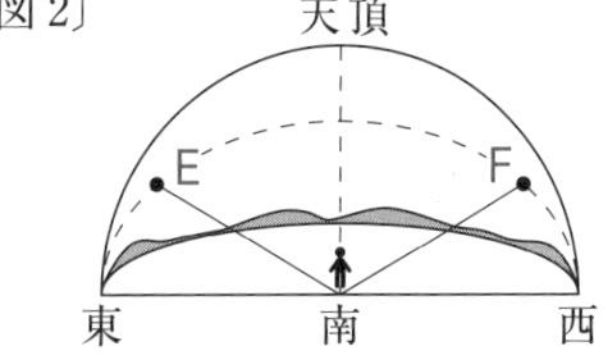

(1) 図1で，地球の公転方向は**ア**・**イ**のどちらか。また，地球は**ウ**・**エ**どちらの方向に自転しているか。地球の公転と自転方向の正しい組み合わせを，①～④から1つ選びなさい。

① **ア・ウ**　② **ア・エ**　③ **イ・ウ**　④ **イ・エ**

(2) A星は夏至の日の正午に南中する。夏至の日の地球の位置はa～dのどれですか。

(3) 夏至の日に夕方の6時頃(ごろ)南中するのはA～Dのどれですか。

(4) A星が明け方の6時頃に南中するのはいつか。次の①～④から1つ選びなさい。

① 春分の日　② 夏至の日　③ 秋分の日　④ 冬至の日

(5) 図2でEに位置する星が，日周運動により，Fの位置にやってくるのにかかる時間はどのくらいか。次の①～⑥から1つ選びなさい。

① 4時間　② 6時間　③ 8時間　④ 10時間　⑤ 12時間　⑥ 14時間

(6) 図2のある日，午後8時に恒星(こうせい)Xは Eに位置していた。恒星Xが同じ時刻の午後8時にFに位置するのは，何か月後か。次の①～⑥から1つ選びなさい。

① 2か月　② 4か月　③ 6か月　④ 8か月　⑤ 10か月　⑥ 12か月

(7) 図1のdの地球の位置で，夕方に金星が図2のFの位置に見えた。このとき，金星は，図1の**あ**～**え**のどこに位置していますか。

(1)	(2)	(3)	(4)	(5)	(6)	(7)

〔土佐高〕

19 エネルギーと資源

Step A　Step B　Step C

解答▶別冊 39 ページ

1 エネルギー資源の利用

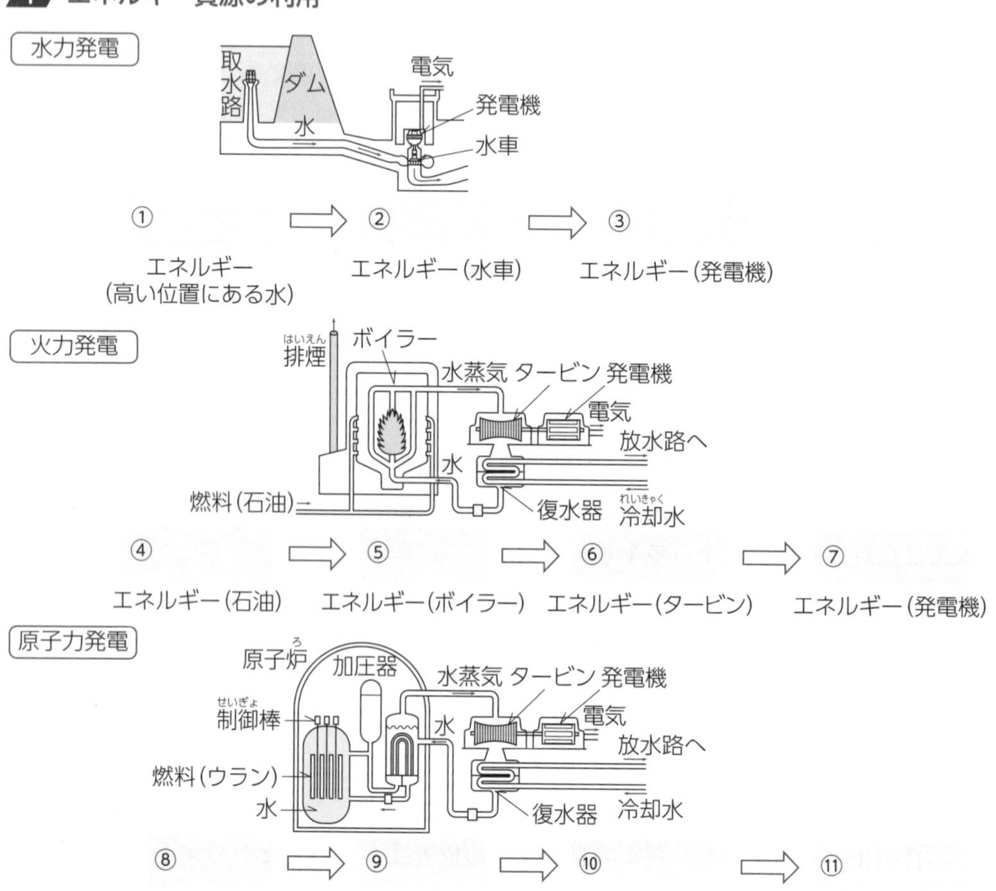

2 大量消費されるエネルギー

1 日本のエネルギー供給量と内訳の移り変わり

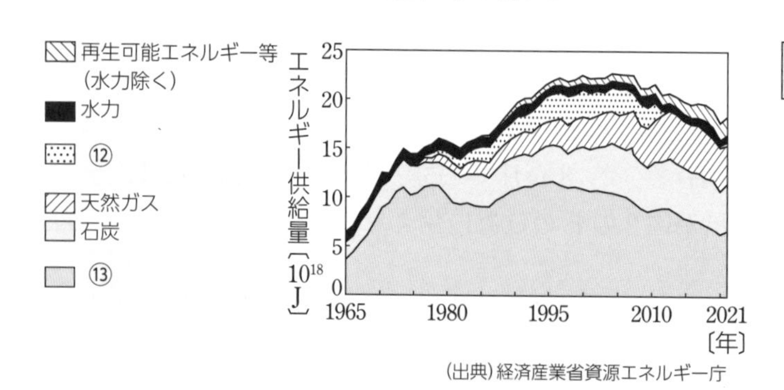

(出典)経済産業省資源エネルギー庁

2 世界のエネルギー資源の可採年数

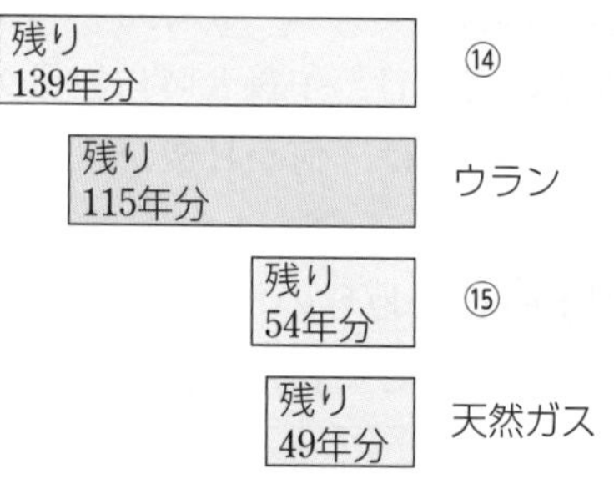

(出典)BP統計, URANIUM2020

▶次の[　　]にあてはまる語句を入れなさい。

3 エネルギー資源

1 大昔に生きていた生物に含(ふく)まれていた有機物が，地層中で長い年月の間に変化してできた[⑯　　　]・石炭・天然ガスを[⑰　　　]という。

2 [⑱　　　]や[⑲　　　]は，現在，火力，原子力発電所で利用されているが，限りあるエネルギー資源である。

3 主にわたしたちが消費している電気エネルギーは，[⑳　　　]発電，火力発電，原子力発電によって得られている。

4 水力発電は，[㉑　　　]の発生がなくクリーンだが，ダムをつくることで自然環境(かんきょう)を大きく変える問題があり，大規模な建設は難しくなっている。

5 火力発電は，化石燃料の燃焼により，多量の[㉒　　　]が発生し，[㉓　　　]などの原因にもつながっている。

6 原子力発電では，少量の[㉔　　　]燃料から大量のエネルギーが得られるが，[㉕　　　]線が人体や作物などに当たると危険なので，特に安全の確保が必要である。

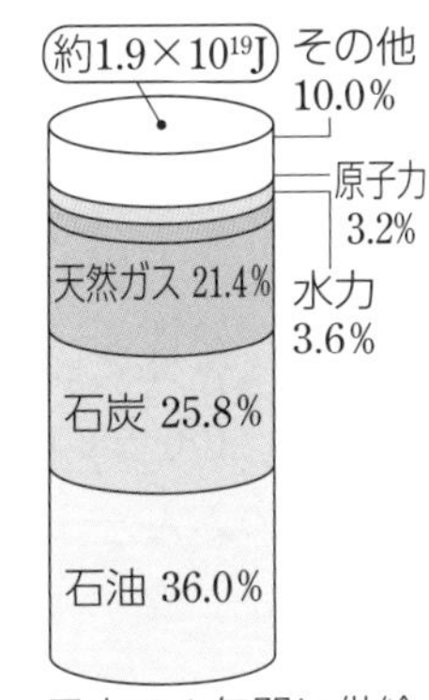

日本で1年間に供給されているエネルギー資源の割合(2021年)

7 一方，放射線照射による[㉖　　　]治療(ちりょう)などが行われ，医療に利用されたり，農作物に照射し，[㉗　　　]改良などに利用されたりしている。

4 新しいエネルギー資源

1 [㉘　　　]発電は，太陽の光エネルギーを[㉙　　　]（太陽電池）を使って直接電気エネルギーに変換(へんかん)する。

2 燃料電池は，[㉚　　　]と酸素から，[㉛　　　]を合成するときのエネルギーから電流をとり出す。酸素は空気中に含まれているので，近未来のエネルギー利用として，この[㉜　　　]エネルギーが注目されている。

3 [㉝　　　]発電とは，木の皮や廃棄(はいき)木片，家畜(かちく)の糞尿(ふんにょう)などの有機物のもつ[㉞　　　]エネルギーを利用し，火力発電と同じようにして発電する。1や4とともに[㉟　　　]エネルギーとよばれている。

4 その他，写真のような発電の開発が進められている。

〈風力で風車を回して発電する。〉
[㊱　　　]発電

〈地下のマグマの熱であたためられた水蒸気でタービンを回して発電する。〉
[㊲　　　]発電

⑯
⑰
⑱
⑲
⑳
㉑
㉒
㉓
㉔
㉕
㉖
㉗
㉘
㉙
㉚
㉛
㉜
㉝
㉞
㉟
㊱
㊲

●時 間 40分	●得 点
●合格点 75点	点

解答▶別冊 39 ページ

1 ［新しいエネルギー］ 次の問いに答えなさい。

(4 点× 9 − 36 点)

(1) エネルギー利用に関する次の文中の(　　)に適する語句を，下のア～ソから選び，それぞれ記号で答えなさい。

バイオマスとはエネルギーとして利用できる(①　　)で，薪(まき)や(②　　)，さとうきびのしぼりかすなどのことである。特にさとうきびのしぼりかすなどを(③　　)に変えて利用することなどが注目されている。バイオマスを燃やして得られるエネルギーは，熱や(④　　)を生み出すエネルギー源として使われている。このとき生じる二酸化炭素は，植物の(⑤　　)により再び植物体にとりこまれるため，大気中の二酸化炭素量はあまり変化しない。そのため，計画的にバイオマスを利用すれば，環境(かんきょう)を(⑥　　)するおそれも少なく，バイオマスは，太陽光，風力，(⑦　　)などとともに，(⑧　　)に分類される。

ア 化石燃料　**イ** 動物のふん　**ウ** 光合成　**エ** 天然ガス　**オ** アルコール
カ 生物体　**キ** 木 炭　**ク** 汚(お) 染(せん)　**ケ** 低温化　**コ** 再生可能エネルギー
サ 再生不能エネルギー　**シ** 電 気　**ス** 地 熱　**セ** 光　**ソ** 呼 吸

記述 (2) 右図は，太陽光をエネルギー源として活用し，燃料電池自動車の燃料を供給する，新たなエネルギーシステムのしくみを模式的に表したものである。図のように，太陽光発電で水を電気分解し，その際に発生する気体を燃料として使用する燃料電池自動車は，ガソリンや軽油を使用する自動車と比べると，どのような利点があるか。その利点を，図を参考にして，エネルギー資源と自然環境の面から簡単に書きなさい。

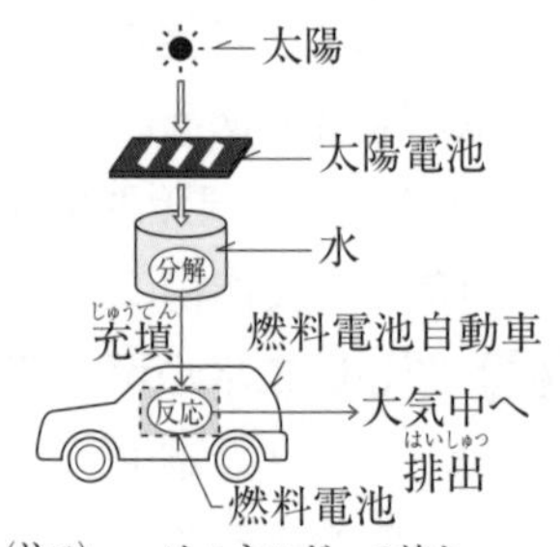

(注1)　⇨はエネルギーの流れ，→は物質の流れを表している。
(注2)　ここでの充填とは，燃料をタンクにつめることである。

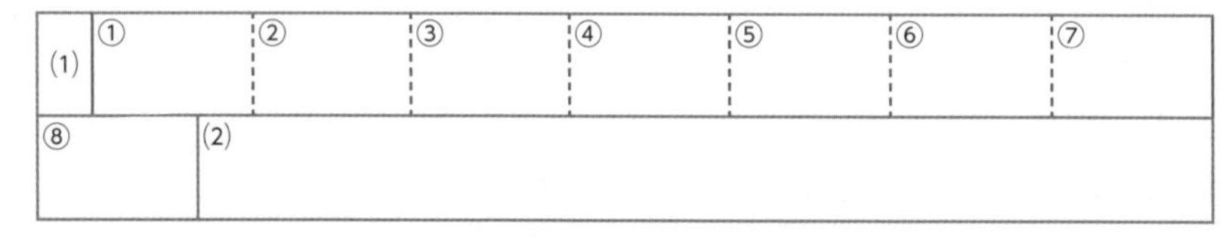

(1)	①	②	③	④	⑤	⑥	⑦
⑧	(2)						

〔佐賀・静岡〕

重要 2 ［エネルギーと資源］ 次の文は，A さんが理科の授業で「エネルギー」について発表を行ったときの発表内容の一部である。あとの問いに答えなさい。

(8 点× 8 − 64 点)

私たちの生活にはさまざまなエネルギーが必要です。図1は，わが国における，水力・火力・原子力により1年間に発電された電力量の推移を示したものです。この図から，電力量はふえ続けていましたが，2010 年以降は減少し，原子力発電の割合が非常に少なくなっていることがわかります。次に，それぞれの発電のしくみを説明します。まず，水力発電では，図2に示すように，ⓐダムにためた水を落下させ，タービンを回して発電しています。ⓑ火力発電では，図3に示すように石油などを燃やして発電しています。また，原子力発電では，核(かく)燃料(ねんりょう)(ウラン)を用いて発電しています。

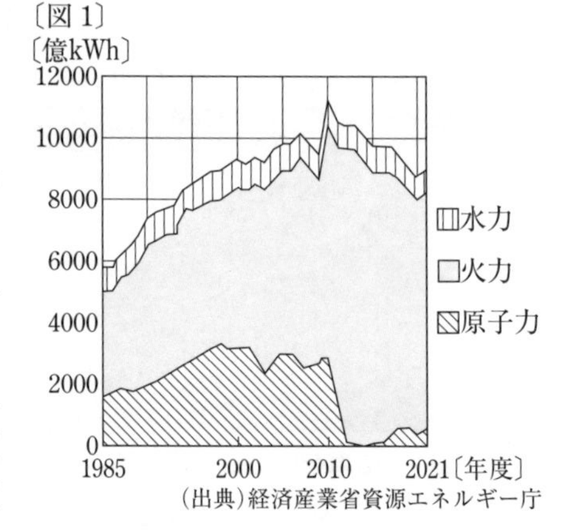

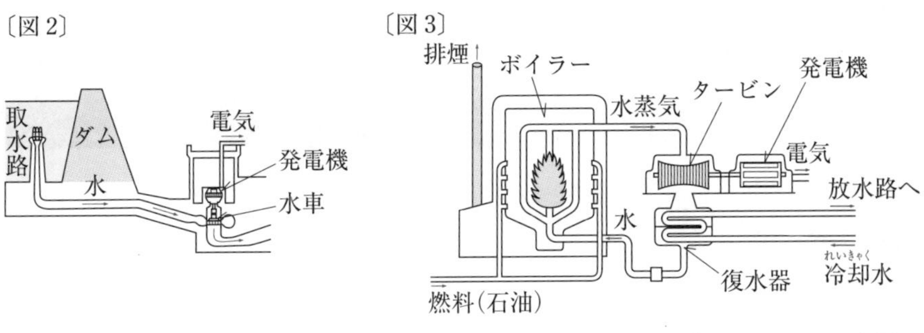

火力発電で使われている石油は，数千万年～数億年前の生物の死がいが地層の中で長い間に変化してできたものです。このため，石油は化石燃料とよばれています。私たちは，太古の地球に降り注いだ太陽の光エネルギーを蓄えた化石燃料を使って，火力発電していることになります。しかし，ⓒ化石燃料は，このまま使い続けると，なくなってしまいます。ですから，私たちは，省資源・省エネルギーを進めていく必要があると思います。最近では，火力・水力・原子力発電のほかに，ⓓいろいろなエネルギー資源を利用した発電が行われていますが，その量は，火力や水力，原子力に比べてまだ圧倒的に少ないのです。今後，新エネルギー資源の開発をさらに進めていかなければならないと思います。

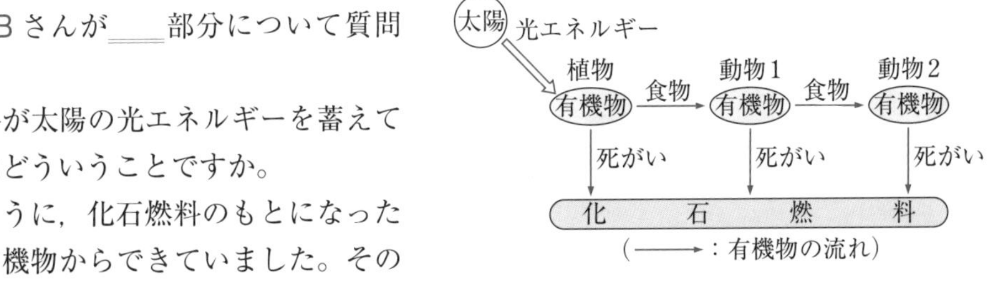

〔質疑応答〕（Bさんが＿＿部分について質問した）

B：化石燃料が太陽の光エネルギーを蓄えているとはどういうことですか。

A：図4のように，化石燃料のもとになった生物も有機物からできていました。その有機物は，もともと植物が行う［　　］によってつくられたものなのです。

記述 (1) 図1から，1年間に発電された電力量の推移について，Aさんが発表したこと以外に，どのようなことがわかるか。1つ書きなさい。

(2) 下線部ⓐにおけるエネルギーの移り変わりを表すと，次のようになる。①・②の(　)に入るエネルギー名を書きなさい。

(①　　)→(②　　)→電気エネルギー

記述 (3) 下線部ⓑについて，石油などを燃やしてから，タービンを回すまでのしくみを，「水蒸気」という語を用いて説明しなさい。

(4) 化石燃料には，下線部ⓒのような問題点がある。この問題点以外で，化石燃料の燃焼によって引き起こされている問題点を，具体的に1つ書きなさい。

(5) 下線部ⓓについて，水力・火力・原子力発電以外で二酸化炭素を発生しない発電の例を1つ書きなさい。また，それらの発電に利用されているエネルギーを総称して何といいますか。

(6) 質疑応答中の［　　］にあてはまる語を書きなさい。

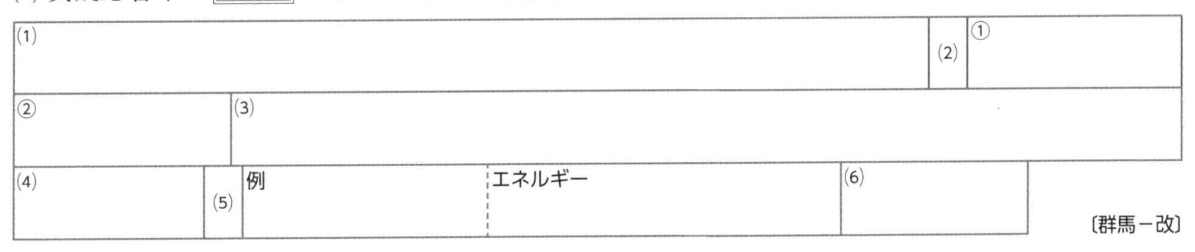

〔群馬－改〕

20 科学技術の発展

Step A　Step B　Step C

解答▶別冊 40 ページ

1 新素材の開発と活用

科学技術の進歩により，自然の素材に比べ機能性の高い新素材が開発，利用されている。

①

熱や摩擦に非常に強い。

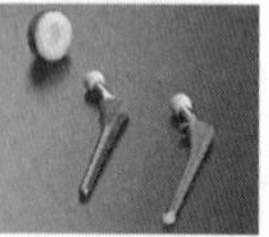
〈人工の骨・関節〉

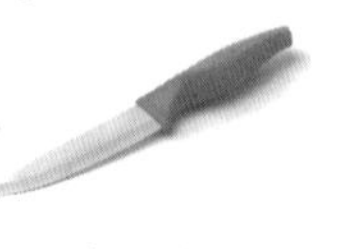
〈包丁〉

②

炭素からできている繊維。軽さと弾性が特徴。

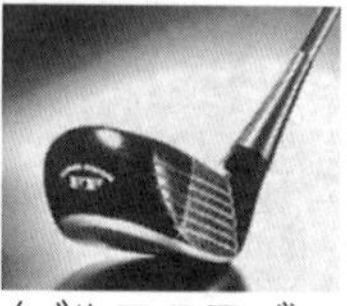
〈ゴルフクラブ〉

③

太陽光により汚れを分解する。

〈ドーム球場の展望台〉

④

電圧などを変化させて数字や文字を表示する。

〈コンピュータ〉

〈カーナビゲーション〉

⑤

低電圧で効率よく発光する。

⑥　　プラスチック

土や水の中の微生物が分解できるプラスチック。

⑦　　(LED)

無機半導体。電球・信号機・電光掲示板などに利用されている。

2 科学技術と環境

1 ⑧　　自動車

電気分解とは逆の⑨　　により⑩　　エネルギーを⑪　　エネルギーに変換。有害物質を出さない。

パワーコントロールユニット（放電・充電を制御）

燃料は⑫

燃料電池

電流

水素

H_2

蓄電池

モーター

空気中の⑬　　を利用

排気ガスは⑭

高圧⑫タンク

2 オゾン層の破壊

（代替⑯も温暖化ガスとして問題が残る。）

オゾン層によって吸収

⑮

⑯　オゾン層を破壊する物質

オゾン層

30km

20km

10km

地上に降り注ぐ⑮の量がふえ，

⑰　　などの増加が心配される。

▶次の[　　]にあてはまる語句を入れなさい。

3 環境を守る科学技術

1 化石燃料の燃焼による二酸化炭素の大量発生は，[⑱　　　]をもたらしていると考えられている。

2 工場や自動車からの排煙，排気ガス中の[⑲　　　]酸化物や窒素酸化物は[⑳　　　]や酸性霧の原因となり，湖沼や森林などにすむ[㉑　　　]や建造物に悪影響を与える。

3 [㉒　　　]の燃焼による排煙中に含まれる有害な酸化物は，排煙脱硫(硝)装置の開発で，低公害化がはかられている。

〈排煙脱硫装置〉

4 ガソリンエンジンと電気モーターの両方を動力源とした[㉓　　　]が開発され，[㉔　　　]の排出量を少なくしている。

5 ガソリンを使用せず[㉕　　　]を燃料とし，空気中の酸素を使って，排気ガスは[㉖　　　]であるクリーンな[㉗　　　]自動車の本格的な実用化にむけて，開発が進んでいる。

6 上空(20～30km)にあって地表の生物を有害な[㉘　　　]から守っている[㉙　　　]が，冷蔵庫などに使われてきた[㉚　　　]により破壊されている。現在[㉚]は回収され，生産は規制・禁止になり，代替[㉚]が使用されているが，これも使用後の回収が義務づけられている。

7 塩素を含むプラスチックやごみの焼却によって毒性の強い物質である[㉛　　　]が発生していたが，高温(800℃以上)の炉を用いるなどのくふうで発生量が減少している。

8 ごみの燃焼で発生する[㉜　　　]を利用するごみ発電の実用化で，ゴミとエネルギーの両方の問題を解決している。

9 地中に埋めておくと，微生物によって分解される[㉝　　　]プラスチックも開発され，ごみ問題の解決にむけての研究も進められている。

4 これからの課題

1 過去には，資源→大量生産→大量消費→大量[㉞　　　]の流れで，ごみ問題などが表面化していた。この流れを断ち切り，廃棄物を燃料や資源として[㉟　　　](再生利用)する[㊱　　　]型社会への転換が求められている。製品の再利用や再生資源化などを進め，“[㊲　　　]ゼロ”を目指す社会をつくり，環境保全と開発のバランスのとれた持続可能な社会の実現をめざすことがたいせつである。

2 エネルギー資源面では，有害物を発生する限りある資源の[㊳　　　]の消費や原子力から，有害物を発生しない太陽光エネルギーなどいちど利用しても再び利用できるエネルギーである[㊴　　　]を利用する割合を高めることや，エネルギー[㊵　　　]の高い発電方式の開発などにより，エネルギー資源の枯渇という問題もさけられる。

⑱ ＿＿＿＿
⑲ ＿＿＿＿
⑳ ＿＿＿＿
㉑ ＿＿＿＿
㉒ ＿＿＿＿
㉓ ＿＿＿＿
㉔ ＿＿＿＿
㉕ ＿＿＿＿
㉖ ＿＿＿＿
㉗ ＿＿＿＿
㉘ ＿＿＿＿
㉙ ＿＿＿＿
㉚ ＿＿＿＿
㉛ ＿＿＿＿
㉜ ＿＿＿＿
㉝ ＿＿＿＿
㉞ ＿＿＿＿
㉟ ＿＿＿＿
㊱ ＿＿＿＿
㊲ ＿＿＿＿
㊳ ＿＿＿＿
㊴ ＿＿＿＿
㊵ ＿＿＿＿

月　日

Step A　Step B　Step C

●時 間 40分	●得 点
●合格点 75点	点

解答▶別冊 40 ページ

1 **[科学技術の進歩]　科学技術の進歩について述べた次の文章を読み，下の問いに答えなさい。** (5点×7－35点)

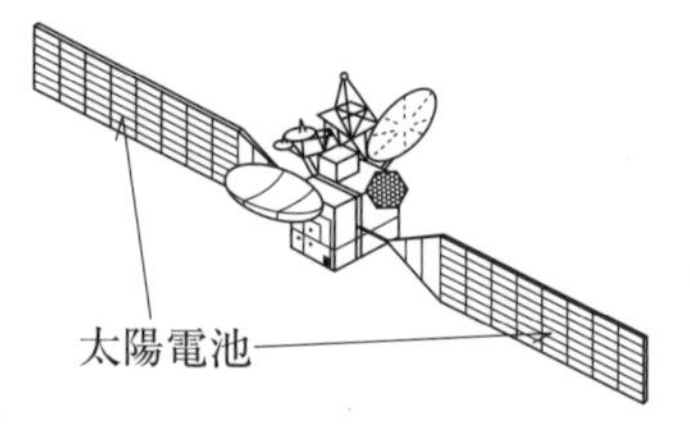

コンピュータに使われる回路部品(素子)が，真空管からトランジスタになると，故障が少なく消費電力も小さくなった。その後，①IC (集積回路)が回路部品として使われるようになると，記憶(きおく)できる情報量が多くなるなど，コンピュータはさらに進歩した。さらに，LSI (大規模集積回路)が革新されるたびに，コンピュータによる事務処理などが発達し，また，インターネットでの通信など，多くの場面でコンピュータが利用されている。

一方，宇宙(うちゅう)飛行士が着る宇宙服の素材をはじめ，図のように，②(A　　)にも用いられている太陽電池や，熱に強いファインセラミックス，③電気エネルギーを光エネルギーに変える発光ダイオード(B　　)などの新しい素材が開発され，多方面に使われている。

(1) 下線部①について，ICが使われることにより，記憶できる情報量が多くなったこと以外に，コンピュータの進歩としてはどのようなことがあげられるか。2つ書きなさい。

(2) 下線部②，③で，Aに入る語句は何か，図を見て書きなさい。Bには略記をアルファベットで書きなさい。

(3) 下線部②の太陽電池では，(C　　)エネルギーから(D　　)エネルギーへの変換(へんかん)が行われている。C，Dに適する語句を書きなさい。

(4) 建物の外壁やガラスに酸化チタンを塗布(とふ)しておくと，光があたることにより，表面についたにおいや汚(よご)れの元となる有機物が二酸化炭素と水に分解され，清潔に保たれる。この酸化チタンのようなはたらきをする新素材を何といいますか。

(1)		(2)	A	B	(3)	C	D	(4)

2 **[環境破壊(かんきょうはかい)]　次の(1)～(3)は，環境破壊の原因となる3種類の物質について述べたものである。下のア～カの中から該当(がいとう)する物質を1つずつ選んで，記号で答えなさい。** (5点×3－15点)

(1) 化石燃料の大量消費などにより，この物質の大気中の濃度(のうど)は，年々ふえている。この物質には，大気中で地表から放射される熱の多くを吸収し，温室のように地球をあたためる作用がある。

(2) スプレーの噴射剤(ふんしゃざい)やエアコンの冷媒(れいばい)の材料として，この物質は広く利用されてきた。しかし，オゾン層を破壊するという報告があり，現在では使用の全廃(ぜんぱい)が国際的に合意されている。

(3) 石油を原料とする物質で，加工しやすく軽量であることなどから，清涼(せいりょう)飲料水の容器や食器，その他さまざまな部品に幅広く使用されている。しかし，その成分は微生物(びせいぶつ)によって分解されないため，回収して，工業的リサイクルをすることが必要である。

ア　有機水銀　　**イ**　ダイオキシン　　**ウ**　プラスチック
エ　二酸化炭素　　**オ**　アルミニウム缶(かん)　　**カ**　フロンガス

(1)	(2)	(3)

要 **3** **［新しい資源］** 近年，石油からつくられたプラスチックに代わって，下の写真のようにトウモロコシなどのバイオマスを原料にしたバイオプラスチックが，コップや弁当の容器などの身近な物に用いられている。右図は，トウモロコシに関連する炭素の自然界での流れを示したものである。次の問いに答えなさい。(6点×5－30点)

(1) 右図のb，cはトウモロコシのはたらきによる炭素の流れである。b，cの流れは，それぞれトウモロコシの何とよばれるはたらきによるものか，書きなさい。

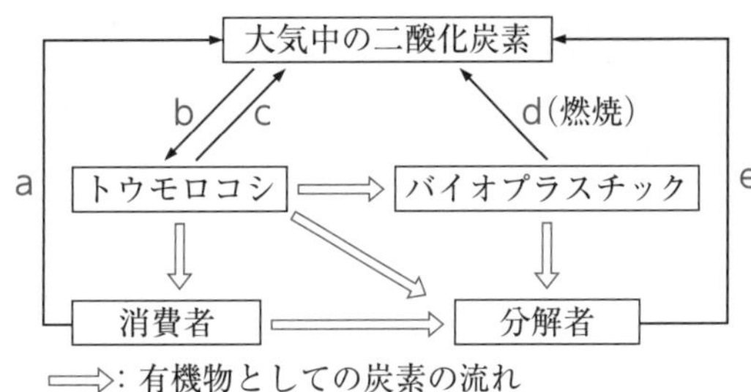

(2) 石油からつくられたプラスチックの燃焼と異なり，バイオプラスチックの燃焼は大気中の二酸化炭素濃度をほとんど増加させないと考えられている。図のa，b，c，d，eによって流れる炭素の量の間になりたつ関係式として最も適当なものを，次の**ア**～**エ**から選び，記号で答えなさい。

ア b＝a＋c＋d　　**イ** b＋c＝d

ウ b＝a＋c＋d＋e　　**エ** b＋c＝a＋d＋e

(3) 石油製のプラスチックには，燃焼によって毒性の強い物質を発生するものもある。この毒性の強い物質を何というか。カタカナ6字で答えなさい。

記述 (4) このバイオプラスチックは，石油製のプラスチックに比べて大気中の二酸化炭素濃度(のうど)に影響(えいきょう)を与えないなど，環境(かんきょう)に負荷を与えないものとして開発されてきた。さらに，石油製のプラスチックよりも環境に対してすぐれている点を，図をもとにして簡単に書きなさい。

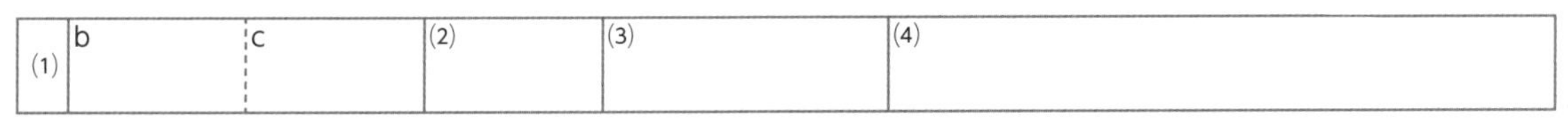

(1)	b	c	(2)	(3)	(4)

〔佐賀－改〕

4 **［省エネルギー自動車］** 右図は，ガソリンエンジンで□しながら，エンジンと電気モーターを動力としてそれぞれの特徴(とくちょう)を生かして走る自動車の簡単なしくみを表したものである。次の問いに答えなさい。(5点×4－20点)

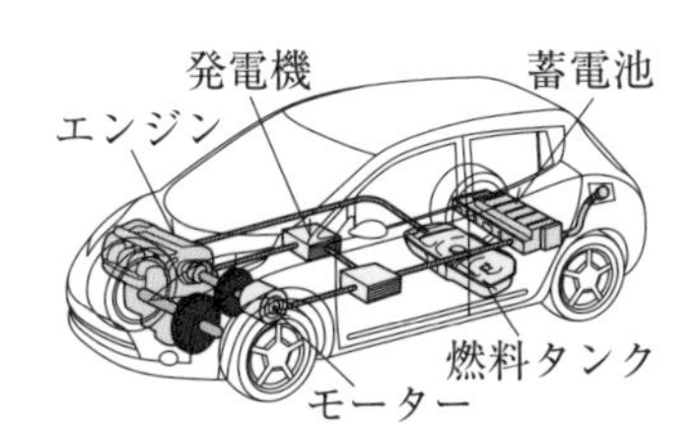

(1) 上の文の□に適する語句を答えなさい。

(2) このような自動車を一般(いっぱん)に何とよんでいますか。

(3) このような自動車が開発，普及(ふきゅう)されることにより期待されるのは，どのようなことか。適するものを下の**ア**～**キ**から3つ選び，記号で答えなさい。

ア 窒素(ちっそ)酸化物の排出量(はいしゅつりょう)が少なくなる。　**イ** フロンガスの放出量が減る。

ウ 二酸化炭素の排出量が少なくなる。　**エ** 交通事故が減少する。

オ ガソリン消費量が少なくなる。　**カ** 高速度で走れる。

キ 交通渋滞(じゅうたい)が減少する。

(4) 現在実用化が始まっている，(2)の自動車のように有害物質を出さない燃料電池自動車の燃料は何ですか。

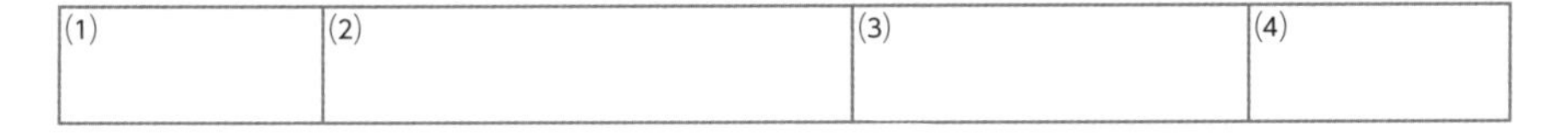

(1)	(2)	(3)	(4)

月　日

21 生物どうしのつながり

Step A　Step B　Step C

解答▶別冊 41 ページ

1 食物連鎖

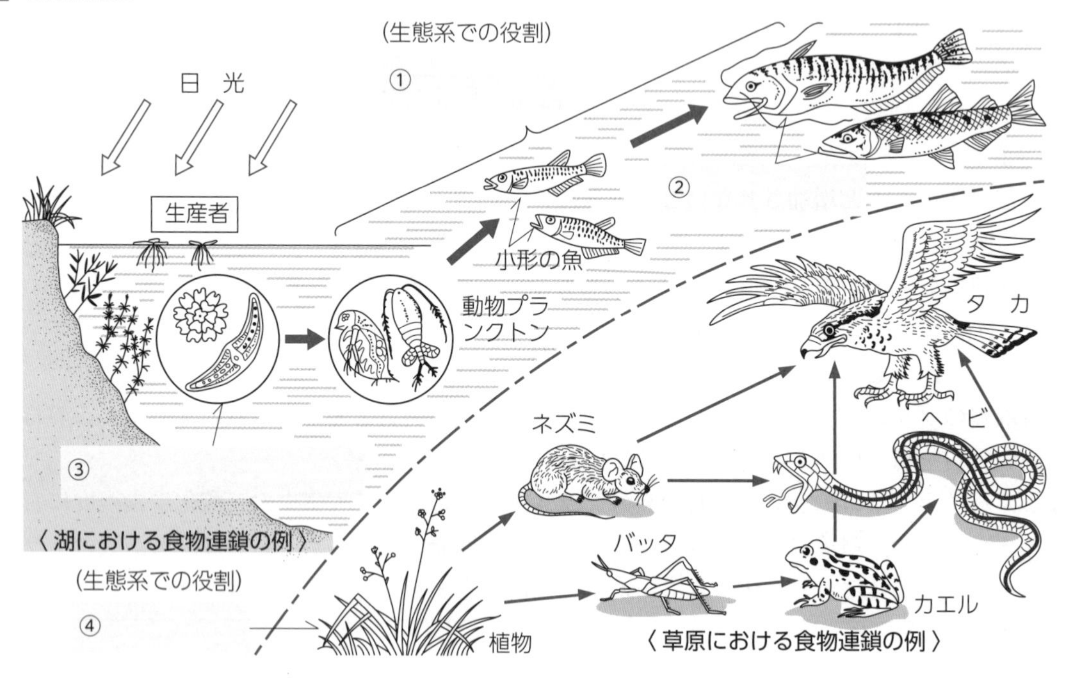

2 生物の数のつりあい

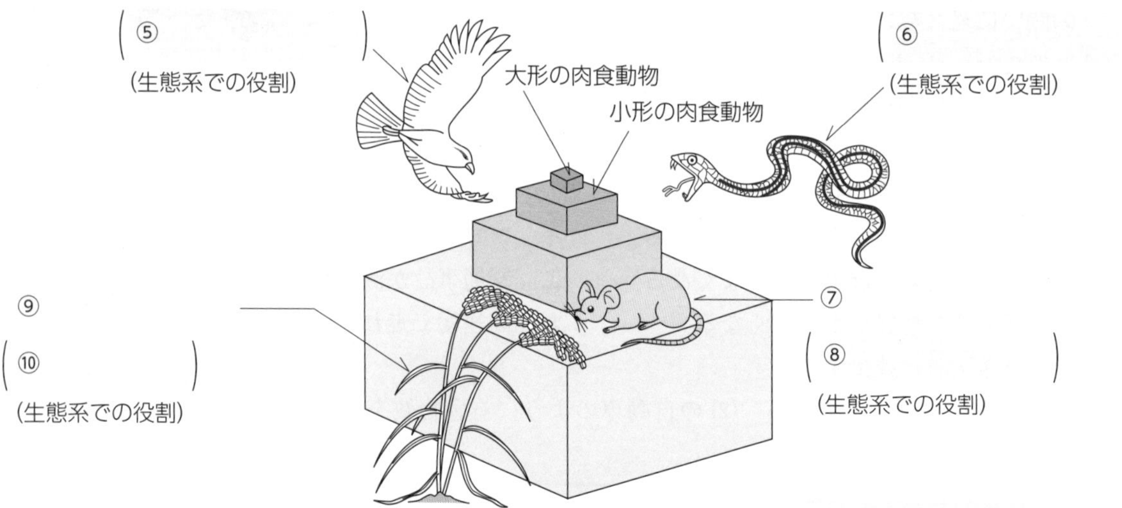

⑤, ⑥, ⑧, ⑩, の各段階の有機物量を, ⑩を下にして⑧, ⑥, ⑤の順で積み重ねると, ⑪　　　　形になる。

▶次の[　　]にあてはまる語句を入れなさい。

3 食物連鎖

1 生物は，食べる・食べられるという食物のつながりの中で生活している。この食物による生物のつながりを[⑫　　　]という。

2 植物のなかまは，光合成によって無機物(無機化合物)から有機物(有機化合物)をつくり出せるので，[⑬　　　]とよばれる。

3 動物のなかまは，植物を直接または間接的に食物としてとり入れているので，[⑭　　　]とよばれる。

4 土中の小動物や細菌類，菌類のなかまのように，生物の死がいや排出物から栄養分を得る消費者を[⑮　　　]とよぶ。

5 食物連鎖の始まりはつねに[⑯　　　]である植物である。食物連鎖は次のようにつながっている(⇒は食われる方向)。

植物 ⇒ [⑰　　　] ⇒ 小形の肉食動物 ⇒ [⑱　　　]
(生産者)　(一次消費者)　(二次消費者)　(三次消費者)

⑫
⑬
⑭
⑮
⑯
⑰
⑱

4 食物連鎖での生物の数量関係

1 食物連鎖では，食う動物と食われる動物や植物の間にはきまりがある。一般に食われる動物や植物の個体数は，食う動物に比べると非常に[⑲　　　]。すなわち，植物(生産者)よりも草食動物(一次消費者)，草食動物よりも小形の肉食動物([⑳　　　])，それよりも大形の肉食動物(三次消費者)のほうが個体数が少ないのがふつうである。

2 このように，植物を底面として，順にそれを食べる草食動物，その動物を食べる肉食動物と上に個体数をとっていくと，[㉑　　　]形になる。

3 限られた地域内で，草原や森林を破壊したり，ある動物を大量に殺したりすると，自然界のつりあいは[㉒　　　]る。

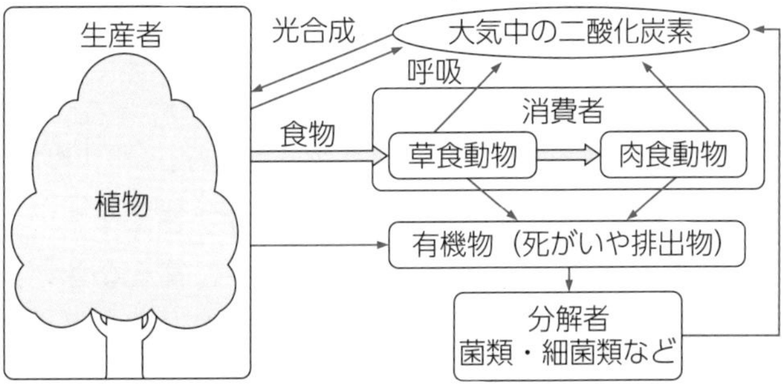

⑲
⑳
㉑
㉒

生産者
植物
光合成
呼吸
食物
大気中の二酸化炭素
消費者
草食動物
肉食動物
有機物（死がいや排出物）
分解者
菌類・細菌類など

〈自然界での炭素の循環〉

5 分解者と炭素の循環

1 土の中には，小動物のほかに多数の菌類や細菌類がいる。これらの小動物や菌類・細菌類は，植物や動物の死がいや排出物を[㉓　　　]して栄養分を得ており，有機物を[㉔　　　]に変えるのにかかわる，これらの小動物や微生物を自然界の[㉕　　　]という。

2 植物や動物の死がいや排出物は，土の中の菌類・細菌類によって，最終的には[㉖　　　]や水，窒素化合物などの無機物にまで分解される。

3 上の図のように，炭素が，[㉗　　　]，無機物(二酸化炭素など)などいろいろな物質に姿を変え，生物と大気の間を移動し，循環することで，自然環境のつりあいが保たれている。

4 分解者によって分解された物質(窒素化合物)は，植物に肥料として[㉘　　　]から吸収される。

㉓
㉔
㉕
㉖
㉗
㉘

Step A　Step B　Step C

●時間 40分	●得点
●合格点 75点	点

解答▶別冊 41 ページ

重要 **1** [生態系] 生物の数量的な関係や生態系における炭素の循環(じゅんかん)について，資料集で調べたことを次のA，Bのようにまとめた。これについて，あとの問いに答えなさい。(5点×6－30点)

〔A〕ある陸上の食物連鎖(しょくもつれんさ)に注目して，数量的な関係を，植物を底面とし，肉食動物を頂点として示すと，図1のようにピラミッドの形で表すことができる。

〔図1〕
肉食動物
草食動物
植物

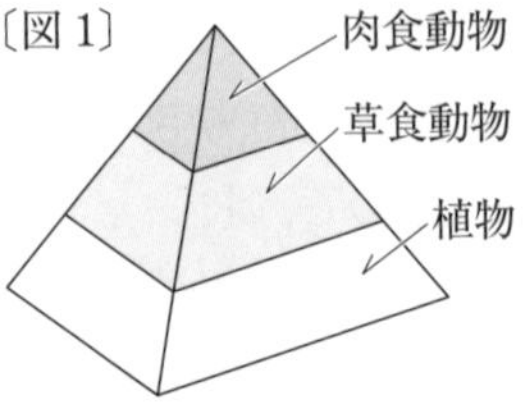

〔B〕生態系における炭素の循環について，図2は，生態系における炭素の循環を模式的に表したものである。矢印┈┈▸は，二酸化炭素に含まれる炭素の移動を示し，矢印──▸は，有機物に含(ふく)まれる炭素の移動を示している。

〔図2〕
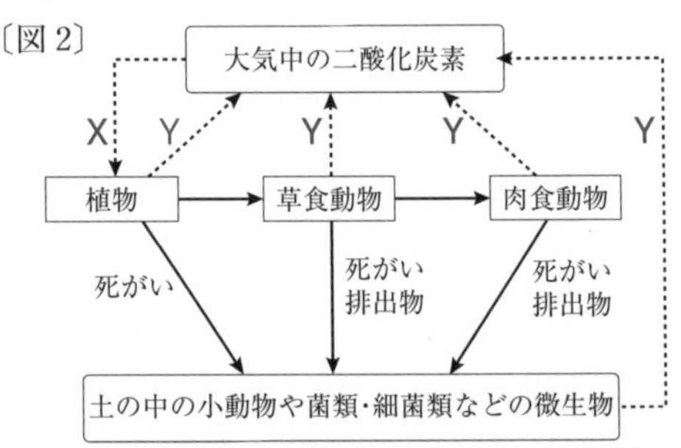

植物は，大気中の二酸化炭素を体内にとり入れて有機物をつくるため，生産者とよばれる。生産者を食べることで生産者がつくり出した有機物を直接消費する草食動物や，草食動物を食べることで生産者がつくり出した有機物を間接的に消費する肉食動物は，消費者とよばれる。土の中の小動物や菌類(きんるい)・細菌類などの微生物(びせいぶつ)も消費者であり，植物，草食動物，肉食動物などの生物の死がいや排出物(はいしゅつぶつ)などに含まれる有機物をとり入れ，利用している。

(1)〔A〕について，図1のようにつりあいのとれた状態から，何らかの原因で草食動物の数量が増加すると，次の段階で，植物の数量と肉食動物の数量は，それぞれどのように変化するか，右の**ア**～**エ**から最も適当なものを1つ選び，記号で答えなさい。

	ア	イ	ウ	エ
植物の数量	増加する	増加する	減少する	減少する
肉食動物の数量	増加する	減少する	増加する	減少する

(2)〔B〕について，次の①～③の問いに答えなさい。

①図2の矢印Xと矢印Yで示された二酸化炭素に含まれる炭素の移動は，生物のどのようなはたらきによるものか，その名称(めいしょう)をそれぞれ書きなさい。

②菌類に分類される生物を，次の**ア**～**エ**からすべて選び，記号で答えなさい。

ア　アオカビ　　**イ**　シイタケ　　**ウ**　ゼニゴケ　　**エ**　大腸菌

③次の文は，土の中の小動物や菌類・細菌類などの微生物のはたらきについて説明したものである。文中の(**あ**)，(**い**)に入る最も適当な言葉は何か，それぞれ書きなさい。

生態系における役割から，植物は生産者であり，草食動物，肉食動物，土の中の小動物や菌類・細菌類などの微生物は消費者である。これらの消費者のうち，土の中の小動物や菌類・細菌類などの微生物のように，生物の死がいや排出物などから栄養分を得ている生物を(**あ**)者という。(**あ**)者のはたらきにより，有機物は最終的に水や二酸化炭素などの(**い**)にまで(**あ**)される。

(1)	(2)	①	X	Y	②	③	あ	い

〔三　重〕

2 [土の中の微生物のはたらき] 次の文を読み，あとの問いに答えなさい。 (8点×5－40点)

土の中の生物のはたらきについて調べるため，落葉を含む黒い土を教室へ持ち帰り，目に見える小動物をとり除いてから，その土を2つに分け，一方の土はそのままにし，ⓐ他方の土はよく焼いた。次に，図1のようにつくった培地の入っているペトリ皿Aにそのままの土を，Bに焼いた土をそれぞれ1gずつⓑすばやく置き，ふたをして約30℃に保った暗所に放置した。4日後，ペトリ皿A，Bの培地にヨウ素液をかけて観察した。図2は，その結果を示したものである。

〔図1〕

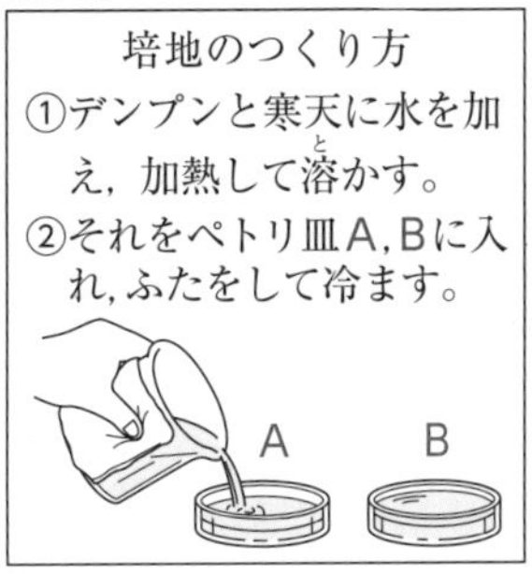

培地のつくり方
①デンプンと寒天に水を加え，加熱して溶かす。
②それをペトリ皿A，Bに入れ，ふたをして冷ます。

A　B

〔図2〕

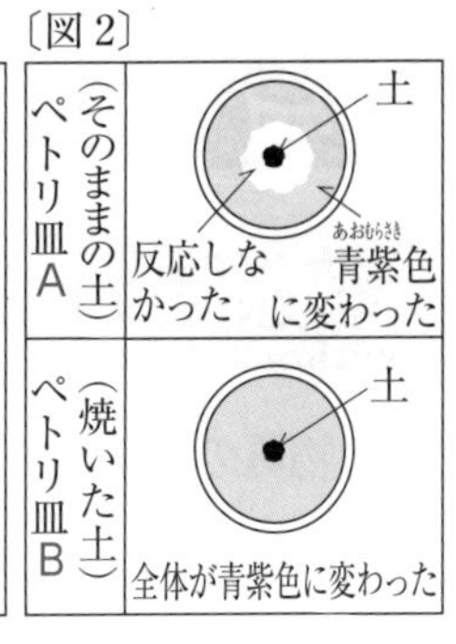

記述 (1) 下線部ⓐで，土を焼いた目的を簡単に書きなさい。

(2) 下線部ⓑで，すばやく操作する理由は，次のア～エのどれですか。

ア　ペトリ皿中の培地が乾燥するから。

イ　ペトリ皿中のデンプンと空気中の酸素が反応するから。

ウ　ペトリ皿中の寒天と空気中の酸素が反応するから。

エ　ペトリ皿に空気中の生物が入るから。

(3) 図2から，土の中の生物のはたらきについてわかることは，次のア～エのどれですか。

ア　寒天を分解する。　**イ**　デンプンを分解する。

ウ　ヨウ素液を分解する。　**エ**　土を分解する。

(4) 自然界の生物のうち，土の中などの小動物や菌類・細菌類は分解者とよばれているが，植物は何とよばれるか。その名称を書きなさい。

記述 (5) 自然界で分解者は，主に何から栄養分をとり入れているか。10字程度で答えなさい。

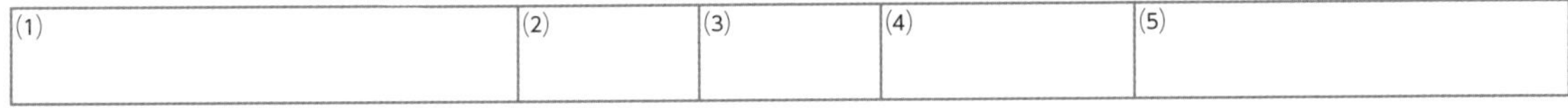

〔鹿児島－改〕

3 [有機物の循環] 右図は，自然界における炭素と酸素の流れの一部を示したもので，気体A，気体Bは二酸化炭素，酸素のいずれかである。次の問いに答えなさい。 (5点×6－30点)

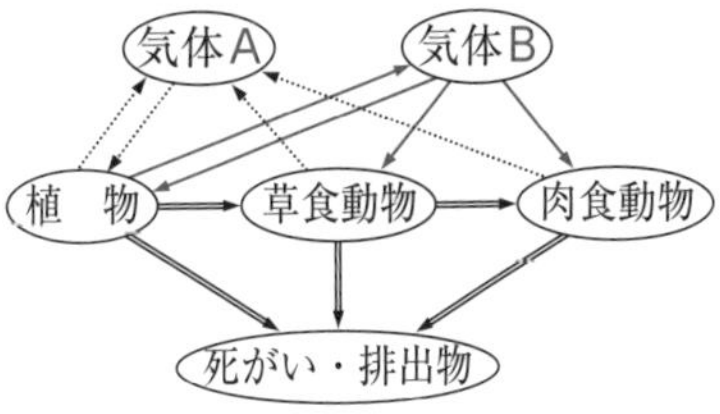

気体A　気体B　植物　草食動物　肉食動物　死がい・排出物

(1) 図中の，──→，┈┈→，══→で表された線は，次のア～ウのいずれを示しているか。それぞれ1つずつ選び，記号を書きなさい。

ア　有機物に含まれた状態での炭素の流れ。

イ　無機物に含まれた状態での炭素の流れ。

ウ　気体としての酸素の流れ。

(2) 次の文中の(　　)から適切なものを1つずつ選び，記号を書きなさい。

デンプンは，図中の(i)(**ア**　植　物　**イ**　草食動物　**ウ**　肉食動物)によってつくり出される。(ii)(**エ**　有機物　**オ**　無機物)である二酸化炭素や水をもとにしてデンプンをつくり出すはたらきは，(iii)(**カ**　光合成　**キ**　呼　吸)とよばれる。

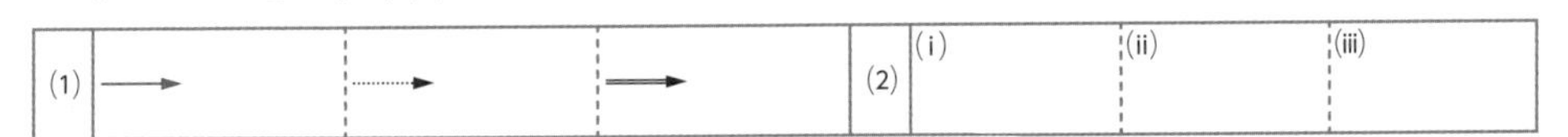

〔大　阪〕

月　日

22 自然環境と生物の関わり

Step A　Step B　Step C

解答▶別冊 42 ページ

1 物質の循環とエネルギーの流れ

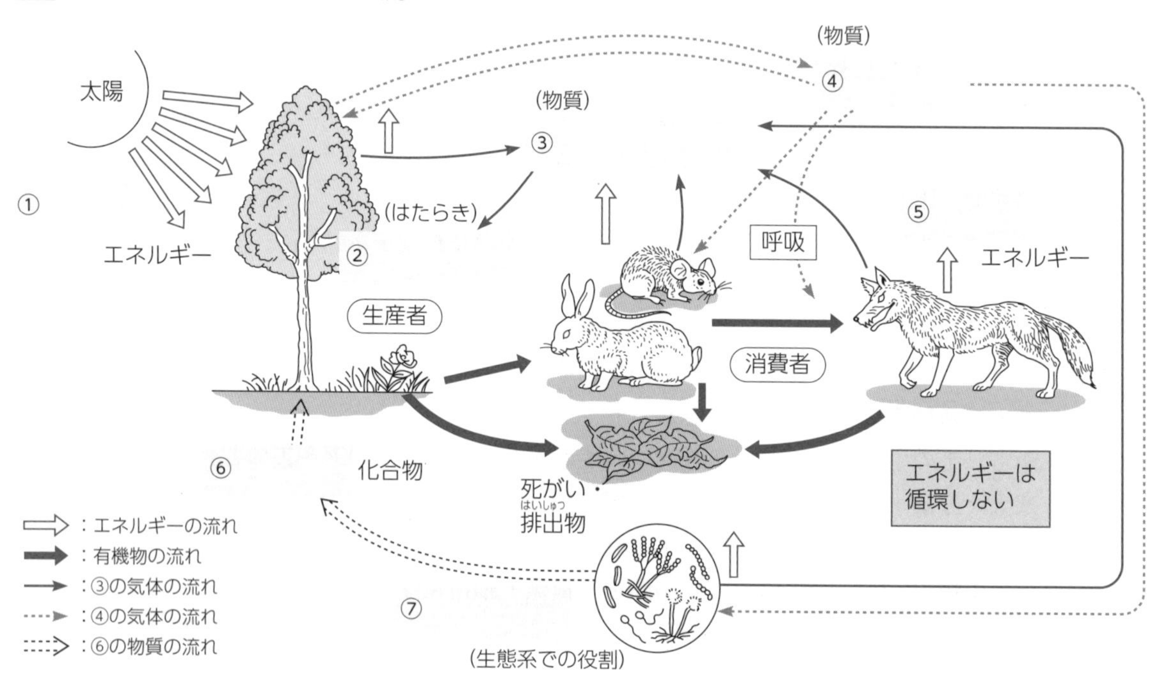

2 自然環境の調査

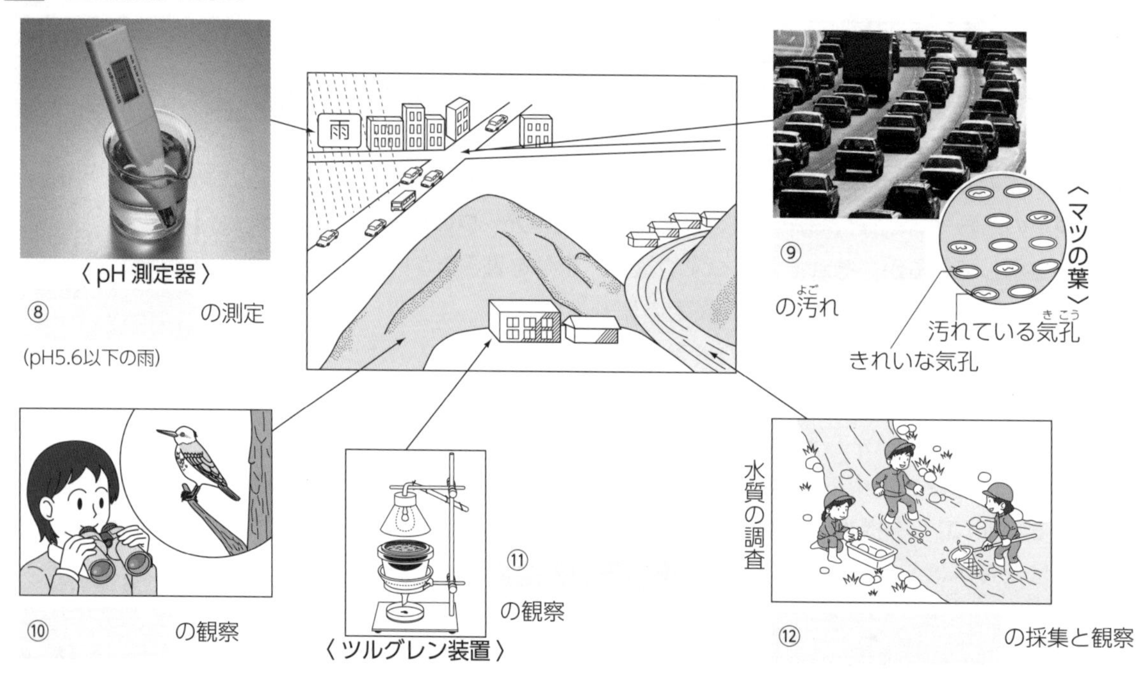

▶次の[　　]にあてはまる語句を入れなさい。

3 生態系

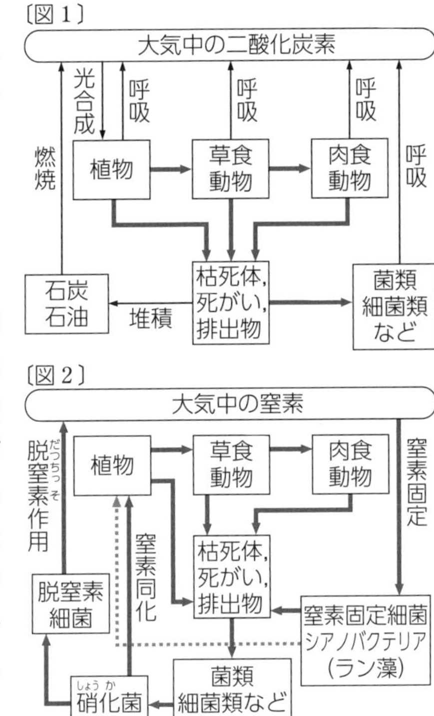

1 ある地域の生物の集まりと，それをとり巻く水や空気，光などの無機的環境を1つのまとまりとしてとらえるとき，このまとまりを[⑬　　]という。

2 生態系は光合成を行う[⑭　　](植物)と，[⑭]の有機物を直接・間接に栄養源にしている[⑮　　](草食・肉食・雑食動物)，[⑮]のうち枯死体・死がい・排出物から栄養分を得ている土の中の小動物や菌類，細菌類などの[⑯　　]からなり，菌類や細菌類は有機物を[⑰　　]に分解し，これを無機的環境にもどしている。

3 生態系の中では，これらの生物たちが主に[⑱　　]と[⑲　　]の物質循環を行っている(図1，図2)。

4 循環のための[⑳　　]は，[㉑　　]からの[㉒　　]がもとになっている。[⑳]は物質移動にともなって流れるが，循環は[㉓　　]。

5 アライグマやブラックバスなど外国から持ちこまれた[㉔　　]が，日本にもともといた[㉕　　]をおびやかし，生態系を乱している。

4 自然環境の調査

1 自然環境の変化を調べるためには，主に[㉖　　]環境と[㉗　　]環境のようすを調査する必要がある。

2 無機的環境の代表的なものは，[㉘　　]の降り方，[㉙　　]の汚れぐあい，川や湖・海などの[㉚　　]調査などがあげられる。

3 有機的環境の代表的なものは，生物の[㉛　　]と[㉜　　]の調査である。例えば，ある干潟に生活するカニやカイなどの[㉝　　]動物の調査や渡ってくる[㉞　　]の種類，山の森林の[㉟　　]の種類と分布域などである。生物の種類によっては，その地域の環境のようすを示す[㊱　　]として用いられるものもある。例えば，川にいるサワガニ，ユスリカの幼虫，イトミミズなどがそれにあたる。

5 地球温暖化

平均気温は，長期的には100年間で約0.76℃の割合で上昇しており，[㊲　　]が見られる。それは，石油・石炭・天然ガスなどの化石燃料の消費などによって，[㊳　　]ガスである[㊴　　]が増加したためと見られている。気温の上昇により氷河などがとけ出している。

⑬＿＿＿＿
⑭＿＿＿＿
⑮＿＿＿＿
⑯＿＿＿＿
⑰＿＿＿＿
⑱＿＿＿＿
⑲＿＿＿＿
⑳＿＿＿＿
㉑＿＿＿＿
㉒＿＿＿＿
㉓＿＿＿＿
㉔＿＿＿＿
㉕＿＿＿＿
㉖＿＿＿＿
㉗＿＿＿＿
㉘＿＿＿＿
㉙＿＿＿＿
㉚＿＿＿＿
㉛＿＿＿＿
㉜＿＿＿＿
㉝＿＿＿＿
㉞＿＿＿＿
㉟＿＿＿＿
㊱＿＿＿＿
㊲＿＿＿＿
㊳＿＿＿＿
㊴＿＿＿＿

Step A　Step B　Step C

●時 間 35分	●得 点
●合格点 75点	点

解答▶別冊 42 ページ

1 [炭素の循環・自然環境]　図をもとに，あとの問いに答えなさい。　(5点×3－15点)

図1は，炭素の循環と食物連鎖をおおまかに表したものである。ただし矢印は炭素が移動する向きを表し，X～Zはそれぞれ森林内の生物を表しており，また，図中の同番号は同じ現象を示している。

〔図1〕

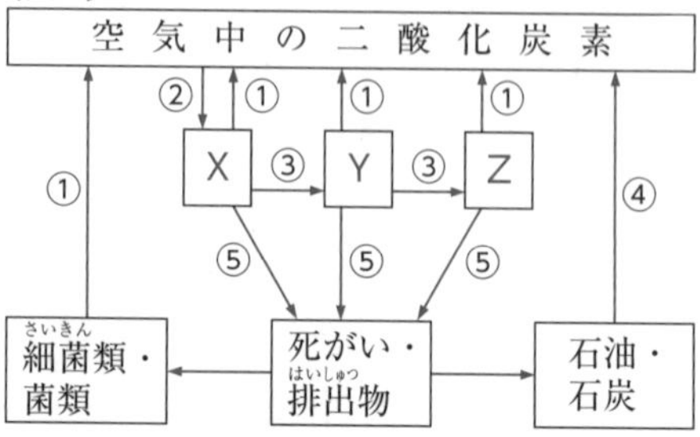

空気中の二酸化炭素
X
Y
Z
①
②
③
④
⑤
細菌類・菌類
死がい・排出物
石油・石炭

(1) 有機物としての炭素の流れを示しているものを，図の①～⑤からすべて選び，番号で書きなさい。

(2) 森林の破壊による影響以外に，空気中の二酸化炭素の濃度が上昇する大きな原因と考えられるものを，図中の①～⑤から選び，番号で書きなさい。

(3) 図2は，Kさんが川にすむ生物について調べ，まとめたレポートの一部である。このレポートから，A地点，B地点における川の水の汚れの程度はどのようであると考えられるか。次の**ア**～**エ**から選び，記号で書きなさい。

〔図2〕

観察日　7月20日
天　気　晴　れ

〔調査地点〕

中学校
A
川
家
B

〔調査方法〕
川底の石の表面や石の下，水草の根もと，砂や泥の中にいる水生生物を採取した。

〔調査結果〕

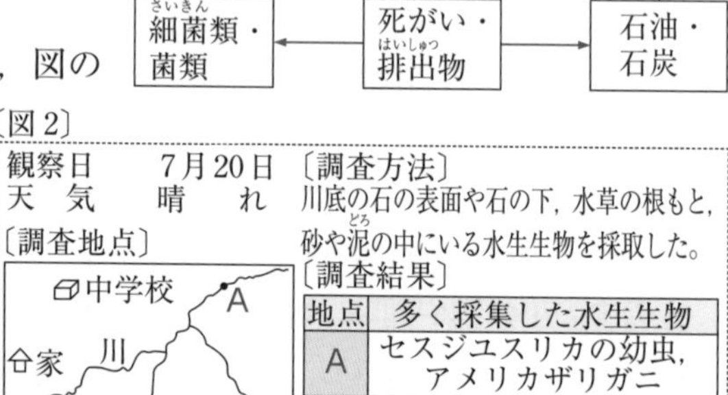

地点	多く採集した水生生物
A	セスジユスリカの幼虫，アメリカザリガニ
B	カワゲラ類の幼虫，サワガニ

ア　A地点もB地点もきれいな水であると考えられる。
イ　A地点もB地点もたいへん汚ない水であると考えられる。
ウ　A地点はきれいな水であり，B地点はたいへん汚ない水であると考えられる。
エ　A地点はたいへん汚ない水であり，B地点はきれいな水であると考えられる。

(1)	(2)	(3)

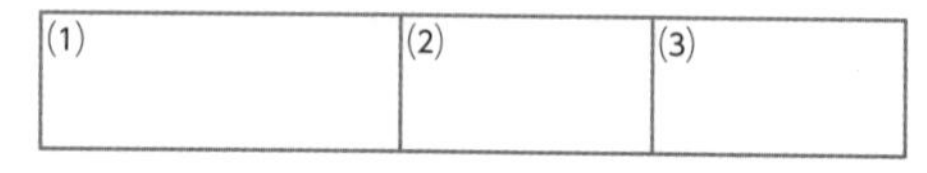

〔長崎・神奈川－改〕

2 [物質の循環]　次の文章を読み，あとの問いに答えなさい。　(5点×8－40点)

雑木林では，秋になると多量の落ち葉が地面に積もる。それらの落ち葉の下や土中には，いろいろな動物が生活している。これらの動物のうち，落ち葉やくさった枯木などを食べているものは，(A　　)である。そして(A)は(B　　)の食物になる。このような，鎖のようにつながった食う食われるの生物間の一連のつながりを(①　　)という。

動物以外にも，落ち葉や枯木などを栄養分として利用している生物がいる。これらの生物は，落ち葉や枯木や動物の死がいなどの有機物を吸収し，呼吸によって分解していくので，分解者とよばれる。分解者には，土の中の小動物のほか，胞子でふえる(②　　)類や，分裂でふえる単細胞生物である(③　　)類がいる。

(②)類や(③)類によって，有機物は(④　　)や(⑤　　)などの無機物に分解される。そして植物は外界から(④)と(⑤)をとり入れ，太陽の光を利用して有機物を合成している。このはたらきをするものを，(⑥　　)という。なお，(⑥)は雑木林以外の場所にも存在しており，それらのうち，(C　　)は水中で生活しているものである。

このように雑木林では，外界から生物へ，生物から生物へ，生物から外界へ，物質が循環している。

(1) 文中の①～⑥の(　　)に適当な語句を書きなさい。

(2) 図１の生物**ア～カ**は，文中のＡとＢの(　　)のいずれかにあたる生物である。この中からＢにあたるものをすべて選び，記号で書きなさい。

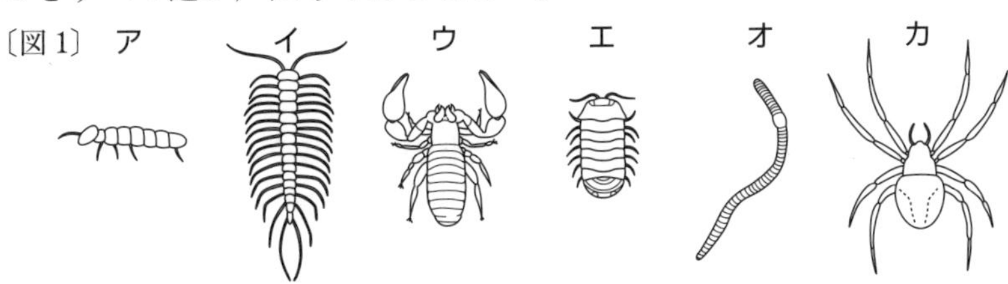

(3) 文中のＣの(　　)にあてはまる生物を，下の図２の**キ～ス**からすべて選び，記号で書きなさい。

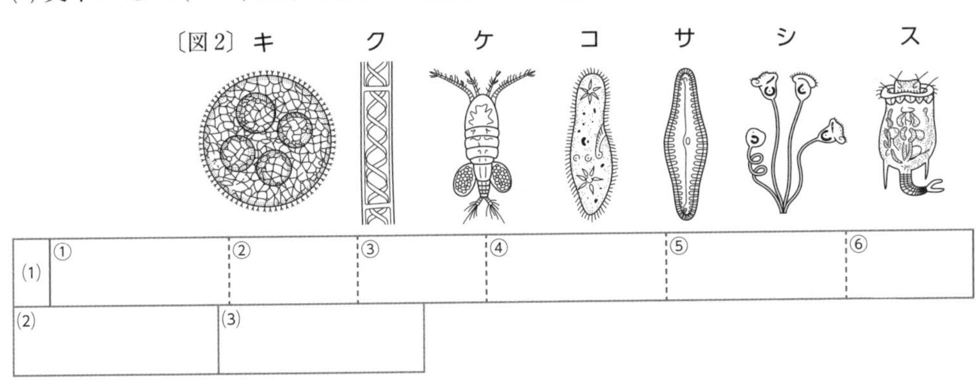

(1)	①	②	③	④	⑤	⑥
(2)		(3)				

〔土佐高〕

要 **3** [生態系]　右図はある生態系における，炭素，酸素，窒素(ちっそ)の移動を主要なものだけ模式的に示したものである。また，矢印は物質の移動方向を示している。次の問いに答えなさい。(5点×9－45点)

(1) ⑦，⑧，⑩，⑬のはたらきを何とよびますか。

(2) ①や②における捕食(ほしょく)・被食(ひしょく)の一連の関係を何とよびますか。

(3) エネルギーを使って行う⑥の現象を何とよびますか。

(4) ⑬，⑭，⑮のはたらきを総称(そうしょう)して何とよびますか。

(5) 図中において，１つの矢印が炭素循環(じゅんかん)と窒素循環の両方に関係している場合がある。その矢印をすべて選び，番号を書きなさい。

(6) 地球温暖化がさけばれて久しいが，その一般(いっぱん)的な原因は①～⑯の矢印の何番が増加し，何番が減少したためと考えられてきたか。それぞれ番号で答えなさい。

(7) 植物，草食動物，肉食動物，カビ・バクテリアのうち，無機窒素化合物からタンパク質を生成する生物を選びなさい。

記述 (8) 図の生態系で人為的に肉食動物を捕獲(ほかく)した場合，草食動物の個体数はどのように変化すると予想されるか。10字以内で答えなさい。

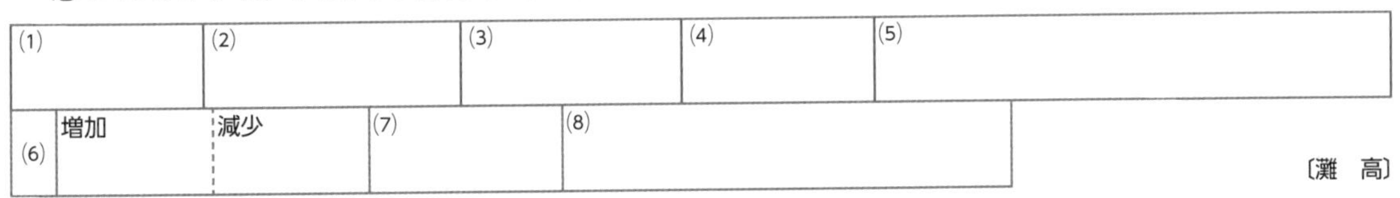

(1)	(2)	(3)	(4)	(5)

(6)	増加	減少	(7)	(8)

〔灘　高〕

月　　日

Step A　Step B　Step C

●時間 40分	●得点
●合格点 75点	点

解答▶別冊 43 ページ

重要 **1** 次の文を読み，あとの問いに答えなさい。　(4点×11－44点)

すべての生物は，食べる・食べられるという関係でつながっている。この一連のつながりを(**ア**　　)という。(**ア**)の出発点となる植物は，自分自身で有機物を生産するため，生産者とよばれる(大形の植物が存在しない海洋では，(**イ**　　)が主な生産者になっている)。動物は生産者がつくり出した有機物を直接的，あるいは間接的に食べて生きているので消費者とよばれる。生産者と消費者の個体数の関係を見てみると，ⓐふつう生産者の個体数が多く，消費者も(**ア**)で上位にくるものほど数が少なくなる。

ⓑ土の中にも多くの生物がすんでおり，(**ア**)が見られる。土の中の小動物とともに，小動物が利用し残した有機物をさらに分解するⓒ(**ウ**　　)類や(**エ**　　)類は分解者とよばれる。

生物と生物だけでなく，生物と環境(かんきょう)も密接に関係している。例えば，ⓓ炭素は生物の体内と自然環境との間を循環(じゅんかん)することによってつりあいが保たれ，その量は一定している。

(1) 文章中の空欄**ア**〜**エ**に適する語句を答えなさい。

(2) 下線部ⓐについて，次の①，②の問いに答えなさい。

①図1は，ある地域にすむ生物A〜Dの数量関係を示したものである。数量は長い間変化がなく，つりあいが保たれていたが，あるときCの生物が大量に発生した。このとき，この地域の生物はどのように変化していくか。次の**ア**〜**エ**から選び，記号で答えなさい。

〔図1〕

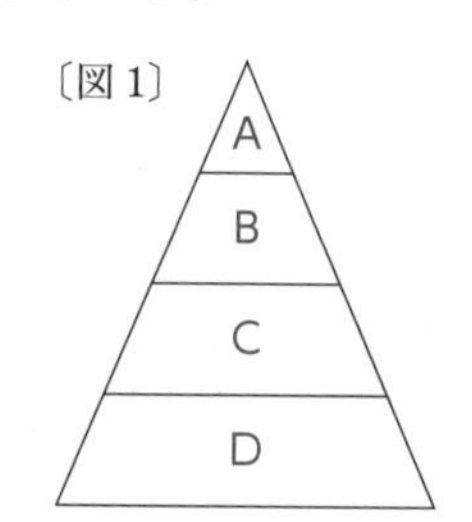

ア　Bが増加→Aが増加→Dが増加　　**イ**　Dが減少→Bが増加→Cが減少

ウ　Bが減少→Dが増加→Cが減少　　**エ**　Bが増加→Dが減少→Aが減少

記述 ②生物どうしのつりあいが保たれていても，食べられるものの個体数より食べるものの個体数が多くなるのはどのような場合か。例を1つあげなさい。

(3) 下線部ⓑについて，次のA〜Cにあてはまる動物の例を**ア**〜**エ**から選び，記号で答えなさい。

落ち葉→(　A　)→(　B　)→(　C　)

ア　ムカデ　　**イ**　カマキリ　　**ウ**　カニムシ　　**エ**　トビムシ

(4) 下線部ⓒについて，(**ウ**)類や(**エ**)類でないものを次から2つ選び，記号で答えなさい。

ア　シイタケ　　**イ**　酵母菌(こうぼきん)　　**ウ**　大腸菌

エ　プラナリア　　**オ**　根粒菌　　**カ**　乳酸菌

キ　アオカビ　　**ク**　アメーバ

難 (5) 下線部ⓓについて，炭素の移動を図2に矢印で描(か)きこみなさい。なお，無機物での移動は点線で，有機物での移動は実線で表すこと。

〔図2〕

二酸化炭素

無機物 ------▶
有機物 ——▶

生産者(植物)　　消費者(動物)　　分解者のうち，菌類・細菌類

(1)	ア	イ	ウ	エ	(2)	①
②						
(3)	A	B	C	(4)	(5)(図に記入)	

〔高知学芸高－改〕

2 次の文を読み，あとの問いに答えなさい。（4点×8－32点）

今日，私たちが利用しているエネルギー源の約85%はⓐ石油・石炭・天然ガスなどである。これらの埋蔵量には限りがある。例えば，石油は現在のように使用しているとあと60年程度でなくなるといわれている。また，これらのエネルギーの大量使用によるⓑ環境への影響も深刻である。そのためⓒ新しいエネルギー資源の開発が待たれるが，費用や供給の安定性などの問題があり，容易ではない。現在使用しているエネルギー資源の利用についても再考する必要がある。

(1) 下線部ⓐのようなエネルギー資源を何というか。漢字4字で答えなさい。

(2) 下線部ⓑとして考えられるものを，次の**ア**～**オ**から2つ選び，記号で答えなさい。

ア　プレートが活動し，地殻変動が頻繁に起こる。

イ　酸性雨によって樹木が枯れる。

ウ　オゾン層が破壊され，紫外線が強くなる。

エ　放射性廃棄物が生じる。

オ　温室効果ガスを放出し，気温が上昇する。

(3) 下線部ⓒについて，太陽光エネルギー以外の再生可能エネルギーを，次の**ア**～**オ**からすべて選び，記号で答えなさい。

ア　原子力　**イ**　メタンハイドレート　**ウ**　風　力　**エ**　地　熱　**オ**　シェールガス

記述 (4) 水力発電は，再生可能エネルギーとよばないこともある。その理由を簡潔に書きなさい。

難 (5) 植物に由来するバイオエタノールがなぜ環境に優しいのかをお父さんに聞いたところ，次のように教えてくれた。（**あ**）～（**え**）に適語を，（**え**）には漢字4字で答えなさい。

「バイオエタノールの原料であるトウモロコシやサトウキビは，空気中の（**あ**　）を吸収して（**い**　）をして成長する。だから，これを原料にしてつくったエタノールを燃焼しても大気中の（**あ**）の量は増加せず，地球環境に優しいと考えられるんだ。これは（**う**　）ニュートラルとよばれ，環境中をめぐる炭素の量がふえも減りもしないことを表している。でも，トウモロコシやサトウキビを育て，これを処理してエタノールを得る際に必要なエネルギーを（**え**　）から得ている場合には，本当の意味で（**う**）ニュートラルとはいえないね。」

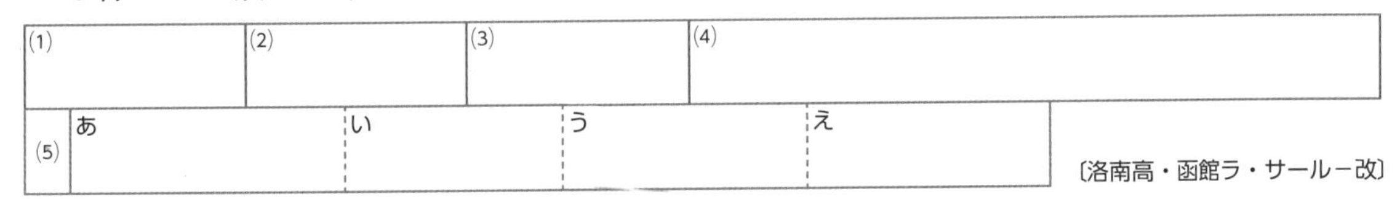

(1)	(2)	(3)	(4)

(5)	あ	い	う	え

〔洛南高・函館ラ・サール－改〕

3 右の写真について，次の問いに答えなさい。（8点×3－24点）

(1) この発電方式を何といいますか。

記述 (2) この発電機を設置する場所として適した条件は何か，簡潔に書きなさい。

(3) この発電方式の短所は何か。次の**ア**～**オ**から選び，記号で答えなさい。

ア　出力が一定でない。　**イ**　安全上問題がある。　**ウ**　夜間には発電できない。

エ　大気を汚染する。　**オ**　土壌汚染物質が発生する。

(1)	(2)	(3)

総合実力テスト

●時 間 60分	●得 点
●合格点 75点	点

解答▶別冊 44 ページ

1 **うすい塩酸を用いて次の実験1，実験2を行った。この実験について，あとの問いに答えなさい。** (2点×7－14点)

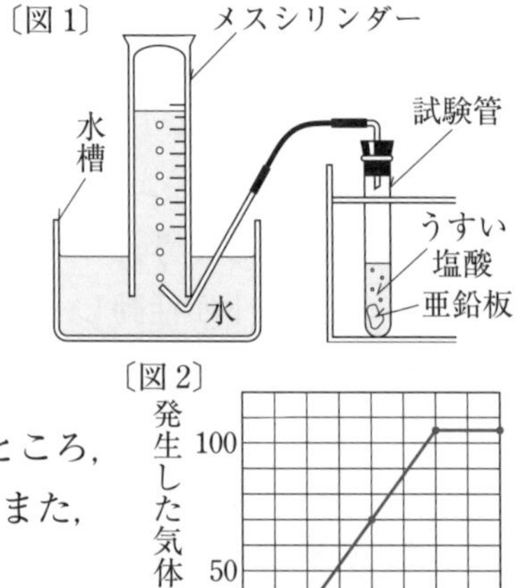

〔実験1〕 4本の試験管に，うすい塩酸を $5.0cm^3$ ずつ入れた。それぞれの試験管に亜鉛(あえん)板を 0.1g，0.2g，0.3g，0.4g 切りとって入れ，図1のような装置で発生した気体の体積を調べると，亜鉛板の質量と発生した気体の体積との関係は図2のようになり，発生した気体を確かめると水素であった。

〔実験2〕 図3のような装置で，うすい塩酸を電気分解したところ，電極Aからは気体Xが，電極Bからは気体Yが発生した。また，気体Yには，鼻につんとくるにおいがあった。

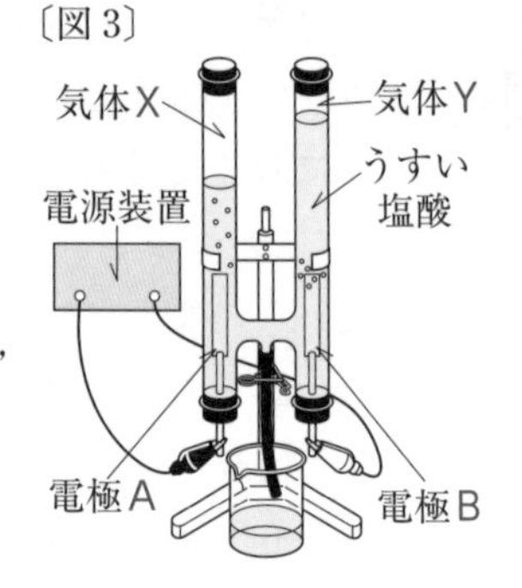

(1) 塩酸が電離(でんり)しているようすを表す式を，化学式を用いて表しなさい。

(2) 実験1で水素が発生したことを確かめる方法を簡潔に書きなさい。

(3) 実験1で水素が発生するようすを示した式で，正しいものを**ア**～**エ**から選び，記号で答えなさい。ただし，e^- は電子1個を表す。

ア $2H^+ + 2e^- \longrightarrow H_2$　**イ** $H^{2+} + 2e^- \longrightarrow H$

ウ $H^+ + e^- \longrightarrow H$　**エ** $H_2^+ + 2e^- \longrightarrow H_2$

(4) 図1のような装置で，うすい塩酸 $5.0cm^3$ に蒸留水 $5.0cm^3$ を加えた水溶液(すいようえき)を試験管に入れた。その水溶液の中に亜鉛板 0.4g を入れると，発生する水素の体積は何 cm^3 になりますか。

(5) 実験2の電極Bで起こった変化を，化学式と電子 e^- を用いて表しなさい。また，気体Yは何ですか。

(6) 実験2の電気分解を，化学反応式で表しなさい。

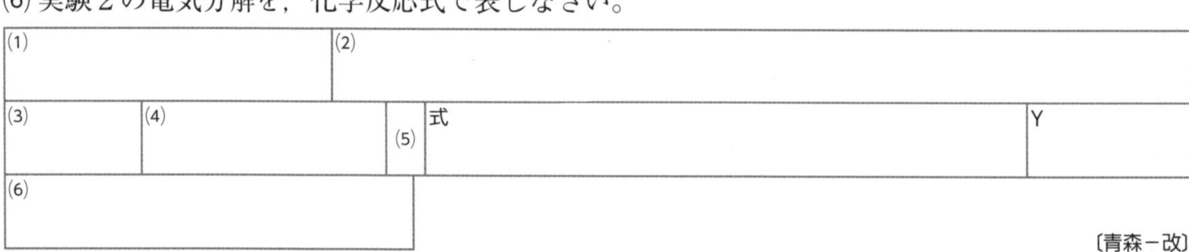

(1)	(2)		
(3)	(4)	(5) 式	Y
(6)			

〔青森－改〕

2 **花子さんと太郎さんは，音の振動(しんどう)のようすや伝わる速さについて調べた。あとの問いに答えなさい。** (2点×2－4点)

①花子さんは実験室でコンピュータを使って「い」の声の振動のようすを観察し，図1のように，振動が0.005秒ごとに規則的にくり返されていることがわかった。

②次に，花子さんは，校庭に出て校舎に向かって大きな声を出してから，反射して声が聞こえるまでの時間を校舎からの距離(きょり)を変えて測定した。図2のよ

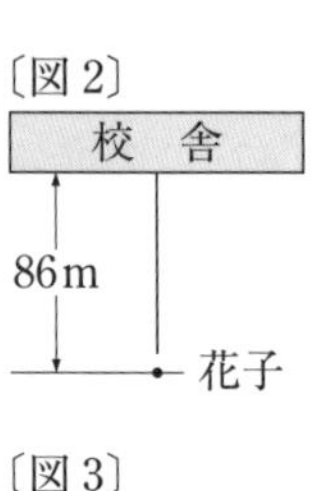

うに校舎から86m離れた地点では，0.5秒であった。

③図3のように，花子さんは図2と同じ地点にたち，太郎さんは花子さんと校舎の間にたった。花子さんが校舎に向かって大きな声を出し，太郎さんが聞こえたときから校舎で反射して再び聞こえるまでの時間を測定すると，0.4秒であった。

(1) ①で規則的にくり返されている振動は，1秒あたり何回観測されますか。

(2) ③で花子さんと太郎さんの間の距離は何mですか。

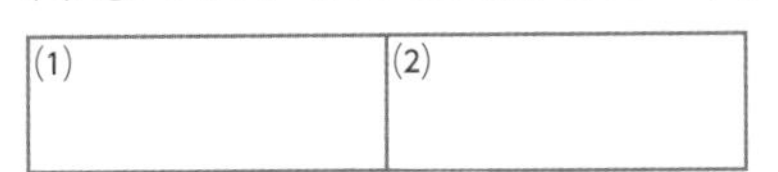

(1)	(2)

〔岩　手〕

3 メダカのすんでいる池の水を採取し，顕微鏡で観察すると図1のような生物が見られた。また，池の底には，メダカの死がいがあり，ミズカビが生えていた。池にすむこれらの生物のつながりを炭素の流れで図にすると，図2のようになった。次の問いに答えなさい。(2点×5－10点)

〔図1〕

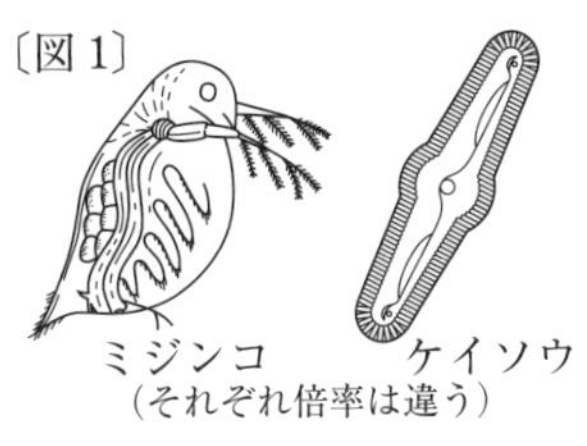

〔図2〕

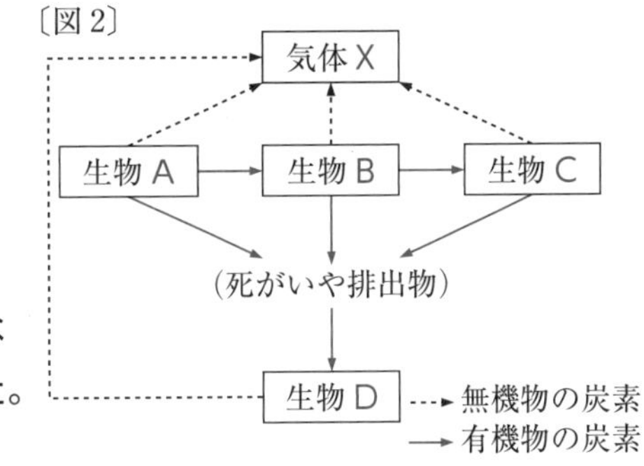

(1) 次の①～④の顕微鏡の操作について，正しい順序となるように番号を並べかえなさい。

①プレパラートをステージにのせ，横から見ながら調節ねじを回して，プレパラートと対物レンズを近づける。

②対物レンズを低倍率のものにする。

③接眼レンズをのぞきながら調節ねじを回し，プレパラートから対物レンズを遠ざけながらピントを合わせ，よく見えるようにしぼりを調節する。

④接眼レンズをのぞきながら反射鏡を調節し，視野を明るくする。

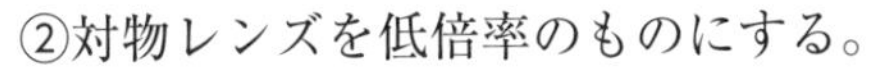

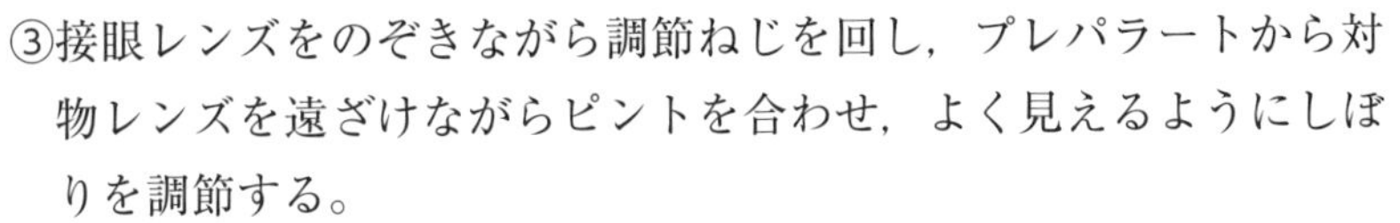

(2) 図2の生物Dのように，有機物を無機物にかえるはたらきをする生物を特に何といいますか。

(3) 図2の「生物A→生物B→生物C」のような食べる・食べられるの一連の関係を何といいますか。

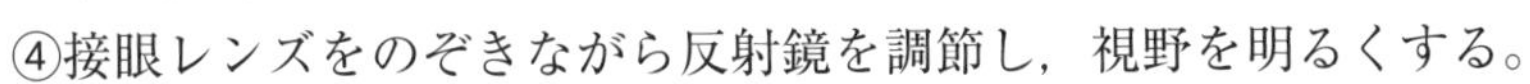

(4) メダカ，ミジンコ，ケイソウのうち，個体数が最も多いと思われるものは何ですか。

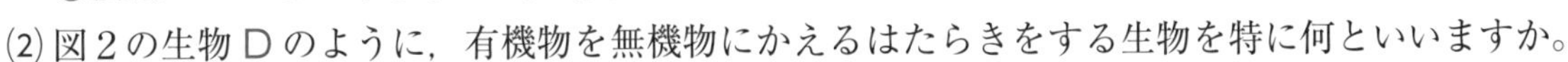

(5) 気体Xは，生物A，B，Cのどのようなはたらきによってできましたか。

(1)	(2)	(3)	(4)	(5)

〔沖縄－改〕

4 右図のように，電圧3.0Vの電池に抵抗R_1，抵抗R_2と発光ダイオード(LED)を接続した。この発光ダイオードは2.1V以上の電圧がかかると点灯するが，そのとき発光ダイオードを流れる電流は無視できるとする。発光ダイオードに2.1Vの電圧がかかっているとき，抵抗R_1の値が280Ωであるとして，次の問いに答えなさい。(2点×2－4点)

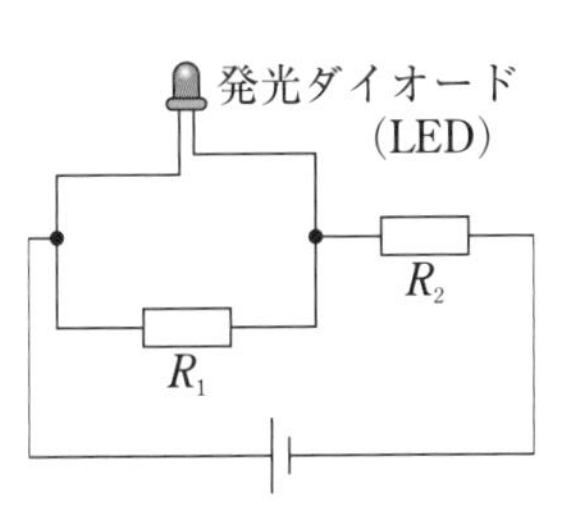

(1) 抵抗R_1に流れる電流は何Aですか。

(2) 発光ダイオードは，抵抗R_2が何Ω以上，または何Ω以下であれば点灯しますか。

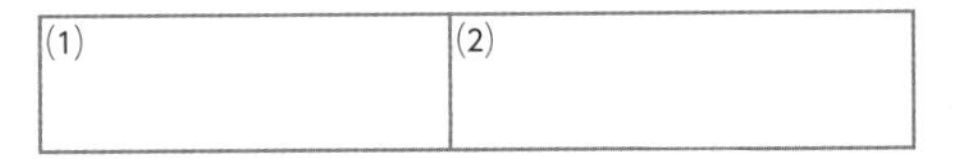

(1)	(2)

〔お茶の水女子大附高－改〕

5 図1はヒトのからだの循環系を示したものであり，図2は，その中の心臓の断面を拡大したものである。次の問いに答えなさい。(1点×17－17点)

(1) 血液の流れを，図2のa～fを用いて以下の(　)に示しなさい。ただし，循環はGで始まり，心臓を通過してJで終わるものとする。

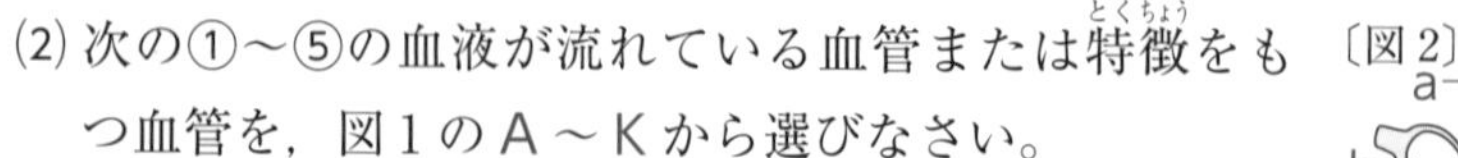

G ⟶(①　　)⟶(②　　)⟶(③　　)⟶ H ⟶ I

⟶(④　　)⟶(⑤　　)⟶(⑥　　)⟶ J

(2) 次の①～⑤の血液が流れている血管または特徴をもつ血管を，図1のA～Kから選びなさい。

①酸素を最も多く含む血液。

②二酸化炭素を最も多く含む血液。

③栄養分を最も多く含む血液。

④尿素が最も少ない血液。　　　⑤最も厚い血管壁をもつ。

〔図1〕 肺　心臓　肝臓　小腸　腎臓　その他の臓器　A　B　C　D　E　F　G　H　I　J　K

〔図2〕 a　b　c　d　e　f

(3) 逆流を防ぐための弁がついているのは，動脈と静脈のどちらですか。

(4) アンモニアは，からだのもとになっているある成分の1つが分解されたときにつくられる。その成分を答えなさい。また，アンモニアはどの器官で尿素に合成されますか。

(5) 血管Eを流れる血液に多量に含まれている栄養分を2つ書きなさい。

(6) 肺の内部は多数の肺胞からできている。このようなつくりになっていると，どのような点で都合がよいか。30字以内で書きなさい。

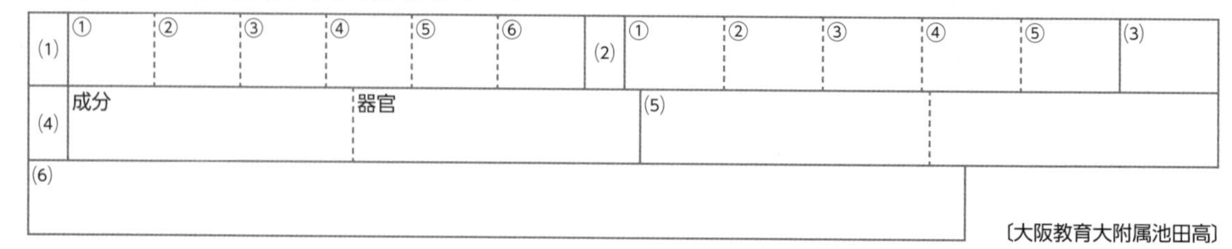

〔大阪教育大附属池田高〕

6 右図はフェーン現象を説明したものである。図と次の条件をもとに，あとの問いに答えなさい。(1点×3－3点)

・雲が発生していないときの空気は，100m上昇(下降)するごとに約1℃ずつ温度が下がる(上がる)。

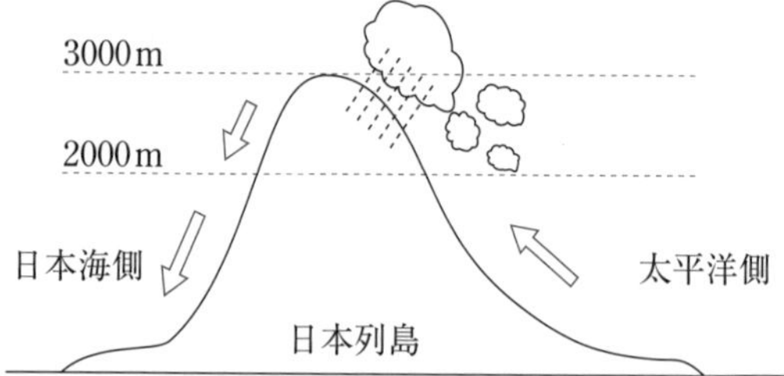

・雲が発生すると空気は，100m上昇(下降)するごとに0.5℃ずつ温度が下がる(上がる)。

(1) 太平洋側の地表(高さ0m)で，温度35℃の湿った空気が標高3000mの山脈をこえて日本海側へ移動した。このとき，高さ2000mで空気の温度が露点に達し，雲ができ，山頂付近では雨が観測された。①山頂に達した空気の温度は何℃になるか。また，②この空気が，日本海側の地表(高さ0m)に達したときの温度は何℃になるか。①，②に答えなさい。

(2) 山形県で，フェーン現象により40.8℃の気温が観測されたとき，日本の近くに台風があった。この台風の位置として最も適当なものを，**ア**～**オ**から選び，記号で答えなさい。

ア　東シナ海上　**イ**　瀬戸内海上　**ウ**　太平洋上　**エ**　日本海上　**オ**　オホーツク海上

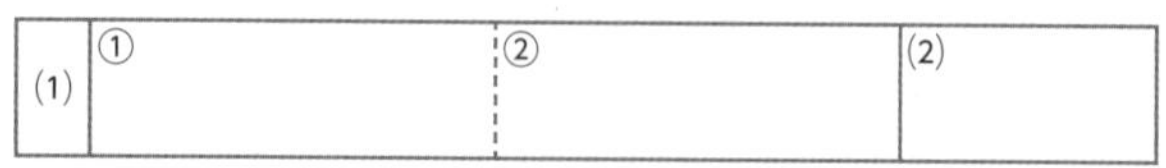

〔大阪教育大附属平野高－改〕

7 ビーカーAには塩化銅水溶液，ビーカーBには塩酸，ビーカーCにはうすい水酸化ナトリウム水溶液を入れ，右図のように炭素電極を用いて直列につなぎ，電気分解を行った。次の問いに答えなさい。　(2点×7－14点)

(1) Cで起こる変化を，化学反応式で書きなさい。

(2) Cでの電離のようすを，化学式を使って書きなさい。

(3) Aでの陰極bに20個の銅原子ができたとして，次の文の(　)に適する数字を記入しなさい。
このとき，(①　　)個の銅イオンが陰極から(②　　)個の電子を受けとったことになり，陽極にできる塩素原子がすべて塩素分子になるものとすれば，(③　　)個の塩素分子ができる。

(4) 電極付近の液をとって赤インキで色をつけた水に加えると，色が消える電極をすべて答えなさい。

(5) 一定時間電気分解をした気体は水に溶けないものとして，それぞれのビーカーで発生する気体の体積(両極で気体が発生する場合はその合計の体積)の比を，最も簡単な整数比で答えなさい。

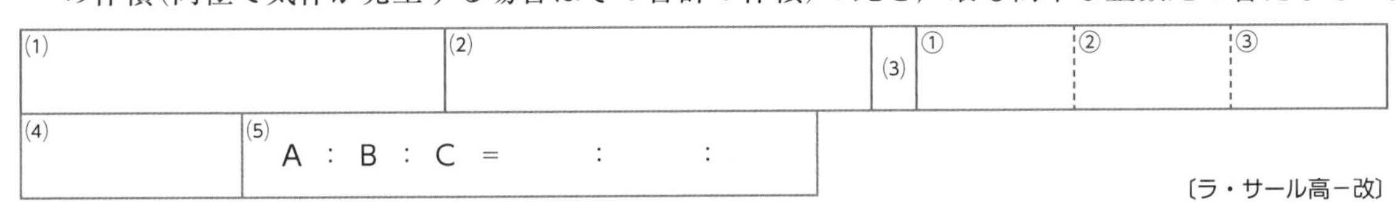

(1)	(2)	(3) ①	②	③
(4)	(5) A : B : C = 　:　:			

〔ラ・サール高－改〕

8 図1の斜面上の点Aから質量500gの物体を静かにはなすと，物体は斜面上をすべりおりた。この物体の運動は，1秒間に60回打点を打つ記録タイマーで記録した。記録テープを6打点ごとに切り離し，点Aから点Cまで順にはると，図2のようになった。AB間は摩擦の無視できるなめらかな斜面で，BC間は粗い斜面である。次の問いに答えなさい。注 図2の縦軸は速さ〔cm/s〕，横軸は時間〔s〕を示す。　(2点×6－12点)

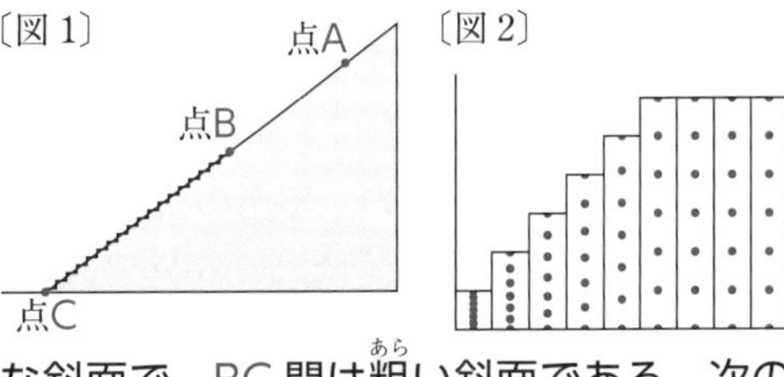

(1) 物体が点Aから点Bに移動する時間は，何秒ですか。

(2) BC間で運動する物体にはたらく力を，重力以外に2つ，図3に作図しなさい。ただし力は矢印で示し，その分力は作図しない。また，図3の1目盛りの力の大きさは1Nとし，作用点は物体の重心とする。

〔図3〕 斜面に平行な直線　斜面に垂直な直線　物体　斜面　重力

(3) ABおよびBC間で物体の運動エネルギーと位置エネルギーの和は，時間とともにどのように変化するか。次のア～ウから1つずつ選びなさい。

ア　ふえる　　**イ**　減　る　　**ウ**　変化しない

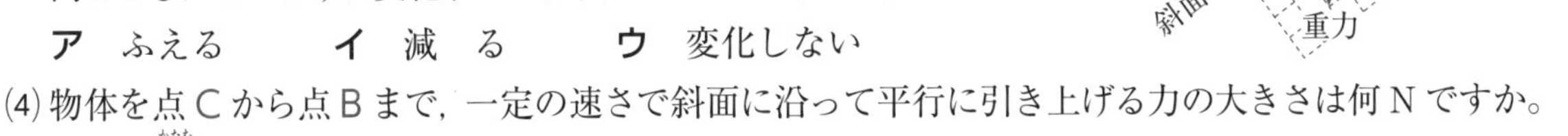

(4) 物体を点Cから点Bまで，一定の速さで斜面に沿って平行に引き上げる力の大きさは何Nですか。

(5) 斜面の傾きのみを小さくし，点Aから物体を静かにはなす。物体の速さと時間との関係を示すグラフを次の**ア**～**カ**から1つ選びなさい。ただし，各グラフの点線は，図2の各テープ上端の中央を結んだ線を示し，縦軸は速さを，横軸は時間を示す。

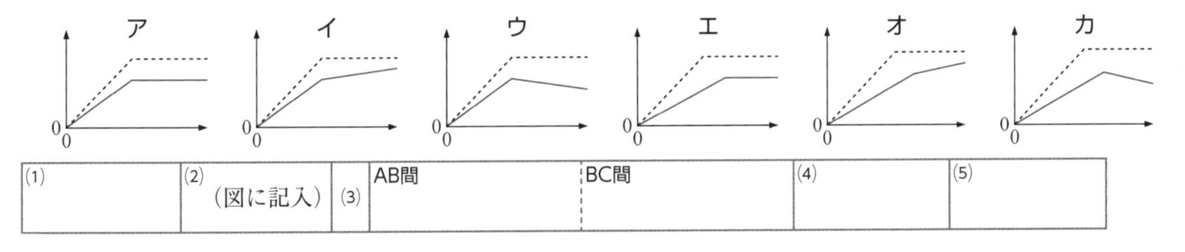

(1)	(2) (図に記入)	(3) AB間	BC間	(4)	(5)

9 冬至の日に，大阪府(東経 135.1°，北緯 34.3°)の海岸で，カメラを三脚に固定し，シャッターを一定時間開けたままにして，星空を撮影した。同じようにして，それぞれ別の時刻に，カメラの中心を北，西，南へ向けて 3 枚の写真を撮影した。図 1 のⓐ～ⓒは写真を模式的に表した図で，図には方角を書きこんだ。図 1 のⓐの Q は，写っている星の軌跡を円とした場合，円の中心にあたる。また，図 1 のⓒの点線は，春分の日の太陽の経路を描きこんだものである。図 2 は，太陽を中心として地球が公転するようすを描いたもので，図 2 中の N は地球の北極，S は南極であり，また，地球の自転軸は，地球が公転する面に対して垂直な方向に 23.4° 傾いている。これについて，次の問いに答えなさい。　(2 点× 7 − 14 点)

〔図 1〕

〔図 2〕

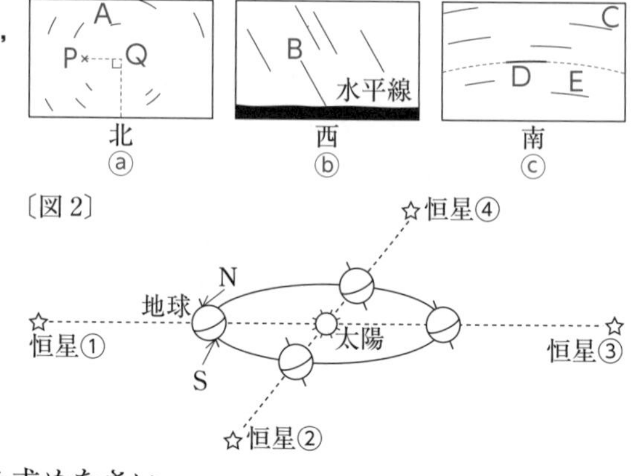

(1) 図 1 のⓐの星 A が，地平線から最も離れたときの高度は 47.8° であった。A の星が最も地平線に近づいたときの高度を求めなさい。

(2) この日，星 A が地平線から最も離れたときの時刻は 18 時 23 分であった。この夜，星 A が図 1 のⓐの P（図中の×）の位置に見える時刻を求めなさい。

(3) 同じ日に，星 A を沖縄県那覇市(東経 127.6°，北緯 26.2°)で観察したとすると，地平線から最も離れたときの時刻を求めなさい。

(4) 夏至の日に大阪府で，星 A が地平線から最も離れたときの時刻を求めなさい。

(5) 図 1 のⓑの星 B の，冬至の日の南中高度を求めなさい。

(6) 図 2 で，恒星①～④は，地球の公転面の延長上のはるか遠くにある恒星である。冬至の日，0 時(真夜中)に南中する恒星を，①～④の中から選び，番号で答えなさい。

(7) (6) で選んだ星が，図 1 のⓒに写っているとすればどれか。最も適当な星を図中の C ～ E の中から選び，記号で答えなさい。

(1)	(2)	(3)	(4)	(5)	(6)	(7)

〔清風南海高〕

10 エンドウの草たけの高い株(TT)と低い株(tt)をかけ合わせたところ，子には草たけの高い株だけが現れた。TT，tt は遺伝子の組み合わせを示している。次の問いに答えなさい。　(2 点× 4 − 8 点)

(1) 子の株の遺伝子の組み合わせを書きなさい。

(2) 子の株どうしをかけ合わせてつくった種子をすべてまいて育てると，孫の代では草たけの高い株と低い株の数の比は何対何になるか。次の**ア**～**エ**から選び，記号で答えなさい。

ア　1：1　　**イ**　3：1　　**ウ**　1：3　　**エ**　1：0

(3) できた孫の代の種子の遺伝子の組み合わせはどのように表すことができるか。T，t を用いて表し，また，その組み合わせの数の割合を簡単な整数比で表しなさい。

(4) 子の株と純系の草たけの低い株とをかけ合わせると，次の代では草たけの高い株と低い株の数の比は何対何になるか。次の**ア**～**エ**から選び，記号で答えなさい。

ア　1：1　　**イ**　3：1　　**ウ**　6：1　　**エ**　1：6

(1)	(2)	(3)	(4)
		：　：　＝　：　：	

ひっぱると，はずして使えます。

ハイクラステスト

中3 理科

解答編

解答編

1・2年の復習

1 身近な物理現象

解答

本冊▶p.2〜p.3

1 (1) イ (2) 大きくなる。(6字) (3) 15cm
(4) 40cm

2 (1) 3N (2) 12cm (3) 100Pa

3 (1) モノコード (2) 空気 (3) イ (4) 50Hz
(5) ③→①→②

4 (1) ① 680m ② 3m/s
(2) ① 15° ② イ

解説

1 (1) スクリーンにうつる実像は，物体と上下左右が逆の像になる。

(3) 物体が焦点距離(しょうてんきょり)の2倍の位置にあるとき，焦点距離の2倍の位置にあるスクリーンに，物体と同じ大きさの実像ができる。表より，板と凸(とつ)レンズとの距離と，凸レンズとスクリーンとの距離が等しくなるのは，それぞれの距離が30cmのときである。よって，焦点距離は30cm÷2＝15cmとなる。

(4) 実像ができるときの，物体と凸レンズとの距離と，凸レンズとスクリーンとの距離の関係は，逆にしてもなりたつ。

ここに注意 (4) 物体と像の位置関係は逆でもなりたつ。

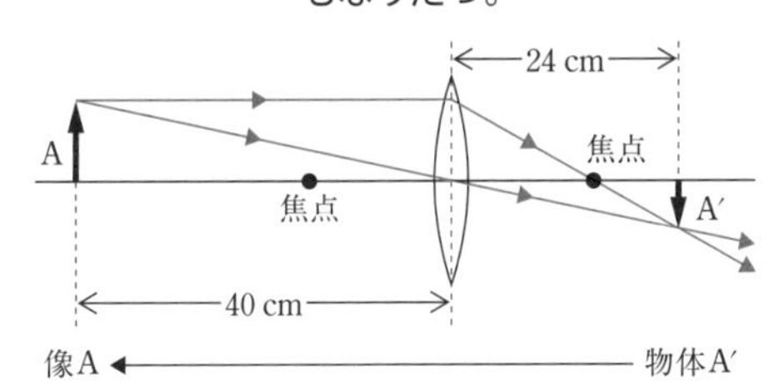

物体A(40cm)で像A′(24cm)ができるが，逆に物体A′(24cm)とすると，像Aは40cmの位置にできる。

また，凸レンズの公式も覚えておくと便利である。

a：凸レンズと物体の距離
b：凸レンズと像の距離
f：凸レンズの焦点距離

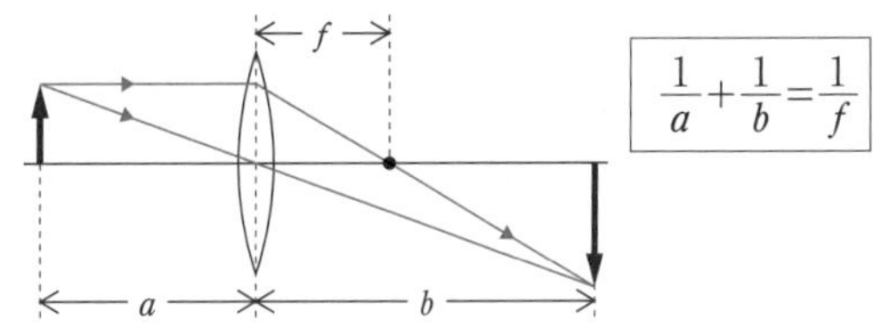

2 (1) 物体にはたらく重力と，糸を引っ張る力がつりあっている。

(2) ばねの伸(の)びを x〔cm〕とすると，
$3:x=0.25:1.0$ $x=12$〔cm〕

(3) $0.25\,\text{N/cm}\times 8.0\,\text{cm}=2\,\text{N}$ より，床(ゆか)がおもりZから受ける圧力は，$\frac{3\,\text{N}-2\,\text{N}}{0.1\,\text{m}\times 0.1\,\text{m}}=100\,\text{N/m}^2=100\,\text{Pa}$

3 (3) 音の大きさは振幅(しんぷく)の大きさで決まり，音の高さは振動数の多さで決まる。

(4) 4目盛りで1回振動するので，周期は0.005秒×4＝0.02秒となる。よって，振動数は$\frac{1}{0.02\text{秒}}=50\,\text{Hz}$である。

(5) 弦(げん)の長さ，弦の張りの強さ，弦の太さによって音の高さが決まる。弦の長さが長いほど音は低くなるので，振動数が少ないものから並べればよい。

4 (1) ① $340\,\text{m/s}\times 2\,\text{s}=680\,\text{m}$
② Aさんの速さを x〔m/s〕とすると，
$343\,\text{m}\times 2-x\times 2=680$
$x=3$〔m/s〕

校舎
2秒後(3回目)
1回目の反射音を聞く
1秒後(2回目)
(1回目)

(2) ① 入射角＝反射角より，
$30°\div 2=15°$
② 入射角が45°のとき，入射光と反射光のなす角は90°になる。

2 | 電流とその利用

解答

本冊▶p.4～p.5

1 (1) (A—)d　(B—)c,　(C—)b　(D—)a
(2) 0.75 A　(3) 2.0 V　(4) 3.5 V　(5) 4 Ω
(6) (抵抗 R_1) 1.1 W　(回路全体) 2.6 W

2 (1) (電流) 2 A　(抵抗) 3.5 Ω　(2) 16 分
(3) 6720 J　(4) 4.2 J　(5) 28℃

3 (1) ① 0.3 A　② 2 Ω
(2) ① 2 A　② 0.5 A
(3) ア　(4) 0.5 A　(5) 45 Ω

4 (1) ① 250 W　② 450 kJ
(2) ① 500 Wh　② 1875 円
(3) ① イ　② ア　③ イ

解説

1 (1) 電流計は測定する部分に直列につなぎ，電圧計は測定する部分に並列につなぐ。また，＋端子は電池の＋極側につなぐ。

(2) $\dfrac{1.5\,\mathrm{V}}{2\,\Omega} = 0.75\,\mathrm{A}$

(3) $8\,\Omega \times 0.25\,\mathrm{A} = 2.0\,\mathrm{V}$

(4) R_1 に加わる電圧と R_2 に加わる電圧の和が，電池の電圧である。$1.5\mathrm{V} + 2.0\mathrm{V} = 3.5\mathrm{V}$

(5) R_3 を流れる電流 $= 0.75\,\mathrm{A} - 0.25\,\mathrm{A} = 0.50\,\mathrm{A}$

よって，$\dfrac{2.0\,\mathrm{V}}{0.50\,\mathrm{A}} = 4\,\Omega$

(6) R_1 で消費される電力は，$1.5\,\mathrm{V} \times 0.75\,\mathrm{A} = 1.125\,\mathrm{W}$
回路全体で消費される電力は，
$3.5\,\mathrm{V} \times 0.75\,\mathrm{A} = 2.625\,\mathrm{W}$

2 (1) $\dfrac{14\,\mathrm{W}}{7\,\mathrm{V}} = 2\,\mathrm{A}$ より，$\dfrac{7\,\mathrm{V}}{2\,\mathrm{A}} = 3.5\,\Omega$

(2) 電熱線の発熱による水の上昇温度は，水の体積に反比例する。水 100 $\mathrm{cm^3}$ のとき 2 分で 4℃上昇するので，水 50 $\mathrm{cm^3}$ では 1 分で 4℃上昇する。よって，80℃にするのにかかる時間は，
80℃ − 16℃ = 64℃，64 ÷ 4 = 16 より 16 分となる。

(3) $Q = 14\,\mathrm{W} \times 8 \times 60\mathrm{s} = 6720\mathrm{J}$

(4) (3)より，水 100 g（= 100 $\mathrm{cm^3}$）の水温を 8 分間で 16℃上昇させるのに必要な熱量は 6720 J となるので，
6720 J ÷ 100 g ÷ 16℃ = 4.2 J

(5) 電熱線 a（7 V − 14 W）では，4 分間で水温が 8℃上昇している。水の上昇温度は電力の大きさに比例するので，電熱線 b（7 V − 21 W）で 4 分間に上昇する水温は，
$8℃ \times \dfrac{21\,\mathrm{W}}{14\,\mathrm{W}} = 12℃$ となる。

ここに注意　(4) 熱量の単位，ジュールとカロリー

電流をもとにした熱量の単位は J で，水の温度変化をもとにした単位に，カロリー（記号 cal）がある。1 cal は 1 g の水の温度を 1℃変化させるとき出入りする熱量で，約 4.2 J に相当する。

3 (1) 右図で，AB 間の電圧は，オームの法則 $V = IR$ より求められ，

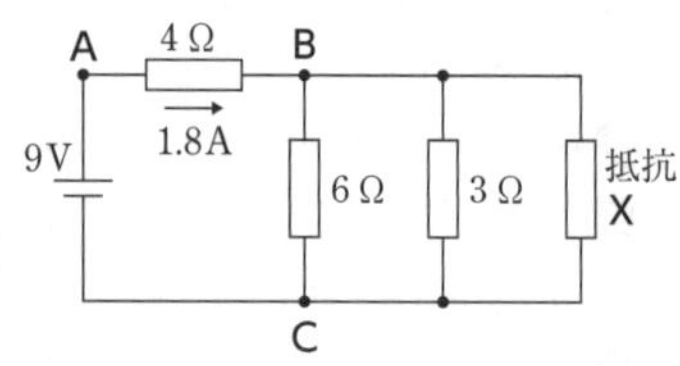

$1.8\mathrm{A} \times 4\,\Omega = 7.2\mathrm{V}$

BC 間(6 Ω)，3 Ω の抵抗，抵抗 X は並列つなぎなので，それぞれにかかる電圧は，
$9 - 7.2 = 1.8$〔V〕
① 6 Ω の抵抗に流れる電流 $= 1.8\mathrm{V} \div 6\,\Omega = 0.3\mathrm{A}$
② 3 Ω の抵抗に流れる電流 $= 1.8\mathrm{V} \div 3\,\Omega = 0.6\mathrm{A}$
なので，
抵抗 X に流れる電流 $= 1.8 - (0.3 + 0.6)$
$= 0.9$〔A〕
よって，抵抗 X の抵抗は，電圧が 1.8V，電流が 0.9A より，
$1.8\mathrm{V} \div 0.9\mathrm{A} = 2\,\Omega$

(2) 右図のように R_2～R_4 は直列，R_1 と R_2～R_4 は並列につながれた回路で，抵抗はすべて 8 Ω である。
R_1 に流れる電流 $= 12\mathrm{V} \div 8\,\Omega = 1.5\mathrm{A}$
R_3 に流れる電流 $= 12\mathrm{V} \div (8 + 8 + 8)\,\Omega = 0.5\mathrm{A}$
よって，① 電流 $I = 1.5 + 0.5 = 2$〔A〕
② 電流 $I_3 = 0.5$〔A〕

(3) 回路は，右図のようになり，電流の流れ方は矢印で示したようになる。

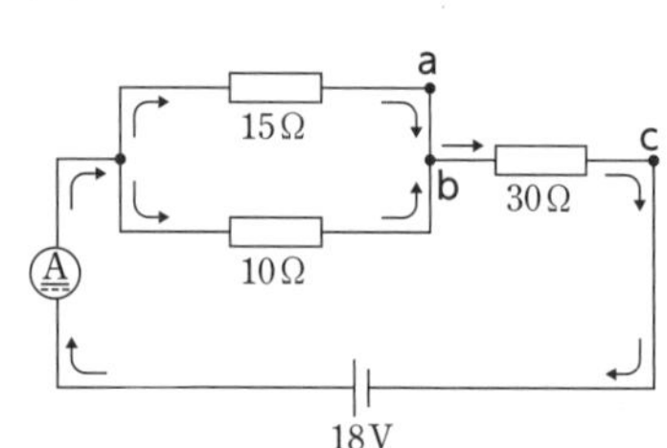

(4) 電流計を流れる電流を求めるには，回路の合成抵抗を求め，オームの法則を利

用する。

並列つなぎの部分の抵抗R〔Ω〕は，

$\frac{1}{R}=\frac{1}{15}+\frac{1}{10}=\frac{5}{30}$　より，$R=\frac{30}{5}=6$〔Ω〕

なので，全抵抗＝6＋30＝36〔Ω〕

よって，電流計を流れる電流＝18V÷36Ω＝0.5A

(5) ac 間に接続した抵抗をXとする。ab 間に電流が流れないので，右図の並列回路とみなして考えればよい（ab 間にある点線は除いて考える）。

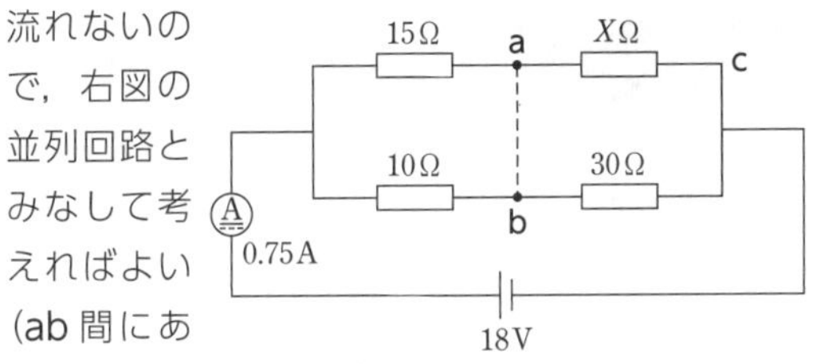

b 点を流れる電流＝18V÷40Ω＝0.45A

a 点を流れる電流＝0.75－0.45＝0.30〔A〕

15Ωの抵抗にかかる電圧＝0.30×15＝4.5〔V〕

XΩの抵抗にかかる電圧＝18－4.5＝13.5〔V〕

よって，

X＝13.5V÷0.3A＝45Ω

ここに注意　(3) 電流と抵抗の関係

図１で，R_1とR_3にかかる電圧が等しいとき，ab 間に導線をつないでも電流は流れない。このとき，

$R_1：R_2＝1：3$

$R_3：R_4＝1：3$

となっている。このように，抵抗の比が同じとき，ab 間には電流が流れない。逆に，ab 間に電流が流れないとき，$R_1:R_2＝R_3:R_4$の関係がなりたつ。

〔図１〕

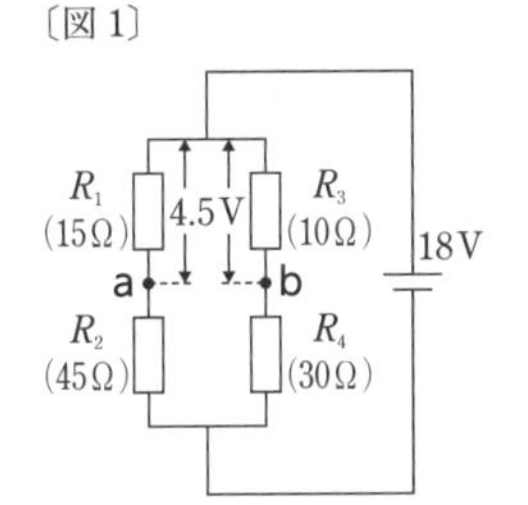

図２の回路で，ab 間に電流が流れないとき，

$R_1：R_2 ＝ R_3：R_4$ がなりたち，

$R_1×R_4＝R_2×R_3$

となる。

したがって，X〔Ω〕は，

15Ω×30Ω＝X×10Ω　X＝45〔Ω〕

のように求められる。

〔図２〕

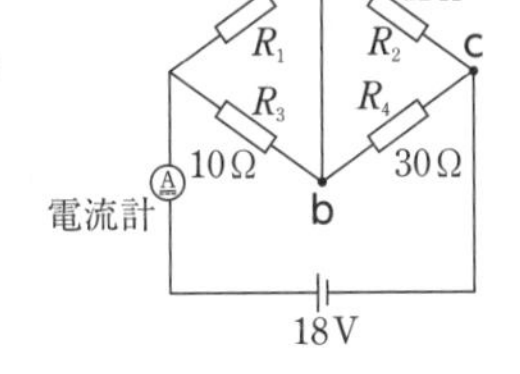

4　(1) 電力量 Wh の単位では，時間は時間(h)，J の単位では，時間は秒(s)となる。

① 電　力〔W〕＝$\frac{100\text{V}}{40\ \Omega}$×100V＝250W

② 電力量〔J〕＝$\frac{100\text{V}}{40\ \Omega}$×100V×(30×60)s

＝250W×1800s

＝450000J

＝450kJ

(2) ① 電力量〔Wh〕＝$\frac{100\text{V}}{100\ \Omega}$×100V×5h＝500Wh

② 回路全体の電力は，

$\left(\frac{100\text{V}}{100\ \Omega}+\frac{100\text{V}}{50\ \Omega}+\frac{100\text{V}}{50\ \Omega}\right)$×100V＝500W

電力量＝500W×5h×30日＝75000Wh＝75kWh

1か月(30日間)の電力量料金は，

1kWh あたり25円であることから，

75kWh×25円＝1875円

別解　全体の抵抗Rを求め，電力を導く。

$\frac{1}{R}=\frac{1}{100\ \Omega}+\frac{1}{50\ \Omega}+\frac{1}{50\ \Omega}=\frac{5}{100}$より，

R＝20〔Ω〕

電力＝$\frac{100\text{V}}{20\ \Omega}$×100V＝500W

3 電流と磁界

解答　本冊▶p.6〜p.7

1 (1) ア　(2) オ　(3) e(点の磁界)　(4) ア

2 (1) ① ウ　② 右　③ 右　④ 左　⑤ ア

(2) ① －(極)　② ウ

3 (1) (記号) b　(名称) 誘導(ゆうどう)電流

(2) ア，ウ，エ　(3) エ　(4) イ，ウ，エ

(5) ア

解説

1　(1)・(2) 電流によって導線のまわりにできる磁界は，右ねじの法則(右図)を基本にして考える。

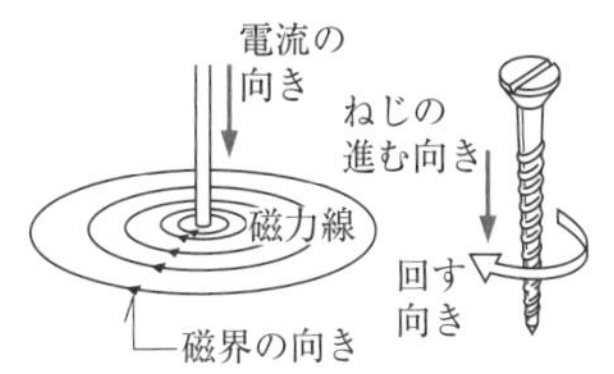

(3) 電流から離(はな)れるほど，磁界は弱くなっていく。磁界の大きさは，同じ向きでは強めあい，逆向きでは弱めあう。

e 点では，ab，bc，cd の導線に流れる電流による磁界がすべて同じ**ア**の向きで強めあう。f 点では，cd を流れる電流による磁界の向き**オ**と，ab を流れる電流による磁界**ア**は逆向きで弱めあい，電流から

距離の近い**オ**のほうが強いので，**オ**の向きの磁界が残る。

(4) a と d の間では，磁界の向きは同じで，磁界の大きさは等しいことから，導線面に対して垂直な向きの磁力線の間隔は等しく表す。また，a の左側，d の右側の磁界は向きが異なるので，打ち消しあう。したがって，磁界の大きさは a と d の間に比べて小さくなる。さらに，導線から離れるにしたがって磁界の大きさは小さくなっていくので，磁力線の間隔は導線から離れるにつれて広くなっていく。一見，**エ**が答えのように思ってしまうが，上の図と**エ**の選択肢の図を見比べると，**エ**では a の左側，d の右側の磁力線の間隔がそれぞれ等しくなっている。この点が誤りである。**ア**では閉じた磁力線は描かれていないが，上で述べた内容と矛盾する所はないことから，**ア**を解答として選ぶ。

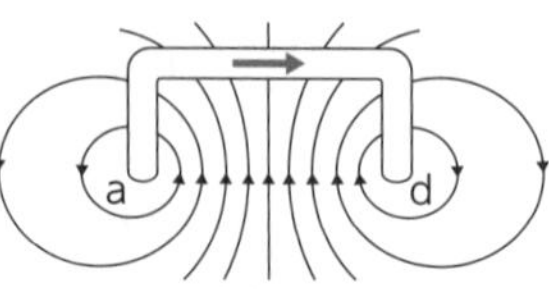

2 (1) ② 右図のように，電流による磁界(実線の磁力線)と磁石 A の磁界(点線の磁力線)で，左側が同じ向きで強めあい，右側では逆向きで弱めあうので，電流は左側から右側へ力を受けて，丸棒は右向きに移動する。

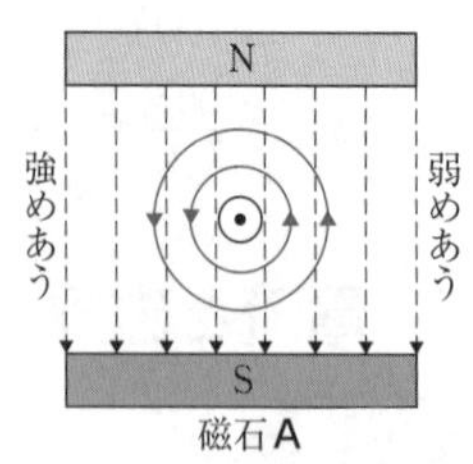

③ 電源の＋極と－極を入れかえ，磁石 B の位置に丸棒をのせると，②での電流の向きと磁界の向きの両方が変わるので，受ける力の向きは②と同じ右向きである。

④ コイルに電流が流れると，コイルの内側には，右図のように上向きの磁力線が生じ，コイルの上端に N 極，下端に S 極が生じる。丸棒の下側が N 極なので，②の場合と逆に電流の右側の磁界が強めあい，左向きの力がはたらく。

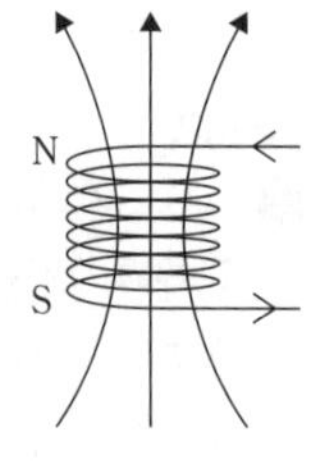

⑤ 流れる電流が大きくなるほど丸棒の動きがはやくなる。電流は抵抗の大きさが小さいほど大きくなることから，最も抵抗の小さくなる**ア**を選ぶ。

(2) ① 電子線(陰極線)は－極から＋極へ向かう電子の流れである。

② 右図のように，電流は電子の流れの方向と逆向きに流れる。電流が下向きに力を受けるのは，電流のつくる磁界と磁石のつくる磁界とが電流の上側で強めあい，下側では弱めあう場合なので，**ウ**となる。

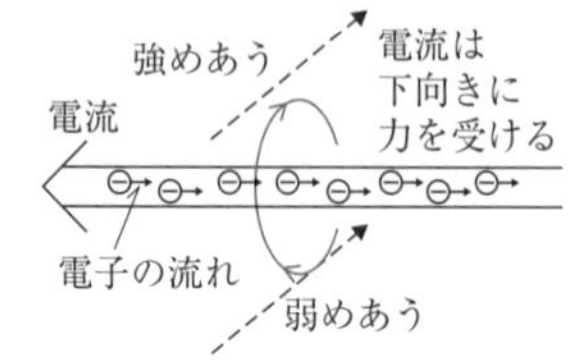

ここに注意　**フレミングの左手の法則**

磁界，電流，力の向きは，フレミングの左手の法則で調べることができる。右図のように，左手の指を互いに直角にひらき，電流の向き(中指)，磁界の向き(人さし指)にあてはめると，親指の指す向きが，電流が磁界から受ける力の向きに一致する。

人さし指(磁界)
中指(電流)
親指(力)

3 (1) 棒磁石の N 極がコイルの上端に近づいているので，下向きの磁力線の数がふえ，コイルには上向きの磁力線ができるように誘導電流が流れる。右手の法則を使うと，b の向きと判断できる。

(3) 上端に N 極が近づいているので，誘導電流は b の向きになり，負の向きの波形から始まる。また，棒磁石が落下する速さは，重力により増していくので，下端ではやくなり，磁界の変化もはやくなる。よって，誘導電流も大きくなるので，**エ**が正しい。

(5) ① では棒磁石が近づくので斥力がはたらき，②では棒磁石が遠ざかるので引力がはたらく。

4 身のまわりの物質

解答　本冊▶p.8～p.9

1 (1) 状態変化　(2) イ，ウ　(3) $108.7\,cm^3$

(4) (判断) 浮く。

(理由) 氷のほうが水よりも密度が小さいから。

2 (1) Ⓐ イ　Ⓑ キ　Ⓒ エ　Ⓓ ウ

(2) (判断) 沈む

(理由) 液体より固体のほうが，密度が大きいから。(20 字)

(3) 水

(4) エタノール

3 (1) (気体 A と D は，気体 B と C に比べて，)

水に溶けやすい(水によく溶ける)。

(2) (気体 B) エ　(気体 C) イ

(3) 上方置換法　(4) B

4 (1) 溶解度　(2) 39%　(3) 27 g

(4) 71 g　(5) 50 g

解説

1 (2) 融点が－10℃より低く，沸点が－10℃より高い物質を選ぶ。

(3) $100\,\mathrm{cm^3} \times \dfrac{1.00\,\mathrm{g/cm^3}}{0.92\,\mathrm{g/cm^3}} = 108.69\,\mathrm{cm^3}\cdots \rightarrow 108.7\,\mathrm{cm^3}$

2 (2) 液体のろうが冷え，中央がくぼんで固体となるので，質量は変わらないが体積は小さくなるから，固体のほうが液体より密度が大きいとわかる。

(3) ドライアイスは昇華して直接－80℃くらいの気体になるので，大気中の水蒸気が急冷されて白煙のように見える。白煙の正体は水である。

(4) 発生した気体を冷却して得られた液体はエタノールだけでなく，ごく少量の水も含まれていることにも注意しておくこと。

3 (2) アでは二酸化炭素が発生する。石灰石は炭酸カルシウムが主成分である。イでは酸素が発生する。オキシドールは過酸化水素のうすい水溶液(約3%)，二酸化マンガンは過酸化水素が分解されるのをはやめるはたらきをし，自分自身は変化しない「触媒」である。ウではアンモニアが，エでは水素が発生する。

4 (2) $\dfrac{64\,\mathrm{g}}{100\,\mathrm{g}+64\,\mathrm{g}} \times 100 = 39.0\cdots \rightarrow 39\%$

(3) 蒸発した水の質量は，209 g － 184 g ＝ 25 g
60℃の水 75 g に溶ける硝酸カリウムの質量を x〔g〕とすると，100：109 ＝ 75：x　x ＝ 81.75〔g〕
出てきた結晶の質量は，109 g － 81.75 g ＝ 27.25 g となる。

(4) 水の質量は，100 g ＋ 20 g ＝ 120 g となる。20℃の水 120 g に溶ける硝酸カリウムの質量を y〔g〕とすると，100：32 ＝ 120：y　y ＝ 38.4〔g〕
結晶になる質量は，109 g － 38.4 g ＝ 70.6 g となる。

(5) 溶液の質量と同じ質量の水を加えると，水溶液の濃度を$\frac{1}{2}$にできる。

ここに注意　(4) グラフから見る再結晶

水溶液の温度による溶解度のちがい(溶解度曲線)から，温度を下げることによって現れる結晶の質量を求めることができる。

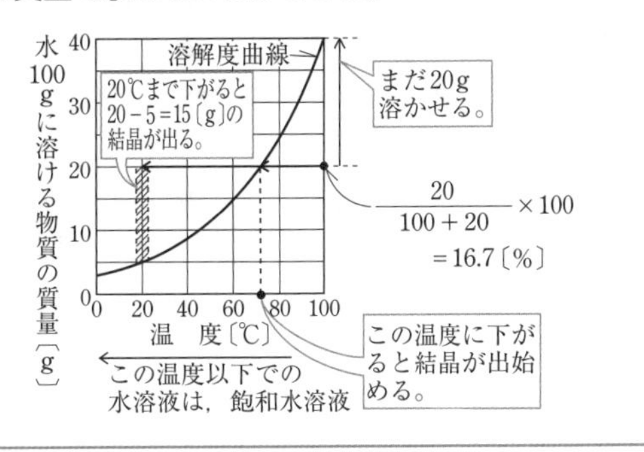

5 化学変化と原子・分子 ①

解答　本冊▶p.10〜p.11

1 (1) ① ア，オ，カ　② エ，キ　③ オ

(2) ○○ ○○ ○○ ＋ ⊗⊗ ⟶ (NH₃モデル)(NH₃モデル)

(3) (モデル) ●　(物質名) 酸化銅

2 (1) 分解　(2) (記号) ウ　(化学式) CO_2

(3) 赤色　(4) フェノールフタレイン液

(5) ① Na_2CO_3　② CO_2

(6) 試験管が割れるのを防ぐため。　(7) ウ

3 (1) ⓐ NH_4Cl　ⓑ Ag_2O

(2) (記号) ④，⑤
(理由) 酸素が不足して反応が進まない。

(3) ⑦　(4) ④，⑤，⑦

4 (1) 反応で発生した熱でさらに反応が進んだから。(鉄と硫黄の反応で熱が発生したからなど)

(2) 硫化鉄　(3) Fe ＋ S ⟶ FeS　(4) ㋐

(5) (方法) 手であおぎよせてにおいをかぐ。
(気体名) 硫化水素

(6) (物質) 鉄　(質量) 1.4 g

解説

1 (2) ○＝H原子　◎＝O原子　⊗＝N原子

H_2 ○○　O_2 ◎◎　N_2 ⊗⊗　H_2O (モデル)

NH_3 (モデル)

2 (2) 石灰水中の水酸化カルシウムが二酸化炭素と反応して炭酸カルシウムを生じるので，白く濁る。

(3) 水の指示薬は塩化コバルト紙で，青色→赤色に変化する。問題によっては赤色を桃色としている場合もあるので注意しよう。

(4) 残った白い固体は炭酸ナトリウム Na_2CO_3 である。炭酸ナトリウム水溶液と炭酸水素ナトリウム水溶液はともにアルカリ性を示すので，アルカリ性にだけ赤色を示す指示薬を考える。指示薬による色の濃さが異なるので，$NaHCO_3$（うすい赤→弱いアルカリ）から Na_2CO_3（濃い赤→強いアルカリ）へ変化したことがわかる。

(7) 水によく溶ける気体は，水上置換法では集められない。

ここに注意　(4) 酸性・アルカリ性の指示薬

	アルカリ性	中性	酸性
リトマス紙	赤→青	変化なし	青→赤
BTB液	青　色	緑　色	黄　色
フェノールフタレイン液（無色）	赤　色	変化なし	変化なし
ムラサキキャベツ液（うす赤）	黄　色	うすい赤色	赤　色

試薬・指示薬はまとめて覚えておくことが大切である。

3 (2) ①〜⑦は，次のようになる。

① $2NaHCO_3 \longrightarrow Na_2CO_3 + H_2O + CO_2\uparrow$（分解）
（気体が発生することを表す）

② $2CuO + C \longrightarrow 2Cu + CO_2\uparrow$（酸化還元）
（CuO→Cu：還元，C→CO₂：酸化）

③ $2NH_4Cl + Ca(OH)_2 \longrightarrow CaCl_2 + 2H_2O + 2NH_3\uparrow$
（アンモニアの発生）

④ Cu（分解しない）

⑤ Cu，C（反応せず）

⑥ $2Ag_2O \longrightarrow 4Ag + O_2\uparrow$（分解）

⑦ $Fe + S \longrightarrow FeS$（硫化）

④は試験管を加熱しているので，試験管内の気圧が大気圧より大きくなり，外の空気が入ってこないので酸化されない。

(4) 密閉されていない空間では，気体が発生する反応は質量が減る。

4 (5) 硫化鉄にうすい塩酸やうすい硫酸を反応させると，腐った卵のようなにおいのする気体の硫化水素 H_2S が発生する。硫化水素は有毒ガスで，天然には火山ガス，硫黄泉などに含まれる。

(6) 硫黄 5.2g と反応する鉄を x〔g〕とすると，「化合物をつくるそれぞれの原子の質量比はつねに一定である」という定比例の法則より，

$7:4 = x:5.2$　より，$x = 9.1$〔g〕

鉄は 10.5g あるので，鉄が

$10.5 - 9.1 = 1.4$〔g〕

反応せずに残ることになる。

6 化学変化と原子・分子 ②

解答　本冊▶p.12〜p.13

1 (1) $2Cu + O_2 \longrightarrow 2CuO$　(2) 50個
(3)（マグネシウム）1.56g　（銅）0.60g
(4) 2.40g　(5) 1.30g
(6) 例光と熱を出して
(7) 質量保存の法則
(8) 例化学変化の前後で，原子の種類とその数が等しいから。

2 (1) ㋐ $Mg + 2HCl \longrightarrow MgCl_2 + H_2$
㋑ $NaHCO_3 + HCl \longrightarrow NaCl + H_2O + CO_2$
㋒ $2Mg + CO_2 \longrightarrow 2MgO + C$
(2) 還元　(3)（化学式）NH_3　（反応）吸熱反応

3 (1) $2CuO + C \longrightarrow 2Cu + CO_2$
(2) 1.10g　(3)（右図）
(4) 1.20g
(5)（銅：酸素）= 4：1

3 (3)

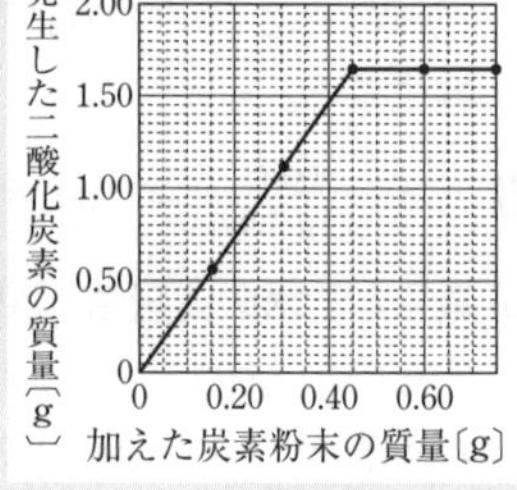

4 (1)（名称）水素
（捕集法）水上置換法
(2)（体積）2倍
（pH）大きくなる
(3) 0.24g　(4) 67 cm³

解説

1 (2) 化学反応式　$2Cu + O_2 \longrightarrow 2CuO$　より，銅原子（Cu）100個と酸素原子（O）100個が結びつくので，酸素分子（O_2）の数は，

$100 \div 2 = 50$〔個〕

(3) 表より，マグネシウムと酸素は 20：13 の質量比で反応し，銅と酸素は 4：1 の質量比で反応していることがわかる。

・マグネシウム 2.40g と反応する酸素を x〔g〕とすると，$2.40 : x = 20 : 13$　より　$x = 1.56$〔g〕

・銅 2.40g と反応する酸素を y〔g〕とすると，
$2.40 : y = 4 : 1$　より，$y = 0.60$g

(4) 求めるマグネシウムの質量をx〔g〕とすると，銅の質量は$(5.00-x)$〔g〕となる。また，この混合物と結びついた酸素の質量は

$7.21-5.00=2.21$〔g〕

である。銅：酸素＝4：1より，酸素の質量は銅の質量の$\frac{1}{4}$となるので，次の式がなりたつ。

$$(5.00-x)\times\frac{1}{4}+x\times\frac{13}{20}=2.21$$

これを解いて，$x=2.40$〔g〕

(5) 酸化されずに残ったマグネシウムの質量をy〔g〕とする。反応した酸素の質量は，

$6.25-4.30=1.95$〔g〕

となり，$(4.30-y)\times\frac{13}{20}=1.95$ がなりたつ。

これを解いて，$y=1.30$〔g〕

2 (1) 化学変化の前後で原子の種類とその数が変化しないように化学反応式をつくる。

ここに注意 (1) 化合物の化学式

化学式を覚えていないと，化学反応式をつくることはできない。以下に示すものは覚えておこう。

・酸化物：酸素との化合物
　CuO(酸化銅)　MgO(酸化マグネシウム)
　Ag_2O(酸化銀)　CO_2(二酸化炭素)
　H_2O(水)

・硫化物(りゅうかぶつ)：硫黄(いおう)との化合物
　FeS(硫化鉄)　CuS(硫化銅)
　H_2S(硫化水素)

・塩化物：塩素との化合物
　$NaCl$ {塩化ナトリウム(食塩)}
　HCl（塩化水素。水に溶(と)けた塩酸もこの化学式で表す。)
　$BaCl_2$(塩化バリウム)
　$MgCl_2$(塩化マグネシウム)
　NH_4Cl(塩化アンモニウム)　など

3 (2) 反応前の質量＝反応後の質量(質量保存の法則)から，二酸化炭素の質量をx〔g〕とすると，

6.00 g(CuO) + 0.30 g(C)

= 5.20 g(Cu + CuO) + x〔g〕(CO_2)

より，$x=6.30-5.20=1.10$〔g〕

(3) (2)と同様にして求め，(C，CO_2)の順に(0.15，0.55)，(0.30，1.10)，(0.45，1.65)，(0.60，1.65)，(0.75，1.65) の打点・を記入する。

(4) 表・グラフより，酸化銅6.00 gと炭素0.45 gが過不足なく反応することがわかる。発生したCO_2 1.65 g中0.45 gが炭素Cなので，酸素の質量は，

$1.65-0.45=1.20$〔g〕

(5) 炭素0.45 gのとき完全に反応しているので，表の4.80 gは銅の質量。そして，酸素の質量は1.20 gなので，その比は，銅：酸素＝4.80：1.20＝4：1となる。

4 (3) グラフを直線で正確に結ぶと，発生した気体の体積は，加えたマグネシウムの質量が0.24 gより大きくなっても変わらないことがわかる。

(4) 残ったマグネシウムの質量は0.40 g − 0.24 g = 0.16 gである。加える塩酸の体積をx〔cm^3〕とすると，$100:x=0.24:0.16$　$x=66.6\cdots$ → 67 cm^3 となる。

7 | 生物の生活と種類

解答　本冊▶p.14〜p.15

1 (1) 無セキツイ動物　(2) D，F，H
(3) (動物名)節足動物　(殻の名称)外骨格
(4) (記号)A，C　(動物名)軟体(なんたい)動物
(5) ① サ，ソ，ツ　② ク，テ，ナ　③ カ，キ，セ
④ ア，タ，チ　⑤ ウ，ス，ト

2 (1) ウ　(2) (根)B　(茎)A　(葉)B

3 (1) 背骨(セキツイ)　(2) エ
(3) (X) ホ乳類　(Y) 鳥類　(4) イ

4 (1) セキツイ動物　(2) ハト，ニワトリ

解説

1
A　マイマイ…軟体動物(腹足類)
B　クラゲ…刺胞(しほう)動物
C　イカ…軟体動物(頭足類)
D　ザリガニ…甲殻(こうかく)類
E　ウニ…キョク皮動物
F　ハチ…昆虫(こんちゅう)類
G　ミミズ…環形(かんけい)動物
H　ムカデ…多足類

2 (1) マツは裸子(らし)植物に分類される。

3 (2) ハ虫類は殻(から)のある卵を産み，からだはうろこでおおわれている。両生類は殻のない卵を産み，からだは粘膜(ねんまく)質の皮膚(ひふ)でおおわれている。

(3) 恒温(こうおん)動物は鳥類とホ乳類だけである。

4 (2) 特徴(とくちょう)①〜④をすべてあわせもつ動物は鳥類である。

8 植物のからだのつくりとはたらき

解答

本冊▶p.16〜p.17

1 (1) 蒸散
(2) 水が直接水面から蒸発するのを防ぐため。
(3) ① 3倍　② 0.2 g
(4) (記号)A　(名称)道管

2 (1) (記号)D　(花)雄花
(2) (記号)G　(名称)胚珠
(3) ア，イ，オ　(4) ウ
(5) (はたらき)地面や岩にからだを固定するはたらき。
(名称)胞子
(6) (図3)被子植物　(図5)シダ植物

3 (1) エ　(2) エ
(3) (名称)葉緑体　(記号)ウ
(4) BTB液の色が，光があたるだけでは変化しないことを確かめるため。
(5) エ
(6) オオカナダモの呼吸によって発生した二酸化炭素が溶けて，溶液が酸性になったから。

4 (1) 双子葉類　(2) (図1)③　(図2)ウ

解説

1 (1) 蒸散は主として気孔で行われるが，表皮からの蒸散(クチクラ蒸散という)も少し加わる。
(2) 水面からの蒸発があると，植物体だけからの蒸散量を正確に調べることができない。
(3) ① A：葉の表・裏・茎，B：葉の裏・茎，C：葉の表・茎から蒸散している。
葉の裏からの蒸散量＝A－C＝5.0－1.4＝3.6〔g〕
葉の表からの蒸散量＝A－B＝5.0－3.8＝1.2〔g〕
よって，3.6 g ÷ 1.2 g ＝ 3倍
② 茎からの蒸散量＝B＋C－A
＝(裏＋茎)＋(表＋茎)－(表＋裏＋茎)＝茎
＝(3.8＋1.4)－5.0＝0.2〔g〕
(4) ホウセンカは被子植物の双子葉類なので，葉の維管束は輪状である。茎の中心側が道管A，表皮側が師管Bである。根から吸収した水や無機養分(肥料)の通り道は道管，葉でつくられた有機養分(栄養分)の通り道は師管である。

ここに注意　(1) 蒸散の役割

① 根の吸水を盛んにし，根から吸収した水分や無機養分(肥料)を地上部の植物体へ運ぶのを助ける。
② 蒸散の気化熱(蒸発熱)によって，植物体の温度調節を行う。
・蒸発熱…液体が気化(蒸発)するとき，外部から吸収する熱量。
100℃の水1 gが100℃の水蒸気に変わるのに必要な熱量は2257 J (540 cal)である。水を気化させることにより植物体の温度を下げている。

2 (1) 図1のAはマツの雄花のりん片である(花粉のうがあり，花粉がつくられる)。Bは雌花のりん片でアは胚珠(むき出しになっている)。図2はマツの枝で，Cは雌花，Dは雄花，Eは1年前の雌花，Fは2年前の雌花(まつかさ)である。図3はエンドウの花の断面で，Gは胚珠，Hはめしべ(柱頭)，Iはおしべ(やく)，Jは子房(胚珠を包む)である。図4はコスギゴケの雌株(Kの胞子のうをもつ)と雄株，図5のLはイヌワラビの葉の裏についている胞子のうであり，Yの胞子をつくる。
マツは裸子植物，エンドウは被子植物，コスギゴケはコケ植物，イヌワラビはシダ植物である。
(2) アは胚珠で，図3のGも胚珠。ともに受粉・受精によって種子になる部分である。
(3) マツは裸子植物で，子房がないので果実はできない(**エ**)。花粉は空気袋をもっていて，風によって運ばれる風媒花(**ウ**)。ほかは正しい。
(4) **ア**はエンドウ，**イ**はマツ，エンドウ，イヌワラビの特徴である。**ウ**は細胞のつくりで，緑色をした粒状体。この中で光合成を行う。植物，藻類に含まれる。**エ**はエンドウの特徴である。**オ**は**イ**と同様，コケ植物にはない。
(5) Xは主根と側根のように見えるが，水を吸収するなどのはたらきはなく，根ではない。Xを仮根という。

3 (1) **ア**，**イ**，**ウ**は双子葉類で主根と側根をもち，**エ**は単子葉類でひげ根をもつ。**オ**のスギゴケにある根のようなものは根ではなく仮根とよばれ，地面や岩にからだを固定するはたらきをする。
(2) 顕微鏡の視野は上下左右が逆に見えているので，プレパラートを**エ**の方向へ動かせばよい。

(3) ヨウ素デンプン反応で青紫色に染まったことから，デンプンが光合成によって合成されたとわかる。光合成は葉緑体で行われる。**ア**は細胞質基質という，細胞の核や葉緑体の間をうめているもの，**イ**は核，**エ**は細胞壁で，**ウ**が葉緑体である。

(4) 実験では，ある条件について調べるために，その条件だけを除き，ほかの条件はそろえた実験を行う。この実験を対照実験という。試験管A（BTB液と光）が試験管B（BTB液と光とオオカナダモ）の対照実験である。Bの溶液の色が青色に変化したのは，オオカナダモのはたらき（下記参照）によるものであると判断できる。

ここに注意　(4) 光合成の実験における BTB液の色の変化

光合成によるBTB液の色の変化（緑色→青色）は，光合成で発生した"酸素"が原因と思い違いをしてしまいがちであるが，酸素は中性なので，水に溶けてもBTB液の色の変化にはまったく関係しない。酸性のもとになる二酸化炭素が光合成で使われてなくなり，緑色から青色に変化したのである。

呼吸の場合は，二酸化炭素が発生して，それが液に溶けて酸性を示すようになり，緑色から黄色に変化する。

4 (1) 維管束が輪状になっていることから双子葉類。単子葉類の維管束は散在している。

(2) 茎での水の通り道である道管は，図1の維管束③，④では中心に近いほうなので，③となる。葉では，茎の維管束が葉脈につながっているので，右図のように考えて，**ウ**が道管となる。

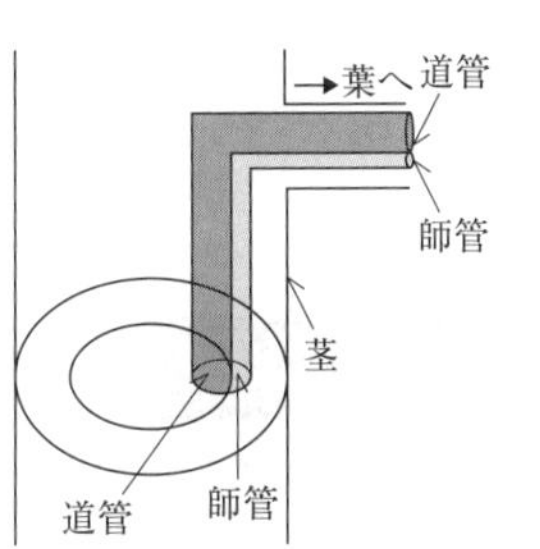

9 動物のからだのつくりとはたらき

解答　本冊▶p.18〜p.19

1 (1) (図1)ア　(小腸)ウ　(2) B
(3) ① G　② I　(4) C，D
(5) (魚類)ア　(両生類)エ
(6) (名称)肺胞
(はたらき)酸素と二酸化炭素とのガス交換を行う。

2 (1) ① エ　② 赤血球
(2) (記号)エ　(名称)えら　(口)ア
(3) (特徴)外骨格でおおわれている。(骨格がからだの外側をおおっている。)
(記号)イ，エ

3 (1) エ
(2) A (消化液)唾液　(酵素)アミラーゼ
B (消化液)胃液　(酵素)ペプシン
(3) (消化液)胆汁　(器官)肝臓　(4) キ
(5) ① 脂肪酸，モノグリセリド　② ブドウ糖
③ アミノ酸

4 (1) ① オ　② ア　③ エ　④ イ
(2) ① 肝臓　② 尿素　③ 腎臓

解説

1 (1) 図1は肺胞なので，**ア**は肺。**ウ**と**イ**は血管（肝門脈G）でつながっているので，**ウ**は小腸，**イ**は肝臓である。**エ**は腎臓。

(2) 血管aには，肺へ入ってくる血液が流れるので，心臓からの血液が流れる血管の肺動脈(B)である。血管bは心臓へ戻る血液が流れる血管である肺静脈(C)になる。

(3) ① デンプンやタンパク質が消化されてできたブドウ糖やアミノ酸は，小腸にある柔毛の毛細血管に吸収され，すべて血液によって血管Gを通って肝臓へ運ばれる。

② 尿素は，タンパク質の消化によってつくられたアミノ酸が，細胞の呼吸（細胞呼吸）によって，二酸化炭素と水とともに生じた有害なアンモニアが肝臓でつくり変えられたものである。尿素は，腎臓(**エ**)のはたらきで血液の中からこし除かれ，尿の成分として排出される。

(4) 動脈血は酸素の多い血液，静脈血は酸素の少ない血液のことである。心臓から出る血液が流れる血管を動脈，心臓へ流れこむ血液が流れる血管を静脈という。

図2の血管Aは大静脈で，静脈血が流れ，心臓へ入る。血管Bは肺動脈で，ここも静脈血が流れている。肺で酸素を多くとり入れた動脈血は血管Cの肺静脈を通って心臓へ戻り，Dの大動脈を通って，動脈血を全身へ送っている。

(5) 進化の流れを考えながら，セキツイ動物の心臓のつ

くりを覚えよう。

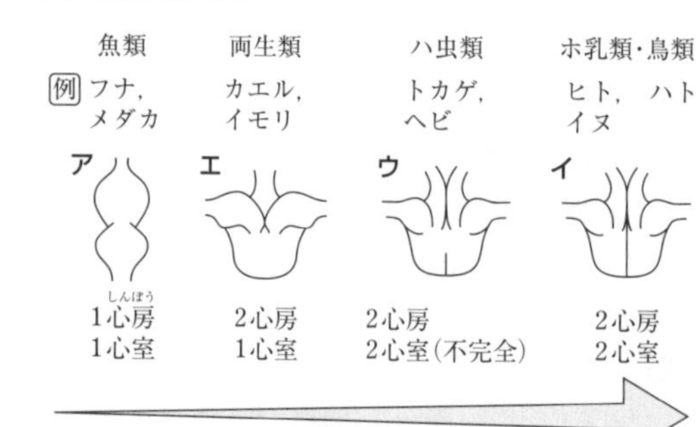

進化の流れに沿って心臓も発達

〈セキツイ動物の心臓〉

(6) 肺胞内の空気と，肺胞をとりまく毛細血管を流れる血液との間で，ガス交換が行われる。ヒトの肺胞の直径は 0.15 ～ 0.3mm で，左右の肺であわせて 7 ～ 8 億個存在し，全表面積は $100m^2$ に達する。表面積が大きくなるので，ガス交換がより効率的に行われる。

2 (1) ヘモグロビンは，赤血球に含まれる赤色の物質である。一般に，酸素が多い所(肺胞)では酸素と結合し，酸素の少ない所(組織)では酸素を離す性質をもっている。

動脈血では，多くのヘモグロビンが酸素と結びついているので鮮紅色を呈し，静脈血では，酸素と結びついているヘモグロビンが少ないので，暗赤色を呈する。

(2) 肺呼吸は，肺によって空気中の酸素をとり入れ，二酸化炭素を空気中に出す外呼吸。

えら呼吸は，えらによって水中の酸素を血液中にとり入れ，二酸化炭素を水中に出す外呼吸。

イカの口はあし(うで)のつけ根にある。**イ**のろうとは水をはき出す所であり，このろうとのある側が腹側になる。

(3) 節足動物は，エビ・カニなどの甲殻類，チョウ・バッタなどの昆虫類，クモ・サソリなどのクモ類など。ミジンコやフジツボも甲殻類なので要注意。これらの生物は，骨格がからだの外側をおおっており，これを外骨格という。

3 図の A ～ E の消化液と含まれる消化酵素

A　口…唾液(アミラーゼ)

B　胃…胃液(ペプシン)

C　胆のう…胆汁(なし)

D　すい臓…すい液(リパーゼ・トリプシンなど)

E　小腸…壁の消化酵素

(1)・(2) 下記を参照して解く。

3つの栄養分が最初に分解される場所と消化酵素

デンプン→口…唾液のアミラーゼ

タンパク質→胃…胃液のペプシン

脂肪→十二指腸…すい液のリパーゼ

(3) 脂肪を小さな粒にするはたらきをもつ消化液は胆汁で，消化酵素を含まない。胆汁は肝臓でつくられ，胆のうにためられ，十二指腸に分泌される。

(4) すい液は，トリプシン，アミラーゼ，リパーゼなどの消化酵素を含む。トリプシンは③，アミラーゼは②，リパーゼは①にはたらく。

消化器官	口	胃	十二指腸	小腸	最終分解物
消化液	唾液	胃液	すい液	壁の消化酵素	
デンプン	アミラーゼ 麦芽糖		アミラーゼ	マルターゼ	ブドウ糖
タンパク質		ペプシン	トリプシン	ペプチダーゼ	アミノ酸
脂肪			リパーゼ 胆汁		モノグリセリド 脂肪酸

(5) デンプンはブドウ糖，タンパク質はアミノ酸，脂肪はモノグリセリドと脂肪酸に分解される。これらは小腸にある柔毛から吸収される。

4 (1) 細胞壁は植物細胞にあり，植物細胞の形を維持するもので，主にセルロース{ブドウ糖(グルコース)が多数鎖状に結合したもの}からできている。また，発達した液胞・細胞壁・葉緑体は植物細胞の特徴である。動物細胞にも液胞はあるが，発達していない。

(2) アンモニアは，アミノ酸が分解されるときにできる有害な物質である。

ここに注意　(2) 肝臓のはたらき

① 血液中の栄養分の一部を一時的に蓄える。
ブドウ糖(グルコース)をグリコーゲンとして貯蔵し，必要に応じて再びブドウ糖に変え血液中に出す。

② 有害なアンモニアを毒性の少ない尿素につくり変える。

③ 体内に入った有害物質を無害にする(解毒作用)。

④ 胆汁の生成と分泌
胆汁は消化酵素を含まない消化液で，脂肪を細かな粒にし(乳化)，消化を助ける。

10 大地の変化

解答　　本冊▶p.20〜p.21

1 (1) 風化　(2) (右図)
(3) (a) ウ　(b) ク　(c) カ
(4) ⓐ ア　ⓑ エ　ⓒ カ
(5) ウ　(6) ア　(7) イ

1 (2)
海面
海底

2 (1) (a) 初期微動　(b) 主要動
(2) K市　(3) (a) $\frac{x}{8}$ 秒　(b) $\frac{x}{4}$ 秒　または，
$\left(\frac{x}{8}+18\right)$ 秒　(4) 144km
(5) (発生時刻) 14時42分22秒
(M市の観測時刻) 14時42分58秒

3 (1) 86m　(2) ① 示相　② あたたかく浅い海
(3) 石基
(4) (場所) 地下深い所　(冷え方) ゆっくり冷えた
(5) 1m　(6) 東側(が) 8 (m低い)

解説

1 (1) 風化には，機械的風化と化学的風化がある。
▶機械的風化…岩石を力で破壊していく。気温変化(岩石をつくる鉱物が温度によって膨張・収縮をくり返し，岩石が少しずつこわれていく)，水の氷結(岩石の割れ目に入った水が凍って体積が増加し，岩石がこわれる)，植物の作用(根が岩石のすきまに入りこみ，岩石をこわす)など。
▶化学的風化…岩石の成分を分解・溶かしていく。雨水・空気中の酸素(岩石をつくる鉱物を酸化しもろくしていく)，二酸化炭素(水に溶けると酸性になり，鉱物を溶かしていく)など。

(2) 侵食(けずる)・運搬(運ぶ)・堆積(積もらせる)を流水の三作用という。海や湖に運ばれ，流れこんだ土砂は，重いものから先に沈むので，岸から沖に向って，れき(直径2mm以上)→砂(直径0.06〜2mm)→泥(直径0.06mm以下)の順に堆積する。

(3) 観測地点のゆれの大きさは震度で表され，震度計によって計測する。0，1，2，3，4，5弱，5強，6弱，6強，7の10段階に分けられている。
　一方，地震の規模(地震によって出されるエネルギーの大きさ)はマグニチュード(記号M)で表される。マグニチュードの値が1大きくなると，エネルギーの大きさは約32倍になる。

(4) 火山の形は，マグマの粘り気によって次のようになる。
▶溶岩ドーム(マグマの粘り気が強い)
例　雲仙普賢岳(平成新山)，昭和新山
▶成層火山(マグマの粘り気が中程度)
例　富士山，浅間山，羊蹄山
▶盾状火山(マグマの粘り気が弱い)
例　マウナロア，キラウエア(ハワイ)

(5) 火山ガスの体積比で50〜90%が水蒸気である。そのほか，二酸化炭素 CO_2，二酸化硫黄 SO_2，硫化水素 H_2S，塩化水素 HCl などが含まれる。

(6) **ウ**は等粒状組織の花こう岩，**イ**は粒の角が流水によってけずられ，丸みを帯びているので砂，**ア**は火山灰で粒の角は丸くなっていない。

(7) 火山噴火予知連絡会は，2003年に，「おおむね過去1万年以内に噴火が認められた火山を活火山とする」という国際的な定義にしたがい，基準とした。

ここに注意　(4) 火山の形と造岩鉱物の関係は，下の図のようにひとまとめにしたものを，自分でかけるようにしておくことが大切である。

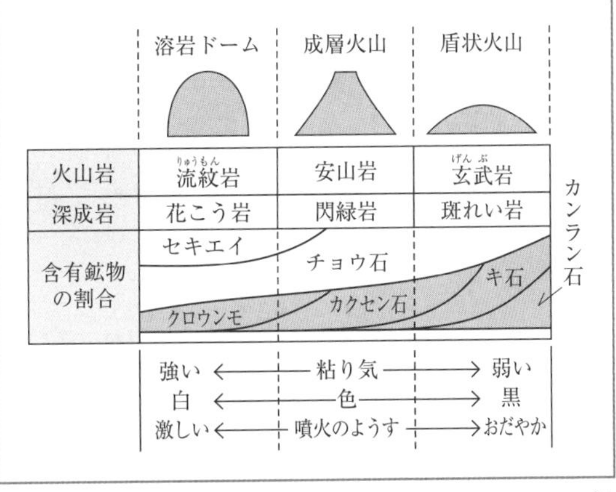

2 (2) 初期微動継続時間(P－S時間)は震源からの距離に比例するので，P－S時間より，M市の震源からの距離はK市の震源からの距離の2倍であることがわかる。

(3) 時間＝距離÷速さで求める。
　初期微動のP波が届く時間は，距離 x km，速さ8km/sより，$\frac{x}{8}$〔s〕
主要動のS波も同じように　$\frac{x}{4}$〔s〕　また，
$\left(\frac{x}{8}+18\right)$〔s〕　となる。

(4) (3)の式より，

$$\frac{x}{4}-\frac{x}{8}=18$$

よって，$x=144$ km

(5)・地震が発生した時刻

震源からの距離が 144 km，P 波の速さが 8 km/s より，

144 km ÷ 8 km/s = 18 s

で，観測された時刻が 14 時 42 分 40 秒なので，18 秒前に地震が発生したことがわかる。よって 14 時 42 分 22 秒が地震発生時刻となる。

・M 市で P 波が観測された時刻

震源から M 市までの距離は 288 km（初期微動継続時間が 2 倍なので，震源からの距離も 2 倍になる）。震源から M 市まで P 波が伝わるのにかかる時間は，

288 ÷ 8 = 36〔s〕

なので，初期微動が観測された時刻は，

14 時 42 分 22 秒＋ 36 秒＝ 14 時 42 分 58 秒

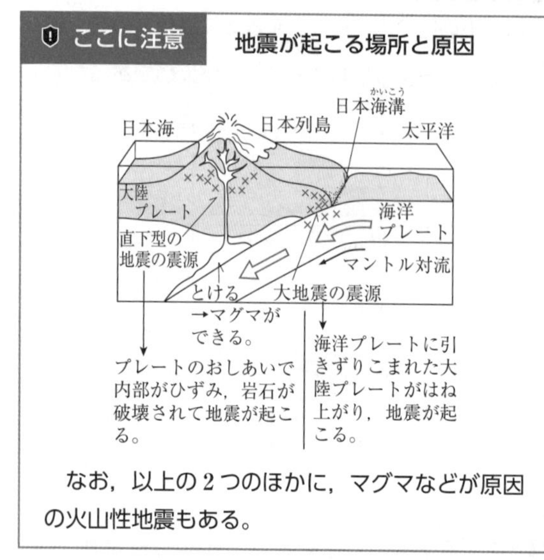

3 (1) 広範囲の地点での地層の新旧を決めるなど，地層の対比に役立つ基準となる地層をかぎ層といい，火山灰の層（凝灰岩），特徴のある化石を含む石灰岩などが利用される。

題意より，この火山灰の層はかぎ層である。

A 地点は標高 90 m で，地下 4 m に火山灰の層がある。

(5) A 地点の火山灰層は標高 86 m，B 地点の火山灰層も標高 86 m，C 地点の火山灰層は標高 89 m にあることから，東西方向に地層の傾きはなく，南側より北側が低くなっていることがわかる。したがって，P 地点は C 地点と同じ標高 89 m に火山灰層があると考えられるので，P 地点は地表から 90 − 89 = 1〔m〕の深さに火山灰層があると考えられる（右図）。

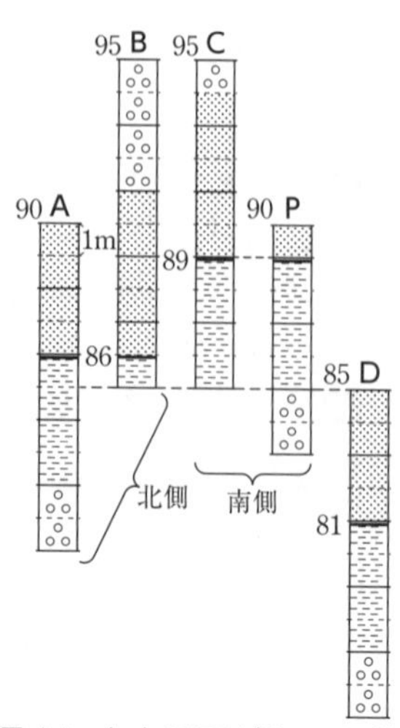

(6) D 地点は，断層がなければ C 地点や P 地点と同じ標高 89 m に火山灰層があるはずであるが，85 − 4 = 81〔m〕の標高にある。すなわち，断層より D 地点側（東側）が，89 − 81 = 8〔m〕下がっているので，東側が 8 m 低くなっているとわかる。

11 天気とその変化 ①

解答

本冊▶p.22〜p.23

1 (1)（右図）

(2) ①（名称）乾湿計

（湿度）78％

② 12.5℃

1 (1) 北

2 (1) ① 下がり（低くなり）

② 下がる

(2) 空気 1 m³ が含むことのできる最大の水蒸気量。

(3) ① E　② B　③ A

3 (1) オ　(2) 25％　(3) 69％

(4)（山頂）8℃　（反対側のふもと）18℃

4 (1) イ　(2) ① 27.2 g　② 17.2 g　③ 30.4％

解説

1 (1) 風力の描き方は，図の風向に向かって右側から 6 本目まで描き，7 本目は左側に移す。また，いちばん右上（1 本目）といちばん左上（7 本目）は少し長く描く。

(2) 乾球と湿球の示度は，ふつう乾球のほうが大きく，その示度が気温を表している。

① 乾球の示度が14.0℃，湿球の示度が12.0℃なので，

示度の差＝ 14.0 － 12.0 ＝ 2.0〔℃〕

湿度表で，右表の乾球と示度の差の矢印の交点が湿度になる。

乾球の示度〔℃〕	乾球と湿球の示度の差〔℃〕						
	0.0	0.5	1.0	1.5	2.0	2.5	3.0
16	100	95	89	84	79	74	69
15	100	94	89	84	78	73	68
14	100	94	89	83	78	72	67
13	100	94	88	82	77	71	66

② 14時の湿度を求め，湿度表から示度の差を求めることにより，湿球の示度が求められる。

露点(ろてん)が10.0℃より，空気$1m^3$中に含まれる水蒸気量は飽和(ほうわ)水蒸気量の9.4gなので，湿度は，

$\frac{9.4}{12.8} \times 100 = 73.4\cdots$〔%〕

湿度表で乾球の示度が15℃，湿度が73%より，示度の差が2.5℃と求められるので，

湿球の示度＝ 15 － 2.5 ＝ 12.5〔℃〕

2 (1) 空気のかたまりが膨張(ぼうちょう)するということは，まわりの空気に仕事をした(エネルギーを与(あた)えた)ことになるので，温度が下がる。逆に収縮するときは，外部から仕事をされる(エネルギーが与えられる)ので，温度が上がることになる。

(3) ① 空気A～Eを水平に左へ移動して，飽和水蒸気量の曲線のグラフと交わるときの温度が露点。空気Cは露点に達して水滴(すいてき)ができている。

② 各空気の，飽和水蒸気量に対する空気が含む水蒸気量の割合が最も小さい空気を選ぶ。

③ それぞれの空気の温度を5℃左へずらして，グラフから2.5g離(はな)れている空気を選べばよい。

空気B，Dはグラフに交わらず，Eは露点に達し水滴ができ始める。

3 (1) 雲は，水蒸気を含んだ空気のかたまりが上昇(じょうしょう)して露点に達するとできる。上昇気流は，この問題のように山に沿って空気が上昇するとき以外に，

① 太陽によって地表面の一部が熱せられたとき

② 寒気と暖気がぶつかって前線面ができ，前線面と地表面が交わった所(前線)

③ 低気圧の中心部

などでも生じる。

(2) 気温18℃での飽和水蒸気量は，表より15.4g/m^3。

空気中の水蒸気量＝ 7.7 ÷ 2 ＝ 3.85〔g/m^3〕

よって，湿度は $\frac{3.85}{15.4} \times 100 = 25$〔%〕

(3) ふもと(0m)の気温をt〔℃〕とすると，

tは，右図より，

$t - \frac{1}{100} \times 600 = 10$ より，$t = 16$℃

となる。よって，ふもとの湿度は，10℃での飽和水蒸気量が9.4g/m^3，16℃での飽和水蒸気量が13.6g/m^3より，

$\frac{9.4}{13.6} \times 100 = 69.1\cdots$〔%〕

山頂
1000m
$\frac{0.5}{100}$×400℃下がる
10℃ 600m
$\frac{1}{100}$×600℃下がる
t℃ 0m
ふもと

(4) 山頂の気温をT〔℃〕とすると，Tは，

(3)と同様に考えて，

$10 - \frac{0.5}{100} \times 400 = T$ より，$T = 8$〔℃〕

ふもとでは，乾いた空気が1000m下るので，

1000 ÷ 100 ＝ 10〔℃〕

上がる。よって，

8 ＋ 10 ＝ 18〔℃〕

4 (1) 海陸風(海岸地方で，海と陸のあたたまり方の違(ちが)い(温度差)によって，ほぼ半日ごとに向きを変えて吹く風)に関する問題である。

夜間は“陸風”が吹く。

陸側の空気(冷めやすい→㊥冷→重い→気圧㊤大)

⇓風の向きは陸から海へ

海側の空気(冷めにくい→暖→軽い→気圧小)

となっている。よって，**イ**が正しい。

(2) ① 31℃での飽和水蒸気量は，グラフより，

32.0g/m^3。

空気$1m^3$中の水蒸気量をx〔g〕とすると，湿度は，

$\frac{x}{32.0} \times 100 = 85$〔%〕

より，$x = 27.2$〔g〕

② 11℃での飽和水蒸気量は，グラフより，

10.0g/m^3。

10.0gまで水蒸気を含むことができるので，残りはすべて水滴に変化する。よって，

27.2 － 10.0 ＝ 17.2〔g〕

の水蒸気が状態変化して水滴となる。

③ 部屋の体積の$34m^3$は関係しない。

気温11℃，湿度70%の空気$1m^3$あたりの水蒸気量を考えると，11℃の飽和水蒸気量は10.0gなので，

10.0 × 0.70 ＝ 7.0〔g〕

の水蒸気がこの空気$1m^3$中に含まれる。温度25℃での飽和水蒸気量は，グラフより23.0gなので，湿度は，$\frac{7.0}{23.0} \times 100 = 30.43\cdots \rightarrow 30.4$〔%〕

12 天気とその変化 ②

解答 本冊▶p.24〜p.25

1 (1) 4月
(2) (気圧) 1004 hPa　(読み方) ヘクトパスカル
(3) 寒冷前線　(4) ウ　(5) ア　(6) イ
(7) (16時) ア　(21時) オ

2 (1) オホーツク海(気団)　(2) ア　(3) イ　(4) エ

3 (1) (記号) b
(理由) 例 等圧線が密に南北に走っているから。
例 西高東低型の気圧配置になっているから。
(2) イ　(3) C　(4) イ

解説

1 (1) 1月は冬型の西高東低の気圧配置。7月は，小笠原(おがさわら)気団が発達して南高北低の気圧配置になる。9月には秋雨(あきさめ)前線が発達するが，10月中旬には秋雨前線は南下して，消滅(しょうめつ)し，その後，図1にみられる春の移動性高気圧と同じように，周期的に秋の移動性高気圧が中国大陸から日本の上空にやってくる。

(2) 等圧線とは気圧の等しい地点をなめらかに結んだ曲線で，基準に 1000 hPa をとり，
・4 hPa ごとに引き，20 hPa ごとに太線を引く。
・2 hPa ごとに引き，10 hPa ごとに太線を引く。
というきまりがある(※1気圧＝1013 hPa)。

(6) 図で，①の前線(点線)のとき
A は暖気の中
天気はよい
②の前線(実線)のとき
A は寒気の中
天気は雨

A 地点は①あたたかく天気がよい
→②寒く，短期間で強い雨へと変わる。

以上より，寒冷前線が通過すると，気温が急に下がるので，グラフからその時刻を読みとると，23日18時〜19時と読みとれ，**イ**があてはまる。

(7) A 点の風向の変化を考えて選択肢(せんたくし)を選ぶ。

図で①の A 点が②前線通過により A' 点へ移動したと考えると理解しやすい。

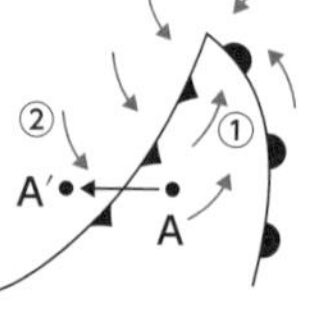

低気圧のまわりでは反時計まわりに風が吹きこむので，①では南よりの風，②では北よりの風へと変わっている。

イ，**ウ**，**エ**は矢羽根の向きが誤っているのではぶく。寒冷前線通過前①は南よりの風で天気はよいので**ア**，通過後②では北よりの風で天気は悪くなるので**オ**となる。

ここに注意　(6)(7) 日本付近で発生する低気圧(温帯低気圧)と前線・閉そく前線
・風向きは反時計まわりに吹きこむ

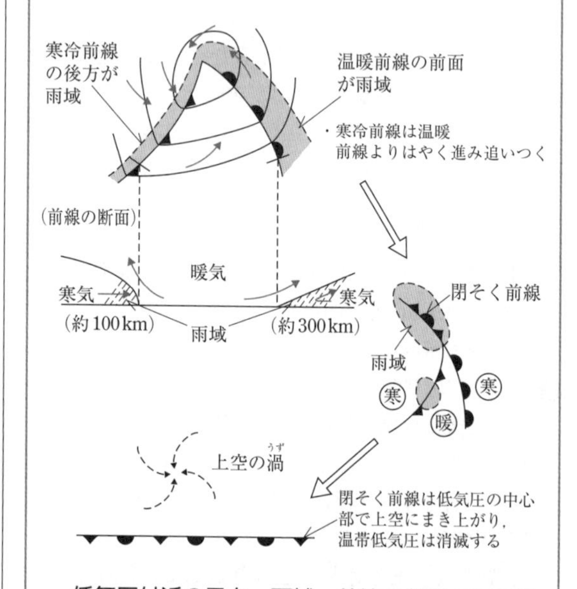

低気圧付近の風向・雨域・前線の断面での空気の動きなどは図で理解しよう。閉そく前線ができると消滅することもおさえておく。

2 (3) 風は空気の運動である。空気は気圧の高いほうから低いほうに向かって移動する。
風向は等圧線に対して垂直であるが，実際には，風(運動する大気)は，
・地球の自転
・摩擦(まさつ)力
によって，北(南)半球では右(左)向きに力を受ける(右図)。高気圧，低気圧では下図のようになる。

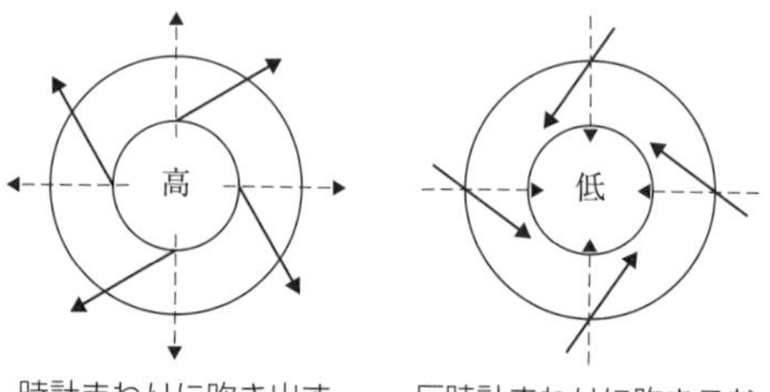

時計まわりに吹き出す　　反時計まわりに吹きこむ

したがって，問題の図2は低気圧で，中心部には上昇気流があるので雲ができやすく，天気は悪い。

(4) 偏西風は南半球，北半球の中緯度(35°～65°)地方の約10km上空を，1年を通して吹く西よりの風である。

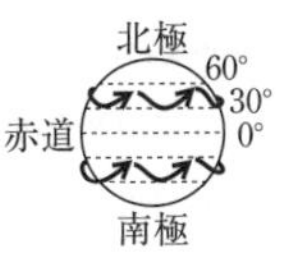

3 (1) (a)の㊜は台風(typhoon)で，熱帯低気圧のうち風速17.2m/s以上のものをさす。

(c)は，梅雨前線が東西にのびていることから梅雨。

(d)は南高北低の気圧配置なので夏。

(b)は，西の気圧が東の気圧より高い，西高東低の気圧配置なので冬。冬の天気図は日本列島を南北に走る密な等圧線が特徴的である。

(2) **ア**は，前線が関係するので温帯低気圧。**ウ**の風が吹き出しているのは高気圧。**エ**は，移動性高気圧か温帯低気圧である。**オ**は台風だけでなく，梅雨前線にともなう集中豪雨もある。**イ**の"供給された水蒸気によって発達"について，次に述べる。

〈状態が変化するとき〉

潜熱が出入りする(右図)。熱帯地方の海上で上昇気流が起こり，水蒸気が水に変化するとき，潜熱が放出され，この熱によってさらに水が蒸発し，潜熱を放出して，エネルギーがたまっていく。あたたかい海上であれば，どんどん水蒸気を吸収し，潜熱をエネルギーとして蓄えるので，空気のかたまりは大きくなり，台風へと発達して，さらにエネルギーを吸収して大きく成長していく。

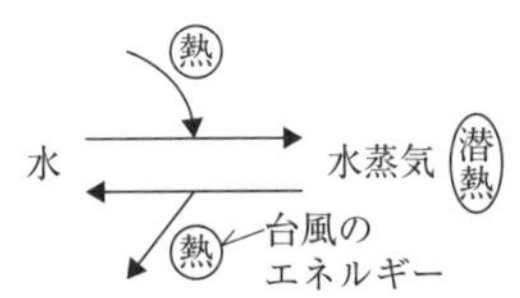

100℃の水1gが100℃の水蒸気1gになるのに，約2257Jの熱エネルギーが必要。

(3) A…昼に上がり，夜に下がるので気温である。また，19日は晴れ，20日の夜からは雨だと考えられる。

B…晴れの日に上がり，雨の日に下がるので気圧である。

C…晴れの日に下がり，雨の日に上がるので湿度である。

(4) 気圧が下がっているので低気圧が近づき，温度と湿度が上がっているので温暖前線が通過したことがわかる。

3年

第1章　運動とエネルギー

1｜水圧，浮力

Step A　解答

本冊▶p.26～p.27

①C　②C　③比例　④浮力　⑤0.5　⑥深さ
⑦形　⑧同じ　⑨重力　⑩アルキメデス
⑪20　⑫20　⑬10　⑭重力　⑮水圧　⑯上
⑰大きく　⑱0.2　⑲200　⑳2000　㉑2000
㉒2000　㉓4000　㉔比例　㉕上　㉖下
㉗浮力　㉘しない　㉙しない　㉚大きい
㉛浮く　㉜つりあっている　㉝水の重力
㉞アルキメデス

解説

① 水圧によってゴム膜はへこむが，水圧はゴム膜に垂直にはたらいていることにも注意する。

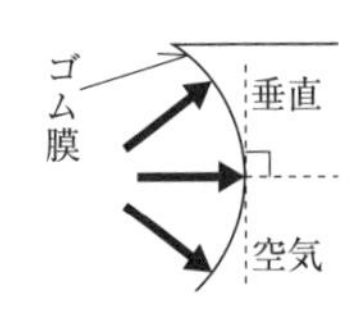

⑤ 浮力＝空気中での重さ－水中での重さより，

$2 - 1.5 = 0.5$〔N〕

㉔ 水圧の大きさは，1cm深くなると1hPa大きくなる。

Step B　解答

本冊▶p.28～p.29

1 ①2　②20　③20　④(水の)深さ
⑤5　⑥5　⑦15　⑧10　⑨浮力

2 (1)ア　(2)0.4N

3 (1)1000N/m²　(2)600N/m²　(3)ウ

4 (1)0.4N　(2)26cm　(3)10hPa
(4)(右図)
(5)5N
(6)3N
(7)①比例
②どの向き
③同じ大きさ

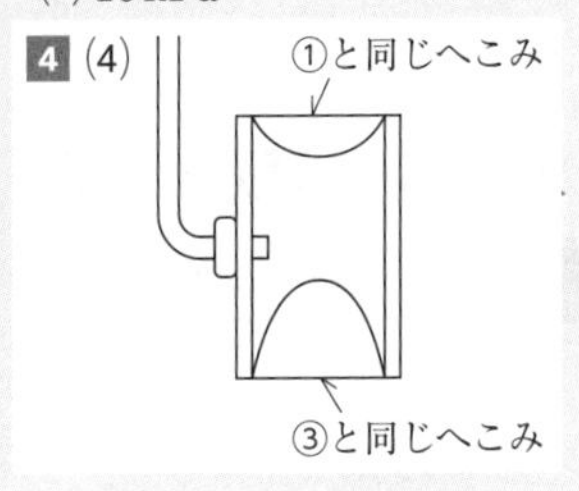

解説

1 ① $10\,\text{cm}^2 \times 20\,\text{cm} = 200\,\text{cm}^3$ の体積の水の質量は，200gで，重力は2Nになる。

② 単位がhPaなので，$1\,\text{hPa} = 100\,\text{Pa} = 100\,\text{N/m}^2$ で，面積の単位は m^2 を使うことに注意。

$$面Sをおす圧力 = 2\,\text{N} \div \left(10 \times \frac{1}{10000}\,\text{m}^2\right)$$
$$= 2000\,\text{N/m}^2 = 2000\,\text{Pa} = 20\,\text{hPa}$$

③・④ ②と同じようにして求めて，20hPa となる。水圧の大きさは，水の深さだけによって決まる。すなわち，20cm の深さのところでは，どの方向にも 20hPa の水圧がはたらくことになる。

⑤ 深さ 5cm だから，水圧は 5hPa になる。

⑥ 水圧×面積＝ $500\,\mathrm{N/m^2} \times \left(100 \times \frac{1}{10000}\,\mathrm{m^2}\right)$

＝ 5N になる。

⑧・⑨ 浮力＝下面を上におす力－上面を下におす力

＝ 15 － 5 ＝ 10〔N〕

2 (1) 水圧の大きさは，水の深さに比例する。

(2) 0.6N － 0.2N ＝ 0.4N

3 (1)・(2) 水圧は容器の形などに関係せず，深さにだけ関係する。

4 (1) グラフより 1.0N で 10cm 伸(の)びる。水中では，6cm 伸びているので，0.6N の力になっている。
1.0N － 0.6N ＝ 0.4N

(2) おもりの体積が同じなので，おもりにはたらく浮力は(1)と同じ 0.4N である。ばねには，2.0N － 0.4N＝1.6N の力がはたらく。

(3) 1cm の深さでは，1hPa の水圧がかかるので，10cm では 10hPa になる。

(4) 上面が①，下面が③と同じ深さになっている。

(5)・(6) 下面の深さは 25cm，水圧は $2500\,\mathrm{N/m^2}$，
上向きの力の大きさは，$2500\,\mathrm{N/m^2} \times 0.002\,\mathrm{m^2} = 5\,\mathrm{N}$
上面も同様に，2N の下向きの力がはたらいている。
よって浮力は，5 － 2 ＝ 3〔N〕

(7) 水圧はどの面にも「垂直にはたらいている」ことも注意しておこう。

2 | 力の合成・分解

Step A 解答 本冊▶p.30〜p.31

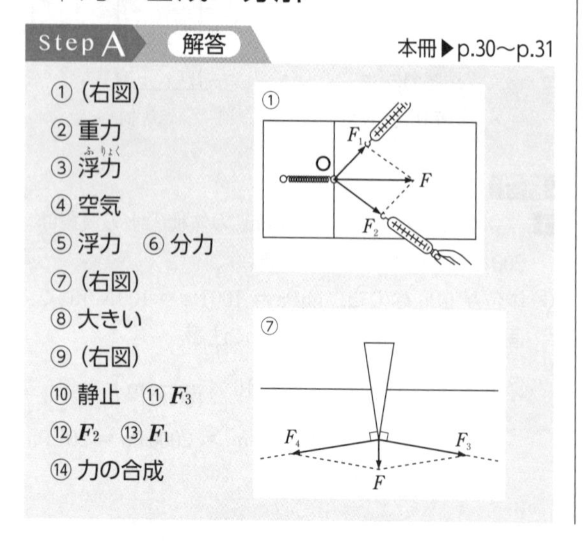

① (右図)
② 重力
③ 浮力(ふりょく)
④ 空気
⑤ 浮力　⑥ 分力
⑦ (右図)
⑧ 大きい
⑨ (右図)
⑩ 静止　⑪ F_3
⑫ F_2　⑬ F_1
⑭ 力の合成
⑮ 合力　⑯ 和
⑰ 差　⑱ 平行四辺
⑲ 対角線　⑳ 分力
㉑ 力の分解
㉒ (向き) (右図)
(大きさ) 0.1N
㉓ (向き) (右図)
(大きさ) 0.44N
㉔ (向き) (右図)
(大きさ) 0.26N
㉕ 垂直抗力(こうりょく)
㉖ つりあう
㉗ 垂直
㉘ 水平
㉙ 0.25N
㉚ (右図)
㉛ 高さ
㉜ 長さ
㉝ 重力

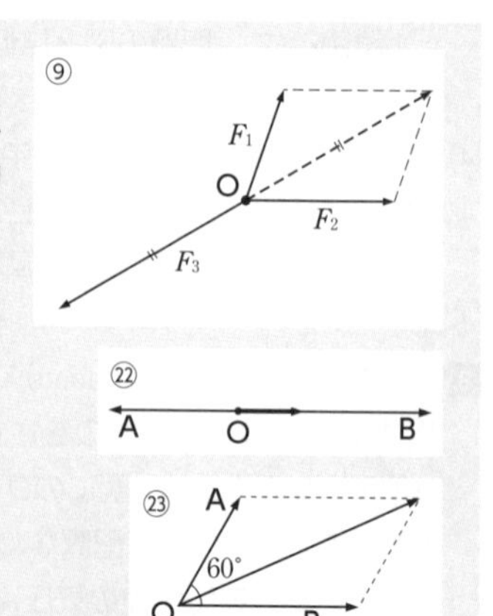

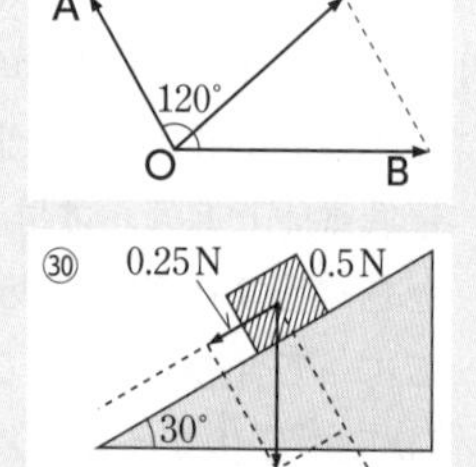

解説

⑥〜⑧ 1 つの力を 2 つ以上の力に分けるときは，どの方向に分けるかをはっきりさせる。

㉓ OB の長さは 1.5cm，合力の大きさを表す，平行四辺形の対角線の長さは 2.2cm になるので，

1.5 : 2.2 ＝ 0.3 : x　x ＝ 0.44〔N〕

㉔ 合力の大きさを表す，平行四辺形の対角線の長さが 1.3cm なので，

1.5 : 1.3 ＝ 0.3 : x　x ＝ 0.26〔N〕

㉙ 0.5N が 2cm で，作図により，斜面(しゃめん)に平行な分力の長さは 1cm と求められる。よって，

0.5 ÷ 2 ＝ 0.25〔N〕

㉚ 30° の角度をもつ直角三角形の辺の長さの比は必ず，下の図の比になる。重力は 0.5N なので，4 の公式にあてはめると，

$\frac{1}{2} \times 0.5 = 0.25$〔N〕

となり，作図をして長さを測定しなくても求めることができる。

（直角三角形の辺の長さの比は，三平方の定理から求められる。）

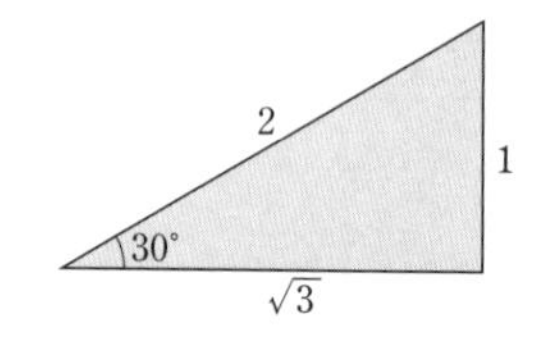

Step B 解答　本冊▶p.32〜p.33

1 (1) (右図 F)
(2) (右図 F_3)
(3) ア
(4) 2力の合力が残りの力とつりあう。

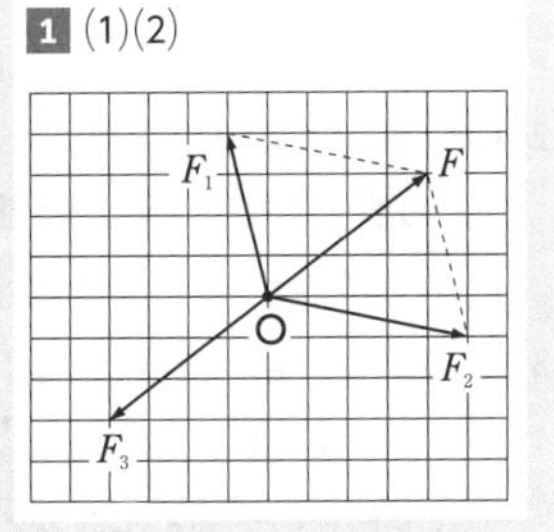

2 (1) (下図)
(2) 垂直抗力　(3) ウ

3 (1) 10cm　(2) (下図)　(3) 10cm

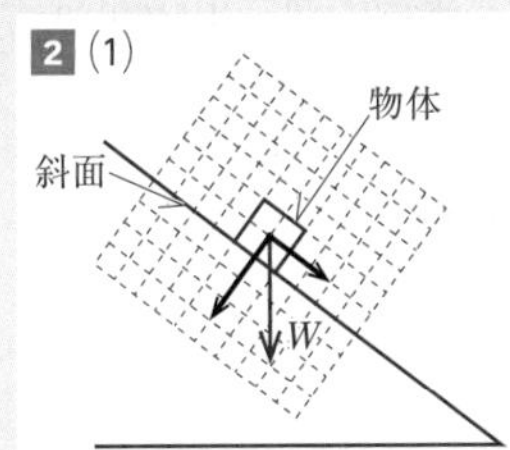

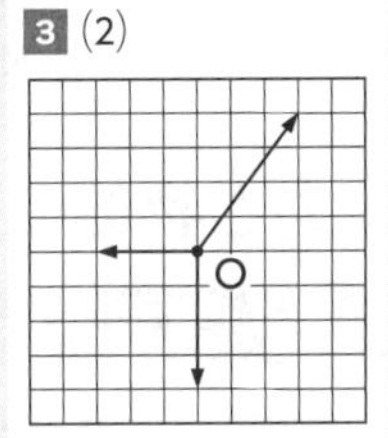

4 (1) 21.0cm　(2) 1.5N　(3) 0.5N
5 (1) 32N　(2) 24N

解説

1 (1) F_1, F_2 を2辺とする平行四辺形を描き，その対角線が合力の F である。F の大きさは OF を斜辺とする直角三角形をつくると，5目盛り分になる。
(2)・(3) F_3 は F とつりあう力で，同じ作用線上にあり，逆向きで，等しい大きさである。よって，0.5N となる。

2 (1) 重力 W は，斜面に垂直方向の分力と斜面に水平方向の分力に分解できる。
(3) 斜面に平行な方向の分力の大きさは，斜面上のどの位置でも同じである。

3 (1) ばねBは，0.04Nで1cm伸びるので，0.4Nであれば10cmの伸びになる。
(2) ばねBが鉛直下向きに0.4Nで引く力と，Pが水平方向左向きに0.3Nで引く力の2力の合力が，ばねAが斜め上に引く力とつりあっている。
(3) 直角三角形の辺の比より，ばねAは0.5Nの力で引かれることになる。

4 (1) 表より，ばねは50gごとに0.5cm伸びているので，100gでは1.0cm伸びる。よって，100gのときばねの長さが22.0cmなので，0g（おもりがない状態）のときのばねの長さは，
$22.0 - 1.0 = 21.0$〔cm〕
(2) 3方向のなす角がすべて120°のとき，3方向の力の大きさは等しい。
(3) 表より，ばねは，長さが23.5cmのとき2.5Nの力で引かれている。よって，浮力の大きさは，
$3N - 2.5N = 0.5$〔N〕

5 (1) 斜面に垂直な分力 $= \frac{BC}{AC} \times W = \frac{1.6}{2} \times 40 = 32$〔N〕
(2) 斜面に沿う分力 $= \frac{AB}{AC} \times W = \frac{1.2}{2} \times 40 = 24$〔N〕

3｜運動のようすとその記録

Step A 解答　本冊▶p.34〜p.35

① 記録タイマー　② 50　③ 50　④ ウ　⑤ オ
⑥ キ　⑦ イ　⑧ カ　⑨ ケ　⑩ ア　⑪ エ　⑫ ク
⑬ 距離　⑭ 時間　⑮ 単位時間　⑯ 5m/s
⑰ 60km/h　⑱ 60　⑲ 50　⑳ 21.5　㉑ 42.8
㉒ 60.6　㉓ 瞬間　㉔ 壁　㉕ 同じ　㉖ 逆（反対）
㉗ (右図)
㉘ 摩擦力
㉙ 逆（反対）
㉚ 摩擦力　㉛ 抵抗（力）　㉜ 逆（反対）

㉗

解説

② $\frac{1}{50}s \times 5打 = \frac{1}{10}s = 0.1s$
$5cm \div 0.1s = 50cm/s$

⑳〜㉒ 瞬間の速さは次のように考える。例えば，右の図のP区間では，だんだんはやくなる運動を表している。D点を通過するときの瞬間の速さは，
$\frac{2.25cm}{0.1s} = 22.5cm/s$
になる。

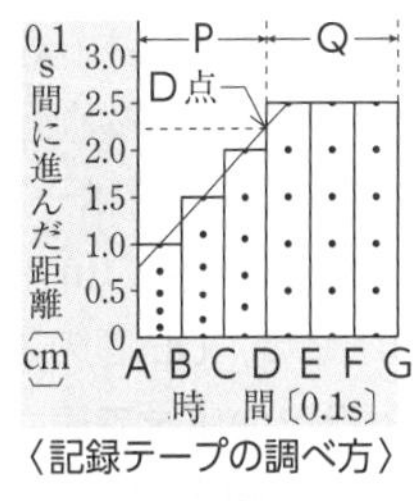

〈記録テープの調べ方〉

Step B 解答　本冊▶p.36〜p.37

1 (1) ① イ　② エ　(2) 0.8秒後　(3) 1.3m/s
(4) (力の向き) b　(力の大きさ) ア　(5) 2.4m
(6) 0.5秒後

2 (1) 40m　(2) 1m/s
(3) CD間　(4) 130m

3 (1) 60cm/s
(2) (右図)
(3) 120cm/s
(4) 0.4秒後
(5) 50cm

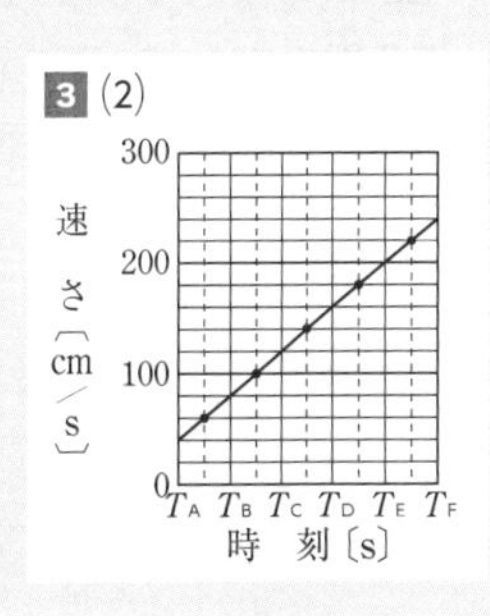

解説

1 (1) ① 力のはたらく向きに動き出すので，打点間隔が大きくなっていく。(**イ**)

② Q が床に着くと進行方向と逆向きに摩擦力がはたらくので，打点間隔が小さくなっていく。(**エ**)

(2) 図 2 のグラフで速さが最大のときである。

(3) $\frac{2.6\text{m}}{2.0\text{s}} = 1.3\text{m/s}$

(4) 1.0 秒のときも，2.4 秒のときも減速している。これは，運動の向きと逆向きの摩擦力がはたらいているためである。速さの減る割合が一定なので，はたらく力は同じである。

(5) 図 2 より，おもり Q が床に着いてから P がとまるまでの時間は 2.4 秒。また，平均の速さは 1.0m/s であることから，

$1.0\text{m/s} \times 2.4\text{s} = 2.4\text{m}$

(6) P が動き始めて 2.0 秒後にとまったことより，右の図の時間座標上の 2.0 秒から，机との摩擦力により減速を示している部分(0.8 秒以降のグラフ)に平行な直線を引き，上の図の交点の時間を読みとる。このとき，0.6 秒で速さが 0.5m/s 減っていることを考えに入れて読みとる。

2 (1) グラフより速さは 2m/s で，要する時間は 20 秒なので，移動距離＝ 2m/s × 20s ＝ 40m

(2) AB 間の速さは一定の割合で増加しているので，平均の速さは，(0 ＋ 2) ÷ 2 ＝ 1〔m/s〕

(3) BC 間，DE 間の速さは変化していない。速さはグラフの傾きで表され，傾きが最も大きい CD 間で単位時間あたりの速さの増加量が最も大きい。

(4) CD 間の平均の速さは，(2 ＋ 4) ÷ 2 ＝ 3〔m/s〕。AB 間，BC 間，CD 間，DE 間で進んだ距離は，それぞれ，

AB 間の 0 ～ 20 秒…1m/s × 20s ＝ 20m

BC 間の 20 ～ 40 秒…2m/s × 20s ＝ 40m

CD 間の 40 ～ 50 秒…3m/s × 10s ＝ 30m

DE 間の 50 ～ 60 秒…4m/s × 10s ＝ 40m

よって，60 秒間の移動距離は，

20 ＋ 40 ＋ 30 ＋ 40 ＝ 130〔m〕

別解　速さ―時間のグラフでは，グラフと横軸，縦軸とで囲まれた面積が移動距離になる関係を使って求めることもできる。

3 (1) 6 打点で $\frac{1}{60} \times 6 = 0.1$〔s〕　AB 間は 6cm なので，速さは，6 ÷ 0.1 ＝ 60〔cm/s〕

(2) AB 間の平均の速さが 60cm/s ということは，T_A と T_B の真ん中の時刻の瞬間の速さが 60cm/s の速さということになる。そのような点をグラフにとる。

(3) (2)のグラフより読みとる。

(4) グラフを延長して横軸と交わる点が，台車のはなされた時刻になる。この時刻は，T_A より 0.1 秒前になる。

(5) T_E までの 0.5 秒間を，平均の速さ 100cm/s で動いているので，100 × 0.5 ＝ 50〔cm〕

4 | 力と物体の運動

Step A　解答　本冊▶p.38～p.39

① 摩擦力　② 0.1 秒間　③ 時間〔s〕　④ 等しい
⑤ 同じ(一定)　⑥ 力　⑦ (下図)　⑧ 大きく
⑨ 大きく　⑩ 力
⑪ 大きく　⑫ 小さく
⑬ 小さく　⑭ 逆
⑮ 力　⑯ 一定
⑰ 移動距離　⑱ 比例
⑲ 速さ　⑳ 時間　㉑ 一定　㉒ 比例　㉓ 速さ
㉔ 移動距離　㉕ 大きく　㉖ 大き　㉗ 最大
㉘ 重力　㉙ 自由落下　㉚ 等速直線　㉛ 静止
㉜ 慣性　㉝ 慣性　㉞ 逆(反対)　㉟ 同じ

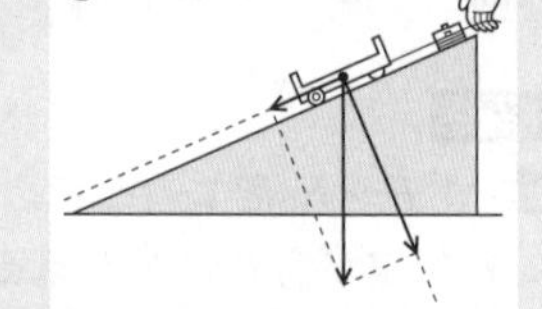

解説

ここに注意　速さ―時間のグラフ，距離―時間のグラフの特徴を物体の運動と結びつけておく。

①等速直線運動(力がはたらかない運動)

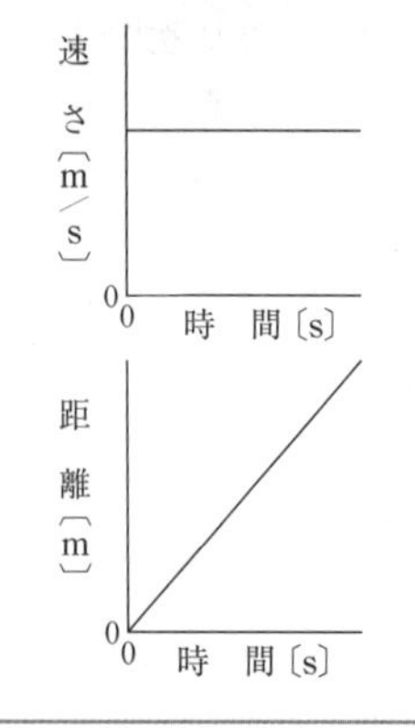

②落下運動(一定の力がはたらき続ける運動)

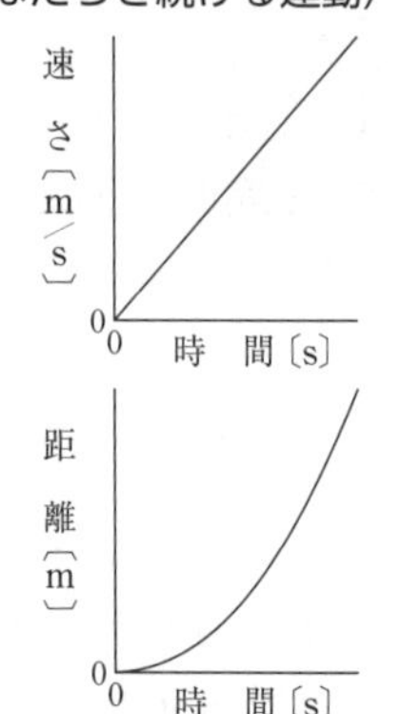

Step B 解答　本冊▶p.40～p.41

1 (1)（右図）
(2) ① 82　② 180
③ 278　④ 376
(3) ウ

1 (1)

2 (1) イ　(2) 慣性　(3) ア

3 (1)（右図）
(2) エ

3 (1)

A点

解説

1 (1) 糸がおもりを引く力と，おもりにはたらく重力がつりあっている。

(2) 6 打点で 0.1 秒なので，平均の速さは次のようになる。
① 8.2cm ÷ 0.1s = 82cm/s
② 180cm ÷ 0.1s = 180cm/s
③ 27.8cm ÷ 0.1s = 278cm/s
④ 37.6cm ÷ 0.1s = 376cm/s

(3) 移動距離(きょり)は時間の 2 乗に比例する。

2 (1) 重力と斜面(しゃめん)からの垂直抗力(こうりょく)がはたらく。

(3) 表より，小球の速さがどのように変化しているかを読みとればよい。

3 (2) 摩擦(まさつ)や空気抵抗を考えない場合，レールに沿う方向の力は重力の分力だけで，大きさは一定である。また，物体にはたらく力の大きさが一定の場合，物体の速さの変化の割合も一定になる。

5 | 仕事と仕事の原理

Step A 解答　本冊▶p.42～p.43

① 0　② 0　③ 10　④ 10　⑤ 向き　⑥ 定滑車(かっしゃ)
⑦ 動滑車　⑧ 50　⑨ 25　⑩ 1m　⑪ 2m
⑫ 50J　⑬ 50J　⑭ 50J　⑮ 25　⑯ 50　⑰ $\frac{1}{2}$
⑱ 等しい（変わらない）　⑲ 仕事の原理　⑳ 力
㉑ 距離(きょり)　㉒ ジュール　㉓ 100J　㉔ 重力
㉕ 重さ　㉖ 摩擦力(まさつ)　㉗ 1.5　㉘ 0.75　㉙ h
㉚ H　㉛ 距離（動かす距離）　㉜ 逆　㉝ 2 倍
㉞ 仕事率　㉟ 1W　㊱ W　㊲ 時間　㊳ 200
㊴ 仕事　㊵ エネルギー

解説

①・② 仕事は，力を加えたものが力の方向に動くことではじめて仕事をしたという。

⑧～⑭ 荷物をある高さにまで持ち上げるとき，定滑車では，加える力＝物体の重さ，ひもを引く長さ＝持ち上げる高さで変わりなく，力の向きが変わる（持ち上げやすくなる）。

動滑車は，加える力＝物体の重さ×$\frac{1}{2}$，ひもを引く長さ＝持ち上げる高さ×2　となる。

⑮～⑲ 摩擦や抵抗(ていこう)がなければ仕事の大きさは道具を使っても変わらない。しかし，例えば斜面(しゃめん)を使った仕事で物体と面との間で摩擦力が 2N であったとすると，斜面に沿って 2m 引き上げるとき，摩擦力にさからってする仕事は，2 × 2 = 4〔J〕　この分の仕事が，直接引き上げる仕事の量より多くなり，仕事の原理が成立しない。このような場合もあるので注意しよう。

㉘ 手が摩擦力にさからって木片にした仕事は，
1.5N × 0.5m = 0.75J

㊳ x 秒かかるとする。
$15 \times x = 60 \times 50$　$x = 200$〔s〕

仕事率の単位の W(ワット) は，20W の蛍光灯(けいこうとう)，800W の電熱器などの電力の単位と同じであり，電力も仕事率の単位である。

㊴ 落下している物体だけでなく，運動している物体も，くいに衝突(しょうとつ)させるとくいを動かすことができるので，エネルギーをもっている。

Step B 解答　本冊▶p.44～p.45

1 (1)（仕事）0.36J　（名称）しごとのげんり
(2) 2cm/s

2 (1) (X) $\frac{1}{2}$　(Y) 2　(2) 6cm　(3)（下図）　(4) 2.04J

2 (3)

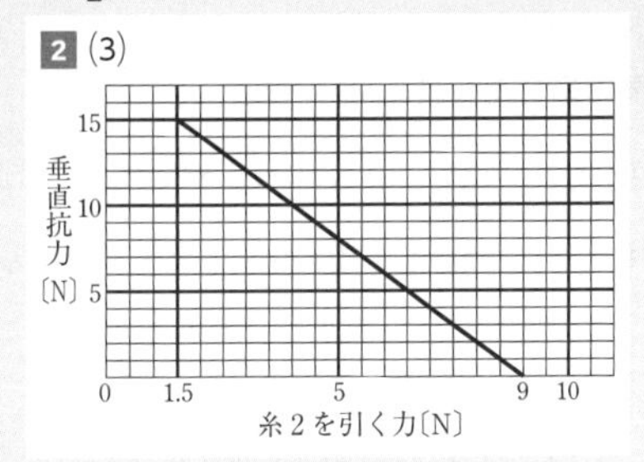

3 (1) 2000 N/m²　(2) 4J　(3) 0.2N
(4) ① 4.1J　② 1.0W
(5) 動滑車(かっしゃ)を引き上げる分だけ多く仕事をしなければならないため。

解説

1 (1) $2.4N \times 0.15m = 0.36J$

(2) 仕事率＝仕事÷時間＝力×速さを使って考えればよい。実験2で糸を引く力は実験1の$\frac{1}{2}$になるので，仕事率が等しいとき，速さは実験1の2倍になる。

物体を15cm引き上げるのにかかる時間から求める場合は，実験2で糸を引き上げる距離(きょり)は30cmになることに注意する。

2 (2) 糸1の長さが10cmなので，糸1がまっすぐな状態になるのは，図1の状態から動滑車が$10cm - (7cm - 5cm) = 8cm$引き上げられたときである。実験(i)で動滑車は5cm引き上げられているので，あと3cm引き上げるには，糸2を$3cm \times 2 = 6cm$引けばよい。

(3) 垂直抗力(こうりょく)＝おもりの重さ＋動滑車の重さ－糸2を引く力×2となるグラフを描(か)けばよい。糸2を引く力が1.5Nのとき垂直抗力は15Nになり，糸2を引く力が9Nのときおもりが床(ゆか)から離(はな)れ，垂直抗力は0Nとなる。

(4) 糸1がまっすぐな状態になるまでにした仕事は，$1.5N \times 0.08m \times 2 = 0.24J$である。

その後，おもりが床から10cmの高さまで引き上げられるまでにした仕事は，$9N \times 0.1m \times 2 = 1.8J$である。

よって，手がした仕事は$0.24J + 1.8J = 2.04J$となる。

3 (1) 物体は$10 - 6 = 4$〔N〕の力で床をおしている。

$$\text{圧力}〔N/m^2〕 = \frac{\text{垂直におす力}〔N〕}{\text{接触面積}〔m^2〕}$$より，

$$\frac{4N}{0.002m^2} = 2000N/m^2$$

(2) ひもを引く力は10N，ひもを引く長さは0.4mより，

$10N \times 0.4m = 4J$

(3) 動滑車の重さをx〔N〕とすると，

$(10 + x)N \times \frac{1}{2} = 5.1N$より，$x = 0.2$〔N〕

(4) ① ひもを引く力は5.1N，ひもを引く長さは，動滑車を使っているので，$0.4 \times 2 = 0.8$〔m〕より，

$5.1N \times 0.8m = 4.08J$　より，4.1J

② $4.08J \div 4s = 1.02W$　より，1.0W

6 力学的エネルギーの保存

Step A 解答　本冊▶p.46〜p.47

① 位置　② (下図左)　③ (下図右)

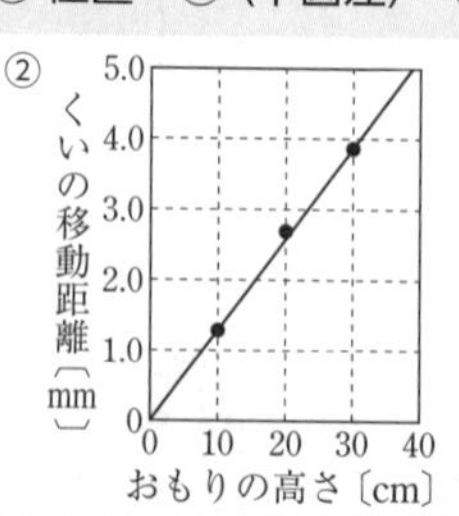

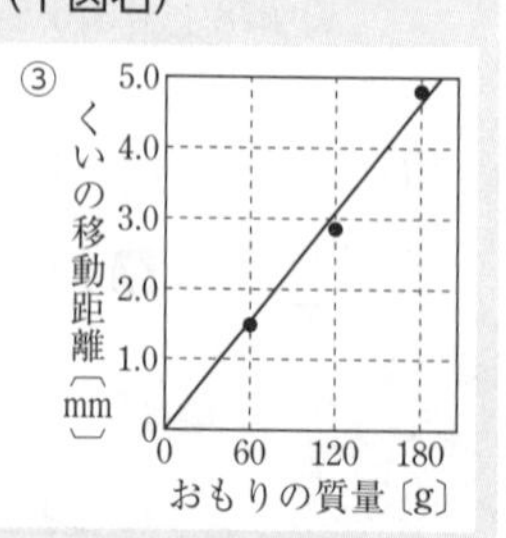

④ 運動　⑤ 台車の質量　⑥ 台車の速さ　⑦ 質量
⑧ 位置　⑨ 位置　⑩ 運動　⑪ 力学的エネルギー
⑫ 最大　⑬ 最大　⑭ エネルギー
⑮ 運動エネルギー　⑯ 速さ　⑰ 位置エネルギー
⑱ 高さ　⑲ 同じ　⑳ 20　㉑ 20
㉒ 位置エネルギー　㉓ 位置エネルギー
㉔ 位置エネルギー　㉕ 運動エネルギー
㉖ 運動エネルギー　㉗ 摩擦(まさつ)　㉘ 抵抗(ていこう)　㉙ 増加
㉚ 力学的エネルギー
㉛ 力学的エネルギーの保存(力学的エネルギー保存の法則)
㉜ 大き　㉝ 0　㉞ 運動エネルギー
㉟ 位置エネルギー　㊱ 保存

解説

グラフ②，③より，位置エネルギー（くいの移動距離(きょり)＝くいにした仕事)は，おもりの高さ，質量に比例している。

2のグラフより，運動エネルギーは，台車の質量，台車の速さの2乗に比例(グラフが放物線になっている)することがわかる。

⑧〜⑬ 下記の“ここに注意”参照。

ここに注意　振(ふ)り子の運動では，位置エネルギーと運動エネルギーの和は一定で，力学的エネルギーが保存される。これは，糸の摩擦や空気の抵抗を考えないときになりたつ。

実際には，振り子は空気や固定部分と糸との摩擦によって，エネルギーの一部が熱や音のエネルギーに変えられている。

⑯ 運動エネルギーを式で表すと，

$$\text{運動エネルギー}〔J〕 = \frac{1}{2} \times \text{質量}〔kg〕 \times \text{速さ}^2〔m/s〕$$

となり，速さが 2 倍，3 倍…になると運動エネルギーは $2^2=4$ 倍，$3^2=9$ 倍，…のように変化する。

例えば，速さが 2 倍になると，ブレーキを踏んでからとまるまでに 4 倍の距離を進むことになる。

⑰・⑱ 位置エネルギーは，重力にさからってされた仕事の量がそのままエネルギーとして蓄えられるので，式で表すと，

位置エネルギー〔J〕＝物体にはたらく重力〔N〕
×基準面からの高さ〔m〕

となる。

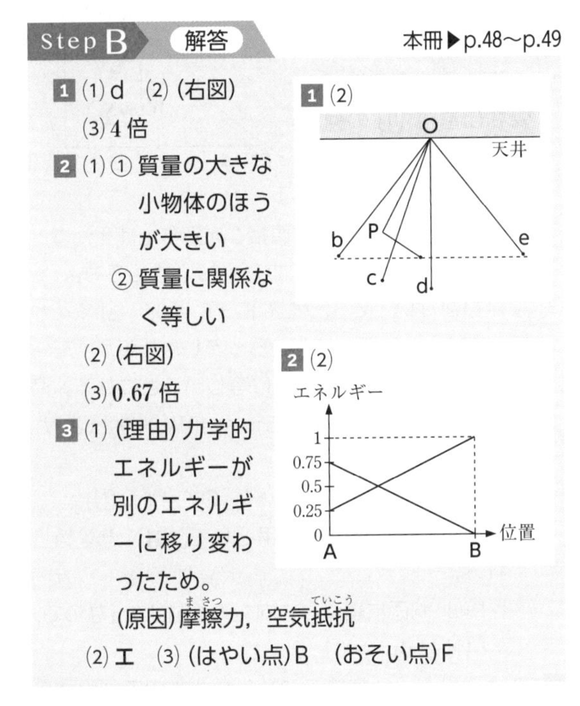

Step B　解答　本冊▶p.48〜p.49

1 (1) d　(2) (右図)
(3) 4 倍

2 (1) ① 質量の大きな小物体のほうが大きい
② 質量に関係なく等しい
(2) (右図)
(3) 0.67 倍

3 (1) (理由) 力学的エネルギーが別のエネルギーに移り変わったため。
(原因) 摩擦力，空気抵抗
(2) エ　(3) (はやい点) B　(おそい点) F

解説

1 (1) 位置エネルギーのすべてが運動エネルギーに変わった地点である。

(2) 摩擦や空気抵抗がないため，エネルギーの総和は等しい。そのため，b 点と同じ高さまで上がる。

(3) 位置エネルギーは，高さと質量 (の積) に比例するので，$\dfrac{4\text{m}\times 1\text{kg}}{2.5\text{m}\times 0.4\text{kg}}=4$ 倍

2 (1) ① 運動エネルギーは，質量と速さの 2 乗に比例する。なお，点 B での速さは，落下距離が同じなので，質量に関係せず同じである。

② それぞれの位置エネルギーは保存されるので，同じ高さまですべり上がる。

(2) 点 A での運動エネルギーと位置エネルギーの和が 1 なので，点 A での位置エネルギーは 0.75 になる。点 B では位置エネルギーは 0J である。位置エネルギー＋運動エネルギーはつねに一定で 1 になっている。

(3) 点 A の高さの位置エネルギーは 0.75，点 C で 1 の半分の 0.5 の運動エネルギーになったので，最高点 D での位置エネルギーは 0.5 となる。位置エネルギーは高さに比例するので，点 D の高さは点 A の高さの，0.5 ÷ 0.75 = 0.666…→ 0.67〔倍〕

3 (2) 位置エネルギーの大きさは基準面からの高さで決まるので，レールと同じ形のグラフを選べばよい。

(3) 点 B・C・F の位置エネルギーの大きさは等しいので，力学的エネルギーが保存される場合は小球の速さは等しくなる。力学的エネルギーが保存されない場合，運動する距離や時間が長いほど摩擦力や空気抵抗によりエネルギーを失う。

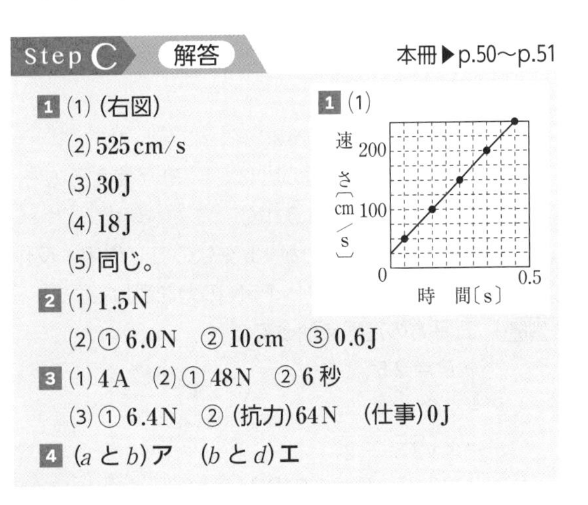

Step C　解答　本冊▶p.50〜p.51

1 (1) (右図)
(2) 525 cm/s
(3) 30 J
(4) 18 J
(5) 同じ。

2 (1) 1.5 N
(2) ① 6.0 N　② 10 cm　③ 0.6 J

3 (1) 4 A　(2) ① 48 N　② 6 秒
(3) ① 6.4 N　② (抗力) 64 N　(仕事) 0 J

4 (a と b) ア　(b と d) エ

解説

1 (1) 記録タイマーが 1 秒間に 60 打点するから，記録テープの 6 打点は 0.1 秒となる。基準の点から 0.1 秒間の速さは，5.0 cm ÷ 0.1 s = 50 cm/s となり，これは平均の速さなので，グラフに表すとき，横軸の時間が 0.05 S の位置に表すようにする。

(2) グラフは 1 次関数であるので，式を求めて解いてみる。速さを v〔cm/s〕，時間を t〔s〕とすると，

傾き $=\dfrac{50}{0.1}=500$，切片 25　より，

$v=500t+25$　$t=1.0$ s を代入して，

$v=525$ cm/s　となる。

(3) 物体に，物体にはたらく重力にさからってした仕事が，その物体のもつ位置エネルギーとなるので，台車の位置エネルギーは，

$20\,\text{N} \times 1.5\,\text{m} = 30\,\text{J}$

(4) 力学的エネルギーの保存より，位置エネルギーの減少量が運動エネルギーとなる。よって，台車の運動エネルギーは，

$30\,\text{J} - 20\,\text{N} \times 0.6\,\text{m} = 18\,\text{J}$

(5) ここで(2)の式が役立つ。重力による速さの変化は，物体の質量にはまったく関係しない。したがって，質量が1gのものも，100gのものも，2秒後には，ともに1025cm/sの速さとなる。

2 (1) おもりにはたらいている力は重力 $=2\text{N}$，ばねの力2.5N，指からの力 $=F$ で，この3つがつりあっている。

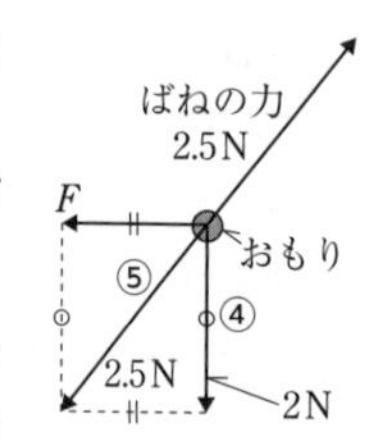

重力と指からの力 F は直角になる。重力と F の合力とばねの力がつりあう。そこで，図のような直角三角形を考えると，

重力 : F : ばねの力 $=2 : F : 2.5 = 4 : 2F : 5$

特別な直角三角形の辺の比 (3 : 4 : 5) が使えるので，

$2F=3$ となり，$F=1.5$〔N〕

指がおもりをおす力が1.5Nなので，作用・反作用より，指はおもりから1.5Nの力を受ける。

別解 三平方の定理を使って，

$2^2 + F^2 = 2.5^2$

$F^2 = 2.5^2 - 2^2$

$F = \pm\sqrt{2.5^2 - 2^2}$

$F > 0$ なので，$F = 1.5$〔N〕

(2) ① ばねばかりに2.0Nがかかっていて，糸が6本なので，おもりaとbの重さは $2.0 \times 6 = 12$〔N〕

おもりaの重さは，この半分の6.0Nとなる。

② ばねばかりは60cm鉛直(えんちょく)上向きに引いているので，この長さは，おもりaが上がる6倍の長さ(糸が6本)にあたる。よって，おもりa，bはともに，60cmの$\frac{1}{6}$動く。

③ 6.0Nのおもりaに，重力にさからって10cm(0.1m)引き上げる仕事をしたので，

$6.0\,\text{N} \times 0.1\,\text{m} = 0.6\,\text{J}$

また，ばねばかりがした仕事の半分を考えて，

$2.0\,\text{N} \times 0.6\,\text{m} \div 2 = 0.6\,\text{J}$ としてもよい。

3 (1) 1秒あたり40Jの仕事＝仕事率であり，電力であるから，10V − 40Wのモーターと考えればよい。

電力＝電圧×電流より，$10\,\text{V} \times I$〔A〕$= 40\,\text{W}$

これより，$I = 4$〔A〕

(2) まず，斜辺(しゃへん)の長さを求める。

特別な三角形の辺の比(3 : 4 : 5)，または三平方の定理より $\text{PQ} = \sqrt{3^2 + 4^2} = \sqrt{25} = 5$

① 次の図のように考える。三角形OXWの辺比も，

OX : XW : OW = 3 : 4 : 5となるので，

OX : 80 = 3 : 5

OX = 48〔N〕

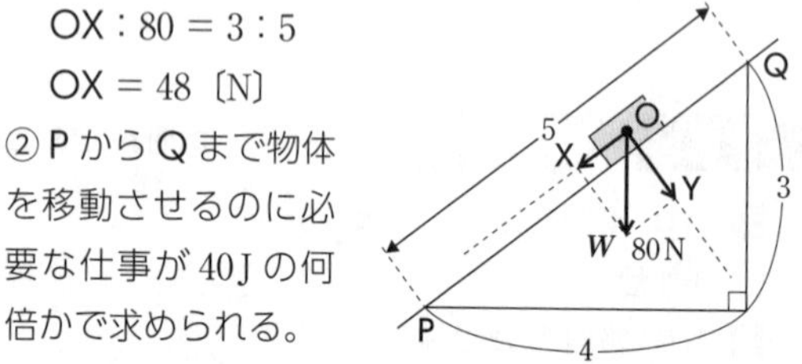

② PからQまで物体を移動させるのに必要な仕事が40Jの何倍かで求められる。

$48\,\text{N} \times 5\,\text{m} \div 40\,\text{J} = 6\,\text{s}$

また，仕事の原理より，直接3m持ち上げる仕事として考え，$80\,\text{N} \times 3\,\text{m} \div 40\,\text{J} = 6\,\text{s}$ と求めてもよい。

(3) ① 摩擦(まさつ)がないときよりも $6.8 - 6 = 0.8$〔s〕多くかかっており，摩擦力にさからってした仕事が，モーターが0.8秒間でした仕事に等しいことになる。摩擦力を f とすると，f〔N〕$\times 5\,\text{m} = 40\,\text{W} \times 0.8\,\text{s}$ より，

$f = 6.4$〔N〕

② 上図より，OY : 80 = 4 : 5　OY = 64〔N〕

垂直抗力(こうりょく)は，この反作用として，64Nと求められる。

仕事は，斜面に垂直な方向への移動は0mなので，

$64\,\text{N} \times 0\,\text{m} = 0\,\text{J}$

4 a と b の違(ちが)いは物体を沈(しず)めた長さなので，物体の水中部分の体積の大きさと浮力(ふりょく)の大きさの関係がわかる。

b と d の違いは物体の質量なので，物体にはたらく重力の大きさと浮力の大きさの関係がわかる。

7 | 水溶液とイオン

Step A 解答

本冊▶p.52～p.53

① 原子核　② 陽子　③ 電子　④ 中性子
⑤ 塩素　⑥ 銅　⑦ 電気　⑧ 電子　⑨ 電気
⑩ 18　⑪ 27　⑫ イオン　⑬ Cl^-　⑭ Cu^{2+}
⑮ Cu^{2+}　⑯ $2Cl^-$　⑰ 電流　⑱ 銅
⑲ 電子　⑳ 銅原子　㉑ 塩化物
㉒ 塩素原子　㉓ 銅　㉔ Cu　㉕ Cl_2　㉖ 食塩
㉗ 砂糖　㉘ 電解質　㉙ 非電解質　㉚ 電離
㉛ イオン　㉜ 非電解質　㉝ 電解質　㉞ 原子
㉟ イオン　㊱ 塩化物イオン　㊲ Cu^{2+}　㊳ $2H^+$
㊴ OH^-　㊵ 塩化物イオン(Cl^-)
㊶ 塩素原子(Cl)　㊷ 塩素分子(Cl_2)
㊸ 水素イオン(H^+)　㊹ 水素原子(H)
㊺ 水素分子(H_2)　㊻ H_2　㊼ 銅
㊽ 塩素　㊾ 塩化銅

解説

⑦ 導線を流れる電流は，導線中の電子(自由電子)の移動によるが，水溶液に流れる電流のもとは，電気を帯びた原子(イオン)の移動による。

⑱～㉒ 陽極，陰極側でのようすを，電子 e^-を用いて表すと，

●陽極　$Cl^- \longrightarrow Cl + e^-$，$Cl^- \longrightarrow Cl + e^-$ ｝ (気体の塩素) $2Cl^- \longrightarrow Cl_2 + 2e^-$

●陰極　$Cu^{2+} + 2e^- \longrightarrow Cu$(銅が付着)

㉓ 銅イオン Cu^{2+} は青色を呈し，電気分解が進むにつれ，銅原子へと変わり，水溶液の青色がうすくなってくる。水溶液中のイオンが少なくなると流れる電流も弱くなり，完全にイオンがなくなると電流は流れなくなる。

㊵～㊻ 塩酸の電気分解の，陽極，陰極のようすを電子 e^-を用いて表すと，

●陽極　$2Cl^- \longrightarrow Cl_2 + 2e^-$　（$2e^-$：陽極に奪われる）

●陰極　$2H^+ + 2e^- \longrightarrow H_2$　（$2e^-$：陰極から受けとる）

Step B 解答

本冊▶p.54～p.55

1 (1) 電解質　(2) 塩素　(3) Cl_2
(4) (A) 塩化銅　(B) 水酸化ナトリウム
(C) 砂糖　(D) 塩化水素

2 (1) (a) 電子　(b) 陽子　(c) 中性子　(2) b
(3) ① $Cu \longrightarrow Cu^{2+} + 2e^-$
② $Cl + e^- \longrightarrow Cl^-$

3 (1) A　(2) エ　(3) $CuCl_2 \longrightarrow Cu^{2+} + 2Cl^-$

4 (1) ア　(2) ウ　(3) イ
(4) (色)青色
(変化)青色がうすくなってくる。

5 (1) $(NaCl \longrightarrow) Na^+ (+) Cl^-$
$(HCl \longrightarrow) H^+ (+) Cl^-$
(2) (a) ア　(b) ア　(c) イ
(3) (記号)B，F　(名称)塩素　(4) 100個
(5) A，C，E

解説

1 (2) 刺激臭のある気体は塩素。電気分解をしたとき，塩素が発生するのは塩酸と塩化銅水溶液である。
(4) 電流が流れなかったことからCは砂糖，実験2から酸性を示すDは塩化水素，Aは塩化銅の水溶液である。

2 (1)・(2) 原子 ─ 原子核 ─ 陽子(＋の電気)／中性子；原子 ─ 電子(－の電気)

陽子1個のもつ電気量と電子1個のもつ電気量は等しい。また，陽子の数と電子の数が同じなので，原子は電気的に中性である。
(3) ① Na や Cu は金属なので，電子を放出し，陽イオンになる。銅は，電子を2個失うので Cu^{2+}となる。
② 塩素 Cl は，イオンになると Cl^-となり，塩素イオンではなく塩化物イオンとよぶことに注意しておこう。

3 (1)・(2) 青色は銅イオン(Cu^{2+})の色である。

4 (2) 塩化銅は，$CuCl_2 \longrightarrow Cu^{2+} + 2Cl^-$と電離する。
(3) (1)の答え**ア**のイオンでの説明になる。
電極Aは陽極なので，○⁻が引きつけられる。塩化物イオンが $2Cl^- \longrightarrow Cl_2 + 2e^-$となる変化を表すモデルは**イ**である。
(4) Cu^{2+} は青色を呈するイオンであり，電気分解が進むにつれて，$Cu^{2+} + 2e^- \longrightarrow Cu$　と変化して銅に変わるので，Cu^{2+} の数は減っていく。

5 (2) 塩化銅水溶液は $CuCl_2 \longrightarrow Cu^{2+} + 2Cl^-$ と電離

しているので，Dからの気体は Cl_2 で，Dは陽極，Cは陰極（いんきょく）である。

(3) ビーカー①の食塩水は，$NaCl \longrightarrow Na^+ + Cl^-$ と電離しているので，Bの極板から Cl_2 が発生する。なお，Na^+ は電子を受けとりにくいイオンなので，Aの極板では，水が少し電離した H^+ がAの極板から電子を受けとり，$2H^+ + 2e^- \longrightarrow H_2$ の反応が起こって水素が発生する。

ビーカー③は，$HCl \longrightarrow H^+ + Cl^-$ と電離しているので，陽極のFから Cl_2 が発生する。

(4) 100個の銅イオンが，銅原子に変わるには，$100Cu^{2+} + 200e^- \longrightarrow 100Cu$ より，200個の電子 e^- が必要である。200個の電子 e^- が生じるためには，塩化物イオン Cl^- が200個必要になる。塩素分子は2原子の分子なので，$200 \div 2 = 100$〔個〕の Cl_2 がDから発生する。

(5) 極板で電子を放出するのは陰イオンである。すなわち，陰(−)イオンを引きよせ，電子を奪（うば）うのは陽極，電子を受けとるのは陰極に引きよせられた陽イオンである。よって，陰極の極板を選ぶ。

8 | 酸・アルカリとイオン

Step A　解答　本冊▶p.56〜p.57

①赤　②黄　③小さい　④水素　⑤水素
⑥赤　⑦赤　⑧水素　⑨青　⑩青　⑪赤
⑫大きい　⑬赤　⑭＋　⑮青　⑯水酸化物
⑰青色リトマス　⑱BTB　⑲水素
⑳電離（でんり）　㉑水素　㉒ H^+　㉓塩酸　㉔水素
㉕赤　㉖水素　㉗塩化水素　㉘脱水（だっすい）
㉙二酸化炭素　㉚赤　㉛青　㉜電離
㉝水酸化物　㉞NaOH　㉟ OH^-　㊱固体
㊲石灰水　㊳アンモニア　㊴ OH^-

解説

③ pHは酸・アルカリの強さを表す指数で，pH7が中性，それより小さければ酸性，大きければアルカリ性である。

⑥〜⑧ $HCl \rightarrow H^+ + Cl^-$ と電離している塩酸に電流を流して，＋極へ移動した塩化物イオンではリトマス紙の色が変わらないので，酸のもとは H^+ といえる。

⑬〜⑯ アルカリの場合も同じで，アルカリのもとは OH^- といえる。

㉛ 手がぬるぬるするのは，皮膚（ひふ）のタンパク質が分解されるからである。

ここに注意　酸の物質は化学式の中に“H”を含（ふく）む。アルカリの物質の多くは化学式の中に“OH”を含む。二酸化炭素 CO_2 は水に溶（と）けると酸性，また，アンモニア NH_3 は水に溶けるとアルカリ性になる。これは，次のように電離するためである。

●二酸化炭素：$CO_2 + H_2O \longrightarrow H^+ + HCO_3^-$
$\longrightarrow 2H^+ + CO_3^{2-}$

●アンモニア：$NH_3 + H_2O \longrightarrow NH_4^+ + OH^-$

Step B　解答　本冊▶p.58〜p.59

1 (1) ウ　(2) イ
(3) 水素　(4) ウ
(5) ウ→イ→ア→エ

2 (1) ウ　(2) ア

3 (1) 1.0 g
(2) (a) 変化がなかった。
(b) 赤色に変化した。
(3) ① 水酸化物　② 陽
③ 水素　④ 陰（いん）

解説

1 (1)・(2) ①〜⑥の各変化は，①酸性，②アルカリ性，③アルカリ性，④酸性，⑤酸性，⑥アルカリ性の性質である。

(4) ⑤の実験は，

$NaHCO_3 + HCl \longrightarrow NaCl + H_2O + CO_2 \uparrow$
（↑は気体が発生することを表す）

また，**ウ**は，

$CaCO_3 + 2HCl \longrightarrow CaCl_2 + H_2O + CO_2 \uparrow$

アと**エ**は変化せず，**イ**では次の反応が起こり，アンモニア(NH_3)が発生する。

$2NH_4Cl + Ca(OH)_2$
$\longrightarrow CaCl_2 + 2H_2O + 2NH_3 \uparrow$

オでは次の反応により水素が発生する。

$Zn + H_2SO_4 \longrightarrow ZnSO_4 + H_2 \uparrow$

(5) pH値による液性の変化は次のようになる。

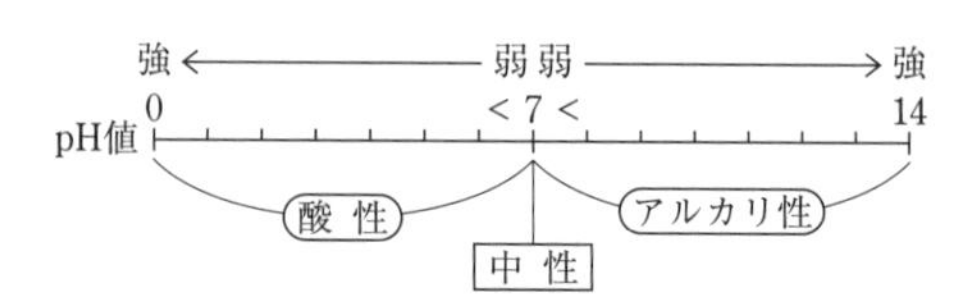

2 (1) **ア**～**オ**の水溶液のうち，アルカリ性を示すのは**ア**と**ウ**と**エ**。**ア**は硫酸を加えると硫酸バリウムの白い沈殿が生じる。**エ**は強いにおいをもつ。**ウ**に硫酸を加えて生じる塩は硫酸ナトリウム Na_2SO_4 であり，水に溶ける。

(2) 石灰水に二酸化炭素を通すと炭酸カルシウムの白い沈殿が生じる。また，塩酸は加熱して水分を蒸発させると何も残らない。石灰水中には Ca^{2+} と OH^- が含まれているので，水溶液はアルカリ性を示し，フェノールフタレイン液を加えると赤くなる。

3 (1) 求める水酸化ナトリウムを x〔g〕とすると，

$$\frac{x}{50+x} \times 100 = 2 \quad x = 1.02\cdots \text{〔g〕}$$

(2) 水素イオン H^+ が中央に置かれたろ紙から陰極のほうへ移動する。これにより青色リトマス紙Cは赤色に変化する。赤色リトマス紙Bは色の変化がない。

9 中和と塩

Step A 解答 本冊▶p.60～p.61

① 水素 ② 水酸化物 ③ 中
④ 塩化ナトリウム
⑤ 水素 ⑥ 水酸化物 ⑦ 水
⑧ 中和(中和反応) ⑨ 水素
⑩ 水酸化物 ⑪ (右図)
⑫ 酸 ⑬ 酸 ⑭ 中
⑮ アルカリ ⑯ 0(ゼロ) ⑰ $Ba(OH)_2$
⑱ 中 ⑲ NaCl ⑳ 酸 ㉑ アルカリ ㉒ H^+
㉓ OH^- ㉔ 中和(中和反応) ㉕ 塩
㉖ 水酸化物 ㉗ 5 ㉘ 酸 ㉙ 変わらない
㉚ $\frac{1}{2}$ ㉛ 2.5 ㉜ 指示薬 ㉝ 青 ㉞ 無色 ㉟ 黄

⑪ (図：Na^+, H_2O, Cl^-, Cl^-, Na^+, Cl^-, H_2O, H^+)

解説

⑫ 2つの水溶液を混ぜ合わせた⑪のイオンのモデルをみると，水素イオン H^+ が1つ含まれていることから，水溶液は酸性を示す。

⑭ 塩酸と水酸化ナトリウム水溶液の反応では沈殿が生じないので，中和点でも電流の値は0にならない。

⑯ 水溶液がちょうど中性になっているとき(中和点にあるとき)，塩が水に溶ける場合は電解質の水溶液(イオンを含む)なので電気を通すが，溶けずに沈殿する場合は水溶液中にイオンがないので，電気を通さない。

⑰ 硫酸バリウム $BaSO_4$ は水に溶けにくく，白色の沈殿が生じる。

ここに注意 中和における各イオン数の変化を理解しておこう。

● 塩化水素分子が n 個溶けていたとすると，

nHCl ⟶ nH$^+$ + nCl$^-$ となり，

これに，NaOH ⟶ Na$^+$ + OH$^-$ を加えることを考える。

H^+ と OH^- は中和して水になるので，H^+ は NaOH が n 個入ると中和点で0になり，さらに NaOH を加えると水溶液の中には OH^- がふえていく。塩化物イオン Cl^- の数は変化せず，n 個のままである。ナトリウムイオン Na^+ は，加える NaOH の数に比例してふえていくので，各イオン数は下のグラフのように変化する。

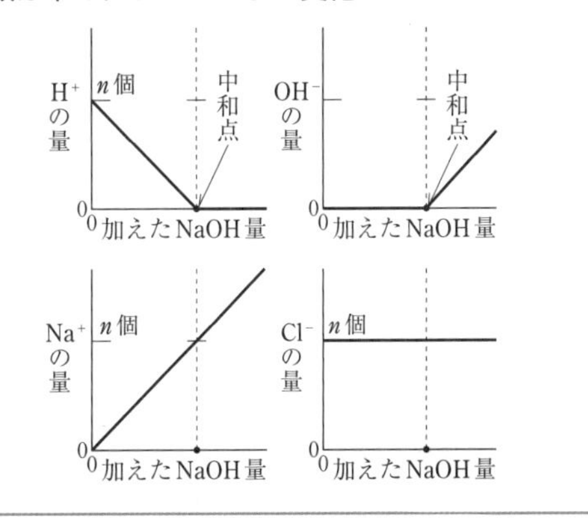

㉗ 図より，A液10mL中には OH^- が1個含まれる。このA液に加えるB液は，20mL中に H^+ を4個含んでいるので，中和させるのに必要なB液は，

$$20 \times \frac{1}{4} = 5 \text{〔mL〕}$$

㉛ A液20mLを2倍にうすめ($\frac{1}{2}$の濃度にし)て，40mL(C液)にしても，そこに含まれるイオンの数は変わらないので，C液10mLとA液5mLの中の OH^- の数は同じ数になる。A液：B液は10mL：5mLでちょうど中性になることから，C液10mL(A液5mL)とちょうど中性になるB液の体積は $5 \times \frac{1}{2} = 2.5$〔mL〕となる。

Step B　解答　　本冊▶p.62〜p.63

1 (1) $H^+ + OH^- \longrightarrow H_2O$　(2) 3倍　(3) イ
(4) 4.5 cm^3

2 (1) (A) エ　(F) ア　(2) 発熱　(3) ウ　(4) ウ

3 (1) ① ウ　② 5 cm^3　(2) ① 塩酸　② 2　③ 1
(3) $HCl + NaOH \longrightarrow NaCl + H_2O$

解説

1 (2) 同じ体積の水酸化ナトリウム水溶液(すいようえき)の量で塩酸の量を比較(ひかく)する。

(3) A液 30 m^3 を中性にするためには，水酸化ナトリウム水溶液が 20 m^3 必要となるため，30 cm^3 の水酸化ナトリウム水溶液を加えるとアルカリ性になる。

(4) B液 8 cm^3 を中性にするためには，水酸化ナトリウム水溶液が 16 cm^3 必要である。残りの水酸化ナトリウム水溶液 19 − 16 = 3〔cm^3〕を中性にするには，求めるA液の量を x〔cm^3〕とすると，

$10 : 15 = 3 : x$　$x = 4.5$〔cm^3〕

2 (1) どのビーカーも塩酸の体積は同じなので，ビーカーDより水酸化ナトリウム水溶液の体積が小さいビーカーは酸性になり，体積が大きいビーカーはアルカリ性になる。

(3) 表より，塩酸と水酸化ナトリウム水溶液は 5 : 3 の体積比で混ぜると中和することがわかる。よって，水酸化ナトリウム水溶液と同じ体積の塩酸に含(ふく)まれる水素イオンの数は，水酸化ナトリウム水溶液に含まれる水酸化物イオンの$\frac{3}{5}$倍になる。

(4) 水溶液が中性になるまでは，中和に使われる水素イオンの数と同じ数のナトリウムイオンがふえるので，イオンの数は一定になる。中和後は，加えたナトリウムイオンと水酸化物イオンの数だけふえる。

3 (1) ② 水酸化ナトリウム水溶液が 10 cm^3 残っている。

(2) 10 cm^3 の水酸化ナトリウム水溶液を中和するのに必要な塩酸は 5 cm^3，硫酸は 10 cm^3 である。

10｜化学変化と電池のしくみ

Step A　解答　　本冊▶p.64〜p.65

① ⟵　② −　③ 電子　④ Mg^{2+}　⑤ イオン
⑥ 逆　⑦ 電流　⑧ 電子　⑨ −　⑩ 亜鉛(あえん)
⑪ 水素　⑫ 水素　⑬ 水素　⑭ 電解　⑮ −
⑯ −　⑰ 電池(化学電池)　⑱ 化学　⑲ 電気
⑳ 炭素　㉑ 亜鉛　㉒ マンガン乾(かん)　㉓ 酸素
㉔ 燃料　㉕ 陽(+)　㉖ 水素　㉗ 亜鉛イオン
㉘ 水素　㉙ 銅イオン　㉚ 銀原子　㉛ 亜鉛
㉜ 銅　㉝ 銀　㉞ 亜鉛　㉟ 水素　㊱ 水素
㊲ 電池(化学電池)　㊳ −　㊴ 電気　㊵ 放電
㊶ 乾　㊷ 炭素　㊸ 燃料　㊹ 光

解説

④・⑤ 金属は電解質の水溶液に溶(と)けて，電子を失って陽イオンになるが，K，Na などの軽い金属は，Au(金)，Ag(銀)などの重い金属に比べてイオンになりやすい。陽イオンになるなりやすさをイオン化傾向(けいこう)という。

〈主な原子のイオン化傾向の順序〉

K(カリウム) > Na(ナトリウム) > Mg(マグネシウム) > Al(アルミニウム) > Zn(亜鉛) > Fe(鉄) > Ni(ニッケル) > (H：水素) > Cu(銅) > Hg(水銀) > Ag(銀)

H(水素)は非金属であるが，上記の順序の中に含(ふく)まれているのは，例えば，塩酸(HCl)の中に亜鉛(Zn)を入れると右図のようになり，上の順序から H < Zn なので，塩酸の中の H^+ は，Zn があると原子にかわり，原子の Zn が亜鉛イオン Zn^{2+} に変わる現象が起こり，"酸"とよばれる物質に含まれるからである。

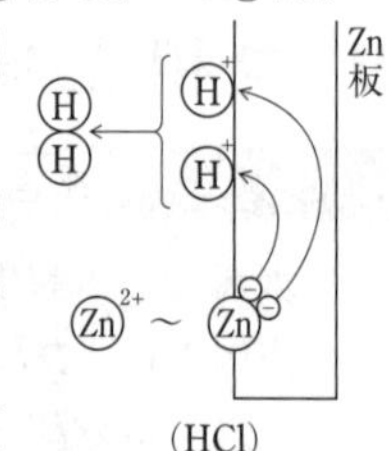

⑮・⑯ 下記の"ここに注意"参照。

ここに注意　化学電池の+・−極は金属のイオン化傾向の強さで決まる。

Mg > Zn > Fe > Cu

の4種類で比べると，Mg はほかのどの金属と組み合わせても−極になり，ほかは+極になる。Zn と Fe では，Zn が−極に，Fe が+極になる。Fe と Cu では，Fe が−極で Cu が+極になる。このように，組み合わせる金属の種類によって，+極になったり−極になったりする。

同じうすい塩酸に，上の金属を組み合わせて電池をつくったときの電圧は次のようになった。

(Cu—Fe) 0.15 V
(Cu—Zn) 0.7 V
(Cu—Mg) 1.55 V
(Zn—Mg) 0.85 V
(Zn—Fe) 0.55 V

イオン化傾向の順が離(はな)れた金属どうしの組み合わせのほうが，電圧が大きくなる。

㉔ 燃料電池は，次のしくみで電気エネルギーをとり出す装置である。

（電気分解）
電気エネルギー → 化学エネルギー
水 ⇄ 水素 ＋ 酸素
電気エネルギー ← 化学エネルギー
（燃料電池）

Step B 解答

本冊▶p.66～p.67

1 (1) SO_4^{2-}　(2) 亜鉛イオン　(3) ア　(4) ウ
(5) $2H^+ + 2e^- \longrightarrow H_2$　(6) ウ

2 (1) 塩化水素　(2) 亜鉛　(3) ①
(4) ① ウ　② イ　③ ⓐ Zn^{2+}　ⓑ Cl^-

3 (1) エ
(2) ① イオン（アルミニウムイオン）
② ぼろぼろ（うすく穴があいた状態　など）
③ 化学
(3) ① $HCl \longrightarrow H^+ + Cl^-$
② (a) $2H^+$　(b) H_2
(4) (X) 水素　(Y) 酸素　(5) 燃料（電池）

解説

1　(2)・(3) 亜鉛は希硫酸に溶けるが，銅は溶けない。これはイオン化傾向が Zn ＞ (H) ＞ Cu の関係にあるためである。

(4)・(5) 亜鉛板と銅板を導線でつなぐと，亜鉛板上では

$Zn \longrightarrow Zn^{2+} + 2e^-$

という反応が起こり亜鉛は溶け，電子は銅板に移動し，銅板上では，水溶液中の陽イオン（H^+）を引きつけ，

$2H^+ + 2e^- \longrightarrow H_2$

という反応が起こり，水素が発生する。

2　(1) 塩化水素（HCl）の水溶液を塩酸という。

(2) 電解質の水溶液への溶けやすさ（イオンへのなりやすさ）によって，電池の＋，－極が決まる。
　イオンへのなりやすさ（イオン化傾向）は，Mg ＞ Zn ＞ Cu で，イオンになりやすいほうが溶け出すので，－極となる。

(3) 電池は金属をイオン化傾向の順序に並べたとき，離れたものどうしの組み合わせのほうが電圧が大きくなる。

(4) ①・② 次の図に電子の移動についてまとめた。この図を見て，各極での反応をマスターしよう。

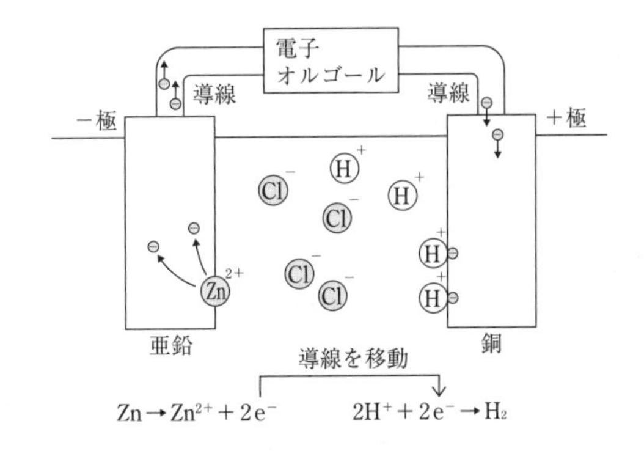

③ $HCl \longrightarrow H^+ + Cl^-$ の H^+ は銅板表面で反応し，電子を受けとって H，H_2 と変化していくので減少し，亜鉛板表面から Zn^{2+} が溶け出すので，Zn^{2+} は溶液中にふえていく。ほとんど変化しないのは，塩化物イオン Cl^- である。

3　(1) 図1では $Al \longrightarrow Al^{3+} + 3e^-$ となり，電子がアルミニウムはくから導線を通って炭素棒へ移動するので，炭素棒が＋極となる。電極に炭素棒と金属を用いたとき，炭素棒が＋極になることを覚えておこう。図2の亜鉛板の亜鉛は銅板の銅よりイオンになりやすい（イオン化傾向が強い）ので－極となり，端子Dが＋極となる。

(2) アルミニウムは Al^{3+} となって食塩水中に溶けるので，アルミニウムはくはぼろぼろになる。

(4) 発生した体積比が X：Y ＝ 2：1 より，X が水素で，端子Eは陰極である。Y は酸素で，端子Fは陽極である。

(5) 電気エネルギー ⟶（化学エネルギーで蓄える）

$$2H_2O \rightleftarrows 2H_2 + O_2$$

（電気エネルギーを出す）⟵ 化学エネルギー

　水の電気分解の逆の反応によって電気エネルギーをとり出す装置を燃料電池という。排気ガスが水蒸気なので，クリーンエネルギーとして利用価値が高い。

Step C 解答

本冊▶p.68～p.69

1 (1) H_2　(2) 10 cm^3　(3) H^+，Cl^-，Na^+
(4) NaCl，NaOH　(5) 0.6 倍（$\frac{3}{5}$ 倍）

2 (1) イ
(2) $H_2SO_4 + Ba(OH)_2 \longrightarrow BaSO_4 + 2H_2O$
(3) 硫酸バリウム　(4) ① カ　② ア

3 (1) Cu　(2) $Zn \longrightarrow Zn^{2+} + 2e^-$
(3) $\frac{n}{2}$個　(4) $2H^+ + 2e^- \longrightarrow H_2$
(5) ③→①→②

解説

1 (1) 塩酸とマグネシウムの反応は

$Mg + 2HCl \longrightarrow MgCl_2 + H_2$

で，水素が発生する。アルミニウムも塩酸に溶けて次のように反応し，水素を発生する。

$2Al + 6HCl \longrightarrow 2AlCl_3 + 3H_2$

また，アルミニウムは，NaOH などのアルカリとも反応して水素を発生する。

(2) a～c 間では，塩酸の濃度は加える水酸化ナトリウム水溶液との中和によって低くなるので，アルミニウムとの反応で発生する気体(水素)の体積が減っている。完全に中和すると，水素の発生はとまり，0 となる。表より，水酸化ナトリウム水溶液が $3cm^3$ ふえるごとに，発生する水素の体積は $45cm^3$ 減少している。水酸化ナトリウム水溶液 $1cm^3$ につき水素が $15cm^3$ 減るので，c の溶液にあと $1cm^3$ の水酸化ナトリウム水溶液を加えれば，水素の発生は 0 になり，中和が完了して，水溶液は中性になる。よって，この塩酸 $6cm^3$ と完全に中和する水酸化ナトリウム水溶液の体積は，$9 + 1 = 10$〔cm^3〕

(3) x，y を塩酸，水酸化ナトリウムの個数とすると，

$xHCl \longrightarrow xH^+ + xCl^-$，$yNaOH \longrightarrow yNa^+ + yOH^-$

と電離している。b の溶液は酸性なので，$x > y$ になっている。溶液中では

$$xH^+ + xCl^- + yNa^+ + yOH^- \longrightarrow (x - y)H^+ + xCl^- + yNa^+ + yH_2O$$

となり，OH^- は中和で使われるので，溶液の中には，H^+，Cl^-，Na^+ のイオンが含まれている。

(4) f の溶液は，完全に中和したあとさらに水酸化ナトリウム水溶液が加えられているので，アルカリ性になっている。したがって，Na^+，Cl^-，OH^- が存在しており，水を蒸発させると，塩としての NaCl と完全に中和したあとに加えた水酸化ナトリウム水溶液中の NaOH が固体として残る。

(5) 水酸化ナトリウム水溶液 $18cm^3$ と塩酸 A$18cm^3$ で中和する。実験で用いた塩酸は水酸化ナトリウム水溶液 $10cm^3$ に対して $6cm^3$ で中和する。水酸化ナトリウム水溶液 $18cm^3$ を完全に中和する塩酸の体積を x〔cm^3〕とすると，

$10 : 6 = 18 : x$　$x = 10.8$〔cm^3〕

よって，塩酸 A のほうが実験で用いた塩酸よりも濃度が低いことがわかる。塩酸 A の濃度は，実験で用いた塩酸の濃度の，$10.8 \div 18 = 0.6$〔倍〕になる。

2 (4) ① 図より，硫酸を 10mL 加えたときに水素イオンと水酸化物イオンが過不足なく反応していることがわかる。よって，中和するまでは水素イオンの数は 0 になる。また，硫酸を 10mL 加えたときに $2n$ 個の水酸化物イオンと過不足なく反応することから，20mL 加えたときの水素イオンの数は $2n$ 個となる。

② 水酸化バリウム水溶液 20mL に含まれるバリウムイオンの数は，水酸化物イオンの数の $\frac{1}{2}$ 倍なので n 個である。硫酸を加えると硫酸イオンと反応し，完全に中和したときバリウムイオンの数は 0 になる。

3 (1) 酸にイオンとして溶け出しやすい金属が－極となる。亜鉛 Zn はうすい塩酸と反応して，水素を発生させながら溶液中に溶け出す。銅は塩酸とは反応しないので，亜鉛が－極，銅が＋極になる。

(2) 亜鉛が－極で，Zn は次のように電子 2 個を放出して陽イオンとなり，溶液中に溶け出す。

$Zn \longrightarrow Zn^{2+} + 2e^-$

(3)・(4) ＋極では，水素イオンが電子を受けとって

$2H^+ + 2e^- \longrightarrow H_2$

となり，水素が発生する。水素分子ができるには，電子が 2 個必要なので，電子が n 個のとき，水素分子は $\frac{n}{2}$ 個できることになる。

(5) 亜鉛と銅では，亜鉛のほうがイオンになりやすい。実験結果から，金属板 A が－極のとき時計回り(a)，A が＋極のとき反時計回り(b)になっている。c では，反時計回りなので，A(銅)が＋極，マグネシウムが－極となっており，マグネシウムのほうがイオンになりやすいことがわかる。d でも反時計回りなので，A(亜鉛)が＋極，マグネシウムが－極となり，マグネシウムのほうが亜鉛よりイオンになりやすいことがわかる。よって，

$Mg > Zn > Cu$

また，$Zn \longrightarrow Zn^{2+} + 2e^-$，$2H^+ + 2e^- \longrightarrow H_2$

と反応して Zn が Zn^{2+} となり，溶液中に溶け出すと，H^+ が H に変化することから，Zn のほうが H よりもイオンになりやすい原子だとわかる。

11 細胞分裂と生物の成長

Step A 解答

本冊▶p.70〜p.71

① 酢酸カーミン液(酢酸オルセイン液)
② 染色体　③ 染色体　④ 細胞壁　⑤ 核
⑥ 細胞分裂　⑦ 体細胞分裂　⑧ 先端　⑨ 成長点
⑩ 酢酸カーミン液
⑪ 染色体　⑫ 染色体　⑬ 中央　⑭ 両極(両端)
⑮ 等しく　⑯ 核　⑰ くびれ　⑱ 同じ
⑲ 遺伝子　⑳ 数　㉑ 46　㉒ 単細胞　㉓ 分裂

解説

② 染色体は，細胞分裂が行われる時期になると，複製されて2倍になる。なお，タマネギの観察において，切りとった根を60℃くらいの塩酸に浸すのは，細胞壁(セルロース)どうしを接着している部分を溶かして細胞をやわらかくし，ばらばらにしやすくするためである。
⑲ 染色体に含まれ，生物のいろいろな形質を伝えるのは遺伝子であるが，遺伝子の本体はDNA (デオキシリボ核酸)という物質である。

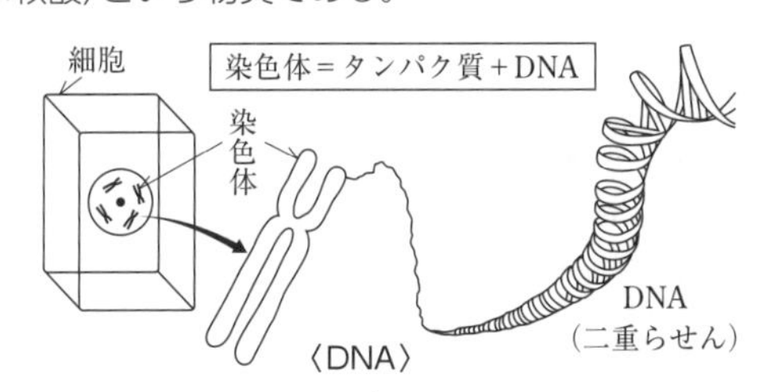

生物は，このDNAに描かれている設計図(非常にたくさんの情報)どおりに形づくられていく。
㉑ ヒトの細胞の核には，22対の染色体と，男女を決定する1対の染色体の，合わせて23対46本が含まれている。また，約2万個にもおよぶ異なる遺伝子をもち，これらの形質が組み合わさってそれぞれ特徴が現れる。生物の染色体の数は，次の表のように生物によって異なり，例えば $2n=46$ は，同じ形で同じ大きさの染色体が23対あり，全部で46本の染色体があることを表している(ヒト)。

植物の染色体の数($2n$)		動物の染色体の数($2n$)	
ソラマメ	12	ミツバチ	16
カボチャ	14	イモリ	24
タマネギ	16	ハツカネズミ	40
キャベツ	18	ヒト	46
トウモロコシ	20	チンパンジー	48
イチョウ	24	ウシ	60
イネ	24	イヌ	78
ゼンマイ	44	コイ	100

ここに注意　⑰ 細胞分裂の終期には，

- 植物細胞では，細胞の内側中央にしきりができ始め，外側に広がって細胞質が二分される。
- 動物細胞では，細胞の外側にくびれが生じて，やがてそれが深くなり，細胞質が二分される。

Step B 解答

本冊▶p.72〜p.73

1 (1) 1つ1つの細胞が離れやすくなるから。
(2) (a →) b → d → e → c　(3) ウ
(4) ① 小さい　② 染色体

2 (1) (P →) r → s → q → t
(2) ① 染色体　② 遺伝子
(3) (細胞分裂によって)細胞の数がふえ，それらの細胞が大きくなる。

3 (1) 酢酸カーミン液(酢酸オルセイン液)
(2) (D →) B → A → C　(3) エ
(4) (縦に)2つに分かれる　(5) エ

解説

1 (1) 塩酸で細胞壁の成分を溶かして，細胞を離れやすくする。
(3) 染色体の本数は，dの過程では n で，eの過程では $2n$ になる。

2 細胞分裂が行われる場所と細胞分裂の順序などを覚えておくとよい。

3 (4) ひも状の染色体が複製されたあと，2つに分かれる。

12 生物のふえ方

Step A 解答

本冊▶p.74〜p.75

① 柱頭　② 花粉　③ 受精　④ 花粉管
⑤ 種子　⑥ 卵　⑦ 精子　⑧ 受精卵
⑨ 幼生　⑩ 分裂　⑪ 出芽　⑫ ほふく茎
⑬ 塊茎　⑭ 胞子　⑮ 珠芽(むかご，肉芽)
⑯ 生殖　⑰ 生殖　⑱ 有性生殖
⑲ 精子　⑳ 卵　㉑ 受精　㉒ 受精卵
㉓ 発生　㉔ 花粉管　㉕ 精細胞
㉖ 受精　㉗ 受精卵　㉘ 胚　㉙ 無性生殖
㉚ 分裂　㉛ さし木　㉜ 形質　㉝ 遺伝子
㉞ 遺伝　㉟ 生殖細胞　㊱ 半分
㊲ 減数分裂　㊳ 同数　㊴ 有性生殖
㊵ 無性生殖

解説

①～⑤ 裸子植物も含め，種子植物は受精によって種子がつくられる。種子植物は有性生殖によって種子をつくり，子孫を残している。

⑫，⑬，⑮や，さし木，とり木などは，栄養生殖という。分裂はほかにミドリムシ，ゾウリムシ，藻類の単細胞生物などに見られる（イソギンチャクも分裂によってふえることがある）。ヒドラに見られる，母体の一部に突起が生じ，それが大きくなって分かれてふえる出芽には，ほかに，サンゴ（分裂するものもある），酵母菌，ウキクサなどがある。

㊴ 子は両親の遺伝子を半分ずつもつので，どちらかの親と同じ形質が現れたり，どちらの親とも異なる形質が現れたりする。

㊵ 無性生殖における親と子のように，起源が同じですべて同じ遺伝子をもち，まったく同じ形質の集団をクローンという。

Step B 解答 本冊▶p.76～p.77

1 (1) ウ (2) ① 組織 ② 器官 ③ 遺伝

2 (1) (A) 精子 (B) 卵 (2) 減数分裂

(3) イ

(4) 受精 (5) (c →) b → e → f → a → d

(6) ア，イ，オ

(7) （右図）

2 (7)

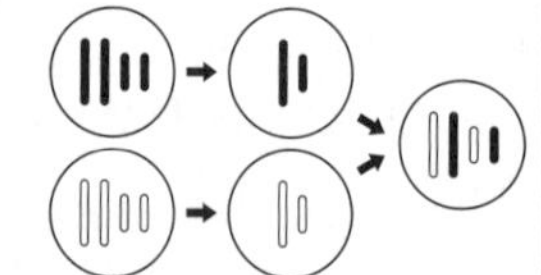

3 (1) ① 柱頭

② 胚珠

③ 精細胞

④ 受精卵

(2) ウ (3) イ，エ

解説

1 (1) 受精卵は，胚，幼生，そして成体になるまで，体細胞分裂と成長をくり返す。分裂は順序よく一定の時間をおいて行われる。この過程を発生という。

2 (1)・(2) ここでいう特別な細胞とは，生殖細胞のことである。生殖細胞がもつ染色体の数はふつうの細胞（体細胞）がもつ染色体の数の半分になっている。これは，体細胞分裂ではなく減数分裂によるものである。

(3) 生殖細胞なので，花粉（精細胞）か，あるいは胚珠内の卵細胞である。花粉がつくられるのは，おしべのやくである。

(6) 分裂や出芽，さし木などは無性生殖である。また，種子植物は胞子をつくらない。

3 (1) 動物では，卵の中に精子が入り受精が行われるが，種子植物では，精細胞が花粉管の中を通って胚珠に達し，その中の卵細胞と受精する。また，この文章では，“卵細胞と，花粉管の中を移動してきた（精細胞）が合体”としているので，答えは“精細胞の核”としないように注意する。

(2) 生殖細胞をつくるときの分裂は減数分裂で，染色体の数が半減している。

(3) 接ぎ木は無性生殖なので，親とまったく同じ染色体（遺伝子）をもつことになる。

13 遺伝の規則性

Step A 解答 本冊▶p.78～p.79

① 交配（受粉，他家受粉） ② 顕性 ③ 自家
④ 3 ⑤ 1 ⑥ 対立形質 ⑦ 減数分裂
⑧ 丸 ⑨ しわ ⑩ 生殖細胞
⑪ 分離の法則 ⑫ 1：2：1 ⑬ 3：1
⑭ 形質 ⑮ 遺伝子 ⑯ 遺伝学
⑰ メンデル ⑱ 形質 ⑲ 対立形質
⑳ 自家受粉 ㉑ 純系 ㉒ 顕性 ㉓ 潜性
㉔ 丸形 ㉕ 染色体（核） ㉖ DNA
㉗ Rr ㉘ 顕性（黄色） ㉙ 潜性（緑色）
㉚ 3：1 ㉛ rr ㉜ 減数分裂 ㉝ 1：1
㉞ 分離の法則 ㉟ 分離 ㊱ ㊲ R，r（順不同）
㊳ 1：1

解説

⑳ 自家受粉と他家受粉

おしべとめしべが1つの同じ花（株）の中にあり，同じ花（株）のおしべの花粉がめしべにつくことを自家受粉という。受粉は簡単に行われる。これに対して，おしべとめしべが別々の花にある場合で，ある花のめしべにほかの株の花の花粉がつくことを他家受粉という。他家受粉は，昆虫や風，水などによって花粉が運ばれなければ行われない。エンドウの場合は，おしべとめしべはいっしょに花弁に包まれているので，容易に自家受粉されやすく，他家受粉の行われにくい花のつくりになっている。メンデルが行った親どうしのかけ合わせ（交配）の実験は，人工受粉による他家受粉である。

㉜～㊳ 減数分裂と遺伝の規則性について，しっかり理解しておこう。

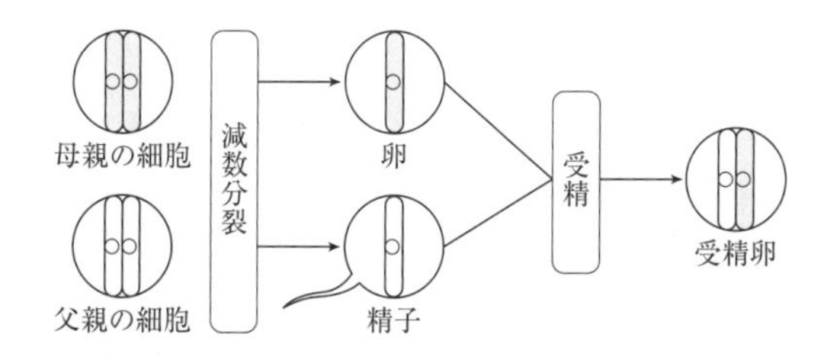

Step B 解答 本冊▶p.80〜p.81

1 (1) 減数分裂 (2) DNA(デオキシリボ核酸)
(3) (X) 顕性(優性)
(Y) 潜性(劣性)
(4) (右図)
(5) ① オ ② エ

1 (4)
オ

カ
Rr

2 (1) ① (名称)花粉管 (遺伝子)P
② (B) QQ (C) Q
③ (名称)受精卵(胚) (遺伝子)PQ
(2) 75% (3) ① ウ ② オ ③ イ
(4) ① RR ② RS

解説

1 (4) **ク**はしわ形の形質なので rr となる。また，それぞれ次のようになる。

ア R **イ** r **ウ** R **エ** r **キ** Rr

(5) ① 丸形：しわ形＝3：1より，丸形の数を x〔個〕とすると，x：1850 = 3：1 x = 5550〔個〕

② 表の**カ**，**キ**があてはまり，しわ形の2倍の個数になるので，1850 × 2 = 3700 個となる。

2 (1) ① 図に示された花の花弁の色が白色であることから，この花に受粉させた花粉は，赤色の花弁のものである。花粉管の中の精細胞の核に含まれる染色体の数は，減数分裂によって半分になっているので，含まれる遺伝子も半分となる。

② B はがくである。これは親の個体の一部である。C は卵細胞であり，含まれる遺伝子は① と同じく半分なので Q のみ。

③ D は受精卵(胚)で，卵細胞の核(Q)と花粉管内の精細胞の核(P)の合体により生じたものである。

(2) 子の遺伝子の組み合わせは PQ。この個体のつくる卵細胞や精細胞の核の遺伝子の組み合わせは，P：Q = 1：1 であり，この個体の自家受粉の結果は右の表のようになる。この表のうち，PP，PQ の花弁は赤色に，QQ の花弁は白色になる。

〔表〕

	P	Q
P	PP	PQ
Q	PQ	QQ

PP：PQ：QQ = 1：2：1
(赤色)：(白色) = 3：1

よって，$\frac{3}{4} \times 100 = 75$〔%〕

(3) ① 実験3では，丸形とくびれ形が生じたが，顕性の形質をもつ個体が純系でなかったので，潜性の形質も現れ，その比が1：1となって，どちらの形質が顕性かはわからない。

② 実験4では，用いた個体が純系であったために，子には1つの形質しか現れなかった。もし，くびれ形の純系であっても，自家受粉の結果は，くびれ形しか生じない。

③ 実験5では，くびれ形の個体を自家受粉したところ，丸形が一部生じている。丸形が顕性であるならば，親の個体は丸形でなければ顕性の法則に反するので，丸形は潜性の遺伝子による形質で，くびれ形が顕性であるといえる。

(4) ① 丸形は潜性なので RR。

② くびれ形は顕性形質であるので，遺伝子の組み合わせには SS，RS の2通りが考えられるが，SS であると，かけ合わせの結果できる個体はすべてくびれ形になるのであてはまらない。

14 生物の進化

Step A 解答 本冊▶p.82〜p.83

① 魚 ② 鳥 ③ シソチョウ ④ ウマ
⑤ ヒト ⑥ クジラ ⑦ 相同器官 ⑧ 魚類
⑨ オゾン層 ⑩ ハ虫類 ⑪ ホ乳類 ⑫ 進化
⑬ 化石 ⑭ シソチョウ ⑮ 相同器官
⑯ 胚 ⑰ 系統 ⑱ 反復 ⑲ 進化説
⑳ ダーウィン ㉑ 自然選択

解説

⑧ 約25億年前に現れた，ラン藻類の光合成による酸素の発生により，大気中に酸素が増加(約20億年前)し，O_2 が紫外線の作用でオゾン(O_3)に変わり，オゾン層が形成された(約18億年前)ことで，有害な紫外線が遮断されはじめた。その結果生物が陸上へ進出することが可能になった(約5億年前)。

Step B 解答

本冊▶p.84～p.85

1 (1) 相対年代 (2) ① ア ② ウ ③ エ ④ エ
⑤ エ ⑥ ア ⑦ ウ ⑧ エ ⑨ エ

2 ① イ ② エ ③ ウ ④ オ ⑤ ケ

3 (1) (A) 両生類 (B) 鳥類 (2) イ，ウ，ア
(3) イ (4) ① ホ乳類 ② 鳥類 ③ ハ虫類
(5) (C)(D) ハ虫類，ホ乳類(順不同) (6) えら
(7) シソチョウ

4 (1) (A) イ (B) ア (C) ウ (D) オ
(2) 自然選択説 (3) 種の起源 (4) 生存競争
(5) 用不用説

解説

2 ヒトの腕，ネコ，イヌの前あしC，クジラの胸びれB，コウモリの翼Aなどは，はたらきや外形は違っていても，内部のつくりが基本的に同じで，相同器官である。

一方，チョウの羽やコウモリの翼など，はたらきや外形は似ているが，根本的なつくり，また起源が異なるような器官は，相似器官という。

3 シソチョウはハ虫類と鳥類の中間型の化石であるが，カモノハシは，母乳で子を育てるホ乳類と，卵を産むハ虫類の現生の中間型生物である。

また，地質時代のある期間に繁栄していたが，現在においては限られた地域で生きているような生物のことを「生きている化石」という。

▶シーラカンス…魚類から両生類への中間型生物。
▶カブトガニ…幼生はサンヨウチュウに似ている。また，甲殻類よりもクモ類に近い生物。
▶イチョウ…中生代に栄えた裸子植物。
▶メタセコイア…新生代初期に栄えた植物。1946年頃に中国で現生種が見つかり，日本各地の公園などに植えられている。

Step C 解答

本冊▶p.86～p.87

1 (1) エ
(2) (移動のための器官)魚類はひれで移動するが，ハ虫類はあしで移動する。
(卵のつくり)魚類の卵には殻がないが，ハ虫類の卵には殻がある。

2 (1) 減数分裂
(2) (i)(白：黄＝)1：1
(ii)(白：黄＝)1：3
(3) 1000 個体

3 (1) (a) 子房 (b) 受粉 (c) 精細胞 (d) 受精
(e) 卵細胞
(2) ウ
(3) ア，イ，オ

4 (1) ① 遺伝子 ② 二重らせん ③ ワトソン
(2) エ，キ
(3) 遺伝子組換え作物
(4) 2 m

解説

1 (1) 鳥類よりホ乳類のほうが古い地質年代から化石が発見されている。
(2) ハ虫類の卵は陸上の乾燥に耐えられるようなつくりになっている。

2 (純系白×純系黄)のかけ合わせからできた子はすべて黄色の花を咲かせたので，黄色が顕性，白が潜性とわかる。

(1) 生殖細胞が生じるとき，染色体の数が体細胞の染色体の数の半分になる特別な分裂が起こる。これを減数分裂という。

(2) 黄色の花の個体の遺伝子の組み合わせをAA(顕性)，白色の花の個体の遺伝子の組み合わせをaa(潜性)として考えていくと，子の代の遺伝子の組み合わせはAaとなる。

i 子の代 Aa × 植物(白) aa では，右の表①のようになり，
白(aa)：黄(Aa)＝1：1

表①	A	a
a	Aa	aa
a	Aa	aa

ii 子の代どうしをかけ合わせると，右の表②のようになり，
Aa × Aa
白(aa)：黄(AA，2Aa)＝1：3

表②	A	a
A	AA	Aa
a	Aa	aa

(3) ③の種子は，Aa × aa のかけ合わせである。これは(2)の i と同じなので，白：黄＝1：1。
したがって，2000 個体の中で黄色の花をさかせるのは，その半分の，1000 個体となる。

3 (1) 精細胞と卵細胞の核が合体し受精──→胚
精細胞の核と極核が合体し受精──→胚乳
このように，二重に受精が起こるのは被子植物に特有の受精様式で，重複受精という。

(2) **ア**は子房，**イ**は胚珠の外側の組織からなる種皮，**エ**が胚で，**ウ**が発芽するとき胚の栄養分となる胚乳である。

(3) シダ植物のふえ方は次のようになっている。

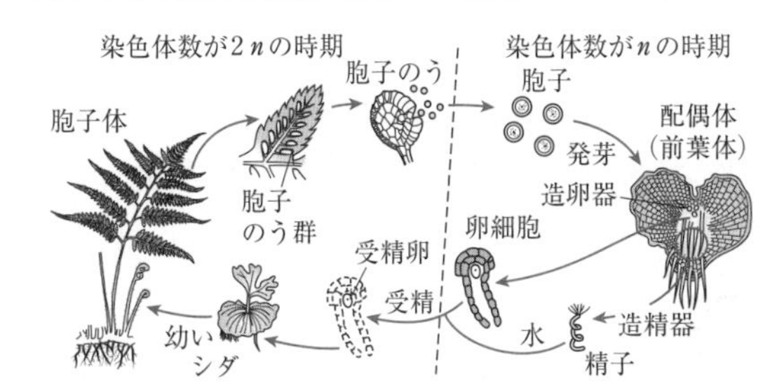

▶シダ植物…胞子が発芽して前葉体となり，前葉体で卵と精子をつくる。前葉体には葉緑体があり，光合成を行う。

▶コケ植物…胞子が発芽して雄株(精子をつくる)と雌株(卵をつくる)ができる。両株は葉緑体をもち光合成を行う。

ウはコケ植物だけの特徴で，**エ**，**カ**はシダ植物だけの特徴。シダ植物には維管束があるが，コケ植物には見られない。

4 (2) **ア**の出芽…母体に突起が生じ，大きくなって分かれてふえる。ヒドラ，サンゴ，ウキクサなど。

イの分裂…体細胞分裂によってふえる。ミドリムシ，アメーバ，細菌類や単細胞の藻類，一部のイソギンチャクなど。

ウ，**オ**のジャガイモ…いもから子孫ができる(栄養生殖)。花が咲き種子ができる。

エの精子をもつ植物…コケ植物，シダ植物は精子と卵をつくるので誤り。

カの無性生殖…分裂・出芽・栄養生殖などでは，親とまったく同じ遺伝子が伝わっている。

キの無性生殖…相手がいなくても子孫を残せるので，有性生殖よりも子孫を残しやすい。よって誤り。

(4) 塩基は2個で1対になっているため，塩基対の数は，120億の半分になる。

120×100000000

$= 120 \times 10^8$，100万を

$100 \times 10000 = 10^6$

とおいて，

A〈T
T〉A
G〈C
$120億 \times \frac{1}{2}$
$\frac{0.34}{100万}$ mm

$$120 \times 10^8 \times \frac{1}{2} \times \frac{0.34}{10^6} = 20.4 \times 10^2 \text{mm} = 2.04\text{m}$$

となり，1つの細胞内には約2mのDNAが含まれていることになる。

15 天体の1日の動き

Step A　解答　本冊▶p.88〜p.89

① 反時計(左)　② 東　③ 西　④ 天頂
⑤ 天の北極　⑥ 北極　⑦ 北　⑧ 東
⑨ 日の入り　⑩ 正午　⑪ 真夜中
⑫ 日の出　⑬ 日本標準時　⑭ 南中
⑮ 日の入り　⑯ 北　⑰ 南中高度　⑱ 東
⑲ 日の出　⑳ 天球　㉑ 地軸　㉒ 東から西
㉓ 緯度　㉔ 自転　㉕ 15
㉖ 反時計まわり(左まわり)　㉗ 45　㉘ 南
㉙ 南中　㉚ 南中高度　㉛ 一定

解説

①〜③ 地球が1日に1回西から東へ自転しているため，天体は，東からのぼり，南の空を通って，西の地平面下に沈むように見える。

⑦・⑧ 恒星は東の空から出て南の空を通り，西の空に沈むので，⑧は東，⑦は北となる。

各地での恒星の日周運動は次のようになるので，確認しておこう。

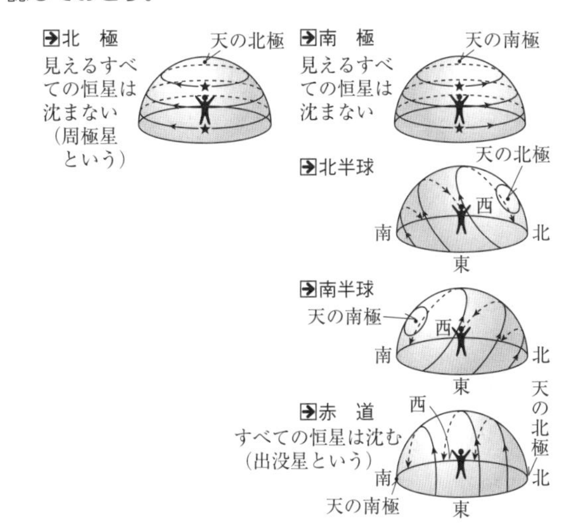

㉗ $360^\circ \times \frac{3}{24} = 45^\circ$

ここに注意　日周運動

●太陽…東から西へ，同じ速さ(1時間に約15°)で動き，高度が最大になる方位が真南である。

●恒星…北極星を中心として東から西へ，1時間に15°の割合で動く。

Step B 解答

本冊▶p.90〜p.91

1 (1) ウ　(2) 年周　(3) 天球　(4) エ　(5) オ

2 (1) コ　(2) エ

3 (1) サインペンの先端の影が点Oと重なるように透明半球上に印を入れる。

(2) イ　(3) イ

解説

1 (1) 地球は1年間で反時計まわりに360°公転しているので，星座は東から西へ1日に約1°動いているように見える。

(4) 4月15日の午前0時頃に太陽はうお座の方向にある。このときに南中する星座は太陽と反対方向にある星座になる。

(5) 図2の点Aを図1で考えると，黄道上のさそり座といて座の間付近になり，これは冬至の日の太陽の位置に近いことがわかる。

2 (1) 北の空の星は，北極星を中心に1時間に15°，反時計まわりに動くので，4時間×15°＝60°動く。

(2) アは北半球(北緯30°程度)，イは北極，ウは南半球(南緯30°程度)での星の動きである。

3 (1) 太陽，サインペンの先端，中心点Oが一直線上になるようにする。

(2) 弧CEFDに対する中心角は180°である。弧CEと弧EFDの長さの比が2：7なので，それぞれ弧に対する中心角も2：7となる。

よって，南中高度∠EOCは，

$$180° \times \frac{2}{2+7} = 40°$$

(3) 図3より，太陽は透明半球上を1時間に3cmずつ移動していることがわかる。点Aから8時の点までの間隔は4cmで，この間の移動にかかる時間は，

$$60分 \times \frac{4}{3} = 80分 = 1時間20分$$

である。したがって，Aの時刻は，8時の1時間20分前となる。

16 季節の変化と四季の星座

Step A 解答

本冊▶p.92〜p.93

① 30°　② 東　③ 南　④ 夏至　⑤ 春分・秋分
⑥ 冬至　⑦ 南中高度　⑧ 夏　⑨ 春・秋
⑩ 冬　⑪ 春分　⑫ 夏至　⑬ 秋分　⑭ 冬至
⑮ 公転　⑯ 年周運動　⑰ 同じ　⑱ 東　⑲ 西
⑳ 4　㉑ 2　㉒ 反時計　㉓ 1　㉔ 30　㉕ 黄道
㉖ オリオン(ふたご)　㉗ オリオン(ふたご)
㉘ 黄道　㉙ 夏至　㉚ 冬至　㉛ 春分・秋分
㉜ 長　㉝ 短　㉞ 23.4　㉟ 23.4
㊱ 多く(大きく)　㊲ 最大　㊳ 受ける光の量
㊴ 地軸

解説

㉕ 太陽のまわりを公転している地球から見ると，太陽は星座の中を「西から東へ」移動していくように見える。

▶ 12星座…黄道に沿って，春分点を起点とし，30°ずつ12等分した所にある星座。

おひつじ座→おうし座→ふたご座→かに座→しし座→おとめ座→てんびん座→さそり座→いて座→やぎ座→みずがめ座→うお座

㉛〜㉝ 太陽は，春分・秋分の日には真東からのぼり，真西に沈み，昼と夜の長さが同じになる。南中高度は，夏至の日と冬至の日の間になる。

▶夏至の日…真東よりも最も北寄りからのぼり，北寄りの西に沈む。最も昼が長く，夜が短い。南中高度が最も高い。

▶冬至の日…真東よりも最も南寄りからのぼり，南寄りの西に沈む。最も昼が短く，夜が長い。南中高度が最も低い。

㊴ 地球が，公転面に立てた垂線に対して，地軸を23.4°傾けたままの状態で，太陽のまわりを公転しているため，太陽の南中高度や昼の長さが異なり，季節が生じる。

ここに注意　恒星の動きは，

●日周運動は1時間に15°
　↑〈地球の自転〉が原因
　↓〈地球の公転〉が原因
●年周運動は1か月に30°
} 東から西へ移動

Step B 解答

本冊▶p.94〜p.95

1 (1) 11.6°　(2) ア　(3) さそり座
(4) 地球からの距離がとても遠いため。

2 (1) ウ　(2) エ　(3) ア

3 (1) 30°　(2) 午後6時　(3) b
(4) ① ア，エ　② エ

解説

1 (1) 北半球での夏至の日の南中高度は，
$90° -$ 緯度(いど) $+ 23.4°$ で求められるので，北緯(ほくい) 35° では $90° - 35° + 23.4° = 78.4°$ となる。太陽電池の光を受ける面を太陽光に対して垂直にするには，
$X = 90° - 78.4° = 11.6°$ となる。

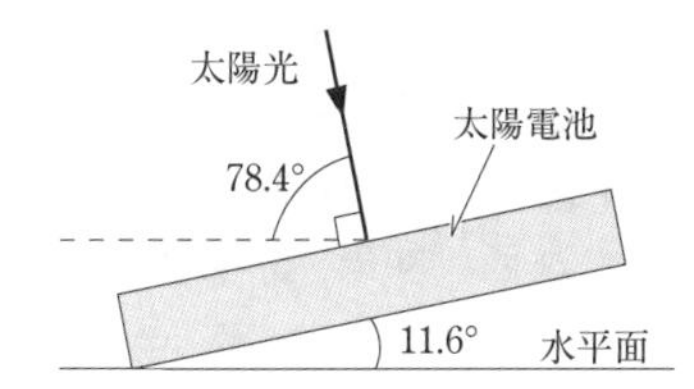

(2) 南半球では，夏至の日の太陽は低いところを通る。また，南半球でも北半球と同様に，太陽は東からのぼり西へ沈む(しず)。
(3) 夏至の日の地球は，図3の左側の位置になる。また，真夜中に南中する星座は太陽と反対方向にある。

2 (1) こぐま座は，北極星を中心に1時間に15°，反時計まわりに動くので，3時間×15° = 45°動く。
(3) 南の空の星座は，東から西へ1か月で30°動き，1時間では15°動く。よって，図2より2時間前の時刻で同じ位置に星座を見ることができる。

3 (1) 年周運動では，1年で360°，1か月では360° ÷ 12か月 = 30°ずつ西のほうへ動く。
(2) 2月のオリオン座の南中時刻は午後8時である。3月の午後8時には，2月のオリオン座の位置より30°西へ回った位置にあるので，2時間(30°分)もどした時刻が南中時刻になる。
(4) オリオン座は，年周運動により東から西へ動いていく。これは，実際には地球が公転しているために起こる見かけの動きである。

17 太陽と月

Step A 解答 本冊▶p.96〜p.97

① 黒点 ② 低い ③ 6000
④ プロミネンス(紅炎(こうえん)) ⑤ コロナ ⑥ 皆既(かいき)
⑦ クレーター ⑧ 海 ⑨ 太陽の光
⑩ 上弦(じょうげん) ⑪ ◐ ⑫ 三日月 ⑬ 満ち欠け
⑭ 公転 ⑮ 衛星(えいせい) ⑯ 下弦(かげん) ⑰ ◑
⑱ 1億5000万 ⑲ 109 ⑳ 黒点 ㉑ 気体(ガス)
㉒ 6000 ㉓ 黒点 ㉔ プロミネンス(紅炎)
㉕ コロナ ㉖ クレーター ㉗ $\frac{1}{6}$ ㉘ 大気
㉙ 大気 ㉚ 3500 ㉛ 38万 ㉜ 衛星 ㉝ 日食
㉞ 月食 ㉟ 部分 ㊱ 皆既

解説

④・⑤ 皆既日食のときなどに，太陽表面で炎(ほのお)のようなガスの動きのプロミネンス(紅炎)や，太陽をとり巻く高温(100万℃以上)のうすいガス層のコロナが真珠(しんじゅ)色にかがやくようすが観察される。このコロナの一部は，絶えず外部に流れ出している。この流れを風にたとえて太陽風とよんでいる。太陽風は，主に，陽子と電子の流れ(プラズマ流)で，風速は地球軌道(きどう)付近で秒速350〜700kmとたいへん高速である。
㉘・㉙ 月には大気や水がないため，地球上で起こっている風化や侵食(しんしょく)などが起こらず，クレーターなどの地形が変化することなく残る。
㉝・㉞ 太陽に照らされた地球や月のうしろには影(かげ)が長く伸(の)び，月の影に地球が入ると日食が，地球の影に月が入ると月食が起こる。太陽・月・地球が一直線上にくる機会は1年に4回程度で，新月のたびに日食が起こっているわけではない。これは，月の公転軌道面が地球の公転軌道面に対して5°9′傾(かたむ)いているため，いつも一致(いっち)するわけではないからである。

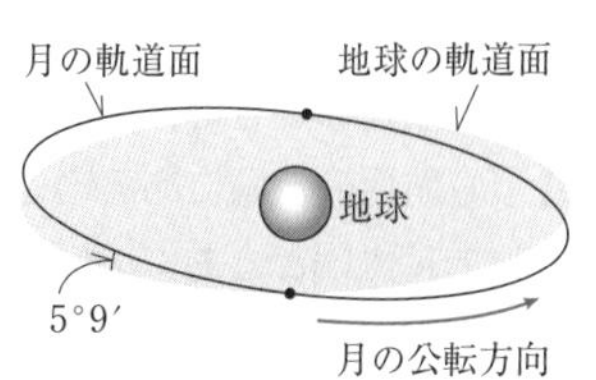

▶日食…太陽の直径は月の約400倍で，地球から太陽までの距離(きょり)が月までの距離の約400倍なので，見かけの大きさが太陽，月とでほぼ同じである。ところが，地球，月の公転軌道は円ではなくだ円なので，太陽，月のそれぞれの見かけの大きさも変化する。

〔A〕月がいちばん地球に近づき，地球が太陽からいちばん遠ざかったときに日食が起こると，月の本影(ほんえい)は地球に届き，下図Aのように皆既日食が起こる。半影の所からは，部分日食が見られる。

A皆既日食

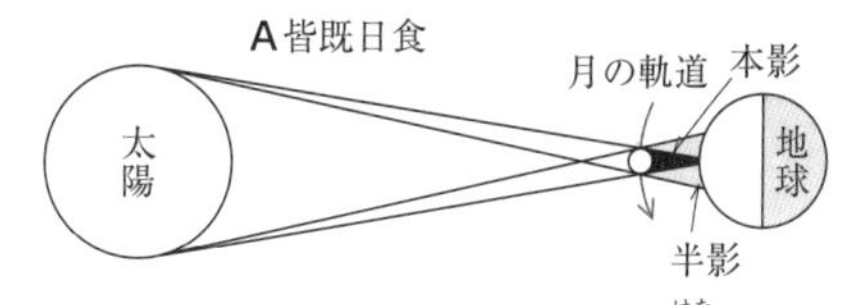

〔B〕地球が太陽に接近し，月が地球から離(はな)れるときに日食が起こると，見かけの大きさが月よりも太陽のほうが大きくなっているので，太陽の中央部をおおい，太陽の光が月のまわりに環状(かんじょう)に見える金環食となる。下図Bのように月の本影は地球面に届いていない。

B金環食

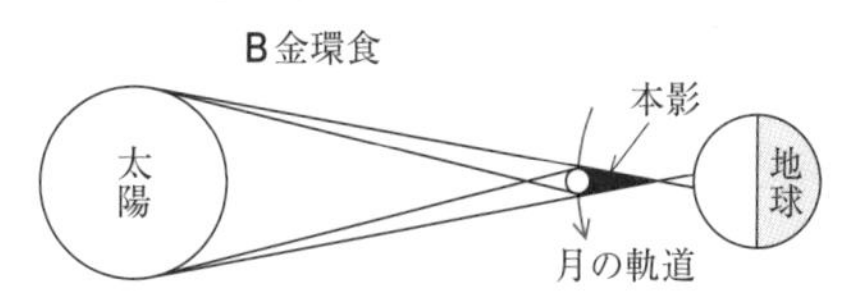

Step B　解答　本冊▶p.98〜p.99

1 (1) ア，ウ，エ　(2) カ，ケ　(3) シ，ス，セ

2 (1) ア　(2) 皆既日食　(3) 月に大気がないから。
(4) 680000 km

3 (1) 温度が周囲よりも低いため。　(2) 2 倍
(3) 自転

4 (1) ウ　(2) (記号) ア　(月の名称) 上弦の月
(3) ウ　(4) 東
(5) (位置) ウ
(しくみ) 月が地球の影に入って起こる。

解説

1　月には大気や水はない。また，地球からは同じ面しか見えない。

(1) 月にクレーターが多く残っているのは，月に大気や水がなく，風化，侵食されないためである。地球上ではクレーターがそのまま残ることはまれである。

(2) 表面(地球に向けている面)が昼のときは，満月である。新月のときは，表面は夜で裏面が昼になる。

2　(1) 新月の位置にあるので実際には見えないが，明け方に太陽とともにのぼり，夕方になると西の空に沈む。

(4) 太陽の半径を x〔km〕とすると，

$1:400 = 1700:x$

$x = 1700 \times 400$

$x = 680000$〔km〕

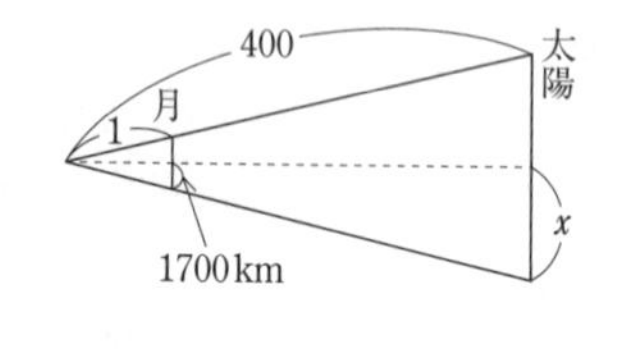

3　(1) 黒点の温度は約 4000℃で，周囲よりも低い。

(2) 計算で求めると，

$$109\text{倍} \times \frac{2.6\,\text{mm}}{140\,\text{mm}} \fallingdotseq 2.0\text{倍}$$

(3) 太陽の自転は，極付近と赤道付近では速さは違うが，平均して約 27 日で東から西の方向へ自転している。

4　(1)・(2) 図 1 で，斜線のない部分が太陽の光のあたっている所である。**ア**は上弦の月，**オ**は下弦の月とよばれる半月，**キ**が新月，**ウ**が満月である。

(3) 一晩中見えるというのは，日の入り後から日の出前までの間ずっと見えるということである。

(4) 日の出前の場所における方角は，右の図のようになる。

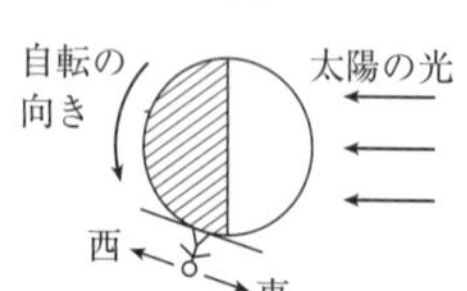

18 惑星と恒星

Step A　解答　本冊▶p.100〜p.101

① 夕方　② よい　③ 東　④ 明け　⑤ 真夜中
⑥ 小惑星　⑦ 土星　⑧ 木星　⑨ リゲル
⑩ 1 年間　⑪ 赤　⑫ 北極星　⑬ 星座　⑭ 火星
⑮ 地球型　⑯ 土星　⑰ 木星型　⑱ 金星
⑲ 明け　⑳ 火星　㉑ 赤　㉒ 木星　㉓ 11
㉔ 土星　㉕ 内惑星　㉖ 外惑星　㉗ する
㉘ 満ち欠け　㉙ 西　㉚ 東　㉛ 真夜中
㉜ 恒星　㉝ 等級　㉞ 100　㉟ 赤　㊱ 表面
㊲ 黄色　㊳ 銀河系　㊴ 無数

解説

㉝・㉞ 恒星の明るさ(等級)で，「1 等級違うごとに明るさが約 2.5 倍違う」について，

・1 等星と 2 等星を比べたとき，1 等星のほうが 2 等星よりも 2.5 倍明るい。
　逆に，2 等星は 1 等星の $\frac{1}{2.5}$ 倍 $= 0.4$ 倍の明るさ(暗くなる)である。

・ベガ(こと座)は 0 等星，北極星(こぐま座)は 2 等星である。ベガは，北極星と比べると 2 等級上なので，$2.5 \times 2.5 = 6.25$〔倍〕の明るさになる。

・恒星の明るさと距離は，「明るさは距離の 2 乗に反比例する」関係にある。例えば，ベガ(0 等星，25 光年)を地球から $\frac{1}{2}$ の 12.5 光年の位置に置いたときを考える。このとき，距離の 2 乗の値は $\left(\frac{1}{2}\right)^2 = \frac{1}{4}$，明るさはこの値に反比例するので，4 倍の明るさになる。1 等級で 2.5 倍，2 等級で $2.5 \times 2.5 = 6.25$〔倍〕明るくなることから，ベガ(0 等星)は 4 倍明るく，−1 等級と −2 等級の間の明るさになることがわかる。

㊳・㊴ 宇宙には銀河系と同規模の銀河が数千億個以上あると考えられている。これらの銀河は寄り集まり，宇宙空間にさまざまな大きさの集団をつくっている。宇宙は，いまから約 138 億年前に誕生して以来，膨張を続けながら，広大な宇宙へと進化をとげている。人類も約 130 億年前の宇宙の姿(約 130 億光年の距離にある)を観測できる技術を進歩させ，宇宙ができた頃の姿を知ろうとしている。

Step B　解答

本冊▶p.102〜p.103

1 (1) (天体)惑星　(記号)ウ　(2) ア
(3) 満ち欠けが大きく，東や西にしか見えず，真夜中に観察することができない。

2 (1) 火星　(2) 気体　(3) ウ
(4) (記号)エ　(距離)9.3 億 km　(5) ク

3 (1) ① オリオン座　② さそり座　(2) A　(3) イ
(4) A，B，E，F　(5) イ

4 (1) 地球と 7 つの惑星(わくせい)の公転軌道(きどう)が，太陽を含(ふく)む平面上にある。(27 字)
(2) 0.23　(3) A，C，E
(4) ① 東　② カ　③ g　④ エ

解説

1 (1) 太陽とほぼ同じ側に金星があり，火星は南側によったところに見られる。右の図をイメージして，方位をおさえる。

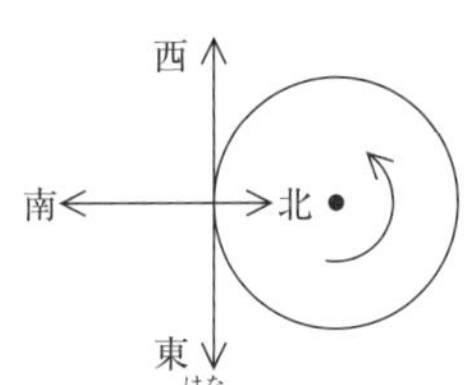

(2) このときの金星は，地球から見て最も離(はな)れた位置(最大離角 48° の位置)にあるので，右側の明るい半月状の金星が見える。上弦(じょうげん)の月の**ア**と同じである。

2 (1) 惑星の順序を覚えておけば，地球の外側を公転する木星よりも密度が 3 倍大きい星が火星だとわかる。

(2) 金星の表面温度は約 480℃ であり，1 気圧での水の沸点(ふってん)は 100℃ なので，固体や液体の水の存在は考えられない。

(3) 表の軌道半径より，差が最小になるので，地球〜金星間が最も短い距離(きょり)になることがわかる。

(4) 軌道半径の和が最大になるものを選ぶ。
1.5 億 × (1 + 5.20) = 9.3 億〔km〕

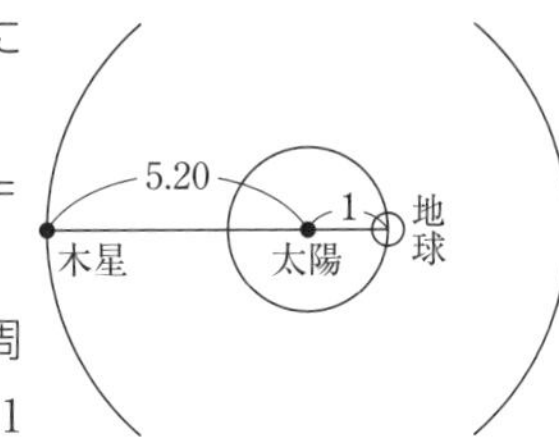

(5) 表より，木星の公転周期が 11.9 年なので，1 年では約 360° ÷ 12 = 30° だけ反時計まわりに回った位置になる。

3 (2) 等級の値の小さい星がより明るい星である。

(3) 北極星は 2 等級，アンタレスは 1 等級なのでアンタレスのほうが 2.5 倍明るい。北極星はアンタレスの $\frac{1}{2.5} = 0.4$〔倍〕となる。

(4) 恒星の色と表面温度について，次の関係より求める。
〈高い〉←─青白──白──黄──赤─→〈低い〉
(11000℃)　(太陽)　(3000℃)

(5) $\frac{1}{2}$ の距離なので，距離の 2 乗は $\left(\frac{1}{2}\right)^2 = \frac{1}{4}$。
「明るさは距離の 2 乗に反比例する」ことより，4 倍の明るさになる。アンタレスは 1 等級であり 2.5 倍の明るさで 1 等級減ると，0 等級になる。6.25 倍の明るさで 2 等級減ると，－ 1 等級になる。4 倍なのでこの間，つまり 0 等級と－ 1 等級の間となる。

4 (2) 密度 $= \frac{質量}{体積}$ であり，ここで，「球の体積は半径の 3 乗に比例する」ことより，F の半径は地球の 4.0 倍なので，体積は 4^3 倍になる。質量は地球の 14.5 倍なので，地球の密度を 1 とすると，
$\frac{14.5}{4^3} = 0.226\cdots \rightarrow 0.23$〔倍〕になる。

(3) X は地球型惑星のことなので，水星，金星は内惑星で E，C が決まる。火星は外惑星で地球のすぐ外側を公転するので A と判断できる。
Y は，木星 (G)，土星 (B)，天王星 (F)，海王星 (D) の木星型惑星である。

(4) ① C は金星である。明け方には東，夕方には西の空で観測される。
② 位置 e は地球，太陽の位置関係から，東の空で明け方に見られる。また，地球から見て太陽と最も離れた所なので，左側が光っている半月状である。
④ 地球と f の金星が大接近してから再び大接近するまでに，地球が x 周するとする。日数は $365x$ 日で，このとき，金星は $(x + 1)$ 周するので，225 $(x + 1)$ 日となる。この 2 つの日数は等しくなるので，
$365x = 225(x + 1)$
$x = \frac{225}{140}$　よって，$\frac{225}{140} \times 365 = 586.60\cdots \rightarrow$ 約 587 日となる。

Step C 解答

本冊▶p.104〜p.105

1 (1) (北極)**サ**　(赤道)**キ**　(東京)**カ**　(2) **エ**

2 (1) **ア**　(2) **エ**　(3) **エ**　(4) 銀河　(5) **オ**

3 (1) D　(2) **イ**　(3) **ア**

4 (1) ②　(2) c　(3) D　(4) ③　(5) ③
(6) ②　(7) あ

解説

1　アデレードは東京と同じ東経 138 度で，赤道をはさんで対称（たいしょう）の位置にある都市である。季節も反対であり，クリスマスのころにはアデレードではサーフィンが楽しまれる夏，東京では雪がちらつくこともある冬になっている。

(1) 図から，アデレードでは，真東より南よりから太陽がのぼり，北の空を通って，南よりの西の空に沈（しず）んでいく。図の太陽の軌跡（きせき）を下に延長すると，北半球の太陽の動きになる。南よりの東の空から太陽がのぼり，南の空を通って，南よりの西へ沈む。東京では冬(冬至)の季節である。また，赤道では北緯（ほくい） 0°と与えられているので，北半球で考えると，地平線に垂直に，南よりの東の空から太陽がのぼってくる。北極では，太陽が地平線からのぼってこない，「極夜」の現象が起こる。

(2) **ア**は春分の日，**イ**は夏至の日，**ウ**は秋分の日で，**エ**が冬至の日に近い日である。

2　銀河系は，渦（うず）を巻いた円盤（えんばん）状の形をしていることと，右図の数値は覚えておくこと。**ア**は太陽系の位置である。

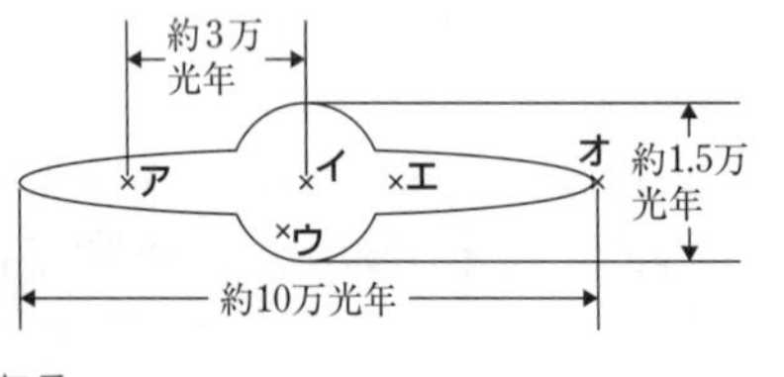

(2) 銀河系は，恒星（こうせい）とガスや塵（ちり）などの星間物質からなる。恒星の数は数千億個といわれている。

(3) 銀河系内星雲は，主に星間物質がところどころに 0.1 光年から数十光年におよぶかたまりをつくってできている星間雲である。オリオン大星雲も恒星を含（ふく）むが，これぐらいの大きさである。したがって，**ア**〜**ウ**では近すぎ，**オ**の 15 万光年では銀河系外になるので遠すぎると判断できる。

(4)・(5) 銀河系外の数千億個の恒星の大集団のうち，大マゼラン星雲や小マゼラン星雲が最も近い星雲である。230 万光年離れたアンドロメダ星雲など無数に(数千億)あるといわれている。これらを銀河という。銀河系外なので，10 万光年より大きい**オ**を選ぶ。

3　図は，地球が中心に置かれ，地軸の傾（かたむ）きも逆になっているが，春夏秋冬をまず決定しよう。地軸（ちじく）の傾きから，北半球への太陽の光のあたり方(北極まで照らしている)を考えると，太陽 A が夏(夏至の日)，太陽 C が冬(冬至の日)，太陽 D が春(春分の日)とわかる。

(1) 太陽は地球から見て西から東へ星座の間を移動するように見える。このとき，A (夏) → B (秋) → C (冬) → D (春) と移動する。

(2) 太陽 A の側が夏至の昼間にあたるので，おうし座からおとめ座の間の星座は見ることができない。

(3) 冬至の日の太陽は C なので，夕方は太陽 C が沈んでいく方位が西になる。この方位にあるのはやぎ座である。

4　(1) 北半球から見ると，公転方向も自転方向も反時計まわりである。

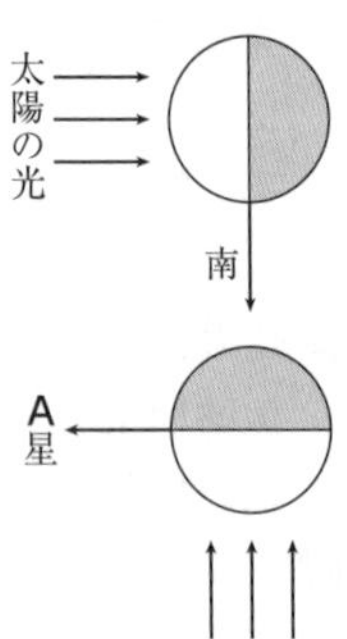

(2) 正午に南中するということは，太陽の方向に見えるということである。

(3) 夏至の日の夕方で南の方向は，右の上図の矢印の方向になる。

(4) A 星が明け方に南中するためには，右の下図のような位置関係が必要である。

(5) 星は 1 時間に 15° 動く日周運動をするので，
120° ÷ 15° = 8 時間　となる。

(6) 星は 1 か月に 30° 動く年周運動をするので，
120° ÷ 30° = 4 か月　となる。

(7) 夕方観測される「よいの明星」は太陽の左側にないと見られない。

19 エネルギーと資源

Step A 解答

本冊▶p.106〜p.107

①位置　②運動　③電気　④化学　⑤熱
⑥運動　⑦電気　⑧核　⑨熱　⑩運動
⑪電気　⑫原子力　⑬石油　⑭石炭
⑮石油　⑯石油　⑰化石燃料　⑱化石燃料
⑲ウラン(核燃料)　⑳水力　㉑二酸化炭素
㉒二酸化炭素　㉓地球温暖化　㉔核
㉕放射　㉖がん　㉗品種　㉘太陽光
㉙光電池　㉚水素　㉛水　㉜水素
㉝バイオマス　㉞化学　㉟再生可能
㊱風力　㊲地熱

解説

㉔〜㉗ 放射線とは，原子核の放射性崩壊(ある種の原子がほかの原子に変わること)によって放出される微粒子や目に見えない光(電磁波)のようなもので，エネルギーをもっている。β線は電子の流れ，γ線は電磁波の一種でエネルギーが大きく，数十cmの鉄板を透過する。

ウラン 質量238g → トリウム 質量234g
→ ヘリウムの原子核 質量4g ↓ α線
ウランがトリウムとヘリウムに分かれる。

α線は右図のようにヘリウムの原子核(陽子2個と中性子2個)の流れで，透過力は小さいが，陽子が電気をもっているので電離作用が強く，物質を通過するとき，その道筋に沿って多数のイオンを生じさせる。

〈放射線の利用〉

▶放射線治療…X線(人工)，γ線，β線などの照射によりがん細胞を殺す。あざなどの治療。

▶非破壊検査…ジェットエンジンや美術工芸品などに放射線を照射し，透過率の違いから内部を調べる。

▶ガンマフィールド…γ線などを照射して，農作物に突然変異を起こさせ品種改良を行う。

ここに注意　放射線照射と放射能汚染の違い

●放射線照射…人体などが放射線で照射されることで，照射されているときだけ影響を受ける。

●放射能汚染…放射性物質が人体に付着したり，体内に吸収されて汚染されることで，汚染されている限り絶えず影響を受けることになる。

Step B 解答

本冊▶p.108〜p.109

1 (1)①カ　②イ　③オ　④シ　⑤ウ　⑥ク
⑦ス　⑧コ

(2)自然エネルギー(再生可能エネルギー)である太陽光で燃料の水素をつくり出すことができ，排気ガスは水で有害な物質を出さない点。

2 (1)例水力発電の電力量はあまり変化していない。
例火力発電の電力量の占める割合が増加している。

(2)①位置エネルギー　②運動エネルギー

(3)石油を燃やし，発生した熱で水を水蒸気に変え，その勢いでタービンを回す。

(4)酸性雨(地球温暖化，光化学スモッグ)

(5)例太陽光発電(風力発電，波力発電，地熱発電)
(エネルギー)再生可能エネルギー

(6)光合成

解説

1　エネルギー資源を2つに分類してみよう。

1. 再生可能エネルギー（再生エネルギー）

太陽エネルギーや地熱エネルギーのエネルギー源は無限であり，“資源を一度利用しても，再び同じ形で利用可能なエネルギー”である。

バイオマス(生物資源)，風力，波力，水力エネルギーは，すべて太陽エネルギーが変換されたもので，再生可能エネルギーといえる。

これらのエネルギー資源は，
・原料をためておくことができない(運搬不可能)。
・有害な廃棄物が出ないクリーンエネルギー。
・大規模な発電が難しい。

2. 再生不能エネルギー（非再生エネルギー）

化石燃料や原子力のエネルギーは，エネルギー源に限りがあり，“資源を一度利用すると，再び同じ形で利用するまでに長い年月を必要とするエネルギー”である。

これらのエネルギー資源は，
・原料をためておくことができる(運搬可能)。
・環境(大気，水，生物など)に大きな悪影響を与える。
・大規模な発電が可能である。

2　(4)石油を燃焼させると，地球温暖化の原因と考えられている二酸化炭素が増加する。また，硫黄酸化物，窒素酸化物が発生し，これらが雨に溶けると硫酸，硝酸となり酸性雨となって降り注ぐ。さらに，窒素酸化物は，紫外線の光化学反応によって，目や気管などに障害をもたらす光化学スモッグの原因となる。

20 科学技術の発展

Step A 解答

本冊▶p.110〜p.111

① ファインセラミックス
② 炭素繊維（カーボン・ファイバー）
③ 光触媒　④ 液晶
⑤ 有機 EL（有機エレクトロルミネッセンス）
⑥ 生分解性　⑦ 発光ダイオード　⑧ 燃料電池
⑨ 化学変化　⑩ 化学　⑪ 電気　⑫ 水素
⑬ 酸素　⑭ 水蒸気　⑮ 紫外線　⑯ フロン
⑰ 皮膚がん　⑱ 地球温暖化　⑲ 硫黄　⑳ 酸性雨
㉑ 生物　㉒ 化石燃料　㉓ ハイブリッドカー
㉔ 窒素酸化物（二酸化炭素）　㉕ 水素
㉖ 水蒸気　㉗ 燃料電池　㉘ 紫外線　㉙ オゾン層
㉚ フロン（フロンガス）　㉛ ダイオキシン
㉜ 熱　㉝ 生分解性　㉞ 廃棄
㉟ リサイクル　㊱ 循環　㊲ 廃棄物
㊳ 化石燃料
㊴ 再生可能エネルギー（再生エネルギー）
㊵ 利用効率

解説

①〜⑦ 新素材として，変形しても，もとの形にもどる「形状記憶合金」がある。そのほか，自重の数百倍もの吸水力があり，圧力をかけても離水しにくい（吸収した水を外に出しにくい）「吸水性高分子」は，紙おむつ，農業や園芸用の保水剤などに利用されている。また，酸化チタンは，紫外線（現在では蛍光灯の可視光でも反応するものが開発されている）があたると，水を水素と酸素に分解したり，有機物を分解したりする性質が生じる「光触媒」のはたらきをするので，タイルなどに酸化チタンのうすい膜を焼きつけたものを，ビルの外壁に利用することで，汚れから守ることができる。

㊱ 循環型社会の実現には，3R とよばれる次の 3 つの活動が大切である。

▶ゴミの減少　Reduce
▶再利用　Reuse（牛乳びんなどのびん類）
▶再生利用　Recycle（ペットボトル）

Step B 解答

本冊▶p.112〜p.113

1 (1) 例 小型化した。計算速度が速くなった（計算の高速化）。
(2) (A) 人工衛星　(B) LED
(3) (C) 光　(D) 電気
(4) 光触媒

2 (1) エ　(2) カ　(3) ウ

3 (1) (b) 光合成　(c) 呼吸　(2) ウ
(3) ダイオキシン
(4) 微生物（菌類・細菌類）によって分解されること。

4 (1) 発電　(2) ハイブリッドカー
(3) ア，ウ，オ　(4) 水素

解説

1 (1) コンピュータが開発された当初は，非常に大型の機器で，人が行うよりも短時間で計算を行う機能をもっていたが，現代のものよりは計算速度がおそかった。

2 (1) 石油の主成分は炭素と水素で，燃焼によって二酸化炭素を出す。二酸化炭素は赤外線をよく吸収し，これによって大気があたためられ，温室効果をもたらす。

(3) プラスチックは，主に石油を原料としてつくられている。現在ではバイオプラスチックもつくられている。

3 (1)

二酸化炭素 ＋ 水　⇄（b（光合成）光のエネルギー／c（呼吸）熱のエネルギー）　デンプンなど ＋ 酸素

(2) b は，トウモロコシが大気中からとり入れた二酸化炭素の量で，これと同量の二酸化炭素が出されるので，大気中の二酸化炭素濃度は変化しない。

入った CO_2 ＝大気中に出た CO_2　の関係がなりたつものを選ぶ。

(3) ダイオキシンは，塩素を含むプラスチックごみが不完全燃焼したときに発生し，発がん性物質でもあり，環境ホルモンとして問題になった。現在では，焼却炉が改良され，高温（800℃）で燃やされるので，ダイオキシンの発生は微量である。約 300℃ で燃えるとき，大量のダイオキシンが発生する。

21| 生物どうしのつながり

Step A　解答　本冊▶p.114～p.115

① 消費者　② 大形の魚　③ 植物プランクトン
④ 生産者　⑤ 三次消費者　⑥ 二次消費者
⑦ 草食動物　⑧ 一次消費者　⑨ 植物
⑩ 生産者　⑪ ピラミッド　⑫ 食物連鎖
⑬ 生産者　⑭ 消費者　⑮ 分解者　⑯ 生産者
⑰ 草食動物　⑱ 大形の肉食動物　⑲ 多い
⑳ 二次消費者　㉑ ピラミッド　㉒ くずれ
㉓ 分解　㉔ 無機物(無機化合物)　㉕ 分解者
㉖ 二酸化炭素　㉗ 有機物　㉘ 根

解説

①～④ 食物によるつながりは，草原，海，湾，潮だまり，磯，土の中，川，湖，また，高山地域などでそれぞれ成立しているが，それぞれがまた関係しあっている。

〈土の中での食物連鎖〉

土の中には，菌類や細菌類を食べる動物である線虫類(微小草食動物)，トビムシ類，ダニ類，ミミズなどがいる(海外の草原では 1 m^2 あたり 400 万から 2000 万の数の線虫類の存在が確認されている)。

土の中での食物連鎖は，「植物や動物の死がい，排出物」が出発点となるので，腐食(腐植)連鎖ともいわれる。

⑲～㉒ 生物界には“1 種類の生物だけが無制限にふえることはできない”ということがなりたっている。動物の場合，食べる側がふえると食べられる側の数が減り，食べる側にとっては食物が減るので，栄養不足が起こり，数が減る。すると，食べられる側がふえ始める。このように，食べる側も食べられる側も無制限に数をふやすことができないので，一定の範囲内でつりあいが保たれることになる。

植物の場合でも，育っている場所にある光・水・養分(無機的環境という)は有限なので，同じ植物どうし，異なる植物どうしの間で，光・水・養分の奪いあいが起こる。そのため，ある地域に生育する植物の個体数も一定に保たれることになる。

動物と植物の間では，動物は植物なしには生存できない，という一方的なつながりがなりたっている。

生物どうしのつながりについては，環境破壊やある生物を大量に殺した場合などには，つりあいがくずれてしまう。そして，再びつりあいがとれるようになるまでに長い年月がかかる。また，自然破壊の規模が大きいと，年月をかけても，もとにもどらない場合もある。

㉘ 植物の三大栄養素は，窒素，リン，カリウムで，窒素は大気中に 80% 存在するが，植物は窒素化合物としてしか利用できない。空気中の窒素が根粒菌やアゾトバクターなどにより窒素化合物(硝酸塩やアンモニウム塩)にされることで，植物が吸収，利用できるようになる。窒素は生物のからだをつくるタンパク質の原料の 1 つである。

Step B　解答　本冊▶p.116～p.117

1 (1) ウ
(2) ① (X) 光合成　(Y) 呼吸
② ア，イ
③ (あ) 分解　(い) 無機物

2 (1) 土の中の生物を殺すため。
(2) エ
(3) イ
(4) 生産者
(5) 生物の死がいや排出物(10 字)

3 (1) (——→)ウ　(·······→)イ　(——→)ア
(2) (i) ア　(ii) オ　(iii) カ

解説

1 (1) 増加した草食動物に食べられて植物は減少し，えさが増加した肉食動物は増加する。

(2) ① 植物は，大気中の二酸化炭素をとり入れて光合成を行う。また，すべての生物は呼吸によって二酸化炭素を大気中に放出している。

② **ウ**はコケ植物，**エ**は細菌類に分類される。

2 (2) 空気中には微生物が浮遊している。したがって，ペトリ皿をあけたままにしておくと，微生物が培地に付着してしまう。

(3) ヨウ素液はデンプンの有無を調べる試薬。ペトリ皿 A の培地は，デンプンがほかの物質に変わったことを示している。

3 (1) 食物，死がいは，固体としての移動なので有機物。光合成や呼吸などのはたらきでは無機物での移動となる。

(2) 植物細胞の葉緑体で，水と二酸化炭素から，光のエネルギーを利用して有機物が合成され，酸素がつくられる反応が光合成。呼吸ではこの逆の反応が行われる。

22 自然環境と生物の関わり

Step A 解答

本冊▶p.118～p.119

①光 ②光合成 ③二酸化炭素 ④酸素
⑤熱 ⑥窒素(ちっそ) ⑦分解者 ⑧酸性雨 ⑨大気
⑩野鳥 ⑪土壌(どじょう)生物 ⑫水生生物(指標生物)
⑬生態系 ⑭生産者 ⑮消費者 ⑯分解者
⑰無機物 ⑱⑲炭素，窒素(順不同)
⑳エネルギー ㉑太陽 ㉒光(エネルギー)
㉓しない ㉔外来生物
㉕在来生物
㉖㉗無機的，有機的(順不同)
㉘酸性雨 ㉙大気 ㉚水質
㉛㉜種類，個体数(順不同) ㉝底生
㉞鳥 ㉟樹木 ㊱指標生物
㊲地球温暖化 ㊳温室効果 ㊴二酸化炭素

解説

①～⑦ 自然界では，炭素，酸素，窒素，水，無機塩類などがいろいろな物質に姿を変えて循環(じゅんかん)している。エネルギーは，物質循環にともなって流れるが，循環はしない。

植物が利用する太陽の光エネルギーの量は，地球に届く総エネルギーの1%にも満たない。植物が光合成によって得た有機物(太陽の光エネルギーを化学エネルギーに変換(へんかん)したもの)から，草食動物や肉食動物は，呼吸によって生命活動に必要なエネルギーをとり出している。エネルギーの一部が生活，運動や成長に利用され，残りは熱となり大気中に，そして生態系外へ，さらに宇宙空間へ放出され，循環しない。

㉟森林は，オオシラビソ，エゾマツ・トドマツなどの針葉樹林，ブナ・ミズナラなどの夏緑樹林，クスノキ・アラカシなどの照葉樹林などを思えばよい。

㊱

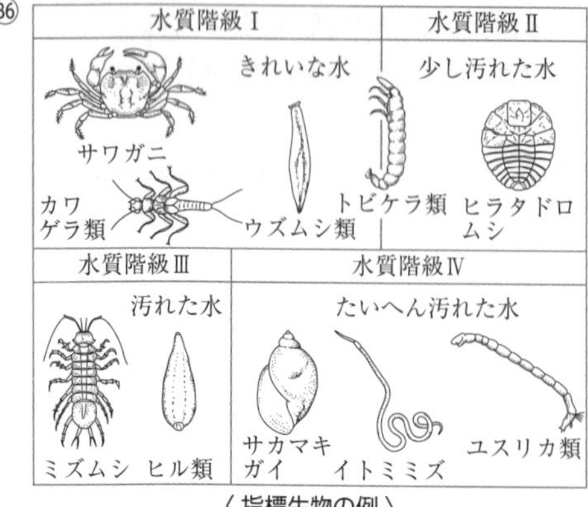

〈指標生物の例〉

Step B 解答

本冊▶p.120～p.121

1 (1)③，⑤ (2)④ (3)エ
2 (1)①食物連鎖(しょくもつれんさ) ②菌(きん) ③細菌
④・⑤水，二酸化炭素(順不同) ⑥生産者
(2)イ，ウ，カ (3)キ，ク，サ
3 (1)呼吸 (2)食物連鎖 (3)光合成 (4)分解
(5)①，②，③，⑨，⑪，⑮，⑯
(6)(増加)⑫ (減少)⑥ (7)植物
(8)増加して，減少する。(10字)

解説

1 (1)有機物としての流れは，光合成や呼吸のようなはたらきによる移動ではなく，固形物として移動する。

(2)森林破壊(はかい)によって光合成量が減少し，二酸化炭素が使われなくなるので，濃度(のうど)が上昇(じょうしょう)する。現在の植物を燃焼させたとき発生する二酸化炭素は，現在の空気中の二酸化炭素を植物が光合成で吸収した分なので，濃度が上昇することはない。しかし，大昔に吸収された二酸化炭素がもとになってできている石油や石炭をいま燃焼させると，大昔に吸収された二酸化炭素が現在の大気中にもどってくるので，二酸化炭素濃度が上昇することになる。

2 Aは草食動物，Bは肉食動物，Cは水中で生活する生産者である。**ア**—トビムシ，**イ**—ゲジ，**ウ**—カニムシ，**エ**—ダンゴムシ，**オ**—ミミズ，**カ**—クモ，**キ**—ボルボックス，**ク**—アオミドロ，**ケ**—ケンミジンコ，**コ**—ゾウリムシ，**サ**—ケイソウ，**シ**—ツリガネムシ，**ス**—ワムシである。

3 (2)食べる・食べられるの関係は，実際には複雑な網目(あみめ)状になっており，これを食物網(もう)というが，個々の場合は食物連鎖とよんでいる。

(5)石油や石炭の中には，炭素や窒素の化合物が含(ふく)まれている。

(6)石油や石炭の燃焼で増加したCO_2が地球をとり囲み，太陽からの熱を吸収し，宇宙空間に熱を逃(に)がさなくなる。これを温室効果という。また，熱帯林などが広範囲(はんい)で伐採(ばっさい)されていることも，光合成量が減るので，温暖化の原因の1つである。

(7)無機窒素化合物からタンパク質などの有機窒素化合物を合成するはたらきを窒素同化という。

(8)天敵がいなくなると，草食動物は急激に数をふやす。その結果，食物である植物が減少し，餓死(がし)するものがふえ，最終的には数が減る。

Step C　解答　本冊▶p.122～p.123

1 (1) (ア) 食物連鎖　(イ) 植物プランクトン
　(ウ) (エ) 菌，細菌 (順不同)
(2) ① イ　② キャベツとモンシロチョウの幼虫のように，食べる側のほうが小さい場合。
(3) (A) エ　(B) ウ　(C) ア　(4) エ，ク
(5) (下図)

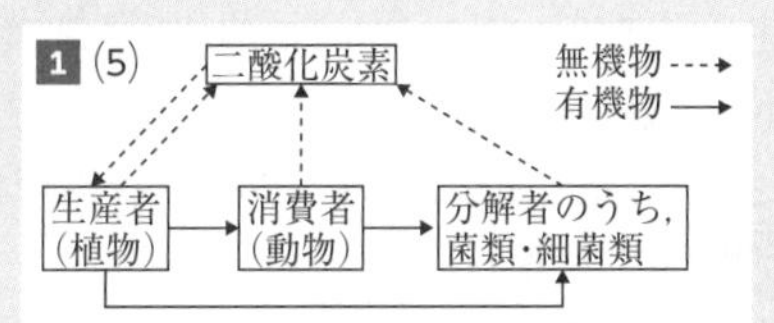

2 (1) 化石燃料　(2) イ，オ　(3) ウ，エ
(4) ダム建設で自然環境に悪影響を与えるから。
(5) (あ) 二酸化炭素　(い) 光合成
　(う) カーボン　(え) 化石燃料

3 (1) 風力発電
(2) 1 年を通して強い風が吹くこと。　(3) ア

解説

1 (1) **ア**…生物どうしの間の食べる・食べられるの関係によって連鎖的につながっていることを食物連鎖という。その連鎖が独立して存在することはまれで，実際は互いにさまざまな生物種を食物とするので，複雑に入り組んでおり，これを食物網という。

イ…光合成を行う微小な藻類を植物プランクトンという。動物プランクトンや小魚などに食べられる。

ウ，エ…土中のミミズなどの小動物や菌類，細菌類は，食物連鎖から見れば消費者であり，物質の流れから見れば分解者にあたる。とくに菌類・細菌類は，有機物を無機物にまで分解する。したがって，土の中の小動物・菌類・細菌類は消費者であり分解者でもある。

(2) ①
C の増加 → B の増加 → A の増加
　　　　　　　　　　→ C の減少
C の増加 → D の減少 → C の減少

のようにたどって，選択肢を見比べる。

② 大形の生物の一部を小形の生物が食べる例をあげる。寄生バチの幼虫が他の昆虫に寄生することなどもある。

(3) 土の中で，ムカデ (肉食) とカニムシ (肉食) ではムカデのほうが大きいので，ムカデが上位。トビムシは草食。カマキリは陸上の生物なので除外する。

(4) 菌類：**ア，イ，キ**，細菌類：**ウ，オ，カ**。

イの酵母菌は，出芽で繁殖する単細胞生物で，細菌類でなく菌類であることにも注意しよう。細菌類は単細胞で，分裂をくり返して増加する。納豆菌も細菌類である。

(5) 炭素の循環では，有機物としては，食べる・食べられるの関係により生物間を移動し，分解されて無機物となる。無機物としての移動は，光合成によって生産者にとり入れられ，呼吸によって大気中に放出される。

2 (2) 化石燃料の燃焼によって，代表的な温室効果ガスである二酸化炭素の量が増加し，地球温暖化が進行していると考えられている。また，硫黄酸化物 (SO_x) や窒素酸化物 (NO_x) の発生によって酸性雨が降る。

(3)・(4) 再生可能エネルギー資源は無限であり，一度使用しても，再び同じ形で利用可能なエネルギーで，クリーンなエネルギーでもある。

新しいエネルギー資源として注目されているメタンハイドレートやシェールガス (オイル) も無限ではなく，原子力発電に利用されるウランや化石燃料と同じ枯渇性エネルギーである。よって，再生可能エネルギーとしては，バイオマス，風力，波力，地熱などがあげられる。水力発電は，水力エネルギーとしては再生可能エネルギーであるが，ダム建設のために自然破壊をともなうので，再生可能エネルギーとよばないこともある。

(5) 植物は，光合成により大気中から二酸化炭素を吸収しているので，植物を燃焼させたときに排出される二酸化炭素は，もともと大気中に存在したものであり，トータルで見れば，大気中の二酸化炭素の総量は変わらない。そのため，カーボンニュートラル (炭素循環に関してニュートラル，中立) とよばれる。バイオマスエネルギーは，クリーンで地球に悪影響をおよぼさない，再生可能エネルギーでもある。しかし，自然と調和をはかりながら利用すべきエネルギー資源である。

3 風力発電所はどこにでも設置できるわけではなく，1 年中風力が強い場所という絶対的な条件が必要である。また，風が強すぎても発電風車がこわれてしまうおそれがあるので，設置場所は限られる。そのため，利用地域は広域ではないが，化石燃料などを必要としないクリーンなエネルギー資源であり，また，風は間接的に太陽のエネルギーによるものであるから，限りのない資源でもある。

総合実力テスト

解答

本冊▶p.124～p.128

1 (1) $HCl \longrightarrow H^+ + Cl^-$
(2) マッチの火を近づけ，ポンと音をたてて燃えることを確かめる。
(3) ア　(4) $105 cm^3$
(5) (式) $2Cl^- \longrightarrow Cl_2 + 2e^-$　(Y) 塩素
(6) $2HCl \longrightarrow H_2 + Cl_2$

2 (1) 200 回　(2) 17.2 m

3 (1) ②，④，①，③　(2) 分解者
(3) 食物連鎖　(4) ケイソウ　(5) 呼吸

4 (1) 0.0075 A　(2) 120 Ω以下

5 (1) ① b　② c　③ d　④ e　⑤ f　⑥ a
(2) ① I　② H　③ E　④ D　⑤ J
(3) 静脈
(4) (成分) アミノ酸　(器官) 肝臓
(5) ブドウ糖，アミノ酸 (順不同)
(6) 表面積が広くなるので，効率よくガス交換を行うことができる。(29 字)

6 (1) ① 10℃　② 40℃　(2) エ

7 (1) $2H_2O \longrightarrow 2H_2 + O_2$
(2) $NaOH \longrightarrow Na^+ + OH^-$
(3) ① 20　② 40　③ 20　(4) a，c
(5) (A : B : C =) 2 : 4 : 3

8 (1) 0.5 秒　(2) (右図)
(3) (AB 間) ウ
(BC 間) イ
(4) 6 N　(5) カ

8 (2)

斜面に平行な直線
斜面に垂直な直線
物体
斜面
重力

9 (1) 20.8°
(2) 0 時 23 分
(3) 18 時 53 分　(4) 6 時 23 分　(5) 55.7°
(6) ①　(7) C

10 (1) Tt　(2) イ
(3) TT (:) Tt (:) tt (=) 1 (:) 2 (:) 1　(4) ア

解説

1 (1)・(3) 亜鉛 Zn のまわりには，HCl が電離した H^+，Cl^-があり，水素よりも亜鉛のほうがイオンになりやすいので，Zn が，電子を 2 個放出して亜鉛イオン Zn^{2+} になって溶け出す。この電子を水素イオンが受けとって水素原子になり，水素原子が 2 個結びついて水素分子となって，気体が発生する。

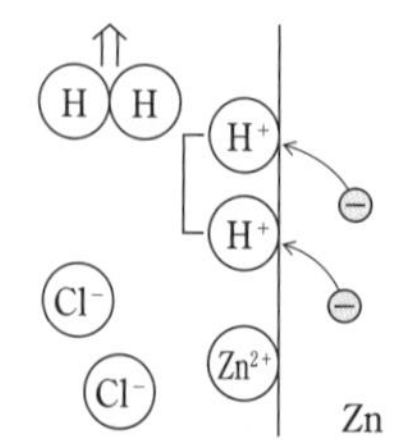

(4) この場合，塩酸の濃度が変わっても，塩化水素分子そのものの数が変化していないので，この塩酸と反応する亜鉛板の質量は決まっている。0.3 g 以上亜鉛板を入れてもそれ以上反応できないので，はじめの実験と同じ結果になる。

(5) 電極 B から発生した気体 Y は"鼻につんとくるにおい"から，塩素と判断できる。塩化物イオン Cl^-は陰イオンなので，電極 B は＋極である。電極 B では，Cl^-が電極 B へ電子 e^-を与え，塩素原子に変わる変化が行われている。

$2Cl^- \longrightarrow Cl_2 + 2e^-$
陰極では　　(導線内を移動)
$2H^+ + 2e^- \longrightarrow H_2 \uparrow$

(6) (5)の式より，塩化水素の電気分解の化学反応式は，
$2HCl \longrightarrow H_2 + Cl_2$ となる。

2 (1) 0.005 秒で 1 回観測されているので，
1 回 ÷ 0.005 s ＝ 200 回／ s となる。

(2) 花子さんの声の伝わる速さは，
86 m × 2 ÷ 0.5 s ＝ 344 m/s
である。太郎さんに声が初めに聞こえてから反射した声を聞くまでの時間が 0.4 秒であるので，太郎さんに声が聞こえてから反射してくるまでの距離は，344 m/s × 0.4 s ＝ 137.6 m である。壁までの距離はその半分なので，137.6 m ÷ 2 ＝ 68.8 m となる。よって，86 − 68.8 ＝ 17.2〔m〕

3 (1) ピントを合わせるときは，対物レンズとプレパラートが接触しないように気をつける。

(2)・(3) 生物 D は，すべての生物の死がいや排出物の有機物が移動してくるので，「分解者」の役割である。また，生物 A → B → C の流れは，食う・食われるの関係を表している。食う・食われるの関係を食物連鎖という。実際は，図のような一連の流れになっておらず，食物網を形成している。

(4) 食物連鎖の出発点の生物が最も個体数が多い。

(5) すべての動物から出される無機物の炭素は，呼吸によって出される二酸化炭素である。

4 抵抗が 280 Ω の R_1 にも 2.1 V の電圧がかかるので，

$$電流 I〔A〕= \frac{電圧 V〔V〕}{抵抗 R_1〔Ω〕} = \frac{2.1 V}{280 Ω} = 0.0075 A$$

LED を流れる電流は無視できるので，抵抗 R_2 にも 0.0075 A の電流が流れ，R_2 にかかる電圧は，
3.0 − 2.1 ＝ 0.9〔V〕　である。よって，R_2の抵抗は，

$\frac{0.9\,V}{0.0075\,A} = 120\ \Omega$

この場合の回路(LEDに流れる電流を無視する)では，R_1とR_2は直列つなぎと考えてよい。直列つなぎの抵抗にかかる電圧は，抵抗の大きさに比例するので，R_2の抵抗の大きさが120 Ωのとき2.1Vであることより，LEDに2.1V以上かかるようにするには，120 Ω以下であればよい。

5 血液の肺循環(じゅんかん)は右図の矢印のようになる。

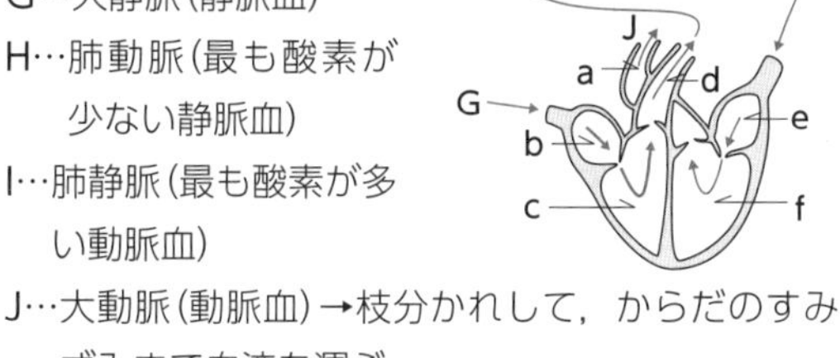

G…大静脈(静脈血)

H…肺動脈(最も酸素が少ない静脈血)

I…肺静脈(最も酸素が多い動脈血)

J…大動脈(動脈血)→枝分かれして，からだのすみずみまで血液を運ぶ。

(2) ① 肺で二酸化炭素を血液中から空気中に排出(はいしゅつ)し，酸素を空気中から血液中に取り入れているので，肺を出た直後の血液が最も酸素を多く含(ふく)む。

② からだをめぐって，心臓にもどり，肺に入る直前の血液は，二酸化炭素が最も多い。

③ ブドウ糖やアミノ酸は小腸の柔毛(じゅうもう)から吸収され，すべて肝門脈(かん)Eを通って肝臓へ運ばれる。よって，Eには最も栄養分を多く含む血液が流れている。

④ 尿素をつくるのは肝臓である。肝臓を出た直後の血液には最も尿素が多く含まれ，尿素をろ過する腎臓(じんぞう)を出た直後の血液は最も尿素が少ない。

⑤ 全身に血液を送り出すところは，血液の圧力が最も大きいので，血管壁(へき)も丈夫である。

(3) 静脈は動脈ほど心臓の拍動(はくどう)の影響(えいきょう)を受けないため，血液の圧力が低いので，血管壁は動脈に比べてうすく，ところどころに血流の逆流を防ぐための(静脈)弁がついている。

(4) 細胞(さいぼう)の呼吸によってタンパク質がアミノ酸に分解され，さらにアミノ酸が分解されると，水，二酸化炭素，アンモニアがつくられる。アンモニアは肝臓で毒性の少ない尿素に変えられ，腎臓でろ過されて，尿の成分として排出される。

(5) 消化されてできたアミノ酸とブドウ糖は小腸の柔毛の毛細血管に吸収され肝臓へ送られる。脂肪酸(しぼうさん)とモノグリセリドは脂肪にもどり，柔毛のリンパ管に入って，最終的に血管に入る。

6 (1) ① 2000mで露点(ろてん)に達したことから，2000mまでは雲が生じていない。高さ2000mでの空気の温度は，100mごとに1℃下がることから，

$35℃ - (1℃ \times \frac{2000}{100}) = 15℃$　となる。

高さ2000mから3000mまでは，雲ができているので，山頂での空気の温度は100mごとに0.5℃下がることから，

$15℃ - (0.5℃ \times \frac{1000}{100}) = 10℃$　となる。

② 10℃の空気が山頂(3000m)から地表(0m)まで下降するとき，雲はできていないので，100mにつき1℃上がる。よって，0mでの空気の温度は，

$10℃ + (1℃ \times \frac{3000}{100}) = 40℃$　となる。

(2) 湿(しめ)った空気が山脈を吹(ふ)きこえ，高温で乾(かわ)いた強い風となって，反対側の斜面(しゃめん)(山腹)を吹(ふ)き下りる現象がフェーン現象である。(2)は，この現象に関するものである。

7 A，B，Cの3つの水溶液(すいようえき)は，それぞれ下の図のように電離(でんり)している。

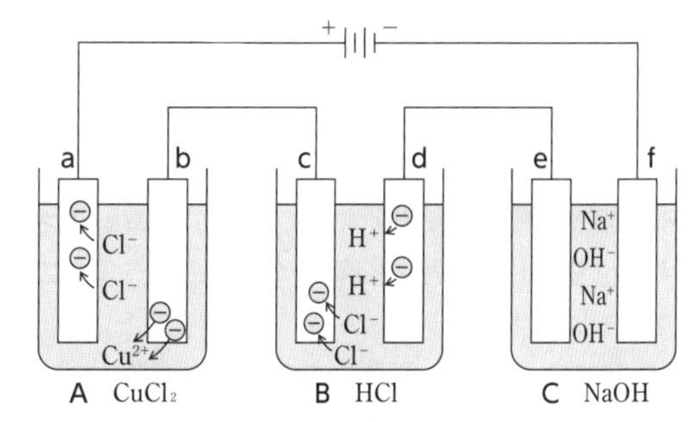

(1)・(2) 水酸化ナトリウムは，$NaOH \rightarrow Na^+ + OH^-$と電離するが，このビーカーでは水の電気分解が行われることになる。

$2H_2O \longrightarrow 2H_2 + O_2$
(−極)　(+極)

(3) 塩化銅は，$CuCl_2 \longrightarrow Cu^{2+} + 2Cl^-$　と電離している。Cu^{2+}は，−極であるbで電子e^-2個を受けとり，銅原子となる。この電子は+極であるaで塩化物イオンが電極に与(あた)えたものである。

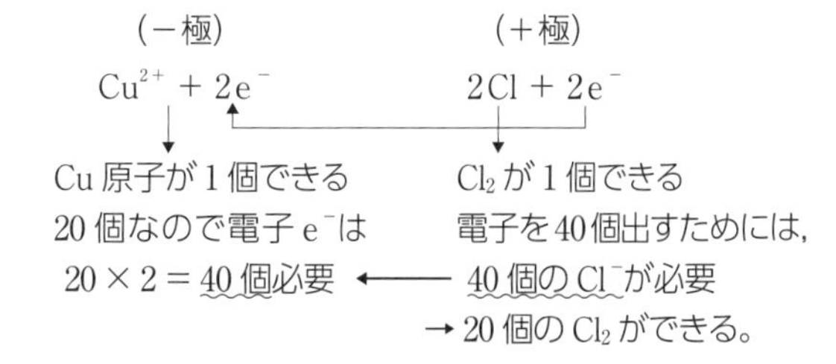

(4) 塩素が発生するのは，塩化銅水溶液の＋極と塩酸の＋極である。

(5) それぞれの化学反応式をビーカーごとに表すと，次のようになる。

A：$CuCl_2 \longrightarrow Cu + Cl_2$

B：$2HCl \longrightarrow H_2 + Cl_2$

C：$2H_2O \longrightarrow 2H_2 + O_2$

同じ物質が受けとる(放す)電子の数が同じなので，水素はどこでも同じ体積発生する。つまり，C で発生する水素とBで発生する水素の体積は，同じになる。そこで，それぞれの化学反応式を

A：$2CuCl_2 \longrightarrow 2Cu + 2Cl_2$

B：$4HCl \longrightarrow 2H_2 + 2Cl_2$

C：$2H_2O \longrightarrow 2H_2 + O_2$

と係数を変えると，気体の体積比が求められる。

8 (1) 運動のしかたが等速直線運動になるまでのテープの数が5本で，1本のテープは0.1秒より，

$0.1 \times 5 = 0.5$〔秒〕

(2) 物体には，物体にはたらく重力の斜面方向下向きの分力とつりあう斜面方向上向きの力である摩擦力と，重力の斜面に垂直下向きの分力と同じ大きさの，斜面から物体に垂直にはたらく力(垂直抗力)の2力が，重力以外にはたらいている。

(3) BC間では等速直線運動をしているので運動エネルギーは変化しないが，斜面をくだるので，位置エネルギーは減少する。

(4) BC間では，重力の斜面方向の分力と摩擦力がつりあっていたので，等速直線運動をしている。すなわち，摩擦力が斜面方向の力と同じ力(3N)であったということである。この面に沿っておし上げるには，摩擦力＋斜面方向の分力の力が必要であるので，

$3 + 3 = 6$〔N〕となる。

(5) 斜面の傾き(かたむ)を小さくすると，斜面方向の分力が小さくなるため，速さの傾きは小さくなる。また，B点に到達(とうたつ)するまでの時間も長くなる。B点に達したとき，摩擦力は変わらないので，斜面方向の力よりも摩擦力が大きくなり，物体の速さが減少する運動に変わる。

9 (1) 北極星の位置は観測地点の緯度(いど)と同じと考えてよい。そこで，その北極星に対して，どれほど高度差があるかみると，$47.8° - 34.3° = 13.5°$ である。北の空は北極星を中心に反時計まわりに回転しているので，最も高度が低いときの高度は $34.3° - 13.5° = 20.8°$ となる。

(2) 北の空は，北極星を中心に反時計まわりに回転している。Pの位置までは90°あり，星は1時間に15°動く日周運動をするので，P(×)の位置に見える時刻は，$90° \div 15° = 6$ 時間より，6時間後の0時23分となる。

(3) 沖縄(おきなわ)より大阪のほうが東に位置しているので，大阪の方が先に地平線から最も離(はな)れる，つまり南中する。沖縄と大阪の緯度の差から，時刻の差は

$$\frac{135.1° - 127.6°}{360°} \times 24 = 0.5 \text{ 時間}$$

すなわち，約30分おそく沖縄が南中する。

(4) 夏至の日は，同じ時刻では最も地平線に近い所にあるので，いちばん高度が高い所にくるには，12時間必要となる。

(5) Bは真西に沈(しず)んでいるので，春分の日の太陽と同じ南中高度になる。よって，$90° - 34.3° = 55.7°$ となる。

(6) 地軸(ちじく)が太陽と逆方向に傾いているときが冬である。

(7) 公転面にある星座は，春分・秋分の日の太陽の通り道と同じ軌道(きどう)を通る。冬至の日には，太陽よりも恒星(こうせい)①のほうが南中高度が高くなる。

10 (1) TT × tt なので，表1のように，子の代の遺伝子の組み合わせはすべてTtで，草たけの高い形質が顕性(けんせい)とわかる。

〔表1〕

	T	T
t	Tt	Tt
t	Tt	Tt

(2)・(3) 生殖細胞(せいしょくさいぼう)がつくられるとき，右の図のように，減数分裂(げんすうぶんれつ)により，遺伝子が生殖細胞に分配される(分離(ぶんり)の法則)。

Tt × Tt

→(TT，2Tt，tt)(孫)

(高)(高)(低)

よって，形質は高：低＝3：1となり，遺伝子の組み合わせの割合は表2のように，

TT：Tt：tt＝1：2：1　となる。

〔表2〕

	T	t
T	TT	Tt
t	Tt	tt

(4) Tt(高)× tt(低)　のかけ合わせなので，表3のように，

2Tt：2tt となり，

高：低＝1：1　である。

〔表3〕

	T	t
t	Tt	tt
t	Tt	tt